大学編入試験対策

編入の微分積分 徹底研究

基本事項の整理と問題演習

桜井基晴 著

金子書房

『編入の微分積分 徹底研究』の復刊によせて

本書は聖文新社（旧・聖文社）より2015年10月に出版された『編入の微分積分 徹底研究』の復刊です。『編入数学徹底研究』から始まった「大学編入試験対策」シリーズ（全5巻）は，2020年7月末をもっての聖文新社の業務終了後，金子書房のご厚意により継続して出版していただけることとなりました。一時は多くの編入受験生および受験指導に当たられる先生方に多大なるご心配をおかけしましたが，「大学編入試験対策」シリーズ全5巻が復刊となり，関係する多くの方々に心より感謝申し上げます。

さて，本書執筆の背景は「はじめに」の中で述べた通りですが，この機会を利用して少し補足させていただきたいと思います。

まずはじめに，最初の3つの巻，『編入数学徹底研究』『編入数学過去問特訓』『編入数学入門—講義と演習—』の基本的な性格（目的）について，簡単に確認しておきたいと思います。

最初の『編入数学徹底研究』は，まず何よりも，多くの編入受験生の受験勉強における困難を少しでも軽減することを目的として執筆したものです。理系，特に理工系の編入試験の多くでは入試科目に数学があるが，そのための適当な参考書・問題集が非常に限られているという状況でした。また，数学が編入学後は必ずしも最重要科目ではないという進路も少なくありません。編入試験を突破するための数学の力を，できるかぎり効率的に，比較的短期間で習得できて，編入試験本番では相当に大きな効果をあげることを追求して執筆したのが『編入数学徹底研究』です。

続く『編入数学過去問特訓』『編入数学入門—講義と演習—』は，より難度の高い編入試験を予定している受験生を意識して執筆したものです。『編入数学過去問特訓』は，多くの過去問を練習することによって“高度な実戦力”を養うことを目標としました。『編入数学入門—講義と演習—』は，旧課程を含む高校数学から編入試験で重要となる高校数学の理解を深めることによって柔軟な対応力（＝実力）を身につけ，どのような問題に出会っても余裕をもって解決できる“真の実力”を養うことを目標としました。

さて，本書『編入の微分積分 徹底研究』は，数学の最重要分野の一つである“微分積分”そのものを深く，理論的にもしっかりと理解してもらうことを目的として執筆したものです。したがって，より理論的で体系的な内容になっています。とはいえ，一歩一歩わかりやすく段階を踏んで説明しているので，順を追って落ち着いて学習してもらえば，もっとも理解しやすいものになっているとも言えます。

微分積分を理論的かつ体系的にきちんと理解しておくことは，数学が入学後も重要となる人にとっては特に大切です。微分積分と線形代数は数学において土台となる非常に重要な分野であり，理工系の大学生の多くにとっては必須の分野です。これらを単なる試験勉強だけにとどまらず，じっくりと時間をかけて，より深く学習しておくことはきわめて大切なことです。本書によって，将来の研究において不可欠の土台となる微分積分の基礎をしっかりと身につけてほしいと思います。

なお，「はじめに」でも書きましたが，本書では豊富な演習問題と過去問をとりあげているので，微分積分の編入試験対策としても，あらゆる試験に対応できる万全の内容となっています。解答・解説はこれまでの本と同様，可能なかぎり詳しく書いていますので，自習書としても非常に使いやすいものになっていると思います。

最後に，「大学編入試験対策」シリーズを途絶えることなく聖文新社から引き継いでくださいました金子書房のみなさまには心より感謝申し上げます。また，復刊作業に際して，金子書房編集部の亀井千是氏にたいへんお世話になりました。ここに深く感謝の意を表します。

2021年 9 月

桜井　基晴

は じ め に

本書は，微分積分を基礎から始めて，無理なく編入試験レベルにまで到達することを意図して書かれたものです。

編入試験の主要な内容は高専の４・５年あるいは大学１・２年で学習する微分積分と線形代数です。多くの大学ではこの２つの分野から出題されます。そして，微分積分と線形代数こそは大学数学の不可欠の基礎をなす２つの柱なのです。

拙著「編入数学徹底研究」（以下「徹底研究」）は幸いにも多くの受験生のみなさんからご好評をいただいていますが，「徹底研究」は各単元の要項を簡潔に整理した後，ただちに実践的な演習に取り掛かるというスタイルをとっています。このスタイルは受験を間近に控えた受験生には特に有効なものです。ただし，真の実力の養成を必要とする場合は，早い時期から１つ１つの内容をじっくりと論理的かつ系統的に理解していくことが重要であることは言うまでもありません。

本書は，前著「編入の線形代数徹底研究」と合わせて，編入試験に目標を定めつつ，微分積分と線形代数を基礎からより深く理解することを目的として書かれています。そこで，「徹底研究」において簡単にまとめられている重要事項の解説および重要公式の証明を丁寧に分かり易く述べてあります。したがって，本書は「徹底研究」を強力にサポートする解説書にもなっています。

各章末には編入試験の万全の対策として過去問研究のコーナーを設け，編入試験過去問題の詳しい解説をしました。ただし，ここで取り上げた問題の多くはやや難しめの問題であり，ある程度の力がついてから取り組んでもらうのがよいかもしれません。また，本書には教科書のように定理の多くに証明を付けていますが，証明が難しいと思う人はとりあえず証明は気にせず，例題を中心に学習を進めてください。

本書を，焦ることなく一歩一歩着実に進めていってほしいと思います。解答をきちんとノートに書きながら，じっくりとよく考えて学習していってください。そうすればどんな編入試験にも十分に対応できる実力がつくはずです。

最後になりましたが，今回もまた聖文新社の小松彰氏にたいへんお世話になりました。ここに深く感謝の意を表します。

2015年８月

桜井　基晴

目　　次

編入の微分積分　徹底研究

基本事項の整理と問題演習

第1章

微　分　法

1.1 微分法

〔目標〕 高校で学習済みの微分法の基礎について復習する。

(1) 微分係数と導関数

微分係数

$f(x)$ は a を含む区間で定義された関数とする。このとき

$$f'(a)=\lim_{h\to 0}\frac{f(a+h)-f(a)}{h}$$

を $f(x)$ の $x=a$ における**微分係数**という。微分係数(極限値) $f'(a)$ が存在するとき，$f(x)$ は $x=a$ で**微分可能**であるという。

(注1) 微分係数を次のように表すこともできる。

$$f'(a)=\lim_{x\to a}\frac{f(x)-f(a)}{x-a}$$

(注2) 微分係数の図形的意味は，図に示すように曲線 $y=f(x)$ の $x=a$ における接線の傾きである。

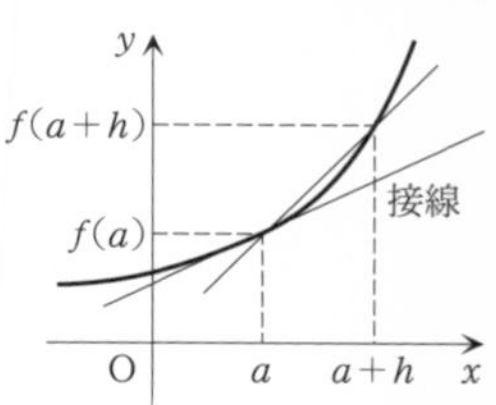

[定理] (接線の方程式)

$$y-f(a)=f'(a)(x-a)$$

(注) **接線**の方程式をしっかりと理解しておくことはのちほど**接平面**の方程式の理解のために大切である。

(y 座標の差)=(接線の傾き)×(x 座標の差)

を表す方程式であることに注意しよう。

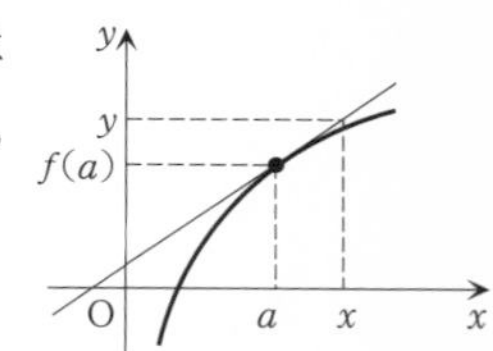

問 1　関数 $f(x)=\sqrt{x}$ について以下の問いに答えよ。

(1)　微分係数の定義に従って，$f'(1)$ を求めよ。

(2)　曲線 $y=f(x)$ の点 $(1,\ 1)$ における接線の方程式を求めよ。

(解)　(1)　$f'(1)=\lim_{h\to 0}\frac{f(1+h)-f(1)}{h}=\lim_{h\to 0}\frac{\sqrt{1+h}-1}{h}$

$$=\lim_{h\to 0}\frac{(1+h)-1}{h(\sqrt{1+h}+1)}$$ ⬅ **分子の有理化**

$$=\lim_{h\to 0}\frac{h}{h(\sqrt{1+h}+1)}=\lim_{h\to 0}\frac{1}{\sqrt{1+h}+1}=\frac{1}{2}$$

(2)　$f'(1)=\frac{1}{2}$ より，求める接線の方程式は

$$y-1=\frac{1}{2}(x-1)\qquad \therefore\quad y=\frac{1}{2}x+\frac{1}{2}$$ □

導関数

各点において微分係数 $f'(a)$ が考えられるから，これを x の関数 $f'(x)$ と考えて $f(x)$ の**導関数**と呼ぶ。すなわち

$$f'(x)=\lim_{h\to 0}\frac{f(x+h)-f(x)}{h}$$

である。導関数を求めることを**微分**するという。

問 2　関数 $f(x)=\sqrt{x}$ の導関数を定義に従って求めよ。

(解)　$f'(x)=\lim_{h\to 0}\frac{f(x+h)-f(x)}{h}=\lim_{h\to 0}\frac{\sqrt{x+h}-\sqrt{x}}{h}$

$$=\lim_{h\to 0}\frac{(x+h)-x}{h(\sqrt{x+h}+\sqrt{x})}$$ ⬅ **分子の有理化**

$$=\lim_{h\to 0}\frac{h}{h(\sqrt{x+h}+\sqrt{x})}$$

$$=\lim_{h\to 0}\frac{1}{\sqrt{x+h}+\sqrt{x}}$$

$$=\frac{1}{\sqrt{x}+\sqrt{x}}=\frac{1}{2\sqrt{x}}$$ □

(注)　導関数を表す記号には次のようにいろいろなものがある。

$$f'(x),\ \frac{dy}{dx},\ y',\ \dot{y}$$ □

（２）　導関数の計算（その１）

導関数を定義に従って計算していくことは面倒な作業である。そこで導関数の計算公式について研究しよう。まずは代表的な関数の導関数を知っておく必要がある。

［定理］（整関数の導関数）

$(x^p)'=px^{p-1}$　　ただし，$p\neq 0$　　　**（注）**（定数）$'=0$

（注１）　p が自然数 n の場合にだけ証明してみよう。

$$(x^n)'=\lim_{h\to 0}=\frac{(x+h)^n-x^n}{h}$$

$$=\lim_{h\to 0}\frac{(x^n+{}_n\mathrm{C}_1x^{n-1}h+{}_n\mathrm{C}_2x^{n-2}h^2+\cdots+h^n)-x^n}{h}$$ ← 二項定理

$$=\lim_{h\to 0}\frac{{}_n\mathrm{C}_1x^{n-1}h+{}_n\mathrm{C}_2x^{n-2}h^2+\cdots+h^n}{h}$$

$$=\lim_{h\to 0}({}_n\mathrm{C}_1x^{n-1}+{}_n\mathrm{C}_2x^{n-2}h+\cdots+h^{n-1})$$

$$={}_n\mathrm{C}_1x^{n-1}=nx^{n-1}$$

（注２）　p が一般の実数の場合は定義に従って示すのではなく，$y=x^p$ とおいて対数微分法で証明する。　□

次の公式もよく知られた公式である。証明は当然できなければならない。あとの例題や演習問題で練習しよう。

［定理］（三角関数の導関数）

(1)　$(\sin x)'=\cos x$　　(2)　$(\cos x)'=-\sin x$　　(3)　$(\tan x)'=\dfrac{1}{\cos^2 x}$

（注）　この公式の証明を見れば，なぜ弧度法を使うのかの理由が分かる。□

［定理］（指数関数・対数関数の導関数）

(1)　$(e^x)'=e^x$　　より一般に，$(a^x)'=a^x\log a$

(2)　$(\log x)'=\dfrac{1}{x}$　　より一般に，$(\log|x|)'=\dfrac{1}{x}$

（注）　この公式の証明を見れば，なぜ自然対数の底 e が登場するのかの理由が分かる。　□

（3） 導関数の計算（その2）

次に，導関数が既知の関数を組み合わせてできた関数の導関数を求めるための公式が必要となる。

［定理］（積の微分・商の微分）

(1) $(f\cdot g)'=f'\cdot g+f\cdot g'$　　(2) $\left(\dfrac{f}{g}\right)'=\dfrac{f'\cdot g-f\cdot g'}{g^2}$

（証明） (1) $(f(x)g(x))'=\lim_{h\to 0}\dfrac{f(x+h)g(x+h)-f(x)g(x)}{h}$

$$=\lim_{h\to 0}\frac{f(x+h)g(x+h)-f(x)g(x+h)+f(x)g(x+h)-f(x)g(x)}{h}$$

$$=\lim_{h\to 0}\frac{\{f(x+h)-f(x)\}g(x+h)+f(x)\{g(x+h)-g(x)\}}{h}$$

$$=\lim_{h\to 0}\left(\frac{f(x+h)-f(x)}{h}g(x+h)+f(x)\frac{g(x+h)-g(x)}{h}\right)$$

$$=f'(x)g(x)+f(x)g'(x)$$

(2) あとの例題で練習する。　□

その他に次の公式も成り立つ。特に，合成関数の微分の公式は極めて重要な公式である。

［定理］（合成関数の微分）

$\{f(g(x))\}'=f'(g(x))\cdot g'(x)$　あるいは　$\dfrac{dy}{dx}=\dfrac{dy}{du}\cdot\dfrac{du}{dx}$

問 3　$(2x^2+3x+1)^3$ を微分せよ。

（解）　$\{(2x^2+3x+1)^3\}'=3(2x^2+3x+1)^2\times(2x^2+3x+1)'$

$$=3(2x^2+3x+1)^2(4x+3)$$

［定理］（媒介変数で表された関数の微分，逆関数の微分）

(1) $\begin{cases}x=f(t)\\ y=g(t)\end{cases}$ のとき，$\dfrac{dy}{dx}=\dfrac{\dfrac{dy}{dt}}{\dfrac{dx}{dt}}$　　(2) $\dfrac{dy}{dx}=\dfrac{1}{\dfrac{dx}{dy}}$

（4）　関数の連続性

関数の連続性

点 a を含む区間で定義された関数 $f(x)$ が

$$\lim_{x \to a} f(x) = f(a)$$

を満たすとき，関数 $f(x)$ は点 a で**連続**であるという。

区間 I の各点で $f(x)$ が連続であるとき，$f(x)$ は区間 I で**連続**であるという。

［定理］（合成関数の連続性）

$f(x)$ は点 a で連続，$g(x)$ が点 $f(a)$ で連続ならば，合成関数 $g(f(x))$ は点 a で連続である。

右側極限および左側極限についても確認しておこう。

右側極限・左側極限

点 a を含む区間で定義された関数 $f(x)$ があるとする。

x を a に右側から近づけたときの $f(x)$ の極限を $\displaystyle\lim_{x \to a+0} f(x)$

x を a に左側から近づけたときの $f(x)$ の極限を $\displaystyle\lim_{x \to a-0} f(x)$

と表し，それぞれを**右側極限**，**左側極限**という。

なお，$x \to 0+0$，$x \to 0-0$ はそれぞれ簡単に $x \to +0$，$x \to -0$ で表す。

【例】　$\displaystyle\lim_{x \to +0} \frac{1}{x} = +\infty$，$\displaystyle\lim_{x \to -0} \frac{1}{x} = -\infty$ である。

よって，極限値 $\displaystyle\lim_{x \to 0} \frac{1}{x}$ は存在しない。　□

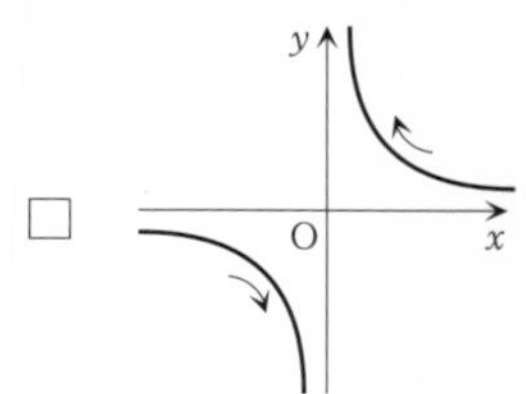

右側極限および左側極限について，次が成り立つ。

［定理］

$\displaystyle\lim_{x \to a} f(x) = \alpha$ であるための必要十分条件は

$$\lim_{x \to a+0} f(x) = \alpha \quad かつ \quad \lim_{x \to a-0} f(x) = \alpha$$

となることである。

例題 1 （導関数の定義①）

定義に従って，$(\sin x)'$ を求めよ。ただし，角の単位は弧度法による。

解説 導関数の定義：$f'(x)=\lim_{h\to 0}\dfrac{f(x+h)-f(x)}{h}$

は非常に重要である。導関数の公式は，単に公式を覚えるだけではだめで，自分で導けるようにしておこう。また，この公式の証明を見れば，角の単位になぜ弧度法を用いるのかが理解できるだろう。

解答 導関数の定義より

$$(\sin x)'=\lim_{h\to 0}\frac{\sin(x+h)-\sin x}{h}$$

$$=\lim_{h\to 0}\frac{2\cos\dfrac{(x+h)+x}{2}\sin\dfrac{(x+h)-x}{2}}{h}$$

← 和積公式：$\sin A-\sin B=2\cos\dfrac{A+B}{2}\sin\dfrac{A-B}{2}$

$$=\lim_{h\to 0}\frac{2\cos\left(x+\dfrac{h}{2}\right)\sin\dfrac{h}{2}}{h}$$

$$=\lim_{h\to 0}\cos\left(x+\frac{h}{2}\right)\cdot\frac{\sin\dfrac{h}{2}}{\dfrac{h}{2}}$$

$=\cos x\cdot 1$ **← 公式：$\lim_{\theta\to 0}\dfrac{\sin\theta}{\theta}=1$（ただし，角の単位は弧度法による）**

$=\cos x$ ……〔答〕

（注） 和積公式について：

和積公式は覚えるのではなく，使いたい式をその場ですぐに導いて使う。たとえば，上の解答に出てきた［和→積］公式ならば

$$\begin{array}{rl} & \sin(\alpha+\beta)=\sin\alpha\cos\beta+\cos\alpha\sin\beta \\ -) & \sin(\alpha-\beta)=\sin\alpha\cos\beta-\cos\alpha\sin\beta \\ \hline & \sin(\alpha+\beta)-\sin(\alpha-\beta)=2\cos\alpha\sin\beta \end{array}$$

ここで，$\alpha+\beta=A$，$\alpha-\beta=B$ とおくと，$\alpha=\dfrac{A+B}{2}$，$\beta=\dfrac{A-B}{2}$ であるから

$$\sin A-\sin B=2\cos\frac{A+B}{2}\sin\frac{A-B}{2}$$

を得る。その他の公式についても自分で導出できるようにしておこう。暗記すべき公式は加法定理ぐらいのものである。

例題 2（導関数の定義②）

定義に従って，$(\log_a x)'$ を求めよ。

解説　自然対数の底 e は数列の極限

$e=\lim_{n\to\infty}\left(1+\frac{1}{n}\right)^n$（この極限は収束することが示せる。**3.1節 例題1**参照。）

で定義される数である。e に関する関数の極限として次の公式が成り立つ。

(1)　$\lim_{x\to\infty}\left(1+\frac{1}{x}\right)^x=e$　　(2)　$\lim_{t\to 0}(1+t)^{\frac{1}{t}}=e$　　(3)　$\lim_{h\to 0}\frac{e^h-1}{h}=1$

解答　$(\log_a x)'=\lim_{h\to 0}\frac{\log_a(x+h)-\log_a x}{h}$

$=\lim_{h\to 0}\frac{1}{h}\log_a\frac{x+h}{x}$　← **対数法則：$\log_a M-\log_a N=\log_a\frac{M}{N}$**

$=\lim_{h\to 0}\frac{1}{h}\log_a\left(1+\frac{h}{x}\right)=\lim_{t\to 0}\frac{1}{xt}\log_a(1+t)$　← **$\frac{h}{x}=t$ とおいた**

$=\frac{1}{x}\lim_{t\to 0}\log_a(1+t)^{\frac{1}{t}}=\frac{1}{x}\log_a e$　……〔答〕　← **公式：$\lim_{t\to 0}(1+t)^{\frac{1}{t}}=e$**

（注）　というわけで，対数の底としては e を選ぶのが自然で，このとき

$(\log_e x)'=\frac{1}{x}$　　すなわち，$(\log x)'=\frac{1}{x}$

となる。対数の底は e にするのが自然であるから，特に断らない限り対数の底は e とし，底を書くのを省略する。$\log x$ を**自然対数**と呼び，数 e を**自然対数の底**と呼ぶ。

【参考】　e は無理数であるが，それは背理法で比較的容易に証明できる。興味のある人のために概略だけ述べておこう。

もし e が既約分数 $\frac{m}{n}$ だったとする$(n\geqq 2)$。このとき，不等式

$$\frac{1}{(n+1)!}<e-\left(1+\frac{1}{1!}+\frac{1}{2!}+\cdots+\frac{1}{n!}\right)<\frac{3}{(n+1)!}$$

を証明することは難しくないが，この不等式の両辺に $n!$ をかけると

$$0<\frac{1}{n+1}<n!\cdot\frac{m}{n}-n!\cdot\left(1+\frac{1}{1!}+\frac{1}{2!}+\cdots+\frac{1}{n!}\right)<\frac{3}{n+1}\leqq 1$$

を得る。真ん中の項は整数であるが，整数が 0 と 1 の間にあるのは不合理である。

例題 3（導関数の計算公式）

商の微分の公式：

$$\left(\frac{f(x)}{g(x)}\right)'=\frac{f'(x)g(x)-f(x)g'(x)}{g(x)^2}$$

を示せ。ただし，公式の中の関数は適当な条件を満たしているものとする。

解説 積の微分，商の微分の公式の証明は大切で，入試でもよく出題されるから自分で証明できるようにしておく必要がある。

積の微分：$(f\cdot g)'=f'\cdot g+f\cdot g'$ **商の微分**：$\left(\dfrac{f}{g}\right)'=\dfrac{f'\cdot g-f\cdot g'}{g^2}$

解答 $\left(\dfrac{f(x)}{g(x)}\right)'=\displaystyle\lim_{h\to 0}\frac{1}{h}\left(\frac{f(x+h)}{g(x+h)}-\frac{f(x)}{g(x)}\right)$

$$=\lim_{h\to 0}\frac{1}{h}\cdot\frac{f(x+h)g(x)-f(x)g(x+h)}{g(x+h)g(x)}$$

$$=\lim_{h\to 0}\frac{1}{h}\cdot\frac{f(x+h)g(x)-f(x)g(x)-f(x)g(x+h)+f(x)g(x)}{g(x+h)g(x)}$$

$$=\lim_{h\to 0}\frac{1}{h}\cdot\frac{\{f(x+h)-f(x)\}g(x)-f(x)\{g(x+h)-g(x)\}}{g(x+h)g(x)}$$

$$=\lim_{h\to 0}\frac{1}{g(x+h)g(x)}\left(\frac{f(x+h)-f(x)}{h}g(x)-f(x)\frac{g(x+h)-g(x)}{h}\right)$$

$$=\frac{1}{g(x)g(x)}(f'(x)g(x)-f(x)g'(x))$$

$$=\frac{f'(x)g(x)-f(x)g'(x)}{g(x)^2}$$

【参考】 導関数の定義や微分係数の定義は非常に大切であるが，次のような使い方で極限値を計算することもある。

$$\lim_{x\to 1}\frac{\log x}{x-1}=\lim_{x\to 1}\frac{\log x-\log 1}{x-1}=(\log x)'_{x=1}$$

$$=\left(\frac{1}{x}\right)_{x=1}=1$$

微分係数の定義：

$$f'(a)=\lim_{x\to a}\frac{f(x)-f(a)}{x-a}$$ ⬅ $\boldsymbol{f'(a)=\lim_{h\to 0}\frac{f(a+h)-f(a)}{h}}$ **と同じ内容**

を思い出そう。

例題 4（いろいろな導関数の計算①）

次の関数を微分せよ。

(1)　$\sqrt{x}$　　(2)　$\log(1+\log x)$　　(3)　$\sin^3 x$

(4)　$\log(\cos x)$　　(5)　a^x　　(6)　$\sqrt{1+x^2}$

(7)　$x\log x$　　(8)　$\dfrac{e^x-e^{-x}}{e^x+e^{-x}}$

解説　実際の導関数の計算は，公式を利用して速やかに計算する。特に合成関数の微分の公式が重要である。

解答　(1)　$(\sqrt{x})'=(x^{\frac{1}{2}})'=\dfrac{1}{2}x^{-\frac{1}{2}}=\dfrac{1}{2\sqrt{x}}$　……〔答〕

(2)　$\{\log(1+\log x)\}'=\dfrac{1}{1+\log x}\times\dfrac{1}{x}$　**⬅ 合成関数の微分：$(\log u)'=\dfrac{1}{u}\times u'$**

$=\dfrac{1}{x(1+\log x)}$　……〔答〕

(3)　$(\sin^3 x)'=\{(\sin x)^3\}'=3(\sin x)^2\times\cos x$　**⬅ 合成関数の微分：$(u^3)'=3u^2\times u'$**

$=3\sin^2 x\cos x$　……〔答〕

(4)　$\{\log(\cos x)\}'=\dfrac{1}{\cos x}\times(-\sin x)=-\tan x$　……〔答〕

(5)　$y=a^x$ とおくと，$\log y=\log a^x=x\log a$　　∴　$\log y=x\log a$

この両辺を x で微分すると

$\dfrac{1}{y}\times y'=\log a$　**⬅ 合成関数の微分：$(\log y)'=\dfrac{1}{y}\times y'$**

∴　$y'=y\log a=a^x\log a$　……〔答〕　**⬅ $(a^x)'=a^x\log a$ は公式でもある**

（注）　この計算の仕方は**対数微分法**として有名である。

(6)　$(\sqrt{1+x^2})'=\{(1+x^2)^{\frac{1}{2}}\}'=\dfrac{1}{2}\{(1+x^2)^{-\frac{1}{2}}\times 2x=\dfrac{x}{\sqrt{1+x^2}}$　……〔答〕

(7)　$(x\log x)'=1\cdot\log x+x\cdot\dfrac{1}{x}$　**⬅ 積の微分：$(f\cdot g)'=f'\cdot g+f\cdot g'$**

$=\log x+1$　……〔答〕

(8)　$\left(\dfrac{e^x-e^{-x}}{e^x+e^{-x}}\right)'=\dfrac{(e^x+e^{-x})^2-(e^x-e^{-x})^2}{(e^x+e^{-x})^2}$　**⬅ 商の微分：$\left(\dfrac{f}{g}\right)'=\dfrac{f'\cdot g-f\cdot g'}{g^2}$**

$=\dfrac{4}{(e^x+e^{-x})^2}$　……〔答〕

例題 5 （いろいろな導関数の計算②）

媒介変数表示された次の曲線について，$\dfrac{dy}{dx}$ および $\dfrac{d^2y}{dx^2}$ を求めよ。

(1) $\begin{cases} x=\cos t+t\sin t \\ y=\sin t-t\cos t \end{cases}$　　(2) $\begin{cases} x=t-\sin t \\ y=1-\cos t \end{cases}$

解説 媒介変数で表された曲線についても導関数の計算を練習しておこう。ついでに第 2 次導関数の計算も確認しておく。2 階微分は油断しないように！

解答 (1) $\dfrac{dx}{dt}=-\sin t+(\sin t+t\cos t)=t\cos t$

$\dfrac{dy}{dt}=\cos t-(\cos t-t\sin t)=t\sin t$

より

$$\frac{dy}{dx}=\frac{\dfrac{dy}{dt}}{\dfrac{dx}{dt}}=\frac{t\sin t}{t\cos t}=\tan t \quad \cdots\cdots〔答〕$$

また

$$\frac{d^2y}{dx^2}=\frac{d}{dx}\left(\frac{dy}{dx}\right)=\frac{\dfrac{d}{dt}\left(\dfrac{dy}{dx}\right)}{\dfrac{dx}{dt}}=\frac{\dfrac{1}{\cos^2 t}}{t\cos t}=\frac{1}{t\cos^3 t} \quad \cdots\cdots〔答〕$$

(2) $\dfrac{dx}{dt}=1-\cos t$, $\dfrac{dy}{dt}=\sin t$　より，$\dfrac{dy}{dx}=\dfrac{\dfrac{dy}{dt}}{\dfrac{dx}{dt}}=\dfrac{\sin t}{1-\cos t}$ ……〔答〕

また

$$\frac{d}{dt}\left(\frac{dy}{dx}\right)=\frac{d}{dt}\left(\frac{\sin t}{1-\cos t}\right)=\frac{\cos t\cdot(1-\cos t)-\sin t\cdot\sin t}{(1-\cos t)^2}$$

$$=\frac{\cos t-(\cos^2 t+\sin^2 t)}{(1-\cos t)^2}=\frac{\cos t-1}{(1-\cos t)^2}=-\frac{1}{1-\cos t}$$

より

$$\frac{d^2y}{dx^2}=\frac{d}{dx}\left(\frac{dy}{dx}\right)=\frac{\dfrac{d}{dt}\left(\dfrac{dy}{dx}\right)}{\dfrac{dx}{dt}}=\frac{-\dfrac{1}{1-\cos t}}{1-\cos t}=-\frac{1}{(1-\cos t)^2} \quad \cdots\cdots〔答〕$$

例題 6（関数の連続性・微分可能性）

次の関数の $x=0$ における連続性および微分可能性について調べよ。

(1) $f(x)=\begin{cases} x\sin\dfrac{1}{x} & (x\neq 0) \\ 0 & (x=0) \end{cases}$　　(2) $f(x)=|x|$

解 説 関数の連続性および微分可能性の考察も重要である。

点 a を含む区間で定義された関数 $f(x)$ が $\lim_{x\to a}f(x)=f(a)$ を満たすとき，$f(x)$ は点 a で**連続**であるという。

また，微分係数

$$f'(a)=\lim_{x\to a}\frac{f(x)-f(a)}{x-a}=\lim_{h\to 0}\frac{f(a+h)-f(a)}{h}$$

が存在するとき，$f(x)$ は $x=a$ で**微分可能**であるという。

解 答 (1) 連続性：$\lim_{x\to 0}f(x)=\lim_{x\to 0}x\sin\dfrac{1}{x}=0=f(0)$

よって，$x=0$ において連続である。 ……〔答〕

微分可能性：

$$f'(0)=\lim_{h\to 0}\frac{f(h)-f(0)}{h}$$

$$=\lim_{h\to 0}\frac{h\sin\frac{1}{h}-0}{h}=\lim_{h\to 0}\sin\frac{1}{h}：発散（振動）$$

よって，$f'(0)$ は存在せず，$x=0$ において微分不可能である。 ……〔答〕

(2) 連続性：

$$\lim_{x\to 0}f(x)=\lim_{x\to 0}|x|=0=f(0)$$

よって，$x=0$ において連続である。 ……〔答〕

微分可能性：

$$\lim_{h\to +0}\frac{f(h)-f(0)}{h}=\lim_{h\to +0}\frac{|h|-|0|}{h}=\lim_{h\to +0}\frac{h}{h}=\lim_{h\to +0}1=1$$

$$\lim_{h\to -0}\frac{f(h)-f(0)}{h}=\lim_{h\to -0}\frac{|h|-|0|}{h}=\lim_{h\to -0}\frac{-h}{h}=\lim_{h\to +0}(-1)=-1$$

より，極限値 $f'(0)=\lim_{h\to 0}\dfrac{f(h)-f(0)}{h}$ は存在しない。

よって，$x=0$ において微分不可能である。 ……〔答〕

■ 演習問題　1.1

▶解答は p. 246

1 導関数の定義に従って，次の公式を示せ。

(1)　$(\cos x)' = -\sin x$　　(2)　$(e^x)' = e^x$

2 $(\log x)' = \dfrac{1}{x}$ を利用して $(\log|x|)' = \dfrac{1}{x}$ を示せ。

3 次の関数を微分せよ。

(1)　x^x　　(2)　$\dfrac{1}{1+x^2}$　　(3)　$e^x \sin x$

(4)　$\log(x+\sqrt{x^2+1})$　　(5)　$e^{\sqrt{x}}$　　(6)　$\log\left|\tan\dfrac{x}{2}\right|$

4 媒介変数表示された次の曲線について，$\dfrac{dy}{dx}$ および $\dfrac{d^2y}{dx^2}$ を求めよ。

(1)　$\begin{cases} x = a\cos t \\ y = b\sin t \end{cases}$　$(a,\ b>0)$　　(2)　$\begin{cases} x = \dfrac{a}{\cos t} \\ y = b\tan t \end{cases}$　$(a,\ b>0)$

5 次の関数の $x=0$ における連続性および微分可能性について調べよ。

(1)　$f(x) = \begin{cases} \sin\dfrac{1}{x} & (x \neq 0) \\ 0 & (x=0) \end{cases}$　　(2)　$f(x) = \begin{cases} x^2\sin\dfrac{1}{x} & (x \neq 0) \\ 0 & (x=0) \end{cases}$

(3)　$f(x) = \sqrt{1-\cos^2 x}$　　(4)　$f(x) = \begin{cases} \dfrac{x}{1+e^{\frac{1}{x}}} & (x \neq 0) \\ 0 & (x=0) \end{cases}$

6 自然対数の底 $e = \lim\limits_{n\to\infty}\left(1+\dfrac{1}{n}\right)^n$ に関する次の公式を示せ。

(1)　$\lim\limits_{x\to\infty}\left(1+\dfrac{1}{x}\right)^x = e$　　(2)　$\lim\limits_{t\to 0}(1+t)^{\frac{1}{t}} = e$　　(3)　$\lim\limits_{h\to 0}\dfrac{e^h-1}{h} = 1$

1.2　テーラーの定理

〔目標〕 n 次導関数の計算，テーラーの定理，マクローリンの定理について学習する。

（1） n 次導関数

n 次導関数の計算は，テーラーの定理やマクローリンの定理の基礎となる大切な計算である。n 次導関数のいろいろな計算の仕方を練習しよう。

n 次導関数

$f(x)$ を n 回微分した関数を **n 次導関数**といい，$f^{(n)}(x)$，$y^{(n)}$，$\dfrac{d^ny}{dx^n}$ などと表す。n が小さい数のときは，$f'(x)$，$f''(x)$，$f'''(x)$ のように表すことが多い。

【例】 $(e^{2x})'=2e^{2x}$，$(e^{2x})''=2^2e^{2x}$，$(e^{2x})'''=2^3e^{2x}$　　$\therefore$　$(e^{2x})^{(n)}=2^ne^{2x}$　□

問 1　$f(x)=\dfrac{1}{x+1}$ の n 次導関数を求めよ。

（解） $f(x)=\dfrac{1}{x+1}=(x+1)^{-1}$ より

$$f'(x)=(-1)(x+1)^{-2},\ f''(x)=(-1)(-2)(x+1)^{-3},$$
$$f'''(x)=(-1)(-2)(-3)(x+1)^{-4}$$

よって

$$f^{(n)}(x)=(-1)(-2)\cdots(-n)(x+1)^{-(n+1)}$$ ← **規則性が明らかなので証明不要**

$$=(-1)^n n!(x+1)^{-(n+1)}=(-1)^n\frac{n!}{(x+1)^{n+1}}$$ □

（注） 厳密には予想が正しいことを数学的帰納法で証明する。　□

さて，n 次導関数の計算において重要となるライプニッツの公式を述べる。

[定理]（ライプニッツの公式）

$$(f\cdot g)^{(n)}=\sum_{k=0}^{n}{}_n\mathrm{C}_k f^{(n-k)}\cdot g^{(k)}$$
$$=f^{(n)}\cdot g+{}_n\mathrm{C}_1 f^{(n-1)}\cdot g'+{}_n\mathrm{C}_2 f^{(n-2)}\cdot g''+\cdots+f\cdot g^{(n)}$$

(証明) 数学的帰納法で証明する。

(i) $n=1$ のとき

$$(f\cdot g)'=f'\cdot g+f\cdot g'$$

であるから，公式は成り立つ。

(ii) $n=m$ のとき公式が成り立つとする。

$n=m+1$ のとき：

$$(f\cdot g)^{(m+1)}=\{(f\cdot g)^m\}'=\left\{\sum_{k=0}^{m}{}_m\mathrm{C}_k f^{(m-k)}\cdot g^{(k)}\right\}' \quad (\because \text{ 帰納法の仮定より})$$

$$=\sum_{k=0}^{m}{}_m\mathrm{C}_k\{f^{(m-k)}\cdot g^{(k)}\}'$$

$$=\sum_{k=0}^{m}{}_m\mathrm{C}_k\{f^{(m-k+1)}\cdot g^{(k)}+f^{(m-k)}\cdot g^{(k+1)}\}$$ **← 積の微分**

$$=\sum_{k=0}^{m}{}_m\mathrm{C}_k f^{(m-k+1)}\cdot g^{(k)}+\sum_{k=0}^{m}{}_m\mathrm{C}_k f^{(m-k)}\cdot g^{(k+1)}$$

$$=\sum_{k=0}^{m}{}_m\mathrm{C}_k f^{(m+1-k)}\cdot g^{(k)}+\sum_{k=1}^{m+1}{}_m\mathrm{C}_{k-1} f^{(m-k+1)}\cdot g^{(k)}$$ **← 番号を少しずらしただけ**

$$=f^{(m+1)}\cdot g+\sum_{k=1}^{m}({}_m\mathrm{C}_k+{}_m\mathrm{C}_{k-1})f^{(m-k+1)}\cdot g^{(k)}+f\cdot g^{(m+1)}$$ **← $k=0$，$m+1$ が半端**

$$=f^{(m+1)}\cdot g+\sum_{k=1}^{m}{}_{m+1}\mathrm{C}_k f^{(m-k+1)}\cdot g^{(k)}+f\cdot g^{(m+1)}$$ **← 公式：${}_{m+1}\mathrm{C}_k={}_m\mathrm{C}_k+{}_m\mathrm{C}_{k-1}$**

$$=\sum_{k=0}^{m+1}{}_{m+1}\mathrm{C}_k f^{(m-k+1)}\cdot g^{(k)}$$ よって，$n=m+1$ でも公式は成り立つ。

(i)，(ii)より，すべての自然数 n に対して公式は成り立つ。 □

(注1) 証明の中で公式：${}_n\mathrm{C}_r={}_{n-1}\mathrm{C}_r+{}_{n-1}\mathrm{C}_{r-1}$ を使っているが，このような公式が成り立つことは簡単に分かる。n 人の中から r 人を選ぶ方法を表す ${}_n\mathrm{C}_r$ 通りについて考える。特定の A 君を含まない r 人の選び方は ${}_{n-1}\mathrm{C}_r$ 通り（A 君以外から r 人を選ぶ）であり，A 君を含む r 人の選び方は ${}_{n-1}\mathrm{C}_{r-1}$ 通り（A 君以外から残りの $r-1$ 人を選ぶ）であるから，${}_n\mathrm{C}_r={}_{n-1}\mathrm{C}_r+{}_{n-1}\mathrm{C}_{r-1}$ が成り立つ。

(注2) ライプニッツの公式は高校数学の基礎ができている人には，一目見た瞬間に覚えられる。なぜなら，次の二項定理とそっくりだからである。

二項定理：

$$(a+b)^n=\sum_{k=0}^{n}{}_n\mathrm{C}_k a^{n-k}b^k$$

$$=a^n+{}_n\mathrm{C}_1 a^{n-1}b+{}_n\mathrm{C}_2 a^{n-2}b^2+\cdots+b^n$$ □

問 2　$(e^{2x}\sin x)'''$ を求めよ。

(解)　$(e^{2x}\sin x)'''=\sum_{k=0}^{3}{}_3\mathrm{C}_k(e^{2x})^{(3-k)}(\sin x)^{(k)}$　⬅ **ライプニッツの公式**

$=(e^{2x})'''\sin x+{}_3\mathrm{C}_1(e^{2x})''(\sin x)'+{}_3\mathrm{C}_2(e^{2x})'(\sin x)''+e^{2x}(\sin x)'''$

$=2^3e^{2x}\cdot\sin x+3\cdot2^2e^{2x}\cdot\cos x+3\cdot2e^{2x}\cdot(-\sin x)+e^{2x}(-\cos x)$

$=8e^{2x}\sin x+12e^{2x}\cos x-6e^{2x}\sin x-e^{2x}\cos x$

$=2e^{2x}\sin x+11e^{2x}\cos x$

$=e^{2x}(2\sin x+11\cos x)$　□

問 3　$(x^2e^x)^{(n)}$ を求めよ。

(解)　まず，x^2，e^x の n 次導関数をそれぞれ確認しよう。

$(x^2)'=2x$，$(x^2)''=2$，$(x^2)^{(n)}=0$　($n\geqq3$ のとき)

また，$(e^x)^{(n)}=e^x$ は明らか。

よって，ライプニッツの公式より

$$(x^2e^x)^{(n)}=\sum_{k=0}^{n}{}_n\mathrm{C}_k(x^2)^{(k)}(e^x)^{(n-k)}$$

$=x^2(e^x)^{(n)}+{}_n\mathrm{C}_1(x^2)'(e^x)^{(n-1)}+{}_n\mathrm{C}_2(x^2)''(e^x)^{(n-2)}$　⬅ **ここで終わり！**

$=x^2\cdot e^x+n\cdot2x\cdot e^x+\dfrac{n(n-1)}{2}\cdot2\cdot e^x$

$=\{x^2+2nx+n(n-1)\}e^x$　□

(注)　二項定理のときと同様，ライプニッツの公式においても

$$\sum_{k=0}^{n}{}_n\mathrm{C}_kf^{(n-k)}\cdot g^{(k)}=\sum_{k=0}^{n}{}_n\mathrm{C}_kf^{(k)}\cdot g^{(n-k)}$$

が成り立つ。

$n-k$ と k を入れ替えれば，Σ を使わずに書いたときの並び方が逆になるだけである。すなわち

$$\sum_{k=0}^{n}{}_n\mathrm{C}_kf^{(n-k)}\cdot g^{(k)}=f^{(n)}\cdot g+{}_n\mathrm{C}_1f^{(n-1)}\cdot g'+\cdots+{}_n\mathrm{C}_{n-1}f'\cdot g^{(n-1)}+f\cdot g^{(n)}$$

に対して

$$\sum_{k=0}^{n}{}_n\mathrm{C}_kf^{(k)}\cdot g^{(n-k)}=f\cdot g^{(n)}+{}_n\mathrm{C}_1f'\cdot g^{(n-1)}+\cdots+{}_n\mathrm{C}_{n-1}f^{(n-1)}\cdot g'+f^{(n)}\cdot g$$

${}_n\mathrm{C}_{n-k}={}_n\mathrm{C}_k$ であるから，上の 2 つの式は単に並び方が逆になっているだけであることが分かる。　□

（2） テーラーの定理・マクローリンの定理

まず，高校で学習済みの次の重要な定理を思い出そう。

［定理］（平均値の定理）

関数 $f(x)$ が a，b を含む区間において微分可能ならば

$$f(b)-f(a)=f'(c)(b-a) \quad \leftarrow \boldsymbol{f(b)=f(a)+f'(c)(b-a)}$$

を満たす c $(a<c<b)$ が存在する。

（注） 平均値の定理において，$b-a=h$ とおくと上式は次のようにも表せる。

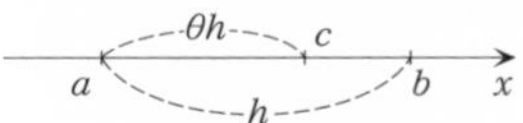

$$f(a+h)=f(a)+f'(a+\theta h)h$$

を満たす θ $(0<\theta<1)$ が存在する。 □

平均値の定理の一般化として次のテーラーの定理が得られる。特に最後の項（**剰余項**）に注意しよう。

［定理］（テーラーの定理）

関数 $f(x)$ が a，b を含む区間において n 回微分可能ならば

$$f(b)=f(a)+f'(a)(b-a)+\cdots+\frac{f^{(n-1)}(a)}{(n-1)!}(b-a)^{n-1}+\frac{f^{(n)}(c)}{n!}(b-a)^n$$

を満たす c $(a<c<b)$ が存在する。最後の項を**剰余項**という。

（注１） $b-a=h$ とおくと上式は次のようにも表すことができる。

$$f(a+h)=f(a)+f'(a)h+\frac{f''(a)}{2}h^2+\cdots+\frac{f^{(n-1)}(a)}{(n-1)!}h^{n-1}+\frac{f^{(n)}(a+\theta h)}{n!}h^n$$

を満たす θ $(0<\theta<1)$ が存在する。

（注２） テーラーの定理の $n=1$ のときが平均値の定理である。つまり平均値の定理では１階微分の項が剰余項になっている。 □

テーラーの定理（注１の形）で $a=0$ としたものが**マクローリンの定理**である。やはり剰余項に注意すること。

［定理］（マクローリンの定理）

関数 $f(x)$ が 0，x を含む区間において n 回微分可能ならば

$$f(x)=f(0)+f'(0)x+\frac{f''(0)}{2!}x^2+\cdots+\frac{f^{(n-1)}(0)}{(n-1)!}x^{n-1}+\frac{f^{(n)}(\theta x)}{n!}x^n$$

を満たす θ $(0<\theta<1)$ が存在する。最後の項を**剰余項**という。

例題1（n 次導関数）

次の関数 $f(x)$ の n 次導関数を求めよ。

(1)　$f(x)=\dfrac{1}{x^2-x-2}$　　(2)　$f(x)=\cos 2x$　　(3)　$f(x)=e^x\sin x$

解説　$f'(x)$，$f''(x)$，$f'''(x)$ あたりまでを，規則性に注意しながら計算していく。$f^{(n)}(x)$ の式が推測できたらそれを書き表す。厳密に言えば数学的帰納法で証明すべきだが，成り立つことが明らかな場合は特に指示がない限り証明しなくてよい。

解答　(1)　まず，$f(x)$ をあとの計算に都合のよい形に直しておく。

$$f(x)=\frac{1}{x^2-x-2}=\frac{1}{(x+1)(x-2)}$$

$$=\frac{1}{3}\left(\frac{1}{x-2}-\frac{1}{x+1}\right)=\frac{1}{3}\{(x-2)^{-1}-(x+1)^{-1}\}$$

より　$f'(x)=(-1)\dfrac{1}{3}\{(x-2)^{-2}-(x+1)^{-2}\}$,

$$f''(x)=(-1)(-2)\frac{1}{3}\{(x-2)^{-3}-(x+1)^{-3}\},$$

$$f'''(x)=(-1)(-2)(-3)\frac{1}{3}\{(x-2)^{-4}-(x+1)^{-4}\}$$

よって

$$f^{(n)}(x)=(-1)(-2)\cdots(-n)\frac{1}{3}\{(x-2)^{-(n+1)}-(x+1)^{-(n+1)}\}$$

$$=(-1)^n n!\frac{1}{3}\{(x-2)^{-(n+1)}-(x+1)^{-(n+1)}\}$$

$$=(-1)^n\frac{n!}{3}\left(\frac{1}{(x-2)^{n+1}}-\frac{1}{(x+1)^{n+1}}\right)$$ ……〔答〕

(2)　$f(x)=\cos 2x$ より

$$f'(x)=-2\sin 2x=2\cos\left(2x+\frac{\pi}{2}\right),$$　⬅ **公式：$\cos\left(\theta+\dfrac{\pi}{2}\right)=-\sin\theta$**

$$f''(x)=-2^2\sin\left(2x+\frac{\pi}{2}\right)=2^2\cos\left(2x+\frac{\pi}{2}+\frac{\pi}{2}\right)=2^2\cos\left(2x+\frac{\pi}{2}\times 2\right),$$

$$f'''(x)=-2^3\sin\left(2x+\frac{\pi}{2}\times 2\right)=2^3\cos\left(2x+\frac{\pi}{2}\times 2+\frac{\pi}{2}\right)=2^3\cos\left(2x+\frac{\pi}{2}\times 3\right)$$

よって

$$f^{(n)}(x)=2^n\cos\left(2x+\frac{\pi}{2}\times n\right)=2^n\cos\left(2x+\frac{n}{2}\pi\right)$$ ……〔答〕

(3)　$f(x)=e^x\sin x$ より

$$f'(x)=e^x\sin x+e^x\cos x=e^x(\sin x+\cos x)$$

$$=e^x\cdot\sqrt{2}\sin\left(x+\frac{\pi}{4}\right)$$ ⬅三角関数の合成

$$=\sqrt{2}\,e^x\sin\left(x+\frac{\pi}{4}\right)$$

$$f''(x)=\sqrt{2}\left\{e^x\sin\left(x+\frac{\pi}{4}\right)+e^x\cos\left(x+\frac{\pi}{4}\right)\right\}$$

$$=\sqrt{2}\,e^x\left\{\sin\left(x+\frac{\pi}{4}\right)+\cos\left(x+\frac{\pi}{4}\right)\right\}$$

$$=\sqrt{2}\,e^x\cdot\sqrt{2}\sin\left\{\left(x+\frac{\pi}{4}\right)+\frac{\pi}{4}\right\}$$ ⬅三角関数の合成

$$=(\sqrt{2})^2e^x\sin\left(x+\frac{\pi}{4}\times 2\right)$$

$$f'''(x)=(\sqrt{2})^2\left\{e^x\sin\left(x+\frac{\pi}{4}\times 2\right)+e^x\cos\left(x+\frac{\pi}{4}\times 2\right)\right\}$$

$$=(\sqrt{2})^2e^x\cdot\sqrt{2}\sin\left\{\left(x+\frac{\pi}{4}\times 2\right)+\frac{\pi}{4}\right\}$$ ⬅三角関数の合成

$$=(\sqrt{2})^3e^x\sin\left(x+\frac{\pi}{4}\times 3\right)$$

よって

$$f^{(n)}(x)=(\sqrt{2})^ne^x\sin\left(x+\frac{\pi}{4}\times n\right)=(\sqrt{2})^ne^x\sin\left(x+\frac{n}{4}\pi\right)$$ ……〔答〕

(注)　多くの学生に高校数学の力不足が見られる。三角関数を自由自在に計算できる力も不可欠である。三角関数に暗記すべき公式というものはほとんどない。三角関数の定義をきちんと理解して，いろいろな公式が自然に出てくるようにしよう。合成公式も加法定理から容易に導くことができる。同様に cos に合成することもできる。

合成公式：$a\sin\theta+b\cos\theta=\sqrt{a^2+b^2}\sin(\theta+\alpha)$

ここで，α は図のような角である。

例題 2（ライプニッツの公式）

ライプニッツの公式を利用して，次の関数 $f(x)$ の n 次導関数を求めよ。

(1)　$f(x)=x^2\cos 2x$　　　　(2)　$f(x)=\dfrac{e^x}{1+x}$

解説　$f'(x)$，$f''(x)$，$f'''(x)$，… を計算してみても，n 次導関数の形が予想できないことがある。そのような場合，次の**ライプニッツの公式**が有効である。

$$(f\cdot g)^{(n)}=\sum_{k=0}^{n}{}_n\mathrm{C}_k f^{(n-k)}\cdot g^{(k)}$$
$$=f^{(n)}\cdot g+{}_n\mathrm{C}_1 f^{(n-1)}\cdot g'+{}_n\mathrm{C}_2 f^{(n-2)}\cdot g''+\cdots+f\cdot g^{(n)}$$

ライプニッツの公式が二項定理と形がそっくりであることは注意すべきである。

解答　(1)　$(x^2)'=2x$，$(x^2)''=2$，$(x^2)'''=0$　← **2階微分まででおしまい**

$$(\cos 2x)^{(n)}=2^n\cos\left(2x+\frac{n}{2}\pi\right)$$　← **例題1(2)**

より

$$(x^2\cos 2x)^{(n)}=\sum_{k=0}^{n}{}_n\mathrm{C}_k(x^2)^{(k)}(\cos 2x)^{(n-k)}$$　← **(k) と (n−k) に注意！**

$$=x^2\cdot(\cos 2x)^{(n)}+{}_n\mathrm{C}_1(x^2)'\cdot(\cos 2x)^{(n-1)}+{}_n\mathrm{C}_2(x^2)''\cdot(\cos 2x)^{(n-2)}$$
$$=x^2\cdot 2^n\cos\left(2x+\frac{n}{2}\pi\right)+n\cdot 2x\cdot 2^{n-1}\cos\left(2x+\frac{n-1}{2}\pi\right)+\frac{n(n-1)}{2}\cdot 2\cdot 2^{n-2}\cos\left(2x+\frac{n-2}{2}\pi\right)$$
$$=2^{n-2}\left\{2^2x^2\cos\left(2x+\frac{n}{2}\pi\right)+2^2nx\cos\left(2x+\frac{n-1}{2}\pi\right)+n(n-1)\cos\left(2x+\frac{n-2}{2}\pi\right)\right\}$$
$$=2^{n-2}\left\{4x^2\cos\left(2x+\frac{n}{2}\pi\right)+4nx\cos\left(2x+\frac{n-1}{2}\pi\right)+n(n-1)\cos\left(2x+\frac{n-2}{2}\pi\right)\right\}$$　……〔答〕

(注)　x^2 は低次の微分までだから，x^2 の方を k 階微分 $(x^2)^{(k)}$ にする。

(2)　$f(x)=\dfrac{e^x}{1+x}=e^x\cdot\dfrac{1}{1+x}$

ここで

$$(e^x)^{(n)}=e^x,\qquad \left(\frac{1}{1+x}\right)^{(n)}=(-1)^n\frac{n!}{(1+x)^{n+1}}$$ ←問1を参照

より

$$\begin{aligned}\left(e^x\cdot\frac{1}{1+x}\right)^{(n)}&=\sum_{k=0}^{n}{}_n\mathrm{C}_k(e^x)^{(n-k)}\left(\frac{1}{1+x}\right)^{(k)}\\&=\sum_{k=0}^{n}\frac{n!}{k!\cdot(n-k)!}\cdot e^x\cdot(-1)^k\frac{k!}{(1+x)^{k+1}}\\&=\sum_{k=0}^{n}\frac{n!}{(n-k)!}\cdot e^x\cdot(-1)^k\frac{1}{(1+x)^{k+1}}\\&=n!e^x\sum_{k=0}^{n}\frac{(-1)^k}{(n-k)!\cdot(1+x)^{k+1}}\quad\cdots\cdots〔答〕\end{aligned}$$

[別解]　すでに説明したように，ライプニッツの公式の中で（$n-k$）と（k）を逆にしても結果は同じである。

$$\begin{aligned}\left(e^x\cdot\frac{1}{1+x}\right)^{(n)}&=\sum_{k=0}^{n}{}_n\mathrm{C}_k(e^x)^{(k)}\left(\frac{1}{1+x}\right)^{(n-k)}\\&=\sum_{k=0}^{n}\frac{n!}{k!\cdot(n-k)!}\cdot e^x\cdot(-1)^{n-k}\frac{(n-k)!}{(1+x)^{n-k+1}}\\&=\sum_{k=0}^{n}\frac{n!}{k!}\cdot e^x\cdot(-1)^{n-k}\frac{1}{(1+x)^{n-k+1}}\\&=n!e^x\sum_{k=0}^{n}\frac{(-1)^{n-k}}{k!\cdot(1+x)^{n-k+1}}\quad\cdots\cdots〔答〕\end{aligned}$$

(注)　最初の結果と別解の結果は一見異なる式に見えるが，シグマを使わずに書き並べてみれば同じ式であることが確認できる。並び方が逆になっているだけである。

$$n!e^x\sum_{k=0}^{n}\frac{(-1)^k}{(n-k)!\cdot(1+x)^{k+1}}=n!e^x\left\{\frac{1}{n!\cdot(1+x)}+\cdots+\frac{(-1)^n}{(1+x)^{n+1}}\right\}$$

$$n!e^x\sum_{k=0}^{n}\frac{(-1)^{n-k}}{k!\cdot(1+x)^{n-k+1}}=n!e^x\left\{\frac{(-1)^n}{(1+x)^{n+1}}+\cdots+\frac{1}{n!\cdot(1+x)}\right\}$$

なお，$0!=1$ である。つまり，関係式 $n!=n\cdot(n-1)!$ が $n=1$ のときも成り立つように約束している。

例題 3（マクローリンの定理）

次の関数 $f(x)$ に，マクローリンの定理を適用した結果を答えよ。ただし，x^n の項を剰余項とせよ。

(1)　$f(x)=e^x$　　(2)　$f(x)=\log(1+x)$　　(3)　$f(x)=\sin x$

解説　マクローリンの定理は次の内容である。

関数 $f(x)$ が 0，x を含む区間において n 回微分可能ならば

$$f(x)=f(0)+f'(0)x+\frac{f''(0)}{2!}x^2+\cdots+\frac{f^{(n-1)}(0)}{(n-1)!}x^{n-1}+\frac{f^{(n)}(\theta x)}{n!}x^n$$

を満たす θ $(0<\theta<1)$ が存在する。最後の項を**剰余項**という。

解答　(1)　$f(x)=e^x$ より，$f^{(n)}(x)=e^x$

よって

$$f(x)=f(0)+f'(0)x+\frac{f''(0)}{2!}x^2+\cdots+\frac{f^{(n-1)}(0)}{(n-1)!}x^{n-1}+\frac{f^{(n)}(\theta x)}{n!}x^n$$

$$=1+x+\frac{1}{2!}x^2+\frac{1}{3!}x^3+\cdots+\frac{1}{(n-1)!}x^{n-1}+\frac{e^{\theta x}}{n!}x^n \quad \cdots\cdots〔答〕$$

(2)　$f(x)=\log(1+x)$ より

$$f'(x)=\frac{1}{1+x}=(1+x)^{-1},\ f''(x)=(-1)(1+x)^{-2},$$

$$f'''(x)=(-1)(-2)(1+x)^{-3}$$

$$\therefore\quad f^{(n)}(x)=(-1)(-2)\cdots\{-(n-1)\}(1+x)^{-n}=(-1)^{n-1}\frac{(n-1)!}{(1+x)^n}$$

よって

$$f(x)=f(0)+f'(0)x+\frac{f''(0)}{2!}x^2+\cdots+\frac{f^{(n-1)}(0)}{(n-1)!}x^{n-1}+\frac{f^{(n)}(\theta x)}{n!}x^n$$

$$=0+1\cdot x+\frac{-1}{2!}x^2+\cdots+\frac{(-1)^{n-2}(n-2)!}{(n-1)!}x^{n-1}+\frac{1}{n!}\cdot(-1)^{n-1}\frac{(n-1)!}{(1+\theta x)^n}x^n$$

$$=x-\frac{1}{2}x^2+\frac{1}{3}x^3-\cdots+(-1)^{n-2}\frac{1}{n-1}x^{n-1}+(-1)^{n-1}\frac{x^n}{n(1+\theta x)^n} \quad \cdots\cdots〔答〕$$

(3)　$f(x)=\sin x$ より

$$f'(x)=\cos x=\sin\left(x+\frac{\pi}{2}\right),\ f''(x)=\cos\left(x+\frac{\pi}{2}\right)=\sin\left(x+\frac{\pi}{2}\times 2\right)$$

$$f'''(x)=\cos\left(x+\frac{\pi}{2}\times 2\right)=\sin\left(x+\frac{\pi}{2}\times 3\right)$$

$$\therefore \quad f^{(n)}(x)=\sin\left(x+\frac{\pi}{2}\times n\right)=\sin\left(x+\frac{n}{2}\pi\right)$$

よって

$$f^{(n)}(0)=\sin\frac{n}{2}\pi=\begin{cases}\sin\dfrac{2m-1}{2}\pi & (n=2m-1)\\ \sin m\pi & (n=2m)\end{cases}$$

$$=\begin{cases}(-1)^{m-1} & (n=2m-1)\\ 0 & (n=2m)\end{cases}$$

したがって

$$f(x)=f(0)+f'(0)x+\frac{f''(0)}{2!}x^2+\frac{f'''(0)}{3!}x^3+\frac{f^{(4)}(0)}{4!}x^4+\cdots+\frac{f^{(2m-1)}(0)}{(2m-1)!}x^{2m-1}+\frac{f^{(n)}(\theta x)}{n!}x^n$$

$$=0+1\cdot x+\frac{0}{2!}x^2+\frac{-1}{3!}x^3+\frac{0}{4!}x^4+\cdots+\frac{(-1)^{m-1}}{(2m-1)!}x^{2m-1}+\frac{1}{n!}\cdot\sin\left(\theta x+\frac{n}{2}\pi\right)x^n$$

$$=x-\frac{1}{3!}x^3+\frac{1}{5!}x^5-\cdots+(-1)^{m-1}\frac{1}{(2m-1)!}x^{2m-1}+\frac{1}{n!}x^n\sin\left(\theta x+\frac{n}{2}\pi\right)$$

($n=2m$ または $n=2m+1$)

……〔答〕

(注) 三角関数の復習：

次のような計算はきちんとできるようにしておこう。分かりにくい場合は具体的な数値を代入して値を確認してみること。

$$\sin\frac{n}{2}\pi=\begin{cases}\sin\dfrac{2m-1}{2}\pi & (n=2m-1)\\ \sin m\pi & (n=2m)\end{cases}$$

$$=\begin{cases}(-1)^{m-1} & (n=2m-1)\\ 0 & (n=2m)\end{cases}$$

$$\cos\frac{n}{2}\pi=\begin{cases}\cos\dfrac{2m-1}{2}\pi & (n=2m-1)\\ \cos m\pi & (n=2m)\end{cases}$$

$$=\begin{cases}0 & (n=2m-1)\\ (-1)^m & (n=2m)\end{cases}$$

例題 4（ライプニッツの公式の応用）

$y=\log(x+\sqrt{x^2+1})$ とするとき，次の等式を示せ。

(1)　$(x^2+1)y''=-xy'$

(2)　$(x^2+1)y^{(n+2)}+(2n+1)xy^{(n+1)}+n^2y^{(n)}=0$

解 説　ライプニッツの公式のいろいろな応用について練習しよう。(1)から(2)を導く計算は重要である。

解 答　(1)　$y=\log(x+\sqrt{x^2+1})$ より

$$y'=\frac{1}{x+\sqrt{x^2+1}}\times\left(1+\frac{x}{\sqrt{x^2+1}}\right)=\frac{1}{\sqrt{x^2+1}}=(x^2+1)^{-\frac{1}{2}}$$

$$\therefore\quad y''=-\frac{1}{2}(x^2+1)^{-\frac{3}{2}}\times 2x=-\frac{x}{(x^2+1)\sqrt{x^2+1}}=-\frac{xy'}{x^2+1}$$

$$\therefore\quad (x^2+1)y''=-xy'$$

(2)　(1)で示した等式の両辺を n 回微分すると

$$\{(x^2+1)y''\}^{(n)}=-(xy')^{(n)}$$

ライプニッツの公式に注意して両辺をそれぞれ計算する。

$$\begin{aligned}\{(x^2+1)y''\}^{(n)}&=(x^2+1)(y'')^{(n)}+{}_n\mathrm{C}_1\cdot 2x\cdot(y'')^{(n-1)}+{}_n\mathrm{C}_2\cdot 2\cdot(y'')^{(n-2)}\\&=(x^2+1)y^{(n+2)}+2nxy^{(n+1)}+n(n-1)y^{(n)}\quad\cdots\cdots①\end{aligned}$$

$$-(xy')^{(n)}=-\{x(y')^{(n)}+{}_n\mathrm{C}_1\cdot 1\cdot(y')^{(n-1)}\}=-xy^{(n+1)}-ny^{(n)}\quad\cdots\cdots②$$

①，②より

$$(x^2+1)y^{(n+2)}+2nxy^{(n+1)}+n(n-1)y^{(n)}=-xy^{(n+1)}-ny^{(n)}$$

よって

$$(x^2+1)y^{(n+2)}+(2n+1)xy^{(n+1)}+n^2y^{(n)}=0$$

【参考】　上の計算を利用して $y^{(n)}(0)$ を求めてみよう。

(2)の結果で $x=0$ とすると

$$y^{(n+2)}(0)+n^2y^{(n)}(0)=0\qquad\therefore\quad y^{(n+2)}(0)=-n^2y^{(n)}(0)$$

ここで，$y(0)=0$，$y'(0)=1$，$y''(0)=0$ であることに注意しよう。

（i）　n が偶数（$n=2m$）のとき

明らかに，$y^{(2m)}(0)=0$

（ii）　n が奇数（$n=2m+1$）のとき

$$\begin{aligned}y^{(2m+1)}(0)&=-(2m-1)^2y^{(2m-1)}(0)\\&=(-1)^m(2m-1)^2(2m-3)^2\cdots 3^2\cdot 1^2y'(0)\\&=(-1)^m(2m-1)^2(2m-3)^2\cdots 3^2\cdot 1^2\cdot 1\end{aligned}$$

例題 5（テーラーの定理の応用）

$f(x)$ が C^2 級（$f''(x)$ が存在して，かつ連続）であるとき

$$\lim_{h\to 0}\frac{f(a+h)+f(a-h)-2f(a)}{h^2}=f''(a)$$

が成り立つことを，テーラーの定理を用いて証明せよ。

解説 テーラーの定理は次のように表すことができる。

関数 $f(x)$ が a，$a+h$ を含む区間において n 回微分可能ならば

$$f(a+h)=f(a)+f'(a)h+\frac{f''(a)}{2}h^2+\cdots+\frac{f^{(n-1)}(a)}{(n-1)!}h^{n-1}+\frac{f^{(n)}(a+\theta h)}{n!}h^n$$

を満たす θ $(0<\theta<1)$ が存在する。

なお，本問で条件の C^2 級（$f''(x)$ が存在して，かつ連続）がどのように必要になるのかについても注意しよう。

解答 テーラーの定理より

$$f(a+h)=f(a)+f'(a)h+\frac{f''(a+\theta h)}{2}h^2 \quad \cdots\cdots①$$

を満たす θ $(0<\theta<1)$ が存在する。

同様に

$$f(a-h)=f(a)-f'(a)h+\frac{f''(a-\varphi h)}{2}h^2 \quad \cdots\cdots②$$

を満たす φ $(0<\varphi<1)$ が存在する。

①＋② より，$f(a+h)+f(a-h)=2f(a)+\dfrac{f''(a+\theta h)}{2}h^2+\dfrac{f''(a-\varphi h)}{2}h^2$

$$\therefore\quad \frac{f(a+h)+f(a-h)-2f(a)}{h^2}=\frac{f''(a+\theta h)+f''(a-\varphi h)}{2}$$

ここで，$f''(x)$ の連続性と $0<\theta<1$ および $0<\varphi<1$ に注意すると

$$\lim_{h\to 0}\frac{f(a+h)+f(a-h)-2f(a)}{h^2}$$

$$=\lim_{h\to 0}\frac{f''(a+\theta h)+f''(a-\varphi h)}{2}$$

$$=\frac{f''(a)+f''(a)}{2}$$ **⬅ $f''(x)$ の連続性および $0<\theta<1$ および $0<\varphi<1$**

$$=f''(a)$$

(注) $0<\theta<1$ だから，$\lim_{h\to 0}\theta h=0$ が保証される。$\lim_{h\to 0}\varphi h=0$ も同様。

［発展］ テーラーの定理の証明

［定理］（テーラーの定理）

$f(x)$ が a，b を含む区間で n 回微分可能とするとき

$$f(b)=f(a)+f'(a)(b-a)+\cdots+\frac{f^{(n-1)}(a)}{(n-1)!}(b-a)^{n-1}+\frac{f^{(n)}(c)}{n!}(b-a)^n$$

を満たす c $(a<c<b)$ が存在する。

（証明） やや唐突であるが，次のような関数 $F(x)$ を考える。

$$F(x)=f(x)+f'(x)(b-x)+\frac{f''(x)}{2!}(b-x)^2+\cdots+\frac{f^{(n-1)}(x)}{(n-1)!}(b-x)^{n-1}+A(b-x)^n-f(b)$$

ただし，A は定数で，$F(a)=0$ となるように定めておく。
したがって，次が成り立つ。

$$f(b)=f(a)+f'(a)(b-a)+\frac{f''(a)}{2!}(b-a)^2+\cdots+\frac{f^{(n-1)}(a)}{(n-1)!}(b-a)^{n-1}+A(b-a)^n$$

よって，$A=\dfrac{f^{(n)}(c)}{n!}$ となる c $(a<c<b)$ が存在することを示せばよい。

$F(a)=F(b)=0$ であるから，平均値の定理より

　$F'(c)=0$ を満たす c $(a<c<b)$ が存在する。

そこで，$F(x)$ を微分してみると

$$F'(x)=f'(x)+\{f''(x)(b-x)-f'(x)\}+\left\{\frac{f'''(x)}{2!}(b-x)^2-\frac{f''(x)}{2!}\cdot 2(b-x)\right\}$$
$$+\cdots+\left\{\frac{f^{(n)}(x)}{(n-1)!}(b-x)^{n-1}-\frac{f^{(n-1)}(x)}{(n-1)!}\cdot(n-1)(b-x)^{n-2}\right\}-An(b-x)^{n-1}$$
$$=\frac{f^{(n)}(x)}{(n-1)!}(b-x)^{n-1}-An(b-x)^{n-1}$$ （**注**：ほとんどは打ち消し合う）

ここで，$F'(c)=0$ より

$$\frac{f^{(n)}(c)}{(n-1)!}(b-c)^{n-1}-An(b-c)^{n-1}=0$$

$$\therefore\quad A=\frac{f^{(n)}(c)}{n\cdot(n-1)!}=\frac{f^{(n)}(c)}{n!}$$

□

■ 演習問題　1.2

▶解答は p. 248

1　次の関数 $f(x)$ の n 次導関数を求めよ。

(1)　$f(x)=\log(1-x)$　　(2)　$f(x)=\dfrac{x}{x^2-3x+2}$

(3)　$f(x)=\cos^2 x$　　(4)　$f(x)=e^{\sqrt{3}x}\sin x$

2　ライプニッツの公式を利用して，次の関数 $f(x)$ の n 次導関数を求めよ。

(1)　$f(x)=x^2e^{-x}$　　(2)　$f(x)=x^{n-1}\log x$

3　次の関数 $f(x)$ に，マクローリンの定理を適用した結果を答えよ。ただし，x^n の項を剰余項とせよ。

(1)　$f(x)=\dfrac{1}{1+x}$　　(2)　$f(x)=\cos x$　　(3)　$f(x)=\dfrac{x}{1-x^2}$

4　次の関数 $f(x)$ に，マクローリンの定理を適用した結果を答えよ。ただし，x^4 の項を剰余項とせよ。

(1)　$f(x)=\sqrt{1+x}$　　(2)　$f(x)=\cos x$　　(3)　$f(x)=\tan^{-1}x$

5　$y=e^x\dfrac{d^n}{dx^n}(x^ne^{-x})$ について，以下の問いに答えよ。

(1)　$z=x^ne^{-x}$ は $xz'=(n-x)z$ を満たすことを示せ。

(2)　$xy''+(1-x)y'+ny=0$ が成り立つことを示せ。

6　関数 $f(x)$ が点 a を含む区間で 2 回微分可能で，$f''(x)$ が連続とする。$f''(a)\neq 0$ のとき，平均値の定理

$$f(a+h)=f(a)+h\cdot f'(a+\theta h)\qquad(0<\theta<1)$$

において

$$\lim_{h\to 0}\theta=\frac{1}{2}$$

であることを示せ。

1.3　いろいろな関数

〔目標〕 逆三角関数や双曲線関数，ロピタルの定理などについて学習する。

（1） 逆三角関数

三角関数は一般には逆関数をもたない。たとえば，$y=\sin\theta$ において，θ の値を決めれば y の値がただ1つ決まるが，逆に y の値を決めても θ の値がただ1つ決まるとは言えない。しかし，三角関数も θ の範囲を適当に制限することによって逆関数を考えることができる。以下，具体的に説明していく。

（i） $\sin^{-1}x$

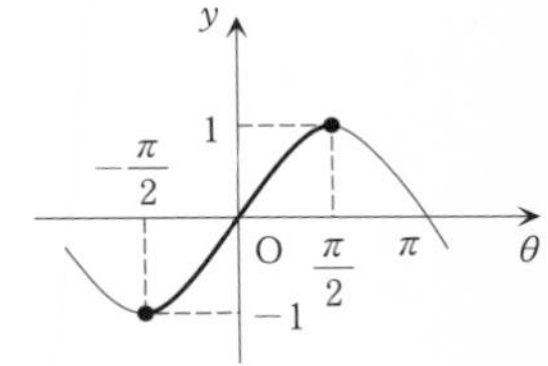

$y=\sin\theta$ において，θ の範囲を $-\frac{\pi}{2}\leqq\theta\leqq\frac{\pi}{2}$ に制限すれば，y の値（$-1\leqq y\leqq 1$）を決めれば θ の値がただ1つ決まる。逆もまた関数となる。この対応を $\theta=\sin^{-1}y$ によって表す。

【例1】 $\sin^{-1}\frac{1}{2}=\frac{\pi}{6}$，$\sin^{-1}1=\frac{\pi}{2}$ □

（ii） $\cos^{-1}x$

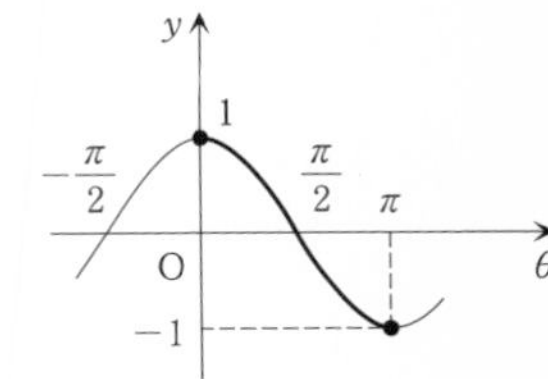

$y=\cos\theta$ において，θ の範囲を $0\leqq\theta\leqq\pi$ に制限すれば，y の値（$-1\leqq y\leqq 1$）を決めれば θ の値がただ1つ決まる。逆もまた関数となる。この対応を $\theta=\cos^{-1}y$ によって表す。

【例2】 $\cos^{-1}\frac{1}{2}=\frac{\pi}{3}$，$\cos^{-1}1=0$ □

（iii） $\tan^{-1}x$

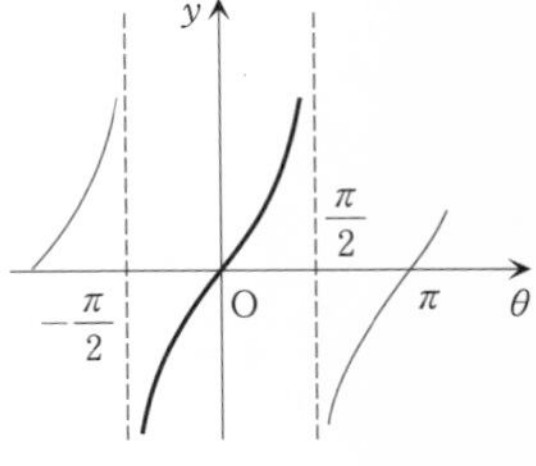

$y=\tan\theta$ において，θ の範囲を $-\frac{\pi}{2}<\theta<\frac{\pi}{2}$ に制限すれば，y の値を決めれば θ の値がただ1つ決まる。逆もまた関数となる。この対応を $\theta=\tan^{-1}y$ によって表す。

【例3】 $\tan^{-1}1=\frac{\pi}{4}$，$\tan^{-1}\sqrt{3}=\frac{\pi}{3}$ □

逆三角関数の導関数の公式は次のようになる。

[定理](逆三角関数の導関数)

(1) $(\sin^{-1}x)'=\dfrac{1}{\sqrt{1-x^2}}$ (2) $(\cos^{-1}x)'=-\dfrac{1}{\sqrt{1-x^2}}$

(3) $(\tan^{-1}x)'=\dfrac{1}{1+x^2}$

(証明) (1) $y=\sin^{-1}x$ とすると,$x=\sin y$ であるから

$$\frac{dy}{dx}=\frac{1}{\dfrac{dx}{dy}}=\frac{1}{\cos y}=\frac{1}{\sqrt{\cos^2 y}}\quad\left(\because\ \ -\frac{\pi}{2}\leqq y\leqq\frac{\pi}{2}\text{ だから, }\cos y\geqq 0\right)$$

$$=\frac{1}{\sqrt{1-\sin^2 y}}=\frac{1}{\sqrt{1-x^2}}$$

(2) $y=\cos^{-1}x$ とすると,$x=\cos y$ であるから

$$\frac{dy}{dx}=\frac{1}{\dfrac{dx}{dy}}=\frac{1}{-\sin y}=\frac{1}{-\sqrt{\sin^2 y}}\quad(\because\ \ 0\leqq y\leqq\pi\text{ だから, }\sin y\geqq 0)$$

$$=-\frac{1}{\sqrt{1-\cos^2 y}}=-\frac{1}{\sqrt{1-x^2}}$$

(3) $y=\tan^{-1}x$ とすると,$x=\tan y$ であるから

$$\frac{dy}{dx}=\frac{1}{\dfrac{dx}{dy}}=\frac{1}{\dfrac{1}{\cos^2 y}}=\frac{1}{1+\tan^2 y}=\frac{1}{1+x^2}$$ □

(注1) 逆三角関数:$\sin^{-1}x$,$\cos^{-1}x$,$\tan^{-1}x$ をそれぞれ次のように書くこともある。

$\arcsin x$,$\arccos x$,$\arctan x$ あるいは $\mathrm{Sin}^{-1}x$,$\mathrm{Cos}^{-1}x$,$\mathrm{Tan}^{-1}x$

(注2) 最初に注意したように,三角関数は一般には逆関数をもたない。簡単のため“逆三角関数”と呼ぶが,それはあくまで角の範囲を適当に制限した上での話である。なお,今考えた範囲に角を制限したときの逆三角関数の値を**主値**ともいう。 □

(注3) 上の導関数の公式からただちに次のことが分かる(積分定数は省略)。

$$\int\frac{1}{\sqrt{1-x^2}}dx=\sin^{-1}x\ (\text{または }-\cos^{-1}x),\qquad\int\frac{1}{1+x^2}dx=\tan^{-1}x$$

（2）双曲線関数

応用上も重要な双曲線関数について簡単に述べておく。

双曲線関数

(1)　$\sinh x=\dfrac{e^x-e^{-x}}{2}$　　(2)　$\cosh x=\dfrac{e^x+e^{-x}}{2}$　　(3)　$\tanh x=\dfrac{e^x-e^{-x}}{e^x+e^{-x}}$

これらをそれぞれ

hyperbolic sine,　hyperbolic cosine,　hyperbolic tangent

とよび，総称して**双曲線関数**という。

双曲線関数については三角関数と類似した以下の公式が成り立つ。証明は，双曲線関数の定義から単純な計算をするだけである（すなわち指数関数の計算）。

［定理］（相互関係）

(1)　$\tanh x=\dfrac{\sinh x}{\cosh x}$　　(2)　$\cosh^2 x-\sinh^2 x=1$

(3)　$1-\tanh^2 x=\dfrac{1}{\cosh^2 x}$　← (2)の両辺を $\cosh^2 x$ で割っただけ

［定理］（加法定理）

(1)　$\sinh(x+y)=\sinh x\cosh y+\cosh x\sinh y$

(2)　$\cosh(x+y)=\cosh x\cosh y+\sinh x\sinh y$

［定理］（導関数の公式）

(1)　$(\sinh x)'=\cosh x$　(2)　$(\cosh x)'=\sinh x$　(3)　$(\tanh x)'=\dfrac{1}{\cosh^2 x}$

（3）ロピタルの定理

関数の極限の計算で基本となるロピタルの定理を述べる。ここではポイントがよく分かるようにややラフな表現をしておく。

［定理］（ロピタルの定理）

$\displaystyle\lim_{x\to a}\frac{f(x)}{g(x)}$ が不定形ならば，$\displaystyle\lim_{x\to a}\frac{f(x)}{g(x)}=\lim_{x\to a}\frac{f'(x)}{g'(x)}$

（注）　ここで，$x\to a$ は $x\to+\infty$ や $x\to-\infty$ でもよい。　□

例題 1 （逆三角関数①）

(1) 次の式の値を求めよ。

（i） $\sin\left(\sin^{-1}\dfrac{1}{2}\right)$　　（ii） $\sin^{-1}\left(\sin\dfrac{5\pi}{6}\right)$

(2) $\tan^{-1}\dfrac{1}{2}+\tan^{-1}\dfrac{1}{3}$ の値を求めよ。

(3) $\sin^{-1}x+\cos^{-1}x=\dfrac{\pi}{2}$ が成り立つことを示せ。

解説 $y=\sin\theta$，$y=\cos\theta$，$y=\tan\theta$ はそれぞれ θ の範囲をどのように制限して逆関数を考えていたか注意しよう。

解答 (1) （i） $\sin\left(\sin^{-1}\dfrac{1}{2}\right)=\sin\dfrac{\pi}{6}=\dfrac{1}{2}$ ……〔答〕

（ii） $\sin^{-1}\left(\sin\dfrac{5\pi}{6}\right)=\sin^{-1}\dfrac{1}{2}=\dfrac{\pi}{6}$ ……〔答〕

(2) $\tan^{-1}\dfrac{1}{2}=\alpha$，$\tan^{-1}\dfrac{1}{3}=\beta$ とおくと

$\tan\alpha=\dfrac{1}{2}$，$\tan\beta=\dfrac{1}{3}$　ただし，$0<\alpha<\dfrac{\pi}{2}$，$0<\beta<\dfrac{\pi}{2}$

よって，$\tan(\alpha+\beta)=\dfrac{\tan\alpha+\tan\beta}{1-\tan\alpha\tan\beta}=\dfrac{\dfrac{1}{2}+\dfrac{1}{3}}{1-\dfrac{1}{2}\cdot\dfrac{1}{3}}=1$

ここで，$0<\alpha+\beta<\pi$ であるから，$\alpha+\beta=\dfrac{\pi}{4}$

すなわち，$\tan^{-1}\dfrac{1}{2}+\tan^{-1}\dfrac{1}{3}=\dfrac{\pi}{4}$ ……〔答〕

(3) $\sin^{-1}x=\alpha$，$\cos^{-1}x=\beta$ とおくと

$x=\sin\alpha$，$x=\cos\beta=\sin\left(\dfrac{\pi}{2}-\beta\right)$　$\therefore$ $\sin\alpha=\sin\left(\dfrac{\pi}{2}-\beta\right)$

ここで，$-\dfrac{\pi}{2}\leqq\alpha\leqq\dfrac{\pi}{2}$，$-\dfrac{\pi}{2}\leqq\dfrac{\pi}{2}-\beta\leqq\dfrac{\pi}{2}$ であるから

$\alpha=\dfrac{\pi}{2}-\beta$　$\therefore$ $\alpha+\beta=\dfrac{\pi}{2}$　すなわち，$\sin^{-1}x+\cos^{-1}x=\dfrac{\pi}{2}$

例題 2（逆三角関数②）

次の関数を微分せよ。

(1)　$\sin^{-1}\dfrac{x}{\sqrt{1+x^2}}$　　　(2)　$\cos^{-1}\sqrt{\dfrac{x+1}{2}}$

解説　逆三角関数の導関数の公式は次の通りである。

(1)　$(\sin^{-1}x)'=\dfrac{1}{\sqrt{1-x^2}}$　　　(2)　$(\cos^{-1}x)'=-\dfrac{1}{\sqrt{1-x^2}}$

(3)　$(\tan^{-1}x)'=\dfrac{1}{1+x^2}$

解答　(1)　$\left(\sin^{-1}\dfrac{x}{\sqrt{1+x^2}}\right)'$

$$=\frac{1}{\sqrt{1-\left(\dfrac{x}{\sqrt{1+x^2}}\right)^2}}\times\left(\frac{x}{\sqrt{1+x^2}}\right)'$$

⬅ 合成関数の微分：
$(\sin^{-1}u)'=\dfrac{1}{\sqrt{1-u^2}}\times u'$

$$=\frac{1}{\sqrt{1-\dfrac{x^2}{1+x^2}}}\times\frac{1\cdot\sqrt{1+x^2}-x\cdot\dfrac{x}{\sqrt{1+x^2}}}{1+x^2}$$

$$=\sqrt{1+x^2}\times\frac{(1+x^2)-x^2}{(1+x^2)\sqrt{1+x^2}}$$

$$=\frac{1}{1+x^2}\quad\cdots\cdots〔答〕$$

(2)　$\left(\cos^{-1}\sqrt{\dfrac{x+1}{2}}\right)'$

$$=-\frac{1}{\sqrt{1-\left(\sqrt{\dfrac{x+1}{2}}\right)^2}}\times\left(\sqrt{\frac{x+1}{2}}\right)'$$

⬅ 合成関数の微分：
$(\cos^{-1}u)'=-\dfrac{1}{\sqrt{1-u^2}}\times u'$

$$=-\frac{1}{\sqrt{1-\dfrac{x+1}{2}}}\times\frac{1}{4\sqrt{\dfrac{x+1}{2}}}$$

$$=-\frac{\sqrt{2}}{\sqrt{1-x}}\times\frac{1}{2\sqrt{2}\sqrt{x+1}}$$

$$=-\frac{1}{2\sqrt{1-x^2}}\quad\cdots\cdots〔答〕$$

例題 3（ロピタルの定理①）

次の極限値を求めよ。

(1) $\displaystyle\lim_{x\to 0}\frac{\tan x-x}{x-\sin x}$ (2) $\displaystyle\lim_{x\to\frac{\pi}{2}+0}\frac{\cos x}{1-\sin x}$ (3) $\displaystyle\lim_{x\to\infty}x\left(\frac{\pi}{2}-\tan^{-1}x\right)$

解 説 関数の極限の計算で基本となるロピタルの定理は非常に使いやすい。ポイントがよく分かるようにラフな表現をすれば次のようになる。

$\displaystyle\lim_{x\to a}\frac{f(x)}{g(x)}$ が不定形ならば，$\displaystyle\lim_{x\to a}\frac{f(x)}{g(x)}=\lim_{x\to a}\frac{f'(x)}{g'(x)}$

ここで，$x\to a$ は $x\to+\infty$ や $x\to-\infty$ でもよい。

ロピタルの定理を使うときは，不定形であることを確認してから使うこと。

解 答 (1) $\displaystyle\lim_{x\to 0}\frac{\tan x-x}{x-\sin x}=\lim_{x\to 0}\frac{\frac{1}{\cos^2 x}-1}{1-\cos x}$ ⬅ロピタルの定理

$$=\lim_{x\to 0}\frac{1-\cos^2 x}{(1-\cos x)\cos^2 x}=\lim_{x\to 0}\frac{1+\cos x}{\cos^2 x}=2$$ ……〔答〕

(2) $\displaystyle\lim_{x\to\frac{\pi}{2}+0}\frac{\cos x}{1-\sin x}=\lim_{x\to\frac{\pi}{2}+0}\frac{-\sin x}{-\cos x}$ ⬅ロピタルの定理

$$=\lim_{x\to\frac{\pi}{2}+0}\tan x=-\infty$$ ……〔答〕

（注） x を $\frac{\pi}{2}$ に右から近づけるか左から近づけるかで結果が異なる。

$$\lim_{x\to\frac{\pi}{2}-0}\frac{\cos x}{1-\sin x}=\lim_{x\to\frac{\pi}{2}-0}\frac{-\sin x}{-\cos x}=\lim_{x\to\frac{\pi}{2}-0}\tan x=+\infty$$

(3) $\displaystyle\lim_{x\to\infty}x\left(\frac{\pi}{2}-\tan^{-1}x\right)=\lim_{x\to\infty}\frac{\frac{\pi}{2}-\tan^{-1}x}{\frac{1}{x}}$ ⬅ $\displaystyle\lim_{x\to a}\frac{f(x)}{g(x)}$ の形にする！

$$=\lim_{x\to\infty}\frac{-\frac{1}{1+x^2}}{-\frac{1}{x^2}}$$ ⬅ロピタルの定理

$$=\lim_{x\to\infty}\frac{x^2}{1+x^2}=\lim_{x\to\infty}\left(1-\frac{1}{1+x^2}\right)=1$$ ……〔答〕

例題 4（ロピタルの定理②）

次の極限値を求めよ。

(1)　$\displaystyle\lim_{x\to+0} x^x$　　(2)　$\displaystyle\lim_{x\to\infty}\frac{x^n}{e^x}$　（n は自然数）　　(3)　$\displaystyle\lim_{x\to\infty}\frac{x^{\frac{1}{3}}}{e^x}$

解説　少し工夫してロピタルの定理を使う場合も練習をしておこう。特に(1)のような，対数の極限をまず調べる場合に注意すること。

解答　(1)　$\displaystyle\lim_{x\to+0} x^x$ を計算する代わりに，まず $\displaystyle\lim_{x\to+0}\log x^x$ を計算してみよう。

$$\lim_{x\to+0}\log x^x=\lim_{x\to+0}x\log x$$
⬅ 対数の計算公式：$\boldsymbol{\log x^k=k\log x}$

$$=\lim_{x\to+0}\frac{\log x}{\dfrac{1}{x}}$$
⬅ $\displaystyle\lim_{x\to a}\frac{f(x)}{g(x)}$ の形にする！

$$=\lim_{x\to+0}\frac{\dfrac{1}{x}}{-\dfrac{1}{x^2}}$$
⬅ ロピタルの定理

$$=\lim_{x\to+0}(-x)=0$$

$\displaystyle\lim_{x\to+0}\log x^x=0$ であることより，$\displaystyle\lim_{x\to+0}x^x=1$　……〔答〕

(2)　繰り返しロピタルの定理を使って

$$\lim_{x\to\infty}\frac{x^n}{e^x}=\lim_{x\to\infty}\frac{nx^{n-1}}{e^x}=\lim_{x\to\infty}\frac{n(n-1)x^{n-2}}{e^x}$$

$$=\cdots=\lim_{x\to\infty}\frac{n(n-1)\cdots3\cdot2x}{e^x}=\lim_{x\to\infty}\frac{n(n-1)\cdots3\cdot2\cdot1}{e^x}=0$$　……〔答〕

(3)　$\displaystyle\lim_{x\to\infty}\frac{x^{\frac{1}{3}}}{e^x}$ を計算する代わりに，まず $\displaystyle\lim_{x\to\infty}\log\frac{x^{\frac{1}{3}}}{e^x}$ を計算する。

$$\lim_{x\to\infty}\log\frac{x^{\frac{1}{3}}}{e^x}=\lim_{x\to\infty}\left(\frac{1}{3}\log x-x\right)=\lim_{x\to\infty}x\left(\frac{1}{3}\frac{\log x}{x}-1\right)=-\infty$$
⬅ $\displaystyle\lim_{x\to\infty}\frac{\log x}{x}=0$

$\displaystyle\lim_{x\to\infty}\log\frac{x^{\frac{1}{3}}}{e^x}=-\infty$ であることより，$\displaystyle\lim_{x\to\infty}\frac{x^{\frac{1}{3}}}{e^x}=0$　……〔答〕

（注）　(2)と(3)の違いに注意しよう。$x^{\frac{1}{3}}$ は何回微分しても定数にはならない。

■ 演習問題　1.3

▶解答は p. 252

1　(1)　次の式の値を求めよ。

(i)　$\sin^{-1}\dfrac{\sqrt{6}-\sqrt{2}}{4}$　　(ii)　$\sin^{-1}\left(\sin\dfrac{7\pi}{12}\right)$

(2)　$\sin^{-1}\dfrac{3}{5}+\sin^{-1}\dfrac{4}{5}$ の値を求めよ。

2　次の関数を微分せよ。

(1)　$\tan^{-1}\dfrac{1-x^2}{1+x^2}$　　(2)　$\sin^{-1}\dfrac{1}{x}$　$(x>0)$　　(3)　$\tan^{-1}\left(\dfrac{1}{\sqrt{3}}\tan\dfrac{x}{2}\right)$

3　次の極限値を求めよ。

(1)　$\displaystyle\lim_{x\to 0}\frac{e^x-e^{-x}-2x}{x-\sin x}$　　(2)　$\displaystyle\lim_{x\to\frac{\pi}{2}}\frac{x\sin x-\frac{\pi}{2}}{\cos x}$　　(3)　$\displaystyle\lim_{x\to 0}\frac{x-\sin^{-1}x}{x^3}$

(4)　$\displaystyle\lim_{x\to\infty}\frac{\log(1+2^x)}{x}$　　(5)　$\displaystyle\lim_{x\to 1+0}\left(\frac{x}{x-1}-\frac{1}{\log x}\right)$　　(6)　$\displaystyle\lim_{x\to 0}\left(\frac{1}{\sin x}-\frac{1}{x+x^2}\right)$

4　次の極限値をを求めよ。

(1)　$\displaystyle\lim_{x\to\infty}\left(\frac{2}{\pi}\tan^{-1}x\right)^x$　　(2)　$\displaystyle\lim_{x\to\infty}\left(\frac{\pi}{2}-\tan^{-1}x\right)^{\frac{1}{x}}$

5　(I)　双曲線関数に関する以下の相互関係の公式を証明せよ。

(1)　$\tanh x=\dfrac{\sinh x}{\cosh x}$　　(2)　$\cosh^2 x-\sinh^2 x=1$　　(3)　$1-\tanh^2 x=\dfrac{1}{\cosh^2 x}$

(II)　双曲線関数に関する以下の加法定理を証明せよ。

(1)　$\sinh(x+y)=\sinh x\cosh y+\cosh x\sinh y$

(2)　$\cosh(x+y)=\cosh x\cosh y+\sinh x\sinh y$

6　次の双曲線関数の導関数の公式を証明せよ。

(1)　$(\sinh x)'=\cosh x$　　(2)　$(\cosh x)'=\sinh x$　　(3)　$(\tanh x)'=\dfrac{1}{\cosh^2 x}$

過去問研究1－1（ロピタルの定理）

$$\lim_{x\to0}\left(\frac{1}{\sin^2 x}-\frac{1}{x^2}\right)$$

〈神戸大学〉

解説　ロピタルの定理を利用した関数の極限値の計算である。ロピタルの定理は2回，3回と繰り返し使うことが多い。また，少し工夫した使い方をすることもある。

解答　$\displaystyle \lim_{x\to0}\left(\frac{1}{\sin^2 x}-\frac{1}{x^2}\right)=\lim_{x\to0}\frac{x^2-\sin^2 x}{x^2\sin^2 x}$

$$=\lim_{x\to0}\frac{2x-2\sin x\cos x}{2x\cdot\sin^2 x+x^2\cdot 2\sin x\cos x}\quad(\because\ \text{ロピタルの定理より})$$

$$=\lim_{x\to0}\frac{x-\sin x\cos x}{x\cdot\sin^2 x+x^2\cdot\sin x\cos x}$$

$$=\lim_{x\to0}\frac{1-(\cos^2 x-\sin^2 x)}{1\cdot\sin^2 x+x\cdot 2\sin x\cos x+2x\cdot\sin x\cos x+x^2\cdot(\cos^2 x-\sin^2 x)}$$

（∵　ロピタルの定理より）

$$=\lim_{x\to0}\frac{2\sin^2 x}{\sin^2 x+4x\sin x\cos x+x^2(1-2\sin^2 x)}$$

$$=\lim_{x\to0}\frac{2\left(\dfrac{\sin x}{x}\right)^2}{\left(\dfrac{\sin x}{x}\right)^2+4\dfrac{\sin x}{x}\cos x+1-2\sin^2 x}$$

$$=\frac{2\cdot1}{1+4\cdot1\cdot1+1-2\cdot0}=\frac{1}{3}$$　……〔答〕

［別解］　$\displaystyle \lim_{x\to0}\left(\frac{1}{\sin^2 x}-\frac{1}{x^2}\right)=\lim_{x\to0}\frac{x^2-\sin^2 x}{x^2\sin^2 x}=\lim_{x\to0}\frac{x^2-\sin^2 x}{x^4}\left(\frac{x}{\sin x}\right)^2$

ここで，$\displaystyle \lim_{x\to0}\left(\frac{x}{\sin x}\right)^2=1$ であるから，$\displaystyle \lim_{x\to0}\frac{x^2-\sin^2 x}{x^4}$ を計算すればよい。

$$\lim_{x\to0}\frac{x^2-\sin^2 x}{x^4}=\lim_{x\to0}\frac{2x-2\sin x\cos x}{4x^3}=\lim_{x\to0}\frac{x-\sin x\cos x}{2x^3}$$

$$=\lim_{x\to0}\frac{1-(\cos^2 x-\sin^2 x)}{6x^2}=\lim_{x\to0}\frac{1-(1-2\sin^2 x)}{6x^2}=\lim_{x\to0}\frac{1}{3}\left(\frac{\sin x}{x}\right)^2=\frac{1}{3}$$

以上より，$\displaystyle \lim_{x\to0}\left(\frac{1}{\sin^2 x}-\frac{1}{x^2}\right)=\lim_{x\to0}\frac{x^2-\sin^2 x}{x^4}\left(\frac{x}{\sin x}\right)^2=\frac{1}{3}\cdot1=\frac{1}{3}$

【参考】　その他に，マクローリン展開を利用した計算も重要である。

過去問研究 1 − 2（関数の増減）

関数 $F(x)=x\log x-\dfrac{1}{\sqrt{1+x^2}-x}$ の導関数を $F'(x)$ と表し，関数 $f(x)$ を $f(x)=F'(x)$ と定義する。

(1) 関数 $f(x)$ を求めよ。

(2) 関数 $f(x)$ の増加・減少を調べよ。

(3) 等式 $f(c)=0$ $(1<c<3)$ を満たす c が少なくとも 1 つ存在することを示せ。

〈東北大学〉

解 説 微分法の基本的な内容は高校で十分練習しているが，編入試験でも出題されるので確認しておこう。特に，高専生は大学入試勉強を経験していないため，高校数学が弱点になっていることが多いので注意しよう。

解 答 (1) $F(x)=x\log x-\dfrac{1}{\sqrt{1+x^2}-x}=x\log x-(\sqrt{1+x^2}+x)$ より

$$f(x)=F'(x)=\log x+1-\left(\frac{x}{\sqrt{1+x^2}}+1\right)$$

$$=\log x-\frac{x}{\sqrt{1+x^2}} \qquad \cdots\cdots\text{〔答〕}$$

(2) $f(x)=\log x-\dfrac{x}{\sqrt{1+x^2}}$ より

$$f'(x)=\frac{1}{x}-\frac{1\cdot\sqrt{1+x^2}-x\cdot\dfrac{x}{\sqrt{1+x^2}}}{1+x^2}=\frac{1}{x}-\frac{1}{(1+x^2)\sqrt{1+x^2}}$$

ところで

$$(1+x^2)\sqrt{1+x^2}-x>(1+x^2)-x=x^2-x+1=\left(x-\frac{1}{2}\right)^2+\frac{3}{4}>0$$

より

$$(1+x^2)\sqrt{1+x^2}>x \qquad \therefore\ f'(x)=\frac{1}{x}-\frac{1}{(1+x^2)\sqrt{1+x^2}}>0$$

よって，$f(x)$ は単調増加である。 ……〔答〕

(3) $f(1)=-\dfrac{1}{\sqrt{2}}<0$ かつ $f(3)=\log 3-\dfrac{3}{\sqrt{10}}>1-\dfrac{3}{\sqrt{10}}>0$

であり，等式 $f(c)=0$ $(1<c<3)$ を満たす c が少なくとも 1 つ存在する。

(注) (2)の結論より，そのような c はただ 1 つである。

過去問研究1－3（n 次導関数）

関数 $f(x)$ が $f(0)=0$, $f'(0)=1$ および微分方程式

$$(1-x^2)f''(x)=xf'(x) \quad (-1<x<1)$$

を満たしている。次の問いに答えよ。

(1) $m=1, 2, 3, \cdots$ について

$$(1-x^2)f^{(m+2)}(x)-2mxf^{(m+1)}(x)-m(m-1)f^{(m)}(x)$$
$$=xf^{(m+1)}(x)+mf^{(m)}(x)$$

が成り立つことを示せ。

(2) $n=2, 3, 4, \cdots$ について

$$f^{(n)}(0)=(n-2)^2f^{(n-2)}(0)$$

が成り立つことを示せ。ただし，$f^{(0)}(x)=f(x)$ とする。

(3) $f(x)$ は区間 $-1<x<1$ でマクローリン級数に展開できるとする。その級数が

$$f(x)=x+\frac{1}{2}\cdot\frac{x^3}{3}+\frac{1\cdot3}{2\cdot4}\cdot\frac{x^5}{5}+\cdots+\frac{(2n-1)!!}{(2n)!!}\cdot\frac{x^{2n+1}}{2n+1}+\cdots$$

となることを示せ。ただし，

$$(2n)!!=2\cdot4\cdot6\cdots(2n-2)\cdot(2n),\quad (2n-1)!!=1\cdot3\cdot5\cdots(2n-3)\cdot(2n-1)$$

である。〈金沢大学〉

解説　n 次導関数の計算に関する問題である。(1)はライプニッツの公式に注意しよう。(3)はマクローリン展開の係数を求めればよい。“!!” もよく使う記号である。

解答　(1)　$(1-x^2)f''(x)=xf'(x)$ の両辺を x で m 回微分すると

$$\{(1-x^2)f''(x)\}^{(m)}=\{xf'(x)\}^{(m)}$$

ライプニッツの公式を使って，左辺および右辺をそれぞれ計算してみる。

$$\{(1-x^2)f''(x)\}^{(m)}=\sum_{k=0}^{m}{}_m\mathrm{C}_k(1-x^2)^{(k)}\{f''(x)\}^{(m-k)}$$
$$=(1-x^2)\{f''(x)\}^{(m)}+{}_m\mathrm{C}_1(1-x^2)'\{f''(x)\}^{(m-1)}+{}_m\mathrm{C}_2(1-x^2)''\{f''(x)\}^{(m-2)}$$
$$=(1-x^2)f^{(m+2)}(x)+m(-2x)f^{(m+1)}(x)+\frac{m(m-1)}{2}(-2)f^{(m)}(x)$$
$$=(1-x^2)f^{(m+2)}(x)-2mxf^{(m+1)}(x)-m(m-1)f^{(m)}(x) \quad \cdots\cdots①$$

同様に

$$\{xf'(x)\}^{(m)}=\sum_{k=0}^{m}{}_m\mathrm{C}_kx^{(k)}\{f'(x)\}^{(m-k)}$$

$$=x\{f'(x)\}^{(m)}+{}_m\mathrm{C}_1x'\{f'(x)\}^{(m-1)}=xf^{(m+1)}(x)+mf^{(m)}(x) \quad \cdots\cdots ②$$

①，②より，題意の等式は示された。

(2)　(1)で示した等式に $x=0$ を代入すると

$$f^{(m+2)}(0)-0-m(m-1)f^{(m)}(0)=0+mf^{(m)}(0)$$

$$\therefore\quad f^{(m+2)}(0)=m^2f^{(m)}(0) \quad (m=1,\ 2,\ 3,\ \cdots)$$

$$\therefore\quad f^{(n)}(0)=(n-2)^2f^{(n-2)}(0) \quad (n=2,\ 3,\ 4,\ \cdots)$$ ⬅ $\boldsymbol{f''(0)=0}$

(3)　マクローリン展開の係数 $\dfrac{f^{(n)}(0)}{n!}$ を求めればよい。

（i）　$n=2m$ のとき

$$f^{(2m)}(0)=(2m-2)^2f^{(2m-2)}(0)=(2m-2)^2(2m-4)^2f^{(2m-4)}(0)=\cdots$$

$$=(2m-2)^2(2m-4)^2\cdots2^2f''(0)=0$$ ⬅ $\boldsymbol{f''(0)=0}$

（ii）　$n=2m+1$ のとき

$$f^{(2m+1)}(0)=(2m-1)^2f^{(2m-1)}(0)=(2m-1)^2(2m-3)^2f^{(2m-3)}(0)=\cdots$$

$$=(2m-1)^2(2m-3)^2\cdots3^2\cdot1^2f'(0)=(2m-1)^2(2m-3)^2\cdots3^2\cdot1^2$$ ⬅ $\boldsymbol{f'(0)=1}$

よって

$$\frac{f^{(2m+1)}(0)}{(2m+1)!}=\frac{1^2\cdot3^2\cdots(2m-3)^2\cdot(2m-1)^2}{1\cdot2\cdot3\cdot4\cdots(2m)\cdot(2m+1)}$$

$$=\frac{1\cdot3\cdots(2m-3)\cdot(2m-1)}{2\cdot4\cdots(2m)}\cdot\frac{1}{2m+1}=\frac{(2m-1)!!}{(2m)!!}\cdot\frac{1}{2m+1}$$

以上より，$f(x)$ のマクローリン級数は

$$f(x)=x+\frac{1}{2}\cdot\frac{x^3}{3}+\frac{1\cdot3}{2\cdot4}\cdot\frac{x^5}{5}+\cdots+\frac{(2m-1)!!}{(2m)!!}\cdot\frac{x^{2m+1}}{2m+1}+\cdots$$

【参考】　$f(x)=\sin^{-1}x$ とすると

$$f'(x)=\frac{1}{\sqrt{1-x^2}}=(1-x^2)^{-\frac{1}{2}},\ f''(x)=-\frac{1}{2}(1-x^2)^{-\frac{3}{2}}(-2x)=\frac{x}{(1-x^2)\sqrt{1-x^2}}$$

であるから

$$(1-x^2)f''(x)=\frac{x}{\sqrt{1-x^2}}=xf'(x)$$

であり，さらに $f(0)=0$，$f'(0)=1$ を満たしている。

すなわち，本問の $f(x)$ とは $f(x)=\sin^{-1}x$ のことであり，したがって

$$\sin^{-1}x=x+\frac{1}{2}\cdot\frac{x^3}{3}+\frac{1\cdot3}{2\cdot4}\cdot\frac{x^5}{5}+\cdots+\frac{(2m-1)!!}{(2m)!!}\cdot\frac{x^{2m+1}}{2m+1}+\cdots$$

であることが分かる。

過去問研究 1 − 4（最大・最小）

以下の設問に答えよ。

(1)　$x>0$ の範囲で3つの関数 $f(x)=x-1$，$g(x)=\log x$，$h(x)=-\dfrac{1}{ex}$ を考える。ただし，$\log x$ は自然対数，e は自然対数の底である。すべての $x>0$ について，$f(x)\geqq g(x)\geqq h(x)$ を示せ。また，$f(x)\geqq g(x)$，$g(x)\geqq h(x)$ の2つの不等式それぞれについて，等号の成立する x の値を求めよ。

(2)　$a_i>-1$ $(i=1,\ 2,\ 3,\ \cdots)$ を満たす任意の数列 $\{a_i\}$ と任意の n に対して，

$$\left(\sum_{i=1}^{n}a_i\right)\prod_{i=1}^{n}(1+a_i)>-\frac{1}{e}$$

を示せ。ただし，$\displaystyle\prod_{i=1}^{n}(1+a_i)$ は n 個の実数 $1+a_1,\ \cdots,\ 1+a_n$ をかけた数を表す。

(3)　$a_i=t$ $(i=1,\ \cdots,\ n,\ t>-1)$ のとき，$\displaystyle\left(\sum_{i=1}^{n}a_i\right)\prod_{i=1}^{n}(1+a_i)$ を最小にする t の値と最小値を n を用いて表せ。

(4)　設問(2)の不等式で，右辺の $-\dfrac{1}{e}$ をより大きな数（n によらない）に変えても，$a_i>-1$ $(i=1,\ 2,\ 3,\ \cdots)$ を満たす任意の数列 $\{a_i\}$ と任意の n に対して，この不等式が成立するか。理由をつけて答えよ。

〈大阪大学〉

解 説　一見難しそうに見えるが，特に難しい問題ではない。落ち着いて各設問に答えていけばよい。本問も高校数学の範囲である。

解 答　(1)　$F(x)=f(x)-g(x)=x-1-\log x$ とおくと

$$F'(x)=1-\frac{1}{x}=\frac{x-1}{x}$$

x	(0)	$\cdots$	1	$\cdots$
$F'(x)$		$-$	0	$+$
$F(x)$		↘	0	↗

$\therefore$　$F(x)\geqq 0$　　すなわち，$f(x)\geqq g(x)$

等号成立の条件は，$x=1$

同様に

$G(x)=g(x)-h(x)=\log x+\dfrac{1}{ex}$ とおくと

$$G'(x)=\frac{1}{x}-\frac{1}{ex^2}=\frac{ex-1}{ex^2}$$

x	(0)	$\cdots$	$\frac{1}{e}$	$\cdots$
$G'(x)$		$-$	0	$+$
$G(x)$		↘	0	↗

$\therefore\quad G(x)\geqq 0$　　すなわち，$g(x)\geqq h(x)$

等号成立の条件は，$x=\dfrac{1}{e}$

(2)　$f(x)\geqq g(x)$ より，$f(1+a_i)\geqq g(1+a_i)$　　$\therefore\quad a_i\geqq\log(1+a_i)$

$$\therefore\quad \sum_{i=1}^{n}a_i\geqq\sum_{i=1}^{n}\log(1+a_i)=\log\left(\prod_{i=1}^{n}(1+a_i)\right)\quad\cdots\cdots①$$

等号成立の条件は，(1)の計算に注意して

$$1+a_1=\cdots=1+a_n=1\qquad すなわち，a_1=\cdots=a_n=0$$

また，$g(x)\geqq h(x)$ より，$\log\left(\displaystyle\prod_{i=1}^{n}(1+a_i)\right)\geqq-\dfrac{1}{e\displaystyle\prod_{i=1}^{n}(1+a_i)}$　$\cdots\cdots②$

等号成立の条件は，(1)の計算に注意して，$\displaystyle\prod_{i=1}^{n}(1+a_i)=\frac{1}{e}$

①，②より，等号は成立することなく

$$\sum_{i=1}^{n}a_i>-\frac{1}{e\displaystyle\prod_{i=1}^{n}(1+a_i)}\qquad\therefore\quad\left(\sum_{i=1}^{n}a_i\right)\prod_{i=1}^{n}(1+a_i)>-\frac{1}{e}$$

(3)　$a_i=t$ ($i=1,\ \cdots,\ n,\ t>-1$) のとき

$$\left(\sum_{i=1}^{n}a_i\right)\prod_{i=1}^{n}(1+a_i)=nt\cdot(1+t)^n$$

$\varphi(t)=nt\cdot(1+t)^n$ とおくと

$$\begin{aligned}\varphi'(t)&=n\cdot(1+t)^n+nt\cdot n(1+t)^{n-1}\\&=n\{(1+t)+nt\}(1+t)^{n-1}\\&=n\{(n+1)t+1\}(1+t)^{n-1}\end{aligned}$$

t	(-1)	$\cdots$	$-\frac{1}{n+1}$	$\cdots$
$\varphi'(t)$		$-$	0	$+$
$\varphi(t)$		↘	$-\left(\frac{n}{n+1}\right)^{n+1}$	↗

よって，$t=-\dfrac{1}{n+1}$ のとき最小値 $-\left(\dfrac{n}{n+1}\right)^{n+1}$ をとる。

(4)　成立しない。

（理由）　$\displaystyle\lim_{n\to\infty}\left\{-\left(\frac{n}{n+1}\right)^{n+1}\right\}=-\lim_{n\to\infty}\frac{1}{1+\frac{1}{n}}\cdot\frac{1}{\left(1+\frac{1}{n}\right)^n}=-\frac{1}{e}$ であり，数列 $\{a_i\}$ を(3)のように定め，n を十分大きくとれば，左辺のとりうる値の最小値をいくらでも $-\dfrac{1}{e}$ に近づけることができるから。

第2章

積　分　法

2.1　不定積分

〔目標〕　不定積分の基本とやや難しい不定積分の計算について学習する。

（1）　不定積分または原始関数

不定積分または原始関数

関数 $f(x)$ に対して $F'(x)=f(x)$ を満たす関数 $F(x)$ を $f(x)$ の**不定積分**または**原始関数**といい，$\int f(x)dx$ と表す。

（注）　不定積分または原始関数とは「微分したら積分の中の関数になるもの」のことである。なお，“不定積分”と“原始関数”とは同一物である。不定積分と原始関数が同一であることの発見，実はこれこそが微積分学の核心なのであるが，ここでは立ち入らない。

【例1】　$\int \frac{1}{x}dx=\log|x|+C$　（C は積分定数）　⬅ $(\log|x|)'=\frac{1}{x}$

問 1　次の不定積分を答えよ。

(1) $\int \cos 2x\,dx$　　(2) $\int \frac{1}{1+x^2}dx$　　(3) $\int \frac{x}{1+x^2}dx$

（解）　以下，C は積分定数を表す。（今後，特に断らないことが多い）

(1) $\int \cos 2x\,dx=\frac{1}{2}\sin 2x+C$　⬅ $(\sin 2x)'=2\cos 2x$

(2) $\int \frac{1}{1+x^2}dx=\tan^{-1}x+C$　⬅ $(\tan^{-1}x)'=\frac{1}{1+x^2}$

(3) $\int \frac{x}{1+x^2}dx=\frac{1}{2}\log(1+x^2)+C$　⬅ $\{\log(1+x^2)\}'=\frac{2x}{1+x^2}$　□

(2) 部分積分法と置換積分法

不定積分の計算とは，単に「微分したら積分の中の関数になるもの」を見つける作業であるが，少し複雑な式になればそう簡単に答えは思い浮かばない。そこで強力な助っ人を紹介しよう。**部分積分法**と**置換積分法**の 2 つが重要公式である。

[定理]（部分積分法）

$$\int f(x)g(x)\,dx = f(x)G(x) - \int f'(x)G(x)\,dx$$

ここで，$G(x)$ は $g(x)$ の不定積分の 1 つ。

【例 2】 $\int x\cdot\cos x\,dx = x\cdot\sin x - \int 1\cdot\sin x\,dx = x\sin x + \cos x + C$

（注） 部分積分法ではまず微分役と積分役を判断するが，最初は少し難しい。

問 2 不定積分 $\int x\log x\,dx$ を計算せよ。

（解） $\int x\cdot\log x\,dx = \frac{x^2}{2}\cdot\log x - \int \frac{x^2}{2}\cdot\frac{1}{x}dx = \frac{1}{2}x^2\log x - \frac{1}{4}x^2 + C$ □

[定理]（置換積分法）

$$\int f(g(x))g'(x)\,dx = \int f(t)\,dt$$

（注） このように公式を書いただけでは使い勝手が悪い。ポイントは dx と dt の変換規則であるから，その部分を強調して書けば次のようになる。

$g(x) = t$ ならば，$g'(x)dx = dt$

次のように書いても同じことである。

$x = h(t)$ ならば，$dx = h'(t)dt$

あるいは 1 つの式で次のように書くこともできる。

$g(x) = h(t)$ ならば，$g'(x)dx = h'(t)dt$

問 3 不定積分 $I = \int \frac{1}{(\log x + 1)x}dx$ を計算せよ。

（解） $\log x + 1 = t$ とおくと，$\frac{1}{x}dx = dt$

$\therefore\ I = \int \frac{1}{t}dt = \log|t| + C = \log|\log x + 1| + C$ □

（3）　やや難しい不定積分

最後に，やや難しい積分の計算法についてまとめておく。

Ⅰ．有理関数の積分

有理関数 $f(x)$ の不定積分は，$f(x)$ を**部分分数分解**することによって計算する。暗算で部分分数分解できない場合は恒等式を利用する。

【例 1】 $$\int \frac{1}{(x-1)(x+2)}dx=\int \frac{1}{3}\left(\frac{1}{x-1}-\frac{1}{x+2}\right)dx$$
$$=\frac{1}{3}(\log|x-1|-\log|x+2|)+C=\frac{1}{3}\log\left|\frac{x-1}{x+2}\right|+C$$

【例 2】 $$\int \frac{x^2}{x^2+1}dx=\int\left(1-\frac{1}{x^2+1}\right)dx$$
$$=x-\tan^{-1}x+C$$

Ⅱ．三角関数の積分

三角関数の積分はいろいろな式変形をして計算することが多いが，以下に示すような特殊な置換が必要となる場合がある。

$$\tan\frac{x}{2}=t$$ ⬅ **これだけ覚える！**

とおく。このとき

$$\frac{1}{2}\cdot\frac{1}{\cos^2\frac{x}{2}}dx=dt \text{ より，}\ \frac{1}{2}\left(1+\tan^2\frac{x}{2}\right)dx=dt$$

$$\therefore\ \ \frac{1}{2}(1+t^2)dx=dt \qquad \text{よって，}\ dx=\frac{2}{1+t^2}dt$$ ⬅ **これは覚えなくてよい**

また

$$\sin x=2\sin\frac{x}{2}\cos\frac{x}{2}=2\tan\frac{x}{2}\cos^2\frac{x}{2}=2\tan x\cdot\frac{1}{1+\tan^2\frac{x}{2}}=\frac{2t}{1+t^2}$$

$$\cos x=2\cos^2\frac{x}{2}-1=2\cdot\frac{1}{1+\tan^2\frac{x}{2}}-1=\frac{2}{1+t^2}-1=\frac{1-t^2}{1+t^2}$$

すなわち，$\sin x=\dfrac{2t}{1+t^2}$，$\cos x=\dfrac{1-t^2}{1+t^2}$ ⬅ **これも覚えなくてよい**

（注） 初めの置換の仕方（何を t とおくか）だけを覚えて，dx や $\sin x$，$\cos x$ を t で表す式は自分ですぐに導けるようにしておくこと。

問 4　不定積分 $I=\int\frac{1}{2+\cos x}dx$ を計算せよ。

（解）　$\tan\frac{x}{2}=t$ とおくと，$dx=\frac{2}{1+t^2}dt$，$\cos x=\frac{1-t^2}{1+t^2}$

であるから

$$I=\int\frac{1}{2+\cos x}dx=\int\frac{1}{2+\frac{1-t^2}{1+t^2}}\cdot\frac{2}{1+t^2}dt=\int\frac{2}{2(1+t^2)+1-t^2}dt$$

$$=\int\frac{2}{3+t^2}dt=\frac{2}{3}\int\frac{1}{1+\left(\frac{t}{\sqrt{3}}\right)^2}dt=\frac{2\sqrt{3}}{3}\tan^{-1}\frac{t}{\sqrt{3}}+C$$

$$=\frac{2\sqrt{3}}{3}\tan^{-1}\left(\frac{\tan\frac{x}{2}}{\sqrt{3}}\right)+C$$

□

Ⅲ．無理関数の積分

無理関数を含む積分は一般には初等関数で表すことはできない。ここでは，無理関数部分が簡単な場合についてのみ述べる。適当な変数変換によって有理関数の積分に帰着させる。以下，$f(u,\ v)$ を $u,\ v$ の有理関数とする。特に注意すべき形としては以下のものがある。具体的な計算は例題および演習問題で練習する。

（Ⅰ）　$f(x,\ \sqrt{ax^2+bx+c})$（$a>0$）の不定積分：

$\sqrt{ax^2+bx+c}=t-\sqrt{a}\,x$ とおく。

（Ⅱ）　$f(x,\ \sqrt{ax^2+bx+c})$（$a<0$）の不定積分：

$ax^2+bx+c=0$ の解を $\alpha,\ \beta$（$\alpha<\beta$）とするとき（**（注）**　このとき，$\alpha<x<\beta$）

$\sqrt{\frac{a(x-\beta)}{x-\alpha}}=t$ とおく。

（Ⅲ）　$f(x,\ \sqrt{a^2-x^2})$，$f(x,\ \sqrt{x^2-a^2})$，$f(x,\ \sqrt{x^2+a^2})$ の不定積分：

置き換えはそれぞれ次のようになる。

①　$f(x,\ \sqrt{a^2-x^2})$ の場合：$x=a\sin t$

②　$f(x,\ \sqrt{x^2-a^2})$ の場合：$x=a\frac{1}{\cos t}$

③　$f(x,\ \sqrt{x^2+a^2})$ の場合：$x=a\tan t$

とおく。

例題 1（不定積分の基本①）

次の不定積分を求めよ。

(1) $\displaystyle\int\frac{1}{x(x+2)}dx$　(2) $\displaystyle\int\frac{x-1}{x^3+1}dx$　(3) $\displaystyle\int\frac{1}{\cos x}dx$

(4) $\displaystyle\int\tan^3 x\,dx$　(5) $\displaystyle\int\log(x+1)\,dx$　(6) $\displaystyle\int\frac{1}{e^x+1}dx$

解説 まずは高校範囲の不定積分の計算について確認しておこう。本書は高校数学の習得を仮定してはいるが，すべて簡単にこなせるかどうか力試しをしてみよう。

解答 (1) $\displaystyle\int\frac{1}{x(x+2)}dx=\frac{1}{2}\int\frac{(x+2)-x}{x(x+2)}dx$

$$=\frac{1}{2}\int\left(\frac{1}{x}-\frac{1}{x+2}\right)dx$$ ⬅ ただちに積分が分かる式へ部分分数分解する

$$=\frac{1}{2}(\log|x|-\log|x+2|)+C=\frac{1}{2}\log\left|\frac{x}{x+2}\right|+C$$ ……〔答〕

(2) $x^3+1=(x+1)(x^2-x+1)$ に注意して

$$\frac{x-1}{(x+1)(x^2-x+1)}=\frac{a}{x+1}+\frac{bx+c}{x^2-x+1}$$

とおくと

$$x-1=a(x^2-x+1)+(bx+c)(x+1)$$

$$\therefore\quad x-1=(a+b)x^2+(-a+b+c)x+(a+c)$$

これが x の恒等式であるための条件は

$$a+b=0,\ -a+b+c=1,\ a+c=-1$$

これを解くと

$$a=-\frac{2}{3},\ b=\frac{2}{3},\ c=-\frac{1}{3}$$ ⬅ 恒等式の活用を思い出す

よって

$$\int\frac{x-1}{x^3+1}dx=\int\frac{x-1}{(x+1)(x^2-x+1)}dx$$

$$=\int\left(-\frac{2}{3}\cdot\frac{1}{x+1}+\frac{1}{3}\cdot\frac{2x-1}{x^2-x+1}\right)dx$$

$$=-\frac{2}{3}\log|x+1|+\frac{1}{3}\log(x^2-x+1)+C$$ ……〔答〕

(3) $\displaystyle\int\frac{1}{\cos x}dx=\int\frac{\cos x}{\cos^2 x}dx=\int\frac{\cos x}{1-\sin^2 x}dx$

$\displaystyle=\int\frac{1}{2}\left(\frac{\cos x}{1+\sin x}+\frac{\cos x}{1-\sin x}\right)dx$ ⬅ **ただちに積分が分かる式へ部分分数分解する**

$\displaystyle=\frac{1}{2}\{\log(1+\sin x)-\log(1-\sin x)\}+C$

$\displaystyle=\frac{1}{2}\log\frac{1+\sin x}{1-\sin x}+C$ ……〔答〕

(4) $\displaystyle\int\tan^3 x\,dx=\int\tan x\cdot\tan^2 x\,dx$

$\displaystyle=\int\tan x\cdot\left(\frac{1}{\cos^2 x}-1\right)dx$ ⬅ **公式：$\tan^2 x+1=\dfrac{1}{\cos^2 x}$**

$\displaystyle=\int\left(\tan x\cdot\frac{1}{\cos^2 x}-\tan x\right)dx=\int\left(\tan x\cdot\frac{1}{\cos^2 x}-\frac{\sin x}{\cos x}\right)dx$

$\displaystyle=\frac{1}{2}\tan^2 x+\log|\cos x|+C$ ……〔答〕

(5) $\displaystyle\int\log(x+1)\,dx=\int 1\cdot\log(x+1)\,dx$

$\displaystyle=(x+1)\cdot\log(x+1)-\int(x+1)\cdot\frac{1}{x+1}dx$ ⬅ **部分積分法（1 の積分もいろいろ）**

$\displaystyle=(x+1)\cdot\log(x+1)-\int 1dx=(x+1)\log(x+1)-x+C$ ……〔答〕

［別解］ 1 の不定積分をどのように選んでも結果は同じになる。

$\displaystyle\int\log(x+1)\,dx=\int 1\cdot\log(x+1)\,dx$

$\displaystyle=x\cdot\log(x+1)-\int x\cdot\frac{1}{x+1}dx$

$\displaystyle=x\cdot\log(x+1)-\int\left(1-\frac{1}{x+1}\right)dx$

$=x\log(x+1)-x+\log(x+1)+C=(x+1)\log(x+1)-x+C$

(6) $e^x=t$ とおくと，$e^x dx=dt$ ⬅ **置換積分法**

$\displaystyle\int\frac{1}{e^x+1}dx=\int\frac{1}{(e^x+1)e^x}e^x dx=\int\frac{1}{(t+1)t}dt=\int\left(\frac{1}{t}-\frac{1}{t+1}\right)dt$

$=\log|t|-\log|t+1|+C$

$\displaystyle=\log\left|\frac{t}{t+1}\right|+C=\log\left|\frac{e^x}{e^x+1}\right|+C=\log\frac{e^x}{e^x+1}+C$ ……〔答〕

例題 2（不定積分の基本②）

次の不定積分を求めよ。

(1) $\displaystyle\int x\tan^{-1}x\,dx$　(2) $\displaystyle\int \sin^{-1}x\,dx$　(3) $\displaystyle\int\frac{x^2}{x^2+1}dx$

(4) $\displaystyle\int\frac{x^2}{(x^2+1)^2}dx$　(5) $\displaystyle\int\frac{1}{x^2+2x+5}dx$　(6) $\displaystyle\int\frac{1}{x^2-x+1}dx$

(7) $\displaystyle\int\frac{\log(x^2+1)}{x^2}dx$　(8) $\displaystyle\int\frac{1}{\sqrt{2-2x-x^2}}dx$

解説　計算の仕方は前の例題と同じであるが，今度は高校では習わない逆三角関数が登場する不定積分を練習してみよう。逆三角関数が現れること以外は高校の復習に過ぎない。以下の導関数の公式を思い出そう。

$$(\sin^{-1}x)'=\frac{1}{\sqrt{1-x^2}},\quad (\cos^{-1}x)'=-\frac{1}{\sqrt{1-x^2}},\quad (\tan^{-1}x)'=\frac{1}{1+x^2}$$

解答　(1) $\displaystyle\int x\tan^{-1}x\,dx=\frac{x^2}{2}\tan^{-1}x-\int\frac{x^2}{2}\cdot\frac{1}{1+x^2}dx$　⬅ 部分積分法

$$=\frac{x^2}{2}\tan^{-1}x-\int\frac{1}{2}\left(1-\frac{1}{1+x^2}\right)dx$$

$$=\frac{x^2}{2}\tan^{-1}x-\frac{1}{2}(x-\tan^{-1}x)+C$$

$$=\frac{x^2+1}{2}\tan^{-1}x-\frac{1}{2}x+C\quad\cdots\cdots〔答〕$$

(2) $\displaystyle\int\sin^{-1}x\,dx=\int 1\cdot\sin^{-1}x\,dx$

$$=x\cdot\sin^{-1}x-\int x\cdot\frac{1}{\sqrt{1-x^2}}dx$$　⬅ 部分積分法

$$=x\sin^{-1}x+\sqrt{1-x^2}+C\quad\cdots\cdots〔答〕$$

(注)　$\displaystyle(\sqrt{1-x^2})'=\{(1-x^2)^{\frac{1}{2}}\}'=\frac{1}{2}(1-x^2)^{-\frac{1}{2}}\cdot(-2x)=-\frac{x}{\sqrt{1-x^2}}$

(3) $\displaystyle\int\frac{x^2}{x^2+1}dx=\int\left(1-\frac{1}{x^2+1}\right)dx=x-\tan^{-1}x+C\quad\cdots\cdots〔答〕$

(4) $\displaystyle\int\frac{x^2}{(x^2+1)^2}dx=\int x\cdot\frac{x}{(x^2+1)^2}dx$

$$=x\cdot\left(-\frac{1}{2}\frac{1}{x^2+1}\right)-\int 1\cdot\left(-\frac{1}{2}\frac{1}{x^2+1}\right)dx$$　⬅ 部分積分法

$$=-\frac{1}{2}\frac{x}{x^2+1}+\frac{1}{2}\int\frac{1}{x^2+1}dx$$

$$=\frac{1}{2}\left(-\frac{x}{x^2+1}+\tan^{-1}x\right)+C \quad \cdots\cdots〔答〕$$

(5) $$\int\frac{1}{x^2+2x+5}dx=\int\frac{1}{(x+1)^2+4}dx$$

$$=\frac{1}{4}\int\frac{1}{\left(\frac{x+1}{2}\right)^2+1}dx$$

$$=\frac{1}{4}\cdot 2\tan^{-1}\frac{x+1}{2}+C=\frac{1}{2}\tan^{-1}\frac{x+1}{2}+C \quad \cdots\cdots〔答〕$$

(6) $$\int\frac{1}{x^2-x+1}dx=\int\frac{1}{\left(x-\frac{1}{2}\right)^2+\frac{3}{4}}dx$$

$$=\frac{1}{\frac{3}{4}}\int\frac{1}{\frac{4}{3}\left(x-\frac{1}{2}\right)^2+1}dx$$

$$=\frac{4}{3}\int\frac{1}{\left\{\frac{2}{\sqrt{3}}\left(x-\frac{1}{2}\right)\right\}^2+1}dx=\frac{4}{3}\int\frac{1}{\left(\frac{2x-1}{\sqrt{3}}\right)^2+1}dx$$

$$=\frac{4}{3}\cdot\frac{\sqrt{3}}{2}\tan^{-1}\frac{2x-1}{\sqrt{3}}+C=\frac{2\sqrt{3}}{3}\tan^{-1}\frac{2x-1}{\sqrt{3}}+C \quad \cdots\cdots〔答〕$$

(7) $$\int\frac{\log(x^2+1)}{x^2}dx=\int\frac{1}{x^2}\cdot\log(x^2+1)\,dx$$

$$=\left(-\frac{1}{x}\right)\cdot\log(x^2+1)-\int\left(-\frac{1}{x}\right)\cdot\frac{2x}{x^2+1}dx$$ ⬅ 部分積分法

$$=-\frac{1}{x}\log(x^2+1)+2\int\frac{1}{x^2+1}dx$$

$$=-\frac{1}{x}\log(x^2+1)+2\tan^{-1}x+C \quad \cdots\cdots〔答〕$$

(8) $$\int\frac{1}{\sqrt{2-2x-x^2}}dx=\int\frac{1}{\sqrt{3-(x+1)^2}}dx$$

$$=\frac{1}{\sqrt{3}}\int\frac{1}{\sqrt{1-\left(\frac{x+1}{\sqrt{3}}\right)^2}}dx=\sin^{-1}\frac{x+1}{\sqrt{3}}+C \quad \cdots\cdots〔答〕$$

例題 3 (有理関数の積分)

次の不定積分を求めよ。

(1) $\displaystyle\int\frac{1}{x^4-1}dx$　　(2) $\displaystyle\int\frac{x}{x^4+x^2+1}dx$　　(3) $\displaystyle\int\frac{1}{x^3+1}dx$

解説 ここでは有理関数の積分で，少し難しめのものを練習してみよう。部分分数分解により，簡単な積分に分解して計算していく。

解答 (1) $\displaystyle\int\frac{1}{x^4-1}dx=\int\frac{1}{(x^2+1)(x^2-1)}dx$

$$=\int\frac{1}{2}\left(\frac{1}{x^2-1}-\frac{1}{x^2+1}\right)dx$$ ⬅ **単純な式へと部分分数分解（暗算で十分）**

$$=\int\frac{1}{2}\left(\frac{1}{(x+1)(x-1)}-\frac{1}{x^2+1}\right)dx$$

$$=\int\frac{1}{2}\left\{\frac{1}{2}\left(\frac{1}{x-1}-\frac{1}{x+1}\right)-\frac{1}{x^2+1}\right\}dx$$

$$=\frac{1}{4}(\log|x-1|-\log|x+1|)-\frac{1}{2}\tan^{-1}x+C$$

$$=\frac{1}{4}\log\left|\frac{x-1}{x+1}\right|-\frac{1}{2}\tan^{-1}x+C$$ ……〔答〕

(2) $\displaystyle\int\frac{x}{x^4+x^2+1}dx=\int\frac{x}{(x^2+1)^2-x^2}dx=\int\frac{x}{(x^2+x+1)(x^2-x+1)}dx$

$$=\frac{1}{2}\int\left(\frac{1}{x^2-x+1}-\frac{1}{x^2+x+1}\right)dx$$

$$=\frac{1}{2}\int\left(\frac{1}{\left(x-\frac{1}{2}\right)^2+\frac{3}{4}}-\frac{1}{\left(x+\frac{1}{2}\right)^2+\frac{3}{4}}\right)dx$$

$$=\frac{1}{2}\cdot\frac{1}{\frac{3}{4}}\int\left(\frac{1}{\frac{4}{3}\left(x-\frac{1}{2}\right)^2+1}-\frac{1}{\frac{4}{3}\left(x+\frac{1}{2}\right)^2+1}\right)dx$$

$$=\frac{2}{3}\int\left(\frac{1}{\left(\frac{2x-1}{\sqrt{3}}\right)^2+1}-\frac{1}{\left(\frac{2x+1}{\sqrt{3}}\right)^2+1}\right)dx$$

$$=\frac{\sqrt{3}}{3}\left(\tan^{-1}\frac{2x-1}{\sqrt{3}}-\tan^{-1}\frac{2x+1}{\sqrt{3}}\right)+C$$ ……〔答〕

(3) $\displaystyle\int\frac{1}{x^3+1}dx=\int\frac{1}{(x+1)(x^2-x+1)}dx$

そこで

$$\frac{1}{x^3+1}=\frac{a}{x+1}+\frac{bx+c}{x^2-x+1}$$

とおくと

$$1=a(x^2-x+1)+(bx+c)(x+1)$$

$$\therefore\quad 1=(a+b)x^2+(-a+b+c)x+(a+c)$$ ← 恒等式

よって

$$a+b=0,\quad -a+b+c=0,\quad a+c=1$$

を解くと

$$a=\frac{1}{3},\quad b=-\frac{1}{3},\quad c=\frac{2}{3}$$

したがって

$$\int\frac{1}{x^3+1}dx=\int\left(\frac{1}{3}\frac{1}{x+1}-\frac{1}{3}\frac{x-2}{x^2-x+1}\right)dx$$

$$=\int\left(\frac{1}{3}\frac{1}{x+1}-\frac{1}{6}\frac{2x-4}{x^2-x+1}\right)dx$$ ← 積分が分かる式へとさらに分解していく

$$=\int\left(\frac{1}{3}\frac{1}{x+1}-\frac{1}{6}\frac{(2x-1)-3}{x^2-x+1}\right)dx$$

$$=\int\left(\frac{1}{3}\frac{1}{x+1}-\frac{1}{6}\frac{2x-1}{x^2-x+1}+\frac{1}{2}\frac{1}{x^2-x+1}\right)dx$$

$$=\int\left(\frac{1}{3}\frac{1}{x+1}-\frac{1}{6}\frac{2x-1}{x^2-x+1}+\frac{1}{2}\frac{1}{\left(x-\frac{1}{2}\right)^2+\frac{3}{4}}\right)dx$$

$$=\int\left(\frac{1}{3}\frac{1}{x+1}-\frac{1}{6}\frac{2x-1}{x^2-x+1}+\frac{1}{2}\frac{1}{\frac{3}{4}}\frac{1}{\frac{4}{3}\left(x-\frac{1}{2}\right)^2+1}\right)dx$$

$$=\int\left(\frac{1}{3}\frac{1}{x+1}-\frac{1}{6}\frac{2x-1}{x^2-x+1}+\frac{2}{3}\frac{1}{\left(\frac{2x-1}{\sqrt{3}}\right)^2+1}\right)dx$$

$$=\frac{1}{3}\log|x+1|-\frac{1}{6}\log(x^2-x+1)+\frac{\sqrt{3}}{3}\tan^{-1}\frac{2x-1}{\sqrt{3}}+C$$

$$=\frac{1}{6}\log\frac{(x+1)^2}{x^2-x+1}+\frac{\sqrt{3}}{3}\tan^{-1}\frac{2x-1}{\sqrt{3}}+C$$ ……〔答〕

例題 4（三角関数の積分）

次の不定積分を計算せよ。

(1) $\displaystyle\int\frac{1}{1+\sin x}dx$　　　(2) $\displaystyle\int\frac{1}{2+\sin x}dx$

解説　三角関数の積分はたいていの場合，式変形を適当に工夫して計算するが，知らないと思い浮かばない特殊な置換が必要となるときがある。

$\tan\dfrac{x}{2}=t$ とおくとき

$$dx=\frac{2}{1+t^2}dt,\ \sin x=\frac{2t}{1+t^2},\ \cos x=\frac{1-t^2}{1+t^2}$$

暗記するのは初めの置き換えだけで，その他の 3 つの式は自分ですぐに導けるようにしておくことが大切である。

解答　(1) $\displaystyle\int\frac{1}{1+\sin x}dx=\int\frac{1-\sin x}{1-\sin^2 x}dx=\int\frac{1-\sin x}{\cos^2 x}dx$

$$=\int\left(\frac{1}{\cos^2 x}-\frac{\sin x}{\cos^2 x}\right)dx$$

$$=\tan x-\frac{1}{\cos x}+C$$ ……〔答〕　　（注）$\left(\dfrac{1}{\cos x}\right)'=\dfrac{\sin x}{\cos^2 x}$

［別解］　$\tan\dfrac{x}{2}=t$ とおくと，$\sin x=\dfrac{2t}{1+t^2}$，$dx=\dfrac{2}{1+t^2}dt$

よって

$$\int\frac{1}{1+\sin x}dx=\int\frac{1}{1+\dfrac{2t}{1+t^2}}\cdot\frac{2}{1+t^2}dt$$

$$=\int\frac{1+t^2}{1+t^2+2t}\cdot\frac{2}{1+t^2}dt$$

$$=\int\frac{2}{(1+t)^2}dt=-\frac{2}{1+t}+C=-\frac{2}{1+\tan\dfrac{x}{2}}+C$$ ……〔答〕

【参考】　2 つの答えが同じであることのチェック：

計算の仕方が変われば答えの外見が変わるのはよくあることだが，2 つの答えが同じだということを確認するにはやや実力を要する。三角関数の計算ができることと積分定数の意味が理解できていることが必要になる。

それでは最初の答えと別解の答えが同じであることを確かめてみよう。

$$\tan x-\frac{1}{\cos x}=\frac{\sin x-1}{\cos x}$$

$$=\frac{\sin\left(2\cdot\frac{x}{2}\right)-1}{\cos\left(2\cdot\frac{x}{2}\right)}=\frac{2\sin\frac{x}{2}\cos\frac{x}{2}-1}{\cos^2\frac{x}{2}-\sin^2\frac{x}{2}}$$

$$=\frac{-\left(\cos\frac{x}{2}-\sin\frac{x}{2}\right)^2}{\left(\cos\frac{x}{2}+\sin\frac{x}{2}\right)\left(\cos\frac{x}{2}-\sin\frac{x}{2}\right)}=\frac{-\left(\cos\frac{x}{2}-\sin\frac{x}{2}\right)}{\cos\frac{x}{2}+\sin\frac{x}{2}}$$

$$=\frac{-\left(1-\tan\frac{x}{2}\right)}{1+\tan\frac{x}{2}}=\frac{\left(1+\tan\frac{x}{2}\right)-2}{1+\tan\frac{x}{2}}$$

$$=-\frac{2}{1+\tan\frac{x}{2}}+1$$

よって

$\tan x-\dfrac{1}{\cos x}$ と $-\dfrac{2}{1+\tan\frac{x}{2}}$ とは定数の違いを除いて同一である。

(2) $\tan\dfrac{x}{2}=t$ とおくと，$\sin x=\dfrac{2t}{1+t^2}$，$dx=\dfrac{2}{1+t^2}dt$

であるから

$$\int\frac{1}{2+\sin x}dx=\int\frac{1}{2+\frac{2t}{1+t^2}}\cdot\frac{2}{1+t^2}dt=\int\frac{1+t^2}{2(1+t^2)+2t}\cdot\frac{2}{1+t^2}dt$$

$$=\int\frac{1}{t^2+t+1}dt=\int\frac{1}{\left(t+\frac{1}{2}\right)^2+\frac{3}{4}}dt=\frac{1}{\frac{3}{4}}\int\frac{1}{\frac{4}{3}\left(t+\frac{1}{2}\right)^2+1}dt$$

$$=\frac{4}{3}\int\frac{1}{\left(\frac{2t+1}{\sqrt{3}}\right)^2+1}dt=\frac{4}{3}\cdot\frac{\sqrt{3}}{2}\tan^{-1}\frac{2t+1}{\sqrt{3}}+C$$

$$=\frac{2\sqrt{3}}{3}\tan^{-1}\frac{2\tan\frac{x}{2}+1}{\sqrt{3}}+C$$ ……〔答〕

例題 5（無理関数の積分）

次の不定積分を計算せよ。

(1) $\displaystyle\int\frac{1}{\sqrt{x^2-1}}dx$　　(2) $\displaystyle\int\frac{1}{\sqrt{-x^2+3x-2}}dx$　　(3) $\displaystyle\int\frac{1}{\sqrt{4-x^2}}dx$

解説　無理関数を含む積分には，知っていないと思い浮かばないような特殊な置換がいくつか出てくる。具体的な計算を積み重ねながら習得していこう。なお，置換の方法は一通りとは限らない。

解答　(1) $\displaystyle\int\frac{1}{\sqrt{x^2-1}}dx$ において

$\sqrt{x^2-1}=t-x$　⬅ **この置き換えに注意!!**

とおくと

$$x^2-1=t^2-2tx+x^2 \qquad \therefore\quad x=\frac{t^2+1}{2t}$$
⬅ **x^2 が消えることに注意！**

これより

$$dx=\frac{2t\cdot 2t-(t^2+1)\cdot 2}{4t^2}dt=\frac{t^2-1}{2t^2}dt$$

また

$$\sqrt{x^2-1}=t-x=t-\frac{t^2+1}{2t}=\frac{t^2-1}{2t}$$

であるから

$$\int\frac{1}{\sqrt{x^2-1}}dx=\int\frac{2t}{t^2-1}\,\frac{t^2-1}{2t^2}dt=\int\frac{1}{t}dt=\log|t|+C$$
$$=\log|\sqrt{x^2-1}+x|+C \quad \cdots\cdots〔答〕$$

(2) $$\int\frac{1}{\sqrt{-x^2+3x-2}}dx=\int\frac{1}{\sqrt{-(x^2-3x+2)}}dx$$
$$=\int\frac{1}{\sqrt{-(x-1)(x-2)}}dx$$
$$=\int\frac{1}{\sqrt{(x-1)(2-x)}}dx=\int\frac{1}{2-x}\sqrt{\frac{2-x}{x-1}}\,dx \quad \cdots\cdots(*)$$

ここで

$\sqrt{\dfrac{2-x}{x-1}}=t$　⬅ **（＊）に変形してからのこの置き換えも要注意!!**

とおくと，$\dfrac{2-x}{x-1}=t^2 \qquad \therefore\quad 2-x=t^2(x-1)$

$$\therefore \quad (t^2+1)x=t^2+2 \qquad \therefore \quad x=\frac{t^2+2}{t^2+1}$$

これより

$$dx=\frac{2t\cdot(t^2+1)-(t^2+2)\cdot 2t}{(t^2+1)^2}dt=\frac{-2t}{(t^2+1)^2}dt$$

よって

$$\begin{aligned}(*)&=\int\frac{1}{2-x}\sqrt{\frac{2-x}{x-1}}\,dx\\&=\int\frac{1}{2-\dfrac{t^2+2}{t^2+1}}\cdot t\cdot\frac{-2t}{(t^2+1)^2}dt\\&=\int\frac{t^2+1}{t^2}\cdot t\cdot\frac{-2t}{(t^2+1)^2}dt=-2\int\frac{1}{1+t^2}dt\\&=-2\tan^{-1}t+C=-2\tan^{-1}\sqrt{\frac{2-x}{x-1}}+C \quad \cdots\cdots〔答〕\end{aligned}$$

(3) $\displaystyle\int\frac{1}{\sqrt{4-x^2}}dx$ において

$$\underset{\sim\sim\sim\sim}{x=2\sin t} \quad \left(-\frac{\pi}{2}<t<\frac{\pi}{2}\right)$$

とおくと，$dx=2\cos t\,dt$

よって

$$\int\frac{1}{\sqrt{4-x^2}}dx=\int\frac{1}{\sqrt{4(1-\sin^2 t)}}\cdot 2\cos t\,dt$$

$$=\int\frac{1}{\sqrt{4\cos^2 t}}\cdot 2\cos t\,dt$$

$$=\int\frac{1}{2\cos t}\cdot 2\cos t\,dt \quad \left(\because \quad -\frac{\pi}{2}<t<\frac{\pi}{2}\text{ より，}\cos t>0\right)$$

$$=\int 1\,dt=t+C=\sin^{-1}\frac{x}{2}+C \quad \cdots\cdots〔答〕$$

[別解]　この不定積分は置換積分を使わずに簡単に計算してもよい。

$$\int\frac{1}{\sqrt{4-x^2}}dx=\frac{1}{2}\int\frac{1}{\sqrt{1-\left(\dfrac{x}{2}\right)^2}}dx=\sin^{-1}\frac{x}{2}+C$$

ただし，上の置換積分の計算における t の範囲の確認は要注意である。

例題 6（不定積分と漸化式）

$I_n=\int(\log x)^n dx$ について，以下の問いに答えよ。

(1)　I_n を I_{n-1} で表せ。　　(2)　$\int(\log x)^3dx$，$\int(\log x)^4dx$ を求めよ。

解説　積分の計算への漸化式の利用も重要である。

解答　(1)　$I_n=\int 1\cdot(\log x)^n dx=x\cdot(\log x)^n-\int x\cdot n(\log x)^{n-1}\frac{1}{x}dx$

$=x(\log x)^n-n\int(\log x)^{n-1}dx=x(\log x)^n-nI_{n-1}$　……〔答〕

(2)　(1)で導いた漸化式を使って I_0 から順に求めていく。

$I_0=\int(\log x)^0dx=\int 1dx=x+C$，$I_1=x(\log x)-I_0=x(\log x-1)+C$

$I_2=x(\log x)^2-2I_1=x(\log x)^2-2x(\log x-1)+C$

$=x\{(\log x)^2-2\log x+2\}+C$

$I_3=x(\log x)^3-3I_2=x(\log x)^3-3x\{(\log x)^2-2\log x+2\}+C$

$=x\{(\log x)^3-3(\log x)^2+6\log x-6\}+C$　……〔答〕

$I_4=x(\log x)^4-4I_3$

$=x(\log x)^4-4x\{(\log x)^3-3(\log x)^2+6\log x-6\}+C$

$=x\{(\log x)^4-4(\log x)^3+12(\log x)^2-24\log x+24\}+C$　……〔答〕

【参考】　一般項 I_n を計算すると次のようになる。

漸化式 $I_k=x(\log x)^k-kI_{k-1}$ の両辺を $(-1)^kk!$ で割ることにより

$$\frac{I_k}{(-1)^kk!}-\frac{I_{k-1}}{(-1)^{k-1}(k-1)!}=(-1)^k\frac{1}{k!}x(\log x)^k$$

を得る。これを $k=1, 2, \cdots, n$ で足し合わせると

$$\frac{I_n}{(-1)^nn!}-I_0=x\sum_{k=1}^{n}(-1)^k\frac{1}{k!}(\log x)^k$$

よって，$I_0=x+C$ に注意して

$$I_n=(-1)^nn!x\left(\sum_{k=1}^{n}(-1)^k\frac{1}{k!}(\log x)^k+1\right)+C$$

$$=x\left(\sum_{k=1}^{n}(-1)^{n+k}\frac{n!}{k!}(\log x)^k+(-1)^nn!\right)+C$$

$$=x\{(\log x)^n-n(\log x)^{n-1}+\cdots+(-1)^{n+1}n!\log x+(-1)^nn!\}+C$$

■ 演習問題　2.1

▶解答は p. 254

1 次の不定積分を求めよ。

(1) $\displaystyle\int \sin^2 x\,dx$　(2) $\displaystyle\int \sin^3 x\,dx$　(3) $\displaystyle\int \cos 3x \cos 2x\,dx$

(4) $\displaystyle\int \frac{1}{\sin x}dx$　(5) $\displaystyle\int \tan^2 x\,dx$　(6) $\displaystyle\int \tan x\,dx$

2 次の不定積分を求めよ。

(1) $\displaystyle\int x\cos^2 x\,dx$　(2) $\displaystyle\int x^2 \log x\,dx$　(3) $\displaystyle\int \frac{x}{\cos^2 x}dx$

(4) $\displaystyle\int \frac{x^2}{\sqrt{1-x}}dx$　(5) $\displaystyle\int \frac{1}{1+\sqrt{x}}dx$　(6) $\displaystyle\int \frac{1}{x\sqrt{1+x^3}}dx$

3 次の不定積分を求めよ。

(1) $\displaystyle\int \cos^{-1} x\,dx$　(2) $\displaystyle\int \tan^{-1} x\,dx$　(3) $\displaystyle\int (\sin^{-1} x)^2 dx$

(4) $\displaystyle\int \frac{1}{x^2-2x+4}dx$　(5) $\displaystyle\int \frac{1}{\sqrt{-x^2+2x+2}}dx$　(6) $\displaystyle\int \frac{2x^2+x+1}{x(x^2+1)}dx$

4 次の不定積分を求めよ。

(1) $\displaystyle\int \frac{x}{x^2-2x+2}dx$　(2) $\displaystyle\int \frac{x}{x^3-1}dx$　(3) $\displaystyle\int \frac{\sqrt{x}}{(1+x)^2}dx$

5 次の不定積分を求めよ。

(1) $\displaystyle\int \frac{1}{2+\cos x}dx$　(2) $\displaystyle\int \frac{1}{3\sin x+4\cos x}dx$　(3) $\displaystyle\int \frac{1}{\sin x+\cos x}dx$

6 次の不定積分を求めよ。

(1) $\displaystyle\int \frac{1}{x\sqrt{x^2+1}}dx$　(2) $\displaystyle\int \frac{1}{\sqrt{x^2+1}}dx$　(3) $\displaystyle\int \frac{1}{(x^2+1)\sqrt{x^2+1}}dx$

(4) $\displaystyle\int \frac{x}{\sqrt{-x^2-x+2}}dx$　(5) $\displaystyle\int \frac{1}{\sqrt{-x^2+2x+3}}dx$　(6) $\displaystyle\int \frac{1}{x\sqrt{-x^2+2x+3}}dx$

2. 2　定積分

〔目標〕　定積分の計算力に磨きをかけることが第一の目標である。次に定積分の概念の理解を深める。

(1)　定積分の計算

定積分について，高校で学習した形で理解する。厳密な定義はここでは述べない。実は，積分の概念は面積の概念の深い反省と結びついているのであるが，微分積分の初等的な応用の範囲では積分の厳密な定義は不要である。

定積分

定積分は不定積分を用いて次のように定義される。

$$\int_a^b f(x)\,dx = \Big[F(x)\Big]_a^b = F(b) - F(a)$$

ここで，$F(x)$ は $f(x)$ の不定積分の1つを表す。

(注)　$f(x)$ が非負連続関数の場合，定積分

$$\int_a^b f(x)\,dx$$

は図のような面積 S を表す。

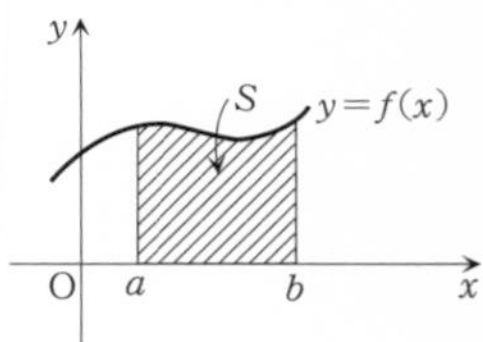

(証明)　図に示すような面積を $S(x)$ とおく。

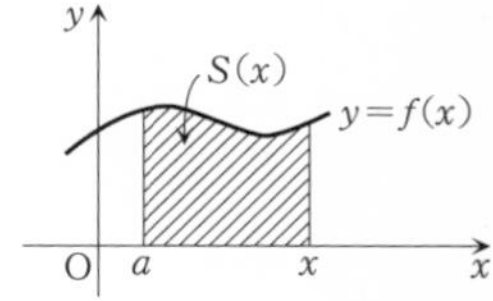

閉区間 $[x,\ x+h]$ における $f(x)$ の最大値を M，最小値を m とすると，面積の大小関係に注意して

$$m\cdot h \leqq S(x+h) - S(x) \leqq M\cdot h$$

$$\therefore\quad m \leqq \frac{S(x+h)-S(x)}{h} \leqq M$$

ここで，$\lim_{h\to 0} M = \lim_{h\to 0} m = f(x)$ であるから

$$\lim_{h\to 0}\frac{S(x+h)-S(x)}{h} = f(x)$$

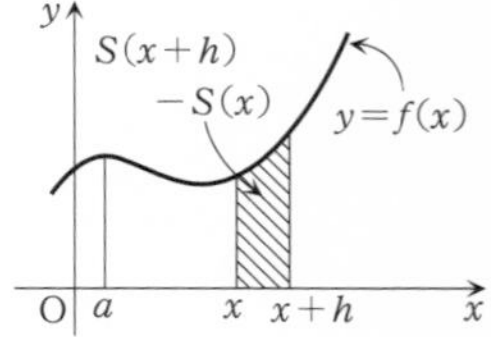

よって，$S'(x) = f(x)$ である。

すなわち，面積 $S(x)$ は $f(x)$ の不定積分である。

したがって

$$\int_a^b f(x)\,dx = \Big[S(x)\Big]_a^b = S(b) - S(a) = S - 0 = S$$

□

不定積分と同様，**部分積分法**および**置換積分法**が成り立つ。

[定理]（部分積分法）

$$\int_a^b f(x)g(x)\,dx=\Big[f(x)G(x)\Big]_a^b-\int_a^b f'(x)G(x)\,dx$$

ここで，$G(x)$ は $g(x)$ の不定積分の1つ。

問 1　定積分 $\displaystyle\int_0^{\frac{\pi}{6}} x\cos 2x\,dx$ の値を求めよ。

（解）$$\int_0^{\frac{\pi}{6}} x\cdot\cos 2x\,dx=\left[x\cdot\frac{1}{2}\sin 2x\right]_0^{\frac{\pi}{6}}-\int_0^{\frac{\pi}{6}} 1\cdot\frac{1}{2}\sin 2x\,dx$$

$$=\frac{\pi}{6}\cdot\frac{1}{2}\sin\frac{\pi}{3}-\left[-\frac{1}{4}\cos 2x\right]_0^{\frac{\pi}{6}}$$

$$=\frac{\pi}{6}\cdot\frac{\sqrt{3}}{4}+\frac{1}{4}\left(\frac{1}{2}-1\right)=\frac{\sqrt{3}}{24}\pi-\frac{1}{8}$$ □

[定理]（置換積分法）

$$\int_a^b f(g(x))g'(x)\,dx=\int_\alpha^\beta f(t)\,dt$$ （ただし，$x：a\to b$ のとき $t：\alpha\to\beta$）

（注）　不定積分のときに注意したように，ポイントは dx と dt の変換規則であるから，その部分を強調して書けば次のようになる。

$g(x)=t$ ならば，$g'(x)\,dx=dt$

次のように書いても同じことである。

$x=h(t)$ ならば，$dx=h'(t)\,dt$

あるいは1つの式で次のように書くこともできる。

$g(x)=h(t)$ ならば，$g'(x)\,dx=h'(t)\,dt$

問 2　定積分 $\displaystyle\int_0^1 \frac{x}{\sqrt{2x+1}}\,dx$ の値を求めよ。

（解）$\sqrt{2x+1}=t$ とおくと，$x=\dfrac{t^2-1}{2}$　　$\therefore$　$dx=t\,dt$

また，$x：0\to 1$ のとき $t：1\to\sqrt{3}$ であるから

$$\int_0^1 \frac{x}{\sqrt{2x+1}}\,dx=\int_1^{\sqrt{3}}\frac{t^2-1}{2t}\cdot t\,dt$$

$$=\int_1^{\sqrt{3}}\frac{t^2-1}{2}\,dt=\left[\frac{1}{6}t^3-\frac{1}{2}t\right]_1^{\sqrt{3}}=\frac{1}{3}$$ □

（2）　区分求積法

いわゆる区分求積法は数列の極限の計算に関する重要事項の 1 つであるが，それだけにとどまらず，積分の概念の本質的な理解のためにも重要である。

区分求積法

数列の和の極限ではしばしば**区分求積法**が用いられる。

$$\lim_{n\to\infty}\frac{1}{n}\sum_{k=0}^{n-1}f\left(\frac{k}{n}\right)=\int_0^1 f(x)\,dx$$

積分範囲は分点の x 座標の極限を考えて判断するとよい。

すなわち，$\dfrac{0}{n}\to 0$，$\dfrac{n-1}{n}\to 1$ というように。

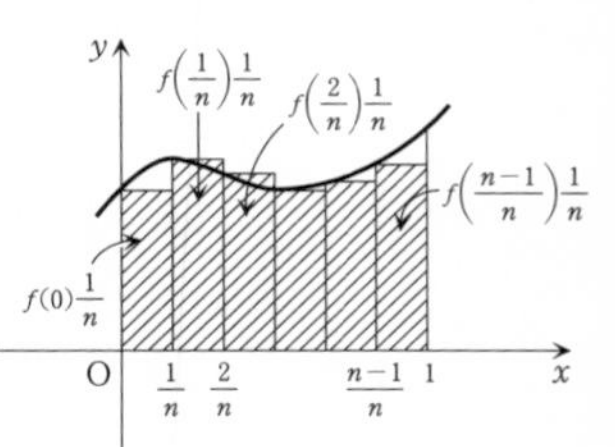

（注 1）　Σ の範囲が“少々ずれても”積分範囲は変わらない。たとえば

$$\lim_{n\to\infty}\frac{1}{n}\sum_{k=3}^{n+5}f\left(\frac{k}{n}\right)=\int_0^1 f(x)\,dx \quad \left(\frac{3}{n}\to 0,\ \frac{n+5}{n}\to 1\right)$$

（注 2）　Σ の範囲が“ずいぶんずれると”積分範囲は変わる。たとえば

$$\lim_{n\to\infty}\frac{1}{n}\sum_{k=n+2}^{3n+1}f\left(\frac{k}{n}\right)=\int_1^3 f(x)\,dx \quad \left(\frac{n+2}{n}\to 1,\ \frac{3n+1}{n}\to 3\right)$$

（注 3）　積分の記号は**“長方形の面積の和”**を象徴している。すなわち

“長方形の面積 $f(x)dx$（たて $f(x)$ × 横 dx）”の“総和 $\int$”

問 3　次の数列の極限値を求めよ。

$$\lim_{n\to\infty}\left(\frac{1}{n+1}+\frac{1}{n+2}+\frac{1}{n+3}+\cdots+\frac{1}{n+n}\right)$$

（解）　（与式）$=\displaystyle\lim_{n\to\infty}\sum_{k=1}^{n}\frac{1}{n+k}$　**⬅ 手順①　Σ で表す**

$$=\lim_{n\to\infty}\frac{1}{n}\sum_{k=1}^{n}\frac{n}{n+k}$$　**⬅ 手順②　長方形の横幅 $\boldsymbol{\frac{1}{n}}$ を確保する**

$$=\lim_{n\to\infty}\frac{1}{n}\sum_{k=1}^{n}\frac{1}{1+\frac{k}{n}}$$　**⬅ 手順③　Σ の中を $\boldsymbol{\frac{k}{n}}$ の式にする**

$$=\int_0^1\frac{1}{1+x}dx=\Big[\log(1+x)\Big]_0^1=\log 2$$ □

発展

定積分の定義

参考のため定積分の厳密な定義を記すが，ここは省略しても差し支えない。
$f(x)$ は閉区間 $[a,\ b]=\{x\,|\,a\leqq x\leqq b\}$ で定義された関数とする。
閉区間 $[a,\ b]$ の任意の分割 $\varDelta$ を考える。

分割 $\varDelta$：$a=x_0<x_1<\cdots<x_{n-1}<x_n=b$

分割 $\varDelta$ に対して，$x_{k-1}\leqq c_k\leqq x_k$ $(k=1,\ 2,\ \cdots,\ n)$ を満たす c_k を任意に選び，次のような和 $S(\varDelta,\ c_k)$ をつくる。

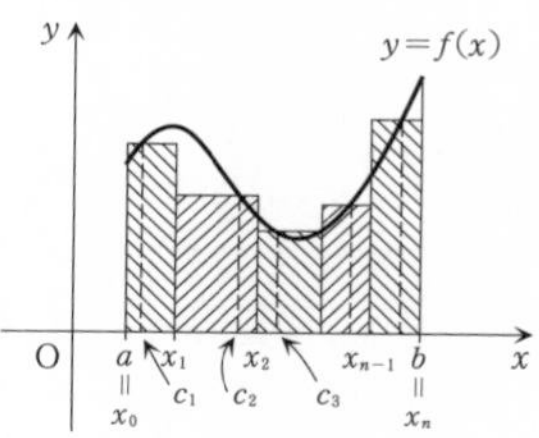

$$S(\varDelta,\ c_k)=\sum_{k=1}^{n}f(c_k)\varDelta x_k \quad (\text{ただし，}\varDelta x_k=x_k-x_{k-1})$$

また，分割 $\varDelta$ に対して，$|\varDelta|=\max\{|x_k-x_{k-1}|\ ;\ k=1,\ 2,\ \cdots,\ n\}$ とおく。

定積分の定義

$|\varDelta|\to 0$ のとき，分割 $\varDelta$ および c_k の取り方によらず和 $S(\varDelta,\ c_k)$ がある一定値 S に収束するならば，$f(x)$ は $[a,\ b]$ 上で**積分可能**であるという。また，この一定値 S を $f(x)$ の**定積分**といい，次の記号で表す。

$$\int_a^b f(x)\,dx$$

(注) 定積分の定義は本質的に面積の定義であることに注意しよう。積分（定積分）の概念は面積の概念とともに定義されるのである。

連続な関数 $f(x)$ については次が成り立つ。

[定理]

閉区間 $[a,\ b]$ で連続な関数 $f(x)$ は積分可能である。

[定理]（微分積分学の基本定理）

閉区間 $[a,\ b]$ で連続な関数 $f(x)$ に対して，次が成り立つ。

$$\frac{d}{dx}\int_a^x f(t)\,dt=f(x)$$

(注) これは“不定積分”と“原始関数”が同一であることを表している。

例題 1（定積分の計算）

次の定積分を計算せよ。

(1) $\displaystyle\int_0^1 \frac{x}{\sqrt{x^2+1}}dx$　(2) $\displaystyle\int_0^1 \frac{x+1}{x^2+1}dx$　(3) $\displaystyle\int_1^2 \frac{1}{x(x^2+1)}dx$

(4) $\displaystyle\int_0^1 \frac{x^2}{(x^2+1)^2}dx$　(5) $\displaystyle\int_0^1 \log(2x+1)\,dx$　(6) $\displaystyle\int_0^1 \sin^{-1}x\,dx$

(7) $\displaystyle\int_0^1 \frac{1}{\sqrt{x^2+1}}dx$　(8) $\displaystyle\int_0^{\frac{\pi}{2}} \frac{1}{2-\sin x}dx$

解説 不定積分の計算ができるのであれば，定積分もただちに計算できる。積分の計算は非常に重要であるから，できるだけたくさん練習しよう。

解答 (1) $\displaystyle\int_0^1 \frac{x}{\sqrt{x^2+1}}dx=\left[\sqrt{x^2+1}\right]_0^1=\sqrt{2}-1$ ……〔答〕

(2) $\displaystyle\int_0^1 \frac{x+1}{x^2+1}dx=\int_0^1\left(\frac{x}{x^2+1}+\frac{1}{x^2+1}\right)dx=\left[\frac{1}{2}\log(x^2+1)+\tan^{-1}x\right]_0^1$

$\displaystyle=\frac{1}{2}\log 2+\tan^{-1}1=\frac{1}{2}\log 2+\frac{\pi}{4}$ ……〔答〕

(3) $\displaystyle\int_1^2 \frac{1}{x(x^2+1)}dx=\int_1^2\left(\frac{1}{x}-\frac{x}{x^2+1}\right)dx=\left[\log x-\frac{1}{2}\log(x^2+1)\right]_1^2$

$\displaystyle=\left[\frac{1}{2}\log\frac{x^2}{x^2+1}\right]_1^2=\frac{1}{2}\left(\log\frac{4}{5}-\log\frac{1}{2}\right)=\frac{1}{2}\log\frac{8}{5}$ ……〔答〕

(4) $\displaystyle\int_0^1 \frac{x^2}{(x^2+1)^2}dx=\int_0^1 x\cdot\frac{x}{(x^2+1)^2}dx$

$\displaystyle=\left[x\cdot\left(-\frac{1}{2}\frac{1}{x^2+1}\right)\right]_0^1-\int_0^1 1\cdot\left(-\frac{1}{2}\frac{1}{x^2+1}\right)dx$

$\displaystyle=-\frac{1}{4}+\frac{1}{2}\left[\tan^{-1}x\right]_0^1=-\frac{1}{4}+\frac{\pi}{8}$ ……〔答〕

(5) $\displaystyle\int_0^1 \log(2x+1)\,dx=\int_0^1 1\cdot\log(2x+1)\,dx$

$\displaystyle=\left[\frac{2x+1}{2}\cdot\log(2x+1)\right]_0^1-\int_0^1\frac{2x+1}{2}\cdot\frac{2}{2x+1}dx=\frac{3}{2}\log 3-1$ ……〔答〕

(6) $\displaystyle\int_0^1 \sin^{-1}x\,dx=\int_0^1 1\cdot\sin^{-1}x\,dx=\left[x\cdot\sin^{-1}x\right]_0^1-\int_0^1 x\cdot\frac{1}{\sqrt{1-x^2}}dx$

$\displaystyle=\left[x\cdot\sin^{-1}x\right]_0^1-\int_0^1\frac{x}{\sqrt{1-x^2}}dx=\sin^{-1}1-\left[-\sqrt{1-x^2}\right]_0^1=\frac{\pi}{2}-1$ ……〔答〕

(7) $\sqrt{x^2+1}=t-x$ とおくと，$x^2+1=t^2-2tx+x^2$

$$\therefore\quad x=\frac{t^2-1}{2t}\qquad\therefore\quad dx=\frac{2t\cdot 2t-(t^2-1)\cdot 2}{4t^2}dt=\frac{t^2+1}{2t^2}dt$$

また，$x:0\to 1$ のとき $t:1\to\sqrt{2}+1$ であるから

$$\int_0^1\frac{1}{\sqrt{x^2+1}}dx=\int_1^{\sqrt{2}+1}\frac{1}{t-\dfrac{t^2-1}{2t}}\cdot\frac{t^2+1}{2t^2}dt=\int_1^{\sqrt{2}+1}\frac{2t}{t^2+1}\cdot\frac{t^2+1}{2t^2}dt$$

$$=\int_1^{\sqrt{2}+1}\frac{1}{t}dt=\Big[\log t\Big]_1^{\sqrt{2}+1}=\log(\sqrt{2}+1)$$ ……〔答〕

［別解］ $x=\tan\theta$ とおくと，$dx=\dfrac{1}{\cos^2\theta}d\theta$

また，$x:0\to 1$ のとき $\theta:0\to\dfrac{\pi}{4}$ であるから

$$\int_0^1\frac{1}{\sqrt{x^2+1}}dx=\int_0^{\frac{\pi}{4}}\frac{1}{\sqrt{\tan^2\theta+1}}\cdot\frac{1}{\cos^2\theta}d\theta=\int_0^{\frac{\pi}{4}}\cos\theta\cdot\frac{1}{\cos^2\theta}d\theta$$

$$=\int_0^{\frac{\pi}{4}}\frac{1}{\cos\theta}d\theta$$ **⬅この積分の計算は要注意！**

$$=\int_0^{\frac{\pi}{4}}\frac{\cos\theta}{\cos^2\theta}d\theta=\int_0^{\frac{\pi}{4}}\frac{\cos\theta}{1-\sin^2\theta}d\theta=\int_0^{\frac{\pi}{4}}\frac{1}{2}\left(\frac{\cos\theta}{1+\sin\theta}+\frac{\cos\theta}{1-\sin\theta}\right)d\theta$$

$$=\left[\frac{1}{2}\{\log(1+\sin\theta)-\log(1-\sin\theta)\}\right]_0^{\frac{\pi}{4}}=\left[\frac{1}{2}\log\frac{1+\sin\theta}{1-\sin\theta}\right]_0^{\frac{\pi}{4}}$$

$$=\cdots=\log(\sqrt{2}+1)$$

(8) $\tan\dfrac{x}{2}=t$ とおくと，$dx=\dfrac{2}{1+t^2}dt$，$\sin x=\dfrac{2t}{1+t^2}$

また，$x:0\to\dfrac{\pi}{2}$ のとき $t:0\to\tan\dfrac{\pi}{4}=1$ であるから

$$\int_0^{\frac{\pi}{2}}\frac{1}{2-\sin x}dx=\int_0^1\frac{1}{2-\dfrac{2t}{1+t^2}}\cdot\frac{2}{1+t^2}dt=\int_0^1\frac{1+t^2}{2(1+t^2)-2t}\cdot\frac{2}{1+t^2}dt$$

$$=\int_0^1\frac{1}{t^2-t+1}dt=\int_0^1\frac{1}{\left(t-\dfrac{1}{2}\right)^2+\dfrac{3}{4}}dt=\frac{1}{\dfrac{3}{4}}\int_0^1\frac{1}{\dfrac{4}{3}\left(t-\dfrac{1}{2}\right)^2+1}dt$$

$$=\frac{4}{3}\int_0^1\frac{1}{\left(\dfrac{2t-1}{\sqrt{3}}\right)^2+1}dt=\frac{4}{3}\left[\frac{\sqrt{3}}{2}\tan^{-1}\frac{2t-1}{\sqrt{3}}\right]_0^1=\frac{2\sqrt{3}}{9}\pi$$ ……〔答〕

例題 2（いろいろな定積分）

次の定積分を計算せよ。

(1) $\displaystyle\int_0^{\pi}\frac{x\sin x}{1+\cos^2 x}dx$　　　(2) $\displaystyle\int_0^{\frac{\pi}{4}}\log(1+\tan x)\,dx$

解説 積分の計算において，計算を進めていくと元の積分に戻ってくる場合がある。そのような積分で答えがうまく求まるような例を見ておこう。

解答 (1) $x=\pi-t$ とおくと，$dx=-dt$

また，$x:0\to\pi$ のとき $t:\pi\to 0$ であるから

$$I=\int_0^{\pi}\frac{x\sin x}{1+\cos^2 x}dx=\int_{\pi}^{0}\frac{(\pi-t)\sin(\pi-t)}{1+\cos^2(\pi-t)}(-1)\,dt=\int_0^{\pi}\frac{(\pi-t)\sin t}{1+(-\cos t)^2}dt$$

$$=\int_0^{\pi}\frac{(\pi-t)\sin t}{1+\cos^2 t}dt=\pi\int_0^{\pi}\frac{\sin t}{1+\cos^2 t}dt-\int_0^{\pi}\frac{t\sin t}{1+\cos^2 t}dt$$

$$=\pi\int_0^{\pi}\frac{\sin t}{1+\cos^2 t}dt-I$$ ⬅ **元の定積分に戻ってきた!!**

よって

$$I=\frac{\pi}{2}\int_0^{\pi}\frac{\sin t}{1+\cos^2 t}dt=\frac{\pi}{2}\Big[-\tan^{-1}(\cos t)\Big]_0^{\pi}$$

$$=-\frac{\pi}{2}\{\tan^{-1}(-1))-\tan^{-1}1\}=-\frac{\pi}{2}\left\{\left(-\frac{\pi}{4}\right)-\frac{\pi}{4}\right\}=\frac{\pi^2}{4}$$ ……〔答〕

(2) $x=\dfrac{\pi}{4}-t$ とおくと，$dx=-dt$

また，$x:0\to\dfrac{\pi}{4}$ のとき $t:\dfrac{\pi}{4}\to 0$ であるから

$$I=\int_0^{\frac{\pi}{4}}\log(1+\tan x)\,dx=\int_{\frac{\pi}{4}}^{0}\log\left(1+\tan\left(\frac{\pi}{4}-t\right)\right)(-1)\,dt$$

$$=\int_0^{\frac{\pi}{4}}\log\left(1+\frac{\tan\frac{\pi}{4}-\tan t}{1+\tan\frac{\pi}{4}\tan t}\right)dt=\int_0^{\frac{\pi}{4}}\log\left(1+\frac{1-\tan t}{1+\tan t}\right)dt$$

$$=\int_0^{\frac{\pi}{4}}\log\left(\frac{2}{1+\tan t}\right)dt=\int_0^{\frac{\pi}{4}}\{\log 2-\log(1+\tan t)\}\,dt=\frac{\pi}{4}\log 2-I$$

よって，$I=\dfrac{\pi}{8}\log 2$ ……〔答〕

例題 3（定積分と数列）

$I_n=\int_0^{\frac{\pi}{2}}\sin^n x\,dx$（$n=0,\ 1,\ 2,\ \cdots$）とおく。ただし，$\sin^0 x=1$ とする。

(1) $I_n=\dfrac{n-1}{n}I_{n-2}$（$n\geqq 2$）を示せ。　　(2) I_n を n の式で表せ。

解説 定積分と漸化式は応用上も重要であり頻出項目である。主に部分積分法や置換積分法を用いて式を変形していく。

解答 (1) $I_n=\int_0^{\frac{\pi}{2}}\sin^n x\,dx=\int_0^{\frac{\pi}{2}}\sin x\cdot\sin^{n-1}x\,dx$

$$=\Big[(-\cos x)\cdot\sin^{n-1}x\Big]_0^{\frac{\pi}{2}}-\int_0^{\frac{\pi}{2}}(-\cos x)\cdot(n-1)\sin^{n-2}x\cos x\,dx$$

$$=0+(n-1)\int_0^{\frac{\pi}{2}}\sin^{n-2}x\cos^2 x\,dx=(n-1)\int_0^{\frac{\pi}{2}}\sin^{n-2}x(1-\sin^2 x)\,dx$$

$$=(n-1)\int_0^{\frac{\pi}{2}}(\sin^{n-2}x-\sin^n x)\,dx=(n-1)(I_{n-2}-I_n)$$

$\therefore\quad nI_n=(n-1)I_{n-2}\qquad\therefore\quad I_n=\dfrac{n-1}{n}I_{n-2}$

(2) n が偶数か奇数かによって結果が異なる。

（i） n が偶数のとき；

$$I_0=\int_0^{\frac{\pi}{2}}\sin^0 x\,dx=\int_0^{\frac{\pi}{2}}1\,dx=\frac{\pi}{2}$$

(1)で示した漸化式により

$$I_n=\frac{n-1}{n}I_{n-2}=\frac{n-1}{n}\cdot\frac{n-3}{n-2}I_{n-4}$$ ⬅ **つねに，分母は偶数，分子は奇数**

$$=\cdots=\frac{n-1}{n}\cdot\frac{n-3}{n-2}\cdots\frac{3}{4}I_2=\frac{n-1}{n}\cdot\frac{n-3}{n-2}\cdots\frac{3}{4}\cdot\frac{1}{2}\cdot\frac{\pi}{2}$$ ……〔答〕

（ii） n が奇数のとき；

$$I_1=\int_0^{\frac{\pi}{2}}\sin x\,dx=\Big[-\cos x\Big]_0^{\frac{\pi}{2}}=1$$

(1)で示した漸化式により

$$I_n=\frac{n-1}{n}I_{n-2}=\frac{n-1}{n}\cdot\frac{n-3}{n-2}I_{n-4}$$ ⬅ **つねに，分母は奇数，分子は偶数**

$$=\cdots=\frac{n-1}{n}\cdot\frac{n-3}{n-2}\cdots\frac{4}{5}I_3=\frac{n-1}{n}\cdot\frac{n-3}{n-2}\cdots\frac{4}{5}\cdot\frac{2}{3}\cdot 1$$ ……〔答〕

例題 4（区分求積法）

次の極限値を区分求積法により求めよ。

(1) $\displaystyle\lim_{n\to\infty}\left(\frac{1}{n+2}+\frac{1}{n+4}+\frac{1}{n+6}+\cdots+\frac{1}{n+2n}\right)$

(2) $\displaystyle\lim_{n\to\infty}\frac{1}{n^2}\left(\sqrt{n^2-1^2}+\sqrt{n^2-2^2}+\sqrt{n^2-3^2}+\cdots+\sqrt{n^2-(n-1)^2}\right)$

解説　数列の和の極限ではしばしば**区分求積法**が用いられる。区分求積法は高校で学習済みであるが，しばしば利用するので確認しておこう。

$$\lim_{n\to\infty}\frac{1}{n}\sum_{k=0}^{n-1}f\left(\frac{k}{n}\right)=\int_0^1 f(x)\,dx$$

積分範囲は分点の x 座標の極限を考えるとよい。

すなわち，$\dfrac{0}{n}\to 0$，$\dfrac{n-1}{n}\to 1$ というように。

解答　(1) $\displaystyle\lim_{n\to\infty}\left(\frac{1}{n+2}+\frac{1}{n+4}+\frac{1}{n+6}+\cdots+\frac{1}{n+2n}\right)$

$\displaystyle=\lim_{n\to\infty}\sum_{k=1}^{n}\frac{1}{n+2k}$　**⬅ 準備①　シグマで表す**

$\displaystyle=\lim_{n\to\infty}\frac{1}{n}\sum_{k=1}^{n}\frac{n}{n+2k}$　**⬅ 準備②　“長方形の横幅” $\boldsymbol{\frac{1}{n}}$ を確保する**

$\displaystyle=\lim_{n\to\infty}\frac{1}{n}\sum_{k=1}^{n}\frac{1}{1+2\frac{k}{n}}$　**⬅ 準備③　Σ の中を $\boldsymbol{\frac{k}{n}}$ の式に整理する**

$\displaystyle=\int_0^1\frac{1}{1+2x}dx$　**⬅ $\boldsymbol{\frac{k}{n}}$ を $\boldsymbol{x}$ に置き換えた式を積分　（注）$\boldsymbol{\frac{1}{n}\to 0}$，$\boldsymbol{\frac{n}{n}\to 1}$**

$\displaystyle=\left[\frac{1}{2}\log(1+2x)\right]_0^1=\frac{1}{2}\log 3$　……〔答〕

(2) $\displaystyle\lim_{n\to\infty}\frac{1}{n^2}\left(\sqrt{n^2-1^2}+\sqrt{n^2-2^2}+\sqrt{n^2-3^2}+\cdots+\sqrt{n^2-(n-1)^2}\right)$

$\displaystyle=\lim_{n\to\infty}\frac{1}{n^2}\sum_{k=1}^{n-1}\sqrt{n^2-k^2}=\lim_{n\to\infty}\frac{1}{n}\sum_{k=1}^{n-1}\frac{1}{n}\sqrt{n^2-k^2}=\lim_{n\to\infty}\frac{1}{n}\sum_{k=1}^{n-1}\sqrt{1-\left(\frac{k}{n}\right)^2}$

$\displaystyle=\int_0^1\sqrt{1-x^2}\,dx=\frac{\pi}{4}$　……〔答〕　**⬅ 積分は半径 1 の円の面積の 4 分の 1 を表す**

■ 演習問題 2.2

▶解答は p. 259

1 次の定積分を計算せよ。

(1) $\displaystyle\int_0^1 \frac{x+2}{x^2+x+1}dx$　(2) $\displaystyle\int_0^1 \sqrt{\frac{1-x}{1+x}}\,dx$　(3) $\displaystyle\int_1^2 x^2\log x\,dx$

(4) $\displaystyle\int_0^{\frac{\pi}{2}} \frac{\cos x}{1+\sin^2 x}dx$　(5) $\displaystyle\int_0^1 \frac{x}{x^4+1}dx$　(6) $\displaystyle\int_0^1 (\sin^{-1}x)^2dx$

(7) $\displaystyle\int_0^1 x^2\tan^{-1}x\,dx$　(8) $\displaystyle\int_0^1 \frac{1}{(x^2+1)^2}dx$　(9) $\displaystyle\int_0^1 \frac{1}{(e^x+e^{-x})^4}dx$

2 次の定積分を計算せよ。

(1) $\displaystyle\int_0^{\frac{\pi}{4}} \frac{1}{\cos x}dx$　(2) $\displaystyle\int_0^{\frac{\pi}{2}} \sin^4 x\,dx$　(3) $\displaystyle\int_0^{\frac{\pi}{2}} \sin^3 x\,dx$

(4) $\displaystyle\int_0^{\frac{\pi}{2}} \frac{\sin x}{1+\cos x}dx$　(5) $\displaystyle\int_0^{\frac{\pi}{2}} \frac{\sin x}{1+\sin x}dx$　(6) $\displaystyle\int_0^{\frac{\pi}{2}} \cos 3x\cos 2x\,dx$

(7) $\displaystyle\int_0^1 \frac{1}{\sqrt{x^2+x+1}}dx$　(8) $\displaystyle\int_0^1 \frac{1}{\sqrt{-x^2+2x+1}}dx$　(9) $\displaystyle\int_0^2 \frac{x+1}{\sqrt{-x^2+2x+3}}dx$

3 次の定積分を計算せよ。

(1) $\displaystyle\int_0^{\frac{\pi}{2}} \frac{\sqrt{\sin x}}{\sqrt{\sin x}+\sqrt{\cos x}}dx$　(2) $\displaystyle\int_0^{\pi} \frac{x}{1+\sin x}dx$

4 $I_n=\displaystyle\int_1^e (\log x)^n dx$　($n=0$, 1, 2, …) とおく。ただし，$(\log x)^0=1$ とする。

(1) I_n を I_{n-1} で表せ。　(2) $\displaystyle\int_1^e (\log x)^3 dx$ を求めよ。

5 次の極限値を区分求積法により求めよ。

(1) $\displaystyle\lim_{n\to\infty} n\left(\frac{1}{n^2+1^2}+\frac{1}{n^2+2^2}+\frac{1}{n^2+3^2}+\cdots+\frac{1}{n^2+(n-1)^2}\right)$

(2) $\displaystyle\lim_{n\to\infty} \frac{1}{n}\sqrt[n]{(n+1)(n+2)(n+3)\cdots(n+n)}$

2. 3　広義積分

〔目標〕　広義積分の概念を理解する。また，広義積分の重要な例であるガンマ関数およびベータ関数について学習する。

（1）　広義積分（定積分の拡張）

定積分の概念を閉区間 $[a,\ b]$ 上で定義された関数以外にまで拡張する。これは本来の積分の概念ではないが応用上有用である。

広義積分

関数 $f(x)$ が区間 $[a,\ b)=\{x\,|\,a\leqq x<b\}$ で定義されているとき

$$\lim_{\beta\to b-0}\int_a^\beta f(x)\,dx$$

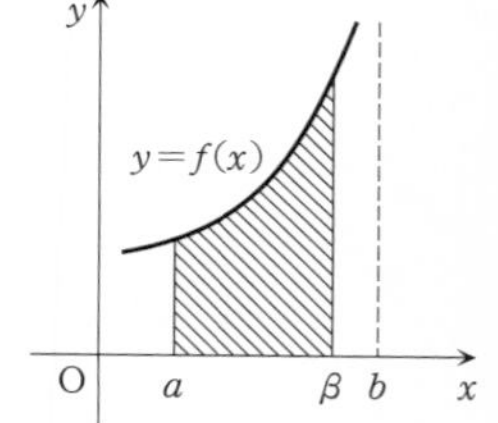

が収束するならば，$f(x)$ は $[a,\ b)$ で**積分可能**であるといい，$\displaystyle\int_a^b f(x)\,dx=\lim_{\beta\to b-0}\int_a^\beta f(x)\,dx$ と表す。

同様にして，$(a,\ b]=\{x\,|\,a<x\leqq b\}$ あるいは $(a,\ b)=\{x\,|\,a<x<b\}$ 上で定義された関数 $f(x)$ の積分も定義される。また，区間の端が $+\infty$ あるいは $-\infty$ の場合も同様である。

（注）　定義域が $(a,\ b]$ のときは，$\displaystyle\int_a^b f(x)\,dx=\lim_{\alpha\to a+0}\int_\alpha^b f(x)\,dx$

【例 1】

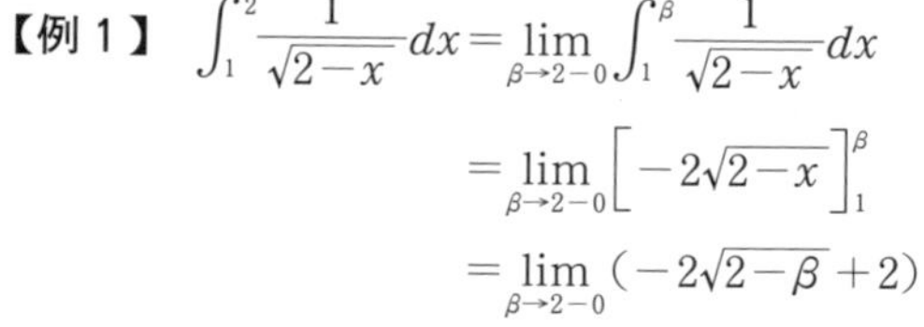

$$\int_1^2\frac{1}{\sqrt{2-x}}dx=\lim_{\beta\to 2-0}\int_1^\beta\frac{1}{\sqrt{2-x}}dx$$
$$=\lim_{\beta\to 2-0}\Big[-2\sqrt{2-x}\Big]_1^\beta$$
$$=\lim_{\beta\to 2-0}(-2\sqrt{2-\beta}+2)=2$$

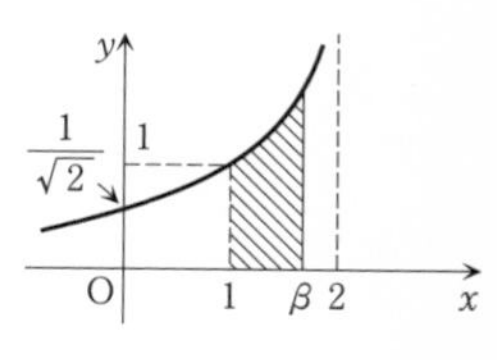

【例 2】　$$\int_1^\infty\frac{1}{x}dx=\lim_{\beta\to\infty}\int_1^\beta\frac{1}{x}dx$$
$$=\lim_{\beta\to\infty}\Big[\log x\Big]_1^\beta$$
$$=\lim_{\beta\to\infty}\log\beta=\infty$$

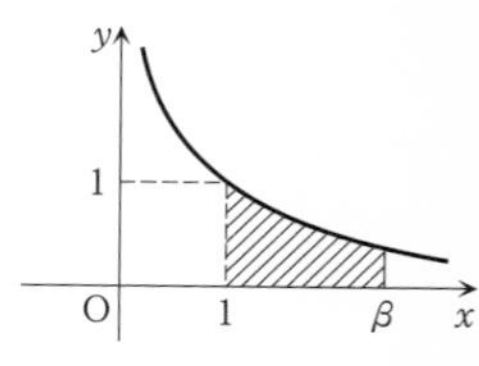

（注）　例1のとき積分は**収束する**といい，例2のとき積分は**発散する**という。

（2） ガンマ関数とベータ関数 発展

ガンマ関数

$$\Gamma(s)=\int_0^{\infty} e^{-x}x^{s-1}\,dx \quad (s>0)$$

を**ガンマ関数**という。右辺の積分は収束する。

(収束することの証明) 以下の証明において，『上に有界（ある値をこえない）な単調増加関数はある値に収束する。』を認めて議論する。単調増加関数の収束の証明であるから，証明のポイントは有界であることを示すことである。

$$\lim_{x\to+\infty}(x^2\cdot e^{-x}x^{s-1})=\lim_{x\to+\infty}\frac{x^{s+1}}{e^x}=0$$

であるから，十分大きな x に対して

$$x^2\cdot e^{-x}x^{s-1}<1 \qquad \text{すなわち，} e^{-x}x^{s-1}<\frac{1}{x^2}$$

が成り立つ。そこで，次のような定数 c（$c>1$）をとる。

$$x\geqq c \text{ ならば，} e^{-x}x^{s-1}<\frac{1}{x^2}$$

この準備の下で

$$\int_0^{\infty} e^{-x}x^{s-1}dx=\int_0^{c} e^{-x}x^{s-1}dx+\int_c^{\infty} e^{-x}x^{s-1}dx=I_1+I_2$$

とおく。

（i） $I_1=\lim_{\alpha\to+0}\int_\alpha^c e^{-x}x^{s-1}dx$（$0<s<1$ のときは広義積分）について：

$x>0$ のとき $e^{-x}<1$ であるから

$$\int_\alpha^c e^{-x}x^{s-1}dx<\int_\alpha^c x^{s-1}dx=\left[\frac{x^s}{s}\right]_\alpha^c=\frac{c^s}{s}-\frac{\alpha^s}{s}<\frac{c^s}{s}$$

よって，I_1 は収束する。

（ii） $I_2=\lim_{\beta\to\infty}\int_c^\beta e^{-x}x^{s-1}dx$ について：

定数 c のとり方より

$$\int_c^\beta e^{-x}x^{s-1}dx\leqq\int_c^\beta\frac{1}{x^2}dx=\left[-\frac{1}{x}\right]_c^\beta=-\frac{1}{\beta}+\frac{1}{c}<\frac{1}{c}$$

よって，I_2 は収束する。

以上より，ガンマ関数：$\Gamma(s)=\int_0^{\infty} e^{-x}x^{s-1}dx$ は収束する。 □

ベータ関数

$$B(p,\ q)=\int_0^1 x^{p-1}(1-x)^{q-1}dx \quad (p>0,\ q>0)$$

を**ベータ関数**という。右辺の積分は収束する。

(収束することの証明)　この証明においても,『上に有界（ある値をこえない）な単調増加関数はある値に収束する。』を認めて議論する。やはり有界であることの証明がポイントである。

（ｉ）　$p\geqq 1,\ q\geqq 1$ のとき；

$$B(p,\ q)=\int_0^1 x^{p-1}(1-x)^{q-1}dx$$ は普通の定積分である。

（ii）　$p<1,\ q\geqq 1$ のとき；

このとき $x=0$ が特異点であり

$$B(p,\ q)=\int_0^1 x^{p-1}(1-x)^{q-1}dx=\lim_{\alpha\to+0}\int_\alpha^1 x^{p-1}(1-x)^{q-1}dx$$

ここで,$(1-x)^{q-1}\leqq 1$ に注意すると

$$\int_\alpha^1 x^{p-1}(1-x)^{q-1}dx\leqq\int_\alpha^1 x^{p-1}dx=\left[\frac{x^p}{p}\right]_\alpha^1=\frac{1}{p}-\frac{\alpha^p}{p}<\frac{1}{p}$$

であり,$\int_\alpha^1 x^{p-1}(1-x)^{q-1}dx$ は $\alpha\to+0$ のとき単調増加であるから

$$B(p,\ q)=\int_0^1 x^{p-1}(1-x)^{q-1}dx$$ は収束する。

（iii）　$p\geqq 1,\ q<1$ のとき；

このとき $x=1$ が特異点であり

$$B(p,\ q)=\int_0^1 x^{p-1}(1-x)^{q-1}dx=\lim_{\beta\to 1-0}\int_0^\beta x^{p-1}(1-x)^{q-1}dx$$

これは(ii)と同様にして収束を示せる。

（iv）　$p<1,\ q<1$ のとき；

このとき $x=0,\ 1$ が特異点であり

$$\int_\alpha^\beta x^{p-1}(1-x)^{q-1}dx=\int_\alpha^{\frac{1}{2}} x^{p-1}(1-x)^{q-1}dx+\int_{\frac{1}{2}}^\beta x^{p-1}(1-x)^{q-1}dx$$

と積分を2つに分ければ,$\alpha\to+0,\ \beta\to 1-0$ のとき

$$I_1=\int_\alpha^{\frac{1}{2}} x^{p-1}(1-x)^{q-1}dx,\quad I_2=\int_{\frac{1}{2}}^\beta x^{p-1}(1-x)^{q-1}dx$$

が収束することが(ii),(iii)と同様にして証明できる。　□

例題 1 （広義積分の基本①：無限区間の場合）

次の広義積分を計算せよ。

(1) $\displaystyle\int_0^{\infty}\frac{1}{x^2+2x+2}dx$　　(2) $\displaystyle\int_1^{\infty}\frac{1}{x^2+2x}dx$

解説　広義積分の概念は定積分の概念の自然な拡張である。原則として**広義積分の定義**に従ってきちんと計算していこう。すなわち，積分範囲を適当に制限した定積分の値をまず計算し，最後にその極限を調べる。定積分の計算力がやはり重要である。

解答　(1) $\displaystyle\int_0^{\infty}\frac{1}{x^2+2x+2}dx$

$$=\lim_{\beta\to\infty}\int_0^{\beta}\frac{1}{x^2+2x+2}dx$$ ← **広義積分の定義**

$$=\lim_{\beta\to\infty}\int_0^{\beta}\frac{1}{(x+1)^2+1}dx$$

$$=\lim_{\beta\to\infty}\Big[\tan^{-1}(x+1)\Big]_0^{\beta}=\lim_{\beta\to\infty}\{\tan^{-1}(\beta+1)-\tan^{-1}1\}$$

$$=\lim_{\beta\to\infty}\left\{\tan^{-1}(\beta+1)-\frac{\pi}{4}\right\}=\frac{\pi}{2}-\frac{\pi}{4}=\frac{\pi}{4}$$ ……〔答〕

(2) $\displaystyle\int_1^{\infty}\frac{1}{x^2+2x}dx$

$$=\lim_{\beta\to\infty}\int_1^{\beta}\frac{1}{x^2+2x}dx$$ ← **広義積分の定義**

$$=\lim_{\beta\to\infty}\int_1^{\beta}\frac{1}{x(x+2)}dx$$

$$=\lim_{\beta\to\infty}\int_1^{\beta}\frac{1}{2}\left(\frac{1}{x}-\frac{1}{x+2}\right)dx$$

$$=\lim_{\beta\to\infty}\left[\frac{1}{2}\{\log x-\log(x+2)\}\right]_1^{\beta}$$

$$=\lim_{\beta\to\infty}\left[\frac{1}{2}\log\frac{x}{x+2}\right]_1^{\beta}$$

$$=\lim_{\beta\to\infty}\frac{1}{2}\left(\log\frac{\beta}{\beta+2}-\log\frac{1}{3}\right)$$

$$=\frac{1}{2}\left(\log 1-\log\frac{1}{3}\right)=\frac{1}{2}\log 3$$ ……〔答〕

例題 2（広義積分の基本②：有限区間）

次の広義積分を計算せよ。

(1) $\displaystyle\int_0^1 \frac{1}{\sqrt{x(2-x)}}dx$　　　(2) $\displaystyle\int_0^{\frac{\pi}{2}} \frac{1}{\cos x}dx$

解説 有限区間の広義積分も無限区間の場合と本質的に同じである。一見したところ普通の定積分のように見えるが，**特異点**が存在することに注意しよう。

解答 (1) $x=0$ が特異点である。

$$\int_0^1 \frac{1}{\sqrt{x(2-x)}}dx=\lim_{\alpha\to+0}\int_\alpha^1 \frac{1}{\sqrt{x(2-x)}}dx \quad \text{← 広義積分の定義}$$

$$=\lim_{\alpha\to+0}\int_\alpha^1 \frac{1}{\sqrt{2x-x^2}}dx=\lim_{\alpha\to+0}\int_\alpha^1 \frac{1}{\sqrt{1-(x-1)^2}}dx$$

$$=\lim_{\alpha\to+0}\Big[\sin^{-1}(x-1)\Big]_\alpha^1=\lim_{\alpha\to+0}\{\sin^{-1}0-\sin^{-1}(\alpha-1)\}$$

$$=\lim_{\alpha\to+0}\{0-\sin^{-1}(\alpha-1)\}=-\sin^{-1}(-1)=-\left(-\frac{\pi}{2}\right)=\frac{\pi}{2} \quad \text{……〔答〕}$$

(2) $x=\dfrac{\pi}{2}$ が特異点である。

$$\int_0^{\frac{\pi}{2}} \frac{1}{\cos x}dx=\lim_{\beta\to\frac{\pi}{2}-0}\int_0^\beta \frac{1}{\cos x}dx \quad \text{← 広義積分の定義}$$

$$=\lim_{\beta\to\frac{\pi}{2}-0}\int_0^\beta \frac{\cos x}{\cos^2 x}dx=\lim_{\beta\to\frac{\pi}{2}-0}\int_0^\beta \frac{\cos x}{1-\sin^2 x}dx$$

$$=\lim_{\beta\to\frac{\pi}{2}-0}\int_0^\beta \frac{1}{2}\left(\frac{\cos x}{1+\sin x}+\frac{\cos x}{1-\sin x}\right)dx$$

$$=\lim_{\beta\to\frac{\pi}{2}-0}\left[\frac{1}{2}\{\log(1+\sin x)-\log(1-\sin x)\}\right]_0^\beta$$

$$=\lim_{\beta\to\frac{\pi}{2}-0}\left[\frac{1}{2}\log\frac{1+\sin x}{1-\sin x}\right]_0^\beta=\lim_{\beta\to\frac{\pi}{2}-0}\frac{1}{2}\left(\log\frac{1+\sin\beta}{1-\sin\beta}-\log 1\right)$$

$$=\lim_{\beta\to\frac{\pi}{2}-0}\frac{1}{2}\log\frac{1+\sin\beta}{1-\sin\beta}=+\infty \quad \text{（発散）　……〔答〕}$$

例題 3（広義積分の収束・発散）

次の広義積分の収束・発散を調べよ。

(1) $\displaystyle\int_0^{\infty}\frac{1}{\sqrt{x^4+1}}dx$ (2) $\displaystyle\int_0^{1}\frac{1}{x\sqrt{\log(x+1)}}dx$

解説 広義積分は極限に関する内容であるから収束・発散の問題が生じる。いろいろな判定法が知られているが，収束発散が既知の他の積分との比較が基本である。

解答 (1) $\dfrac{1}{\sqrt{x^4+1}}<\dfrac{1}{\sqrt{x^4}}=\dfrac{1}{x^2}$ であるが

$$\int_1^{\infty}\frac{1}{x^2}dx=\lim_{\beta\to\infty}\int_1^{\beta}\frac{1}{x^2}dx=\lim_{\beta\to\infty}\left[-\frac{1}{x}\right]_1^{\beta}=\lim_{\beta\to\infty}\left(1-\frac{1}{\beta}\right)=1$$

より

$\displaystyle\int_1^{\infty}\frac{1}{\sqrt{x^4+1}}dx$ は収束して，$\displaystyle\int_1^{\infty}\frac{1}{\sqrt{x^4+1}}dx<\int_1^{\infty}\frac{1}{x^2}dx=1$

よって

$$\int_0^{\infty}\frac{1}{\sqrt{x^4+1}}dx=\int_0^{1}\frac{1}{\sqrt{x^4+1}}dx+\int_1^{\infty}\frac{1}{\sqrt{x^4+1}}dx$$

も収束する。

(注) 第 1 項の $\displaystyle\int_0^{1}\frac{1}{\sqrt{x^4+1}}dx$ は普通の定積分（有限値）である。なお，積分範囲を 1 で区切っているのは次の理由による。

$$\int_0^{1}\frac{1}{x^2}dx=\lim_{\alpha\to+0}\int_\alpha^{1}\frac{1}{x^2}dx=\lim_{\alpha\to+0}\left[-\frac{1}{x}\right]_\alpha^{1}=\lim_{\alpha\to+0}\left(\frac{1}{\alpha}-1\right)=+\infty$$

(2) $0<x<1$ のとき，$x\sqrt{\log(x+1)}<x\sqrt{x}=x^{\frac{3}{2}}$

$$\therefore\quad \frac{1}{x\sqrt{\log(x+1)}}>\frac{1}{x\sqrt{x}}=x^{-\frac{3}{2}}$$

ところで

$$\int_0^{1}x^{-\frac{3}{2}}dx=\lim_{\alpha\to+0}\int_\alpha^{1}x^{-\frac{3}{2}}dx=\lim_{\alpha\to+0}\left[-2x^{-\frac{1}{2}}\right]_\alpha^{1}=\lim_{\alpha\to+0}2\left(\frac{1}{\sqrt{\alpha}}-1\right)=+\infty$$

であるから

$$\int_0^{1}\frac{1}{x\sqrt{\log(x+1)}}dx=\infty\quad（発散）$$

例題4（いろいろな広義積分）

次の積分を計算せよ。

(1) $\displaystyle\int_0^{\infty} e^{-x}\sin x\,dx$ (2) $\displaystyle\int_0^{\infty} |e^{-x}\sin x|\,dx$

解説 この形の積分は頻出であるが，その不定積分はただちに分かる。(2)では無限等比級数の和を計算することに注意しよう。

解答 (1) まず不定積分を求める。

$$(e^{-x}\sin x)' = -e^{-x}\sin x + e^{-x}\cos x \quad \cdots\cdots①$$

$$(e^{-x}\cos x)' = -e^{-x}\cos x - e^{-x}\sin x \quad \cdots\cdots②$$

①＋② より，$\{e^{-x}(\sin x+\cos x)\}' = -2e^{-x}\sin x$

$$\therefore \int e^{-x}\sin x\,dx = -\frac{1}{2}e^{-x}(\sin x+\cos x)+C \quad (C\text{ は積分定数})$$

よって

$$\int_0^{\infty} e^{-x}\sin x\,dx = \lim_{\beta\to\infty}\int_0^{\beta} e^{-x}\sin x\,dx = \lim_{\beta\to\infty}\left[-\frac{1}{2}e^{-x}(\sin x+\cos x)\right]_0^{\beta}$$

$$=\lim_{\beta\to\infty}\left(-\frac{1}{2}\right)\{e^{-\beta}(\sin\beta+\cos\beta)-1\} = \left(-\frac{1}{2}\right)(0-1) = \frac{1}{2} \quad \cdots\cdots〔答〕$$

(2) $\displaystyle\int_0^{\infty}|e^{-x}\sin x|\,dx = \sum_{n=0}^{\infty}\int_{n\pi}^{(n+1)\pi}|e^{-x}\sin x|\,dx$ であることに注意する。

$$\int_{n\pi}^{(n+1)\pi} e^{-x}\sin x\,dx = \left[-\frac{1}{2}e^{-x}(\sin x+\cos x)\right]_{n\pi}^{(n+1)\pi}$$

$$=-\frac{1}{2}\{e^{-(n+1)\pi}\cos(n+1)\pi - e^{-n\pi}\cos n\pi\}$$

$$=-\frac{1}{2}\{e^{-(n+1)\pi}(-1)^{n+1} - e^{-n\pi}(-1)^n\}$$

$$=\frac{1}{2}(-1)^n(e^{-\pi}+1)e^{-n\pi}$$

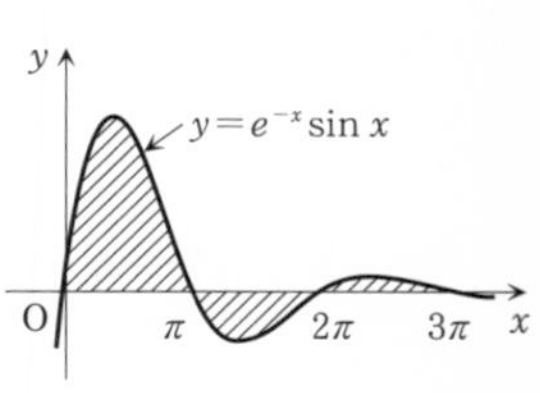

よって

$$\int_{n\pi}^{(n+1)\pi}|e^{-x}\sin x|\,dx = \left|\int_{n\pi}^{(n+1)\pi} e^{-x}\sin x\,dx\right| = \frac{1}{2}(e^{-\pi}+1)e^{-n\pi}$$

したがって，無限等比級数の和の公式より

$$\int_0^{\infty}|e^{-x}\sin x|\,dx = \sum_{n=0}^{\infty}\frac{1}{2}(e^{-\pi}+1)e^{-n\pi} = \frac{\frac{1}{2}(e^{-\pi}+1)}{1-e^{-\pi}} = \frac{1}{2}\cdot\frac{1+e^{-\pi}}{1-e^{-\pi}} \quad \cdots\cdots〔答〕$$

例題 5（ガンマ関数・ベータ関数）

ガンマ関数 $\Gamma(s)$，ベータ関数 $B(p,\ q)$ について，以下を証明せよ。

(1) n が自然数ならば，$\Gamma(n+1)=n!$

(2) $m,\ n$ が負でない整数ならば，$B(m+1,\ n+1)=\dfrac{m!n!}{(m+n+1)!}$

解説 ガンマ関数 $\Gamma(s)$，ベータ関数 $B(p,\ q)$ は応用上重要な関数である。いずれも収束する広義積分である。

解答 (1) $\Gamma(n+1)=\int_0^{\infty} e^{-x}x^n dx$ ← $\boldsymbol{\Gamma(s)=\int_0^{\infty} e^{-x}x^{s-1}dx}$

$$=\lim_{\beta\to\infty}\int_0^{\beta} e^{-x}x^n dx=\lim_{\beta\to\infty}\left(\Big[(-e^{-x})\cdot x^n\Big]_0^{\beta}-\int_0^{\beta}(-e^{-x})\cdot nx^{n-1}dx\right)$$

$$=\lim_{\beta\to\infty}\left(-\frac{\beta^n}{e^{\beta}}+n\int_0^{\beta}e^{-x}x^{n-1}dx\right)=0+n\lim_{\beta\to\infty}\int_0^{\beta}e^{-x}x^{n-1}dx=n\Gamma(n)$$

また，$\Gamma(1)=\int_0^{\infty}e^{-x}dx=\lim_{\beta\to\infty}\int_0^{\beta}e^{-x}dx=\lim_{\beta\to\infty}\Big[-e^{-x}\Big]_0^{\beta}=\lim_{\beta\to\infty}(1-e^{-\beta})=1$ より

$$\Gamma(n+1)=n\Gamma(n)=n(n-1)\Gamma(n-1)=n\cdot(n-1)\cdots3\cdot2\cdot1\cdot\Gamma(1)=n!$$

(2) ここではベータ関数は普通の定積分であることに注意しよう。

$B(m+1,\ n+1)=\int_0^1 x^m(1-x)^n dx$ ← $\boldsymbol{B(p,\ q)=\int_0^1 x^{p-1}(1-x)^{q-1}dx}$

$$=\left[\frac{1}{m+1}x^{m+1}\cdot(1-x)^n\right]_0^1-\int_0^1\frac{1}{m+1}x^{m+1}(-n)(1-x)^{n-1}dx$$

$$=\frac{n}{m+1}\int_0^1 x^{m+1}(1-x)^{n-1}dx=\frac{n}{m+1}B(m+2,\ n)$$ より

$$B(m+1,\ n+1)=\frac{n}{m+1}B(m+2,\ n)$$

$$=\frac{n}{m+1}\cdot\frac{n-1}{m+2}B(m+3,\ n-1)=\cdots$$

$$=\frac{n}{m+1}\cdot\frac{n-1}{m+2}\cdots\frac{3}{m+n-2}\cdot\frac{2}{m+n-1}\cdot\frac{1}{m+n}B(m+n+1,\ 1)$$

$$=\frac{n}{m+1}\cdot\frac{n-1}{m+2}\cdots\frac{3}{m+n-2}\cdot\frac{2}{m+n-1}\cdot\frac{1}{m+n}\cdot\int_0^1 x^{m+n}dx$$

$$=\frac{n}{m+1}\cdot\frac{n-1}{m+2}\cdots\frac{3}{m+n-2}\cdot\frac{2}{m+n-1}\cdot\frac{1}{m+n}\cdot\frac{1}{m+n+1}$$

$$=\frac{n(n-1)\cdots2\cdot1}{(m+1)(m+2)\cdots(m+n)(m+n+1)}=\frac{m!n!}{(m+n+1)!}$$

例題 6（やや難しい広義積分）

収束する広義積分 $I=\int_0^{\frac{\pi}{2}}\log(\sin x)\,dx$ について，以下の問いに答えよ。

(1)　$I=\int_{\frac{\pi}{2}}^{\pi}\log(\sin x)\,dx$，$I=\frac{1}{2}\int_0^{\pi}\log(\sin x)\,dx$ を示せ。

(2)　$I=\int_0^{\frac{\pi}{2}}\log(\cos x)\,dx$ を示せ。　　　(3)　I の値を求めよ。

解説　収束することが分かっている広義積分について，普通の定積分のように置換積分法を用いてよい。

解答　(1)　$t=\pi-x$ の置換により

$$I=\int_{\pi}^{\frac{\pi}{2}}\log(\sin(\pi-t))(-dt)=\int_{\frac{\pi}{2}}^{\pi}\log(\sin t)\,dt=\int_{\frac{\pi}{2}}^{\pi}\log(\sin x)\,dx$$

よって

$$I=\frac{1}{2}(I+I)=\frac{1}{2}\left(\int_0^{\frac{\pi}{2}}\log(\sin x)\,dx+\int_{\frac{\pi}{2}}^{\pi}\log(\sin x)\,dx\right)$$

$$=\frac{1}{2}\int_0^{\pi}\log(\sin x)\,dx$$

(2)　一方，$u=\frac{\pi}{2}-x$ の置換により

$$I=\int_{\frac{\pi}{2}}^{0}\log\left(\sin\left(\frac{\pi}{2}-u\right)\right)(-du)=\int_0^{\frac{\pi}{2}}\log(\cos u)\,du=\int_0^{\frac{\pi}{2}}\log(\cos x)\,dx$$

(3)　(1)で求めた $I=\frac{1}{2}\int_0^{\pi}\log(\sin x)\,dx$ において，$x=2\theta$ の置換により

$$I=\frac{1}{2}\int_0^{\frac{\pi}{2}}\log(\sin 2\theta)\cdot 2d\theta=\int_0^{\frac{\pi}{2}}\log(\sin 2\theta)\,d\theta$$

$$=\int_0^{\frac{\pi}{2}}\log(2\sin\theta\cos\theta)\,d\theta$$

$$=\int_0^{\frac{\pi}{2}}\{\log 2+\log(\sin\theta)+\log(\cos\theta)\}\,d\theta$$

$$=\frac{\pi}{2}\log 2+\int_0^{\frac{\pi}{2}}\log(\sin\theta)\,d\theta+\int_0^{\frac{\pi}{2}}\log(\cos\theta)\,d\theta$$

$$=\frac{\pi}{2}\log 2+I+I$$　　よって，$I=-\frac{\pi}{2}\log 2$　……〔答〕

■ 演習問題　2.3

▶解答は p. 263

1　次の広義積分を計算せよ。

(1) $\displaystyle\int_0^\infty \frac{1}{x^2+x+1}dx$　(2) $\displaystyle\int_0^\infty \frac{x-1}{x^3+1}dx$　(3) $\displaystyle\int_{-\infty}^\infty \frac{1}{x^2+1}dx$

(4) $\displaystyle\int_0^1 \frac{1}{\sqrt{x}}dx$　(5) $\displaystyle\int_{-1}^1 \frac{1}{x^2-1}dx$　(6) $\displaystyle\int_{-1}^1 \frac{1}{x}dx$

2　次の広義積分を計算せよ。

(1) $\displaystyle\int_1^\infty \frac{1}{x^3+x}dx$　(2) $\displaystyle\int_0^\infty \frac{1}{(x+\sqrt{x^2+1})^2}dx$　(3) $\displaystyle\int_0^\infty \frac{1}{(1+x^2)^3}dx$

(4) $\displaystyle\int_0^{\frac{\pi}{2}} \frac{1}{\sin x}dx$　(5) $\displaystyle\int_{-1}^1 \frac{1}{(2-x)\sqrt{1-x^2}}dx$　(6) $\displaystyle\int_0^\infty \frac{\log(1+x^2)}{x^2}dx$

3　次の広義積分の収束・発散を調べよ。

(1) $\displaystyle\int_0^1 \frac{1}{\sqrt{1-x^4}}dx$　(2) $\displaystyle\int_1^\infty \frac{1}{1+\log x}dx$　(3) $\displaystyle\int_0^\infty \frac{1-\cos x}{x^2}dx$

4　$I_n=\displaystyle\int_0^1 x(\log x)^n dx$ $(n=0,\ 1,\ 2,\ \cdots)$ とおく。ただし，$(\log x)^0=1$ とする。

(1) I_n を I_{n-1} で表せ。　(2) I_n を求めよ。

5　次の定積分を計算せよ。

(1) $\displaystyle\int_{-\pi}^\pi \frac{1}{\sqrt{2}-\cos x}dx$　(2) $\displaystyle\int_0^\pi \frac{x}{1+\cos^2 x}dx$

2.4 積分法の応用

〔目標〕 定積分の応用としていろいろな面積・体積の計算を練習する。

(1) 面 積

[定理]（面積）

(1) 2つの曲線 $y=f(x)$，$y=g(x)$ および2つの直線 $x=a$，$x=b$ で囲まれる図形の面積 S は

$$S=\int_a^b |f(x)-g(x)|\,dx$$

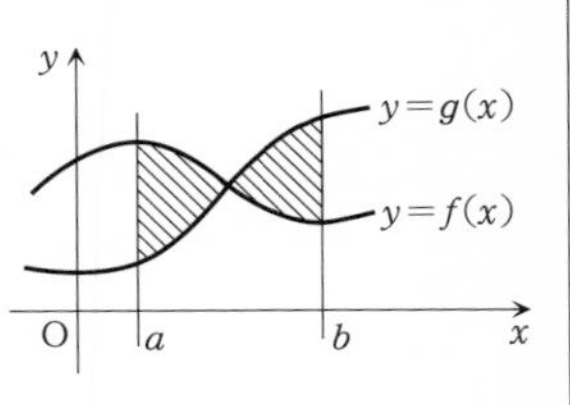

(2) 曲線 $r=f(\theta)$ と図のような2つの半直線 $\theta=\alpha$，$\theta=\beta$ で囲まれる図形の面積 S は

$$S=\int_\alpha^\beta \frac{1}{2}r^2 d\theta$$

$$=\frac{1}{2}\int_\alpha^\beta \{f(\theta)\}^2 d\theta$$

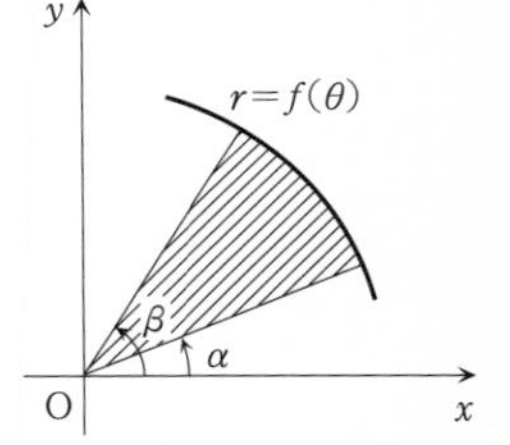

（証明） (1)は高校で学習済みのものであるが，(2)は高校で扱わない公式である。(2)のみ証明する。

曲線 $r=f(\theta)$ と2つの半直線 $\theta=\alpha$，$\theta=t$ で囲まれる図形の面積を $S(t)$ とする。

t から $t+h$ までにおける $r=f(\theta)$ の最大値を M，最小値を m とすると，扇形の面積に注意して

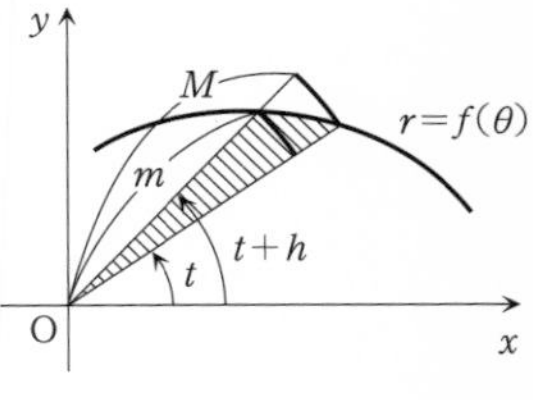

$$\frac{1}{2}m^2h \leqq S(t+h)-S(t) \leqq \frac{1}{2}M^2h$$

$$\therefore\quad \frac{1}{2}m^2 \leqq \frac{S(t+h)-S(t)}{h} \leqq \frac{1}{2}M^2$$

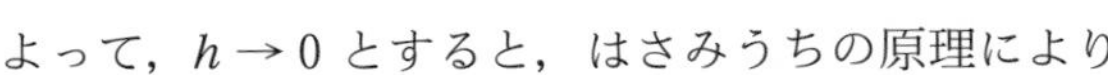

よって，$h\to 0$ とすると，はさみうちの原理により

$$\lim_{h\to 0}\frac{S(t+h)-S(t)}{h}=\frac{1}{2}\{f(t)\}^2 \qquad \therefore\quad S'(t)=\frac{1}{2}\{f(t)\}^2$$

したがって $S=S(\beta)=\dfrac{1}{2}\displaystyle\int_\alpha^\beta \{f(t)\}^2dt=\dfrac{1}{2}\int_\alpha^\beta \{f(\theta)\}^2 d\theta$ □

問 1 次の極方程式で表された曲線が囲む領域の面積を求めよ。

$r=a(1+\cos\theta)$ $(a>0)$ **(カージオイド)**

(解) 曲線の概形は右のようになる。

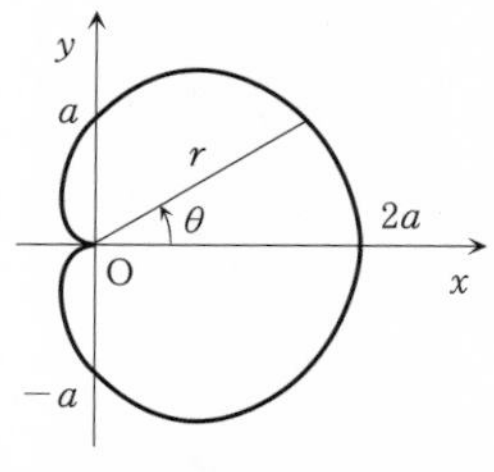

曲線の対称性に注意すると，求める面積は

$$S=2\int_0^{\pi}\frac{1}{2}r^2\,d\theta=\int_0^{\pi}\{a(1+\cos\theta)\}^2\,d\theta$$

$$=a^2\int_0^{\pi}(1+2\cos\theta+\cos^2\theta)\,d\theta$$

$$=a^2\int_0^{\pi}\left(1+2\cos\theta+\frac{1+\cos 2\theta}{2}\right)d\theta$$ ← **2 倍角公式：$\cos 2\theta=2\cos^2\theta-1$**

$$=a^2\int_0^{\pi}\left(\frac{3}{2}+2\cos\theta+\frac{1}{2}\cos 2\theta\right)d\theta$$

$$=a^2\left[\frac{3}{2}\theta+2\sin\theta+\frac{1}{4}\sin 2\theta\right]_0^{\pi}=\frac{3}{2}\pi a^2$$ □

(2) 体　積

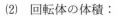

[定理]（体　積）

(1) 立体の体積は切り口の面積を積分することで求められる。

$$V=\int_a^b S(x)\,dx$$

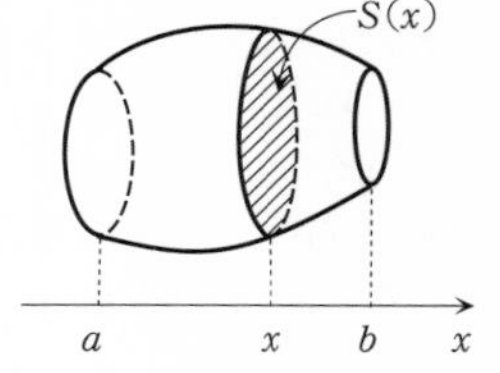

(2) 回転体の体積：

曲線 $y=f(x)$，x 軸，2 つの直線 $x=a$，$x=b$ で囲まれた図形を x 軸のまわりに 1 回転してできる回転体の体積 V は

$$V=\int_a^b \pi\{f(x)\}^2\,dx$$

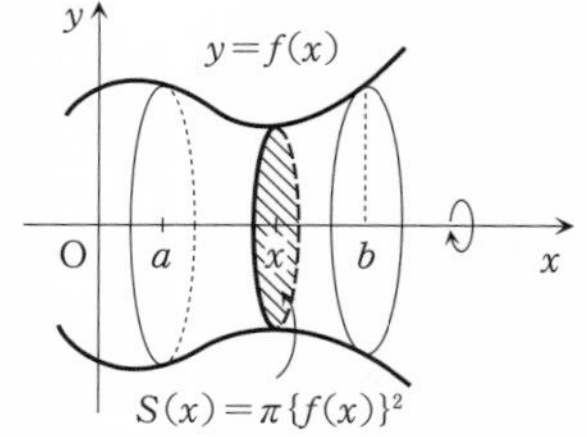

(注 1)「切り口の面積を積分して体積が求まる」という内容は大切である。これが後の重積分で学習する**逐次積分**の考え方である。

(注 2) 体積を計算するためにいろいろな切り方が考えられる。特に，円筒形の切り口を考える場合（いわゆる**バームクーヘン型求積法**）に注意しよう（例題参照）。

(3) 曲線の長さ

[定理]（曲線の長さ）

(1) 曲線 C：$\begin{cases} x=\varphi(t) \\ y=\phi(t) \end{cases}$ $(\alpha \leqq t \leqq \beta)$ の長さ L は

$$L=\int_\alpha^\beta \sqrt{\left(\frac{dx}{dt}\right)^2+\left(\frac{dy}{dt}\right)^2}\,dt=\int_\alpha^\beta \sqrt{\{\varphi'(t)\}^2+\{\phi'(t)\}^2}\,dt$$

(2) 曲線 $y=f(x)$ $(a \leqq x \leqq b)$ の長さ L は

$$L=\int_a^b \sqrt{1+\left(\frac{dy}{dx}\right)^2}\,dx=\int_a^b \sqrt{1+\{f'(x)\}^2}\,dx$$

(3) 曲線 $r=f(\theta)$ $(\alpha \leqq \theta \leqq \beta)$ の長さ L は

$$L=\int_\alpha^\beta \sqrt{r^2+\left(\frac{dr}{d\theta}\right)^2}\,d\theta=\int_\alpha^\beta \sqrt{\{f(\theta)\}^2+\{f'(\theta)\}^2}\,d\theta$$

解説 ここでは公式の直観的な意味について説明しておく。

次のような物理的なイメージを描こう。

平面上を運動する点の位置が $\mathrm{P}(x(t),\ y(t))$，$\alpha \leqq t \leqq \beta$ で与えられているとき

$$速度は\ \vec{v}=\left(\frac{dx}{dt},\ \frac{dy}{dt}\right),\qquad 速さは\ |\vec{v}|=\sqrt{\left(\frac{dx}{dt}\right)^2+\left(\frac{dy}{dt}\right)^2}$$

で表される。

曲線の長さ L とは運動する物体の動いた道のりであるから，公式(1)：

$$L=\int_\alpha^\beta \sqrt{\left(\frac{dx}{dt}\right)^2+\left(\frac{dy}{dt}\right)^2}\,dt$$ ⬅ **(道のり)＝(速さ)×(時間)**

は自然に納得がいくだろう。

また，公式(2)は曲線 $y=f(x)$ $(a \leqq x \leqq b)$ をあえて媒介変数表示してみれば

$$\begin{cases} x=t \\ y=f(t) \end{cases} \quad (a \leqq t \leqq b)$$

であることから当然である(すなわち，x 自身が媒介変数)。

公式(3)について：公式(1)の簡単な応用である。

$x=r\cos\theta=f(\theta)\cos\theta$，$y=r\sin\theta=f(\theta)\sin\theta$　より

$$\frac{dx}{d\theta}=f'(\theta)\cos\theta-f(\theta)\sin\theta,\ \frac{dy}{d\theta}=f'(\theta)\sin\theta+f(\theta)\cos\theta$$

であるから，$\left(\frac{dx}{d\theta}\right)^2+\left(\frac{dy}{d\theta}\right)^2=\{f'(\theta)\}^2+\{f(\theta)\}^2$ □

問 2　次の曲線の長さを求めよ。ただし，$a>0$

(1)　**サイクロイド**（cycloid）

$x=a(t-\sin t),\ y=a(1-\cos t)\quad (0\leqq t\leqq 2\pi)$

(2)　**心臓形**（cardioid）

$r=a(1+\cos\theta)\quad (0\leqq\theta\leqq 2\pi)$

（解）　公式に当てはめて計算する。

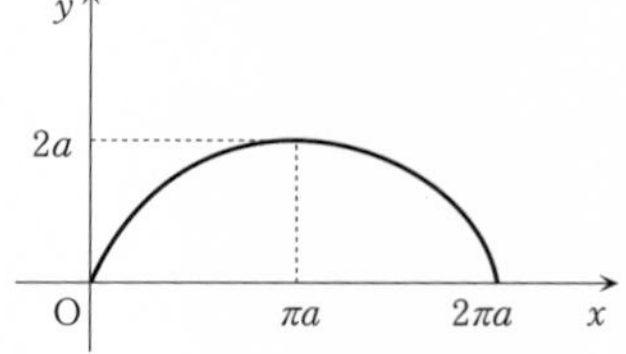

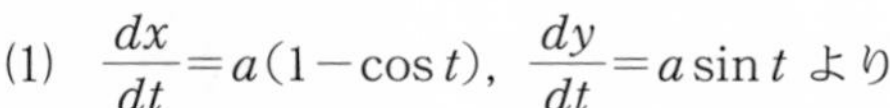

(1)　$\dfrac{dx}{dt}=a(1-\cos t),\ \dfrac{dy}{dt}=a\sin t$ より

$$\left(\frac{dx}{dt}\right)^2+\left(\frac{dy}{dt}\right)^2=a^2\{(1-\cos t)^2+\sin^2 t\}=a^2(2-2\cos t)$$

$$=a^2\left\{2-2\left(1-2\sin^2\frac{t}{2}\right)\right\}=4a^2\sin^2\frac{t}{2}=\left(2a\sin\frac{t}{2}\right)^2$$

$$\therefore\quad \sqrt{\left(\frac{dx}{dt}\right)^2+\left(\frac{dy}{dt}\right)^2}=\sqrt{\left(2a\sin\frac{t}{2}\right)^2}$$

$$=\left|2a\sin\frac{t}{2}\right|=2a\sin\frac{t}{2}\quad (\because\quad 0\leqq t\leqq 2\pi)$$

よって

$$L=\int_0^{2\pi}2a\sin\frac{t}{2}dt=\left[-4a\cos\frac{t}{2}\right]_0^{2\pi}=-4a(-1-1)=8a$$

(2)　$r=a(1+\cos\theta)$ より，$\dfrac{dr}{d\theta}=-a\sin\theta$

$$\therefore\quad r^2+\left(\frac{dr}{d\theta}\right)^2=a^2\{(1+\cos\theta)^2+\sin^2\theta\}=a^2(2+2\cos\theta)$$

$$=a^2\left\{2+2\left(2\cos^2\frac{\theta}{2}-1\right)\right\}=4a^2\cos^2\frac{\theta}{2}=\left(2a\cos\frac{\theta}{2}\right)^2$$

$$\therefore\quad \sqrt{r^2+\left(\frac{dr}{d\theta}\right)^2}=\sqrt{\left(2a\cos\frac{\theta}{2}\right)^2}$$

$$=\left|2a\cos\frac{\theta}{2}\right|$$ **（注）**　ここでは絶対値ははずせない

よって

$$L=\int_0^{2\pi}\left|2a\cos\frac{\theta}{2}\right|d\theta=2\int_0^{\pi}\left|2a\cos\frac{\theta}{2}\right|d\theta$$

$$=2\int_0^{\pi}2a\cos\frac{\theta}{2}d\theta=2\left[4a\sin\frac{\theta}{2}\right]_0^{\pi}=8a$$

□

(4) 回転体の表面積

回転体の表面積の計算には次の公式を利用する。

[定理](回転体の側面積)

曲線 $y=f(x)$, x 軸, 2つの直線 $x=a$, $x=b$ で囲まれた図形を x 軸のまわりに1回転してできる回転体の側面積 S は

$$S=\int_a^b 2\pi f(x)\sqrt{1+\{f'(x)\}^2}\,dx$$

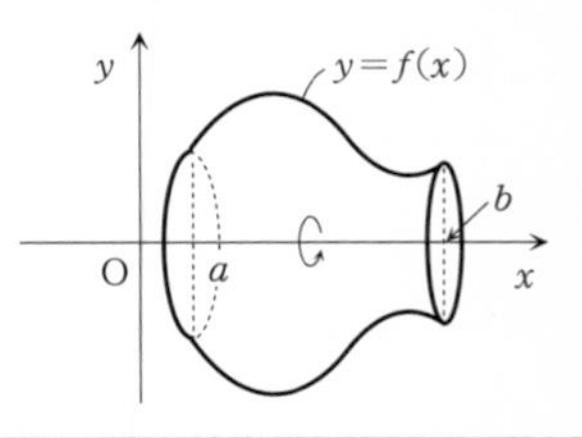

解説 この公式も覚えやすいように,"直観的な意味"を説明しておこう。

図のように, x から $x+\varDelta x$ までの範囲における側面積を考える。

この帯状の部分の面積がどれくらいかを考えてみよう。半径が $f(x)$ で高さが

$$\sqrt{(\varDelta x)^2+\{f'(x)\varDelta x\}^2}=\sqrt{1+\{f'(x)\}^2}\,\varDelta x$$

の円柱にほぼ近いと考えるならば,円柱の側面積は

$$2\pi f(x)\times\sqrt{1+\{f'(x)\}^2}\,\varDelta x$$

であるから

$$S\fallingdotseq\sum 2\pi f(x)\sqrt{1+\{f'(x)\}^2}\,\varDelta x$$

したがって

$$S=\int_a^b 2\pi f(x)\sqrt{1+\{f'(x)\}^2}\,dx$$

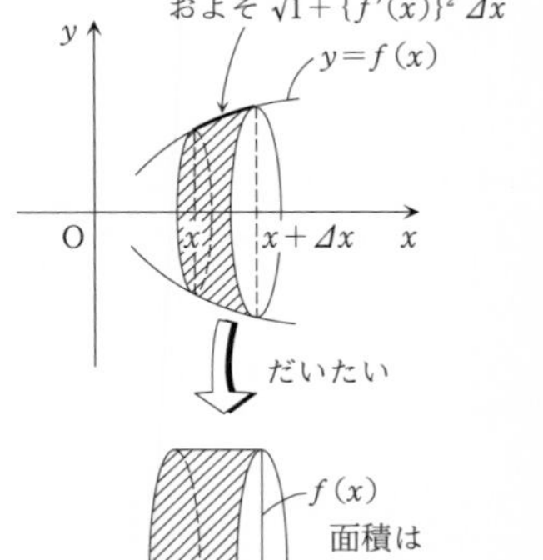

(注) 曲線が, $x=x(t)$, $y=y(t)$ ($\alpha\leqq t\leqq\beta$) と媒介変数表示されていれば

$$S=\int_a^b 2\pi f(x)\sqrt{1+\{f'(x)\}^2}\,dx=\int_\alpha^\beta 2\pi y(t)\sqrt{\left(\frac{dx}{dt}\right)^2+\left(\frac{dy}{dt}\right)^2}\,dt$$

【参考】 一般の曲面の曲面積の公式として2重積分を用いた次の公式がある。

[定理](曲面積)

曲面が $z=f(x,\ y)$ ($(x,\ y)\in D$) で与えられているとき,曲面積 S は

$$S=\iint_D\sqrt{1+(f_x)^2+(f_y)^2}\,dxdy$$

で与えられる。

問 3　楕円 $\dfrac{x^2}{4}+y^2=1$ を x 軸のまわりに回転してできる立体の表面積を求めよ。

(解)　$\dfrac{x^2}{4}+y^2=1$ より，$y=\pm\sqrt{1-\dfrac{x^2}{4}}=\pm\dfrac{\sqrt{4-x^2}}{2}$

$y=\dfrac{\sqrt{4-x^2}}{2}$ とすると，$y'=-\dfrac{1}{2}\dfrac{x}{\sqrt{4-x^2}}$

よって

$$\begin{aligned}
&2\pi y\sqrt{1+(y')^2}\\
&=2\pi\cdot\frac{\sqrt{4-x^2}}{2}\cdot\sqrt{1+\frac{x^2}{4(4-x^2)}}\\
&=2\pi\cdot\frac{\sqrt{4-x^2}}{2}\cdot\sqrt{\frac{16-3x^2}{4(4-x^2)}}\\
&=2\pi\cdot\frac{\sqrt{4-x^2}}{2}\cdot\frac{\sqrt{16-3x^2}}{2\sqrt{4-x^2}}=\frac{\pi}{2}\sqrt{16-3x^2}
\end{aligned}$$

であり，求める表面積は

$$\begin{aligned}
S&=\int_{-2}^{2}2\pi y\sqrt{1+(y')^2}\,dx=\int_{-2}^{2}\frac{\pi}{2}\sqrt{16-3x^2}\,dx\\
&=\pi\int_{0}^{2}\sqrt{16-3x^2}\,dx=\sqrt{3}\,\pi\int_{0}^{2}\sqrt{\frac{16}{3}-x^2}\,dx\\
&=\sqrt{3}\,\pi\left\{\pi\left(\frac{4}{\sqrt{3}}\right)^2\times\frac{60^\circ}{360^\circ}+\frac{1}{2}\cdot2\cdot\frac{2}{\sqrt{3}}\right\}
\end{aligned}$$
⬅ **(扇形)＋(三角形)**

$$=\sqrt{3}\,\pi\left(\frac{8}{9}\pi+\frac{2}{\sqrt{3}}\right)=\frac{8\sqrt{3}}{9}\pi^2+2\pi$$

□

【参考】　一般に，楕円 $\dfrac{x^2}{a^2}+\dfrac{y^2}{b^2}=1$ $(a>b>0)$ を長軸のまわりに回転してできる曲面の表面積を S_x，短軸のまわりに回転してできる曲面の表面積を S_y とすると，やや計算は面倒であるが，次のような結果を得る。

$$S_x=2\pi\left(b^2+\frac{a^2b}{\sqrt{a^2-b^2}}\sin^{-1}\frac{\sqrt{a^2-b^2}}{a}\right)=2\pi\left(b^2+\frac{ab}{e}\sin^{-1}e\right)$$

$$S_y=2\pi\left(a^2+\frac{ab^2}{\sqrt{a^2-b^2}}\log\frac{a+\sqrt{a^2-b^2}}{b}\right)=2\pi\left(a^2+\frac{b^2}{e}\log\frac{a(1+e)}{b}\right)$$

ただし，$e=\dfrac{\sqrt{a^2-b^2}}{a}$ である。

なお，a，$b\to r$ のとき，S_x，$S_y\to 4\pi r^2$ となることは容易に分かる。

例題 1 （面積①）

曲線 C が

$$\begin{cases} x=\sin 2t \\ y=\sin 3t \end{cases} \quad \left(0 \leqq t \leqq \frac{\pi}{3}\right)$$

で与えられているとき，曲線 C と x 軸で囲まれる領域の面積 S を求めよ。

解説 積分を利用して面積を計算することは高校で学習済みではあるが，ここでは特に注意したい面積の計算を練習しておく。媒介変数で表された曲線で囲まれた領域の面積の計算は自動的に置換積分になることに注意しよう。

解答 $\dfrac{dx}{dt}=2\cos 2t$，$\dfrac{dy}{dt}=3\cos 3t$ より，増減表およびグラフは次のようになる。

t	0	$\cdots$	$\frac{\pi}{6}$	$\cdots$	$\frac{\pi}{4}$	$\cdots$	$\frac{\pi}{3}$
$\frac{dx}{dt}$		$+$	$+$	$+$	0	$-$	
$\frac{dy}{dt}$		$+$	0	$-$	$-$	$-$	
x	0	$\nearrow$	$\frac{\sqrt{3}}{2}$	$\nearrow$	1	$\searrow$	$\frac{\sqrt{3}}{2}$
y	0	$\nearrow$	1	$\searrow$	$\frac{\sqrt{2}}{2}$	$\searrow$	0

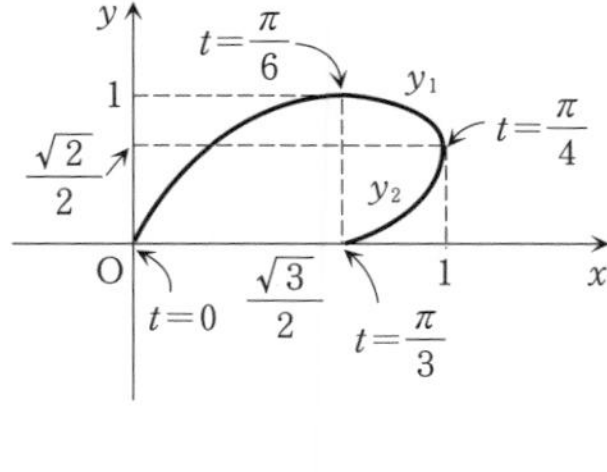

図のように y_1，y_2 を定めると，求める面積は

$$S=\int_0^1 y_1\,dx-\int_{\frac{\sqrt{3}}{2}}^1 y_2\,dx$$

$$=\int_0^{\frac{\pi}{4}} \sin 3t\cdot 2\cos 2t\,dt-\int_{\frac{\pi}{3}}^{\frac{\pi}{4}} \sin 3t\cdot 2\cos 2t\,dt$$

$$=\int_0^{\frac{\pi}{4}} \sin 3t\cdot 2\cos 2t\,dt+\int_{\frac{\pi}{4}}^{\frac{\pi}{3}} \sin 3t\cdot 2\cos 2t\,dt$$

$$=\int_0^{\frac{\pi}{3}} \sin 3t\cdot 2\cos 2t\,dt=\int_0^{\frac{\pi}{3}} 2\sin 3t\cos 2t\,dt$$

$$=\int_0^{\frac{\pi}{3}} (\sin 5t+\sin t)\,dt$$ ⬅ **公式：$\sin\alpha\cos\beta=\frac{1}{2}\{\sin(\alpha+\beta)+\sin(\alpha-\beta)\}$**

$$=\left[-\frac{1}{5}\cos 5t-\cos t\right]_0^{\frac{\pi}{3}}=-\frac{1}{5}\left(\frac{1}{2}-1\right)-\left(\frac{1}{2}-1\right)=\frac{1}{10}+\frac{1}{2}=\frac{3}{5}$$ ……〔答〕

例題 2（面積②）

(1) 方程式 $(x^2+y^2)^2=x^2-y^2$ によって表される曲線（**レムニスケート**）を極方程式で表し，その概形を描け。

(2) この曲線によって囲まれる部分の面積を求めよ。

解説 極方程式で表された曲線で囲まれた部分の面積については高校で学習していない。必要な公式は次の通りである。

［公式］ 曲線 $r=f(\theta)$ と 2 つの半直線 $\theta=\alpha$，$\theta=\beta$ で囲まれる図形の面積 S は次式で与えられる。

$$S=\int_\alpha^\beta \frac{1}{2}r^2 d\theta=\frac{1}{2}\int_\alpha^\beta \{f(\theta)\}^2 d\theta$$

解答 (1) $x=r\cos\theta$，$y=r\sin\theta$ とすると，与式は次のようになる。

$$(r^2)^2=r^2(\cos^2\theta-\sin^2\theta) \qquad \therefore \quad r^2=\cos^2\theta-\sin^2\theta=\cos 2\theta$$

よって，求める極方程式は　$r^2=\cos 2\theta$　……〔答〕

(2) 与えられた曲線が x 軸，y 軸に関して対称であることと極方程式 $r^2=\cos 2\theta$ にも注意して曲線の概形が右のようになることが分かる。

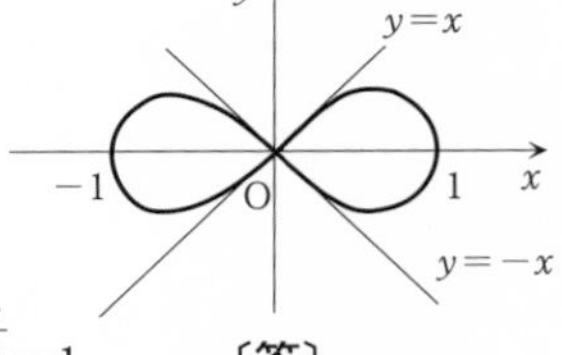

曲線の対称性に注意すると，求める面積は

$$S=4\int_0^{\frac{\pi}{4}} \frac{1}{2}r^2 d\theta=\int_0^{\frac{\pi}{4}} 2\cos 2\theta\, d\theta=\Big[\sin 2\theta\Big]_0^{\frac{\pi}{4}}=1 \quad \text{……〔答〕}$$

【参考】 レムニスケートによって囲まれる部分の面積は容易に計算できたが，ついでにレムニスケートの長さを考えてみよう。第 1 象限の部分だけ考えて

$$\frac{1}{4}L=\int_0^{\frac{\pi}{4}} \sqrt{r^2+\left(\frac{dr}{d\theta}\right)^2}\, d\theta=\int_0^{\frac{\pi}{4}} \sqrt{\cos 2\theta+\left(-\frac{1}{r}\sin 2\theta\right)^2}\, d\theta$$

$$=\int_0^{\frac{\pi}{4}} \sqrt{\cos 2\theta+\frac{\sin^2 2\theta}{\cos 2\theta}}\, d\theta=\int_0^{\frac{\pi}{4}} \sqrt{\frac{1}{\cos 2\theta}}\, d\theta$$

$$=\int_0^{\frac{\pi}{4}} \frac{1}{\sqrt{\cos^2\theta-\sin^2\theta}}\, d\theta=\int_0^{\frac{\pi}{4}} \frac{1}{\sqrt{1-\tan^2\theta}}\frac{1}{\cos\theta}\, d\theta$$

$$=\int_0^{\frac{\pi}{4}} \frac{1}{\sqrt{1-\tan^2\theta}}\frac{1}{\sqrt{1+\tan^2\theta}}\frac{1}{\cos^2\theta}\, d\theta$$

$$=\int_0^1 \frac{1}{\sqrt{1-x^2}}\frac{1}{\sqrt{1+x^2}}\, dx=\int_0^1 \frac{1}{\sqrt{1-x^4}}\, dx \quad （置換：x=\tan\theta）$$

となるが，この積分は容易には計算できない。

例題 3 （体積）

(1) 2つの円柱 $x^2+y^2=1$, $x^2+z^2=1$ で囲まれる部分の体積を求めよ。

(2) 不等式 $0 \leqq y \leqq -(x-1)(x-2)$ によって表される領域を y 軸のまわりに1回転してできる立体の体積を求めよ。

解説 体積の計算も高校で学習済みである。体積計算の本質は**切り口の面積を積分**することであり，これが後ほど学習する**逐次積分**のアイデアである。体積を計算するためにいろいろな切り方が考えられる。特に，(2)の円筒形の切り口を考える場合（いわゆる**バームクーヘン型求積法**）に注意しよう。

解答 (1) 立体を平面 $x=t$ で切ってみよう。

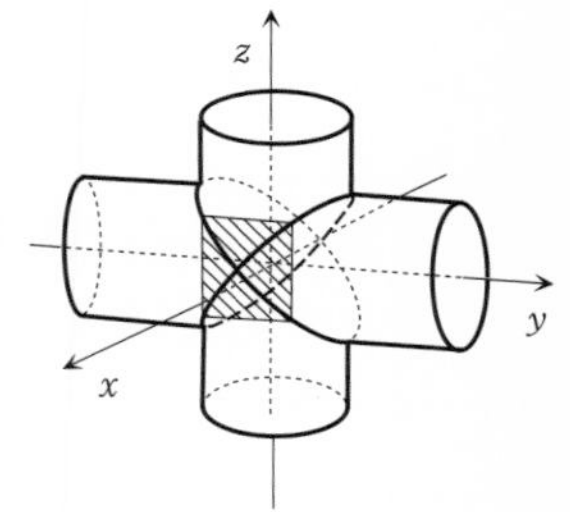

$x^2+y^2=1$ に $x=t$ を代入すると，$y=\pm\sqrt{1-t^2}$

$x^2+z^2=1$ に $x=t$ を代入すると，$z=\pm\sqrt{1-t^2}$

よって，平面 $x=t$ による切り口の面積 $S(t)$ は

$$S(t)=(2\sqrt{1-t^2})^2=4(1-t)^2$$

したがって，求める体積 V は

$$V=2\int_0^1 S(t)\,dt=8\int_0^1(1-t^2)\,dt$$

$$=8\left[t-\frac{t^3}{3}\right]_0^1=\frac{16}{3} \quad \cdots\cdots〔答〕$$

（注） この体積は重積分を使って計算することもできる（**演習 5.2 4**(1)）。

(2) 立体を「y 軸を中心軸とする半径 x の円筒」で切る。

このとき，立体の切り口の面積 $S(x)$ は

$$S(x)=2\pi x\cdot\{-(x-1)(x-2)\}$$

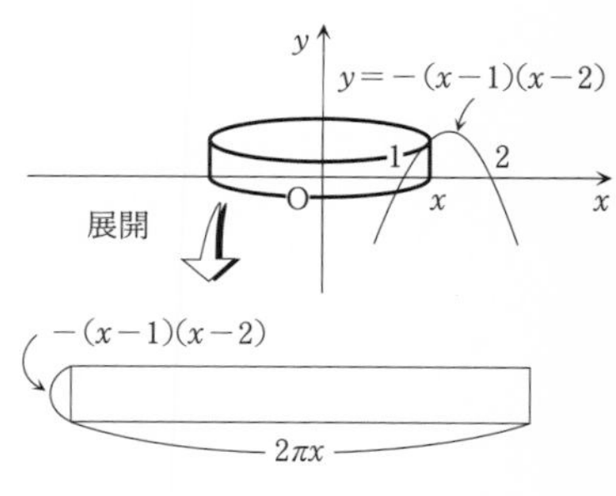

よって，求める体積 V は

$$V=\int_1^2 S(x)\,dx$$

$$=\int_1^2 2\pi x\cdot\{-(x-1)(x-2)\}\,dx$$

$$=-2\pi\int_1^2(x^3-3x^2+2x)\,dx$$

$$=-2\pi\left[\frac{x^4}{4}-x^3+x^2\right]_1^2$$

$$=-2\pi\left\{(4-8+4)-\left(\frac{1}{4}-1+1\right)\right\}=\frac{\pi}{2} \quad \cdots\cdots〔答〕$$

例題 4（曲線の長さ）

次の曲線の長さを求めよ。

(1)　$x=\cos^3 t,\ y=\sin^3 t\quad(0\leqq t\leqq 2\pi)$

(2)　$y=\log(1-x^2)\quad\left(0\leqq x\leqq\dfrac{1}{2}\right)$　　(3)　$r=\sin^3\dfrac{\theta}{3}\quad\left(0\leqq\theta\leqq\dfrac{3\pi}{2}\right)$

解説　曲線の長さは公式にそのまま当てはめて計算する。

解答　(1)　$\dfrac{dx}{dt}=-3\cos^2 t\sin t,\ \dfrac{dy}{dt}=3\sin^2 t\cos t$ より

$$\sqrt{\left(\frac{dx}{dt}\right)^2+\left(\frac{dy}{dt}\right)^2}=\sqrt{9\sin^2 t\cos^2 t(\cos^2 t+\sin^2 t)}$$

$$=\sqrt{9\sin^2 t\cos^2 t}=|3\sin t\cos t|$$　⬅ 積分の中身をまず計算

よって，求める曲線の長さは

$$L=\int_0^{2\pi}|3\sin t\cos t|\,dt=4\int_0^{\frac{\pi}{2}}3\sin t\cos t\,dt=4\left[\frac{3}{2}\sin^2 t\right]_0^{\frac{\pi}{2}}=6$$　……〔答〕

(2)　$\dfrac{dy}{dx}=-\dfrac{2x}{1-x^2}$ より

$$\sqrt{1+\left(\frac{dy}{dx}\right)^2}=\sqrt{1+\frac{4x^2}{(1-x^2)^2}}=\sqrt{\frac{(1+x^2)^2}{(1-x^2)^2}}=\frac{1+x^2}{1-x^2}$$

よって，求める曲線の長さは

$$L=\int_0^{\frac{1}{2}}\frac{1+x^2}{1-x^2}dx=\int_0^{\frac{1}{2}}\left(\frac{2}{1-x^2}-1\right)dx=\int_0^{\frac{1}{2}}\left(\frac{1}{1+x}+\frac{1}{1-x}-1\right)dx$$

$$=\Big[\log(1+x)-\log(1-x)-x\Big]_0^{\frac{1}{2}}=\left[\log\frac{1+x}{1-x}-x\right]_0^{\frac{1}{2}}=\log 3-\frac{1}{2}$$　……〔答〕

(3)　$\dfrac{dr}{d\theta}=\sin^2\dfrac{\theta}{3}\cos\dfrac{\theta}{3}$ より

$$\sqrt{r^2+\left(\frac{dr}{d\theta}\right)^2}=\sqrt{\sin^6\frac{\theta}{3}+\sin^4\frac{\theta}{3}\cos^2\frac{\theta}{3}}=\sqrt{\sin^4\frac{\theta}{3}}=\sin^2\frac{\theta}{3}$$

よって，求める曲線の長さは

$$L=\int_0^{\frac{3\pi}{2}}\sin^2\frac{\theta}{3}d\theta=\int_0^{\frac{3\pi}{2}}\frac{1}{2}\left(1-\cos\frac{2\theta}{3}\right)d\theta$$

$$=\frac{1}{2}\left[\theta-\frac{3}{2}\sin\frac{2\theta}{3}\right]_0^{\frac{3\pi}{2}}=\frac{3\pi}{4}$$　……〔答〕

例題 5（回転面の表面積）

円 $x^2+(y-R)^2=r^2$ $(R>r>0)$ を x 軸のまわりに回転してできる回転面（**トーラス**）の表面積を求めよ。

解説 曲線 $y=f(x)$，x 軸，2つの直線 $x=a$，$x=b$ で囲まれた図形を x 軸のまわりに1回転してできる回転体の側面積 S は次式で与えられる。

$$S=\int_a^b 2\pi f(x)\sqrt{1+\{f'(x)\}^2}\,dx$$

解答 $x^2+(y-R)^2=r^2$ より，$y=R\pm\sqrt{r^2-x^2}$

$$f_1(x)=R+\sqrt{r^2-x^2},\quad f_2(x)=R-\sqrt{r^2-x^2}$$

とおく。

$$S_1=\int_{-r}^{r} 2\pi f_1(x)\sqrt{1+(f_1'(x))^2}\,dx,$$

$$S_2=\int_{-r}^{r} 2\pi f_2(x)\sqrt{1+(f_2'(x))^2}\,dx$$

とすると，求める表面積 S は $S=S_1+S_2$ で与えられる。

$f_1'(x)=-\dfrac{x}{\sqrt{r^2-x^2}}$ より

$$1+(f_1'(x))^2=\frac{r^2}{r^2-x^2} \qquad \therefore \quad \sqrt{1+(f_1'(x))^2}=\frac{r}{\sqrt{r^2-x^2}}$$

$f_2'(x)=\dfrac{x}{\sqrt{r^2-x^2}}$ より

$$1+(f_2'(x))^2=\frac{r^2}{r^2-x^2} \qquad \therefore \quad \sqrt{1+(f_2'(x))^2}=\frac{r}{\sqrt{r^2-x^2}}$$

よって

$$S_1=\int_{-r}^{r} 2\pi f_1(x)\sqrt{1+(f_1'(x))^2}\,dx=2\pi\int_{-r}^{r}(R+\sqrt{r^2-x^2})\frac{r}{\sqrt{r^2-x^2}}dx$$

$$S_2=\int_{-r}^{r} 2\pi f_2(x)\sqrt{1+(f_2'(x))^2}\,dx=2\pi\int_{-r}^{r}(R-\sqrt{r^2-x^2})\frac{r}{\sqrt{r^2-x^2}}dx$$

であり

$$S=S_1+S_2=2\pi\int_{-r}^{r}2R\frac{r}{\sqrt{r^2-x^2}}dx$$

$$=4\pi R\int_{-r}^{r}\frac{1}{\sqrt{1-\left(\dfrac{x}{r}\right)^2}}dx=4\pi R\left[r\sin^{-1}\frac{x}{r}\right]_{-r}^{r}$$

$$=4\pi R\cdot r\pi=4\pi^2 Rr \quad \cdots\cdots$$〔**答**〕

■ 演習問題　2.4

▶解答は p. 267

1 (1) $I_n=\int_0^{\frac{\pi}{2}}\sin^n x\,dx$（$n=0,\ 1,\ 2,\ \cdots$）とおくとき，$I_n=\dfrac{n-1}{n}I_{n-2}$（$n\geqq 2$）を示せ。ただし，$\sin^0 x=1$ とする。

(2) 曲線 C（**アステロイド**）が

$$\begin{cases} x=\cos^3 t \\ y=\sin^3 t \end{cases}\quad (0\leqq t\leqq 2\pi)$$

で与えられているとき，曲線 C で囲まれる領域の面積 S を求めよ。

2 曲線 C（**カージオイド**）が極方程式 $r=a(1+\cos\theta)$（$a>0$）で与えられているとき，曲線 C で囲まれる領域の面積 S を求めよ。

3 (1) 曲面 $z=x^2+y^2$ と平面 $z=1$ で囲まれる部分の体積を求めよ。

(2) 不等式 $0<y<-x\log x$ によって表される領域を y 軸のまわりに 1 回転してできる立体の体積を求めよ。

4 次の曲線の長さを求めよ。

(1) $\begin{cases} x=\cos t+t\sin t \\ y=\sin t-t\cos t \end{cases}\quad (0\leqq t\leqq \pi)$　　(2) $y=\dfrac{1}{2}x^2$　$(0\leqq x\leqq 1)$

(3) $r=e^{-a\theta}$　$(0\leqq\theta<\infty)$　　ただし，$a>0$

5 次の曲線を x 軸のまわりに回転してできる回転面の表面積を求めよ。

(1) $x^2+\dfrac{y^2}{4}=1$　　(2) $\begin{cases} x=t-\sin t \\ y=1-\cos t \end{cases}\quad (0\leqq t\leqq 2\pi)$

6 **例題 5** のトーラスの表面積を次の公式を用いて計算せよ。（この問題は重積分の範囲である。）

[公式]（曲面の面積） 曲面が $z=f(x,\ y)$（$(x,\ y)\in D$）で与えられているとき，曲面の面積 S は次の式で与えられる。

$$S=\iint_D\sqrt{1+(f_x)^2+(f_y)^2}\,dxdy$$

過去問研究 2 − 1（積分の計算）

次の各問いに答えよ。

(1)　実数 $\frac{1}{\sqrt{3}} \leqq t \leqq 1$ に対して，等式 $\frac{1+t^2}{t(1+t-t^2)}=\frac{a}{t}+\frac{b+ct}{1+t-t^2}$ が成り立つように a，b，c を定めよ。

(2)　$t=\tan\frac{x}{2}$ とおくとき，$\sin x=\frac{2t}{1+t^2}$，$\cos x=\frac{1-t^2}{1+t^2}$ と表せることを示せ。

(3)　変数変換 $t=\tan\frac{x}{2}$ を行い，次の定積分 $\int_{\frac{\pi}{3}}^{\frac{\pi}{2}}\frac{dx}{(\sin x+2\cos x)\sin x}$ の値を求めよ。

〈九州大学〉

解説　やや難しい定積分の計算であるが，誘導があるので指示に従って計算していけばよい。本問の計算手順は頻出である。

解答　(1)　$\frac{1+t^2}{t(1+t-t^2)}=\frac{a}{t}+\frac{b+ct}{1+t-t^2}$ より

$$1+t^2=a(1+t-t^2)+(b+ct)t$$
$$=(-a+c)t^2+(a+b)t+a$$

∴　$-a+c=1$，$a+b=0$，$a=1$　　よって，$a=1$，$b=-1$，$c=2$　……〔答〕

(2)　省略（講義部分 p. 44 を参照せよ）。

(3)　$dx=\frac{2}{1+t^2}dt$ に注意して（式の導出は講義部分を参照）

$$\int_{\frac{\pi}{3}}^{\frac{\pi}{2}}\frac{dx}{(\sin x+2\cos x)\sin x}=\int_{\frac{1}{\sqrt{3}}}^{1}\frac{1}{\left(\frac{2t}{1+t^2}+2\frac{1-t^2}{1+t^2}\right)\frac{2t}{1+t^2}}\cdot\frac{2}{1+t^2}dt$$

$$=\int_{\frac{1}{\sqrt{3}}}^{1}\frac{(1+t^2)^2}{\{2t+2(1-t^2)\}\cdot 2t}\cdot\frac{2}{1+t^2}dt=\frac{1}{2}\int_{\frac{1}{\sqrt{3}}}^{1}\frac{1+t^2}{(1+t-t^2)t}dt$$

$$=\frac{1}{2}\int_{\frac{1}{\sqrt{3}}}^{1}\left(\frac{1}{t}+\frac{-1+2t}{1+t-t^2}\right)dt=\frac{1}{2}\int_{\frac{1}{\sqrt{3}}}^{1}\left(\frac{1}{t}-\frac{1-2t}{1+t-t^2}\right)dt$$

$$=\frac{1}{2}\Big[\log t-\log(1+t-t^2)\Big]_{\frac{1}{\sqrt{3}}}^{1}=\frac{1}{2}\left[\log\frac{t}{1+t-t^2}\right]_{\frac{1}{\sqrt{3}}}^{1}$$

$$=-\frac{1}{2}\log\frac{\sqrt{3}}{2+\sqrt{3}}=-\frac{1}{2}\log(2\sqrt{3}-3)$$　……〔答〕

過去問研究 2 − 2（広義積分）

(1) $\displaystyle\lim_{x\to\frac{\pi}{2}-0}(\cos x)\log(\cos x)$ を求めよ。

(2) 広義積分 $\displaystyle\int_0^{\frac{\pi}{2}}(\sin x)\log(\cos x)\,dx$ を求めよ。　〈京都工芸繊維大学〉

解説 関数の極限値の計算ではロピタルの定理が基本である。(2)では“どのような極限”について問われているのかを理解すること。

解答 (1) $\displaystyle\lim_{x\to\frac{\pi}{2}-0}(\cos x)\log(\cos x)$

$$=\lim_{x\to\frac{\pi}{2}-0}\frac{\log(\cos x)}{\dfrac{1}{\cos x}}$$

⬅ロピタルの定理を使う準備（分数形にする）

$$=\lim_{x\to\frac{\pi}{2}-0}\frac{-\dfrac{\sin x}{\cos x}}{\dfrac{\sin x}{\cos^2 x}}\quad(\because\ \text{ロピタルの定理})$$

$$=\lim_{x\to\frac{\pi}{2}-0}(-\cos x)=0\quad\cdots\cdots〔答〕$$

(2) $\displaystyle\int_0^{\frac{\pi}{2}}(\sin x)\log(\cos x)\,dx$

$$=\lim_{\beta\to\frac{\pi}{2}-0}\int_0^{\beta}(\sin x)\log(\cos x)\,dx$$

⬅$x=\dfrac{\pi}{2}$ が特異点

$$=\lim_{\beta\to\frac{\pi}{2}-0}\left(\Big[(-\cos x)\log(\cos x)\Big]_0^{\beta}-\int_0^{\beta}(-\cos x)\frac{-\sin x}{\cos x}dx\right)$$

$$=\lim_{\beta\to\frac{\pi}{2}-0}\left(-\cos\beta\log(\cos\beta)-\int_0^{\beta}\sin x\,dx\right)$$

$$=\lim_{\beta\to\frac{\pi}{2}-0}\left(-\cos\beta\log(\cos\beta)+\Big[\cos x\Big]_0^{\beta}\right)$$

$$=\lim_{\beta\to\frac{\pi}{2}-0}(-\cos\beta\log(\cos\beta)+\cos\beta-1)$$

$$=-1\quad\cdots\cdots〔答〕\quad\left(\because\ (1)\text{より，}\lim_{\beta\to\frac{\pi}{2}-0}(\cos\beta)\log(\cos\beta)=0\right)$$

過去問研究2－3（定積分と漸化式）

$n \geqq 0$ なる整数 n に対して $I_n=\int_{-1}^{1} x^{2n}\sqrt{1-x^2}\,dx$

とおく。このとき，以下の問いに答えよ。

(1) I_0 と I_1 を求めよ。

(2) I_{n+1} と I_n の関係を求めよ。

(3) I_n を求めよ。〈お茶の水女子大学〉

解説 定積分と漸化式は応用上も重要な頻出項目である。漸化式の取扱いにも注意が必要である。

解答 (1) $I_0=\int_{-1}^{1}\sqrt{1-x^2}\,dx=\dfrac{\pi}{2}$ ……〔答〕 ⬅ **半円の面積**

$$I_1=\int_{-1}^{1}x^2\sqrt{1-x^2}\,dx=2\int_0^1 x^2\sqrt{1-x^2}\,dx$$

$x=\sin\theta$ とおくと，$dx=\cos\theta d\theta$

また，x：$0\to 1$ のとき θ：$0\to\dfrac{\pi}{2}$

よって

$$I_1=2\int_0^1 x^2\sqrt{1-x^2}\,dx=2\int_0^{\frac{\pi}{2}}\sin^2\theta\sqrt{1-\sin^2\theta}\cos\theta d\theta$$

$$=2\int_0^{\frac{\pi}{2}}\sin^2\theta\cos^2\theta d\theta=2\int_0^{\frac{\pi}{2}}(\sin\theta\cos\theta)^2 d\theta$$

$$=2\int_0^{\frac{\pi}{2}}\left(\frac{\sin 2\theta}{2}\right)^2 d\theta$$ ⬅ **2倍角の公式：$\sin 2\theta=2\sin\theta\cos\theta$**

$$=\frac{1}{2}\int_0^{\frac{\pi}{2}}\sin^2 2\theta d\theta$$

$$=\frac{1}{2}\int_0^{\frac{\pi}{2}}\frac{1-\cos 4\theta}{2}d\theta$$ ⬅ **2倍角の公式：$\cos 2\theta=\begin{cases}1-2\sin^2\theta\\ 2\cos^2\theta-1\end{cases}$**

$$=\frac{1}{4}\left[\theta-\frac{1}{4}\sin 4\theta\right]_0^{\frac{\pi}{2}}=\frac{\pi}{8}$$ ……〔答〕

(2) $I_{n+1}=\int_{-1}^{1}x^{2n+2}\sqrt{1-x^2}\,dx=\int_{-1}^{1}x^{2n+1}\cdot x\sqrt{1-x^2}\,dx$

$$=\left[x^{2n+1}\cdot\left\{-\frac{1}{3}(1-x^2)^{\frac{3}{2}}\right\}\right]_{-1}^{1}-\int_{-1}^{1}(2n+1)x^{2n}\cdot\left\{-\frac{1}{3}(1-x^2)^{\frac{3}{2}}\right\}dx$$

⬅ **部分積分法**

$$=\frac{2n+1}{3}\int_{-1}^{1}x^{2n}(1-x^2)^{\frac{3}{2}}dx=\frac{2n+1}{3}\int_{-1}^{1}x^{2n}(1-x^2)\sqrt{1-x^2}\,dx$$

$$=\frac{2n+1}{3}\int_{-1}^{1}(x^{2n}\sqrt{1-x^2}-x^{2n+2}\sqrt{1-x^2})dx=\frac{2n+1}{3}(I_n-I_{n+1})$$

$$\therefore\quad 3I_{n+1}=(2n+1)I_n-(2n+1)I_{n+1}\qquad\therefore\quad I_{n+1}=\frac{2n+1}{2n+4}I_n$$ ……〔答〕

(3)　(2)の結果より，$n\geqq 1$ のとき

$$I_n=\frac{2n-1}{2n+2}I_{n-1}=\frac{2n-1}{2n+2}\cdot\frac{2n-3}{2n}I_{n-2}=\cdots=\frac{2n-1}{2n+2}\cdot\frac{2n-3}{2n}\cdots\frac{5}{8}\cdot\frac{3}{6}\cdot\frac{1}{4}I_0$$

$$=\frac{2n-1}{2n+2}\cdot\frac{2n-3}{2n}\cdots\frac{5}{8}\cdot\frac{3}{6}\cdot\frac{1}{4}\cdot\frac{\pi}{2}$$ ……〔答〕　$\left(n=0\text{ のときは } I_0=\frac{\pi}{2}\right)$

（注 1 ）　(2)より，I_1 は次のように計算することもできる。

$$I_1=\int_{-1}^{1}x^2\sqrt{1-x^2}\,dx=\int_{-1}^{1}x\cdot x\sqrt{1-x^2}\,dx$$

$$=\left[x\cdot\left\{-\frac{1}{3}(1-x^2)^{\frac{3}{2}}\right\}\right]_{-1}^{1}-\int_{-1}^{1}1\cdot\left\{-\frac{1}{3}(1-x^2)^{\frac{3}{2}}\right\}dx=\frac{1}{3}\int_{-1}^{1}(1-x^2)^{\frac{3}{2}}dx$$

$$=\frac{1}{3}\int_{-1}^{1}(1-x^2)\sqrt{1-x^2}\,dx=\frac{1}{3}(I_0-I_1)$$

$$\therefore\quad 3I_1=I_0-I_1\qquad\therefore\quad I_1=\frac{1}{4}I_0=\frac{\pi}{8}$$

（注 2 ）　(3)の結果を用いて，いくつか I_n の値を計算してみると

$$I_2=\frac{3}{6}\cdot\frac{1}{4}\cdot\frac{\pi}{2}=\frac{\pi}{16},\ I_3=\frac{5}{8}\cdot\frac{3}{6}\cdot\frac{1}{4}\cdot\frac{\pi}{2}=\frac{5\pi}{128},\ I_4=\frac{7}{10}\cdot\frac{5}{8}\cdot\frac{3}{6}\cdot\frac{1}{4}\cdot\frac{\pi}{2}=\frac{7\pi}{256}$$

（注 3 ）　I_n を表す式はいろいろな形に書き換えることができる。

たとえば，次のように表すことができる。

$$I_n=\frac{2n-1}{2n+2}\cdots\frac{5}{8}\cdot\frac{3}{6}\cdot\frac{1}{4}\cdot\frac{\pi}{2}=\frac{1\cdot3\cdot5\cdots(2n-1)}{2\cdot4\cdot6\cdots(2n)}\cdot\frac{\pi}{2n+2}$$

$$=\frac{(2n-1)!!}{(2n)!!}\cdot\frac{\pi}{2n+2}$$

ここで，次の記号に注意する。

$$\begin{cases}(2n-1)!!=(2n-1)(2n-3)\cdots5\cdot3\cdot1\\ \quad(2n)!!=(2n)(2n-2)\cdots6\cdot4\cdot2\end{cases}$$

また，次のように表すこともできる。

$$I_n=\frac{1\cdot2\cdot3\cdot4\cdots(2n-1)(2n)}{\{2\cdot4\cdot6\cdots(2n)\}^2}\cdot\frac{\pi}{2n+2}=\frac{(2n)!}{2^{2n}(n!)^2}\cdot\frac{\pi}{2n+2}$$

過去問研究 2 − 4 (広義積分の収束・発散)

積分 $\displaystyle\int_1^{\infty}\frac{1}{x^s}dx$ が収束するための s の条件を求めよ。そのときの積分の値を求めよ。 〈神戸大学〉

解 説 広義積分の収束・発散の基本の問題である。計算が実行できる広義積分であるから，s の値で場合分けして広義積分を計算してみよう。

解 答 (i) $s<1$ のとき；

$$\int_1^{\infty}\frac{1}{x^s}dx=\lim_{\beta\to\infty}\int_1^{\beta}\frac{1}{x^s}dx=\lim_{\beta\to\infty}\int_1^{\beta}x^{-s}dx=\lim_{\beta\to\infty}\left[\frac{x^{1-s}}{1-s}\right]_1^{\beta}$$

$$=\lim_{\beta\to\infty}\left(\frac{\beta^{1-s}}{1-s}-\frac{1}{1-s}\right)=\infty \quad (\text{発散})$$

(ii) $s=1$ のとき；

$$\int_1^{\infty}\frac{1}{x^s}dx=\lim_{\beta\to\infty}\int_1^{\beta}\frac{1}{x}dx=\lim_{\beta\to\infty}\Big[\log x\Big]_1^{\beta}=\lim_{\beta\to\infty}\log\beta=\infty \quad (\text{発散})$$

(iii) $s>1$ のとき；

$$\int_1^{\infty}\frac{1}{x^s}dx=\lim_{\beta\to\infty}\int_1^{\beta}\frac{1}{x^s}dx=\lim_{\beta\to\infty}\left[\frac{x^{1-s}}{1-s}\right]_1^{\beta}$$

$$=\lim_{\beta\to\infty}\left(\frac{\beta^{1-s}}{1-s}-\frac{1}{1-s}\right)=\frac{1}{s-1} \quad (\text{収束})$$

(i)〜(iii)より，収束するための s の条件は $s>1$，積分の値は $\dfrac{1}{s-1}$ …〔答〕

【参考】 $s>0$ のとき $\dfrac{1}{x^s}$ は $x>0$ において単調減少であるから

$$\frac{1}{(k+1)^s}<\int_k^{k+1}\frac{1}{x^s}dx<\frac{1}{k^s} \qquad \therefore\ \sum_{k=1}^{n}\frac{1}{(k+1)^s}<\sum_{k=1}^{n}\int_k^{k+1}\frac{1}{x^s}dx<\sum_{k=1}^{n}\frac{1}{k^s}$$

$$\therefore\ \frac{1}{2^s}+\frac{1}{3^s}+\cdots+\frac{1}{(n+1)^s}<\int_1^{n+1}\frac{1}{x^s}dx<\frac{1}{1^s}+\frac{1}{2^s}+\cdots+\frac{1}{n^s} \quad \cdots\cdots(*)$$

よって，上の結果より，次のことが分かる。

(1) $s>1$ のとき；

$\displaystyle\int_1^{\infty}\frac{1}{x^s}dx$ が収束するから，$(*)$の左半分より，級数 $\displaystyle\sum_{n=1}^{\infty}\frac{1}{n^s}$ も収束する。

(2) $0<s\leqq 1$ のとき；

$\displaystyle\int_1^{\infty}\frac{1}{x^s}dx$ が発散するから，$(*)$の右半分より，級数 $\displaystyle\sum_{n=1}^{\infty}\frac{1}{n^s}$ も発散する。

過去問研究 2 − 5（曲線の長さ）

曲線 $y=\dfrac{1}{2a}(e^{ax}+e^{-ax})$（$a>0$）について，以下の問いに答えよ。

(1) この曲線上の 2 点 $\mathrm{A}\left(0,\ \dfrac{1}{a}\right)$, $\mathrm{B}(p,\ q)$（$p>0$）の間の弧の長さ l を a と q で表せ。

(2) $l=\dfrac{\sqrt{3}}{a}$ のとき，点 $\mathrm{B}(p,\ q)$（$p>0$）の座標を求めよ。 〈大阪大学〉

解説 曲線の長さに関する基本問題である。ただし，初等的な 2 次方程式でつまずくなどということのないよう注意しよう。

解答 (1) $1+\left(\dfrac{dy}{dx}\right)^2=1+\left\{\dfrac{1}{2}(e^{ax}-e^{-ax})\right\}^2=\dfrac{1}{4}\{4+(e^{ax}-e^{-ax})^2\}$

$$=\frac{1}{4}\{(e^{ax})^2+2+(e^{-ax})^2\}=\frac{1}{4}(e^{ax}+e^{-ax})^2$$

よって

$$l=\int_0^p\sqrt{1+\left(\frac{dy}{dx}\right)^2}\,dx=\int_0^p\frac{1}{2}(e^{ax}+e^{-ax})\,dx$$

$$=\left[\frac{1}{2a}(e^{ax}-e^{-ax})\right]_0^p=\frac{1}{2a}(e^{ap}-e^{-ap})$$

ここで，$q=\dfrac{1}{2a}(e^{ap}+e^{-ap})$ より，$e^{ap}+e^{-ap}=2aq$

$$\therefore\quad (e^{ap}-e^{-ap})^2=(e^{ap}+e^{-ap})^2-4=(2aq)^2-4=4\{(aq)^2-1\}$$

$ap>0$ より，$e^{ap}>e^{-ap}$ $\quad\therefore\quad e^{ap}-e^{-ap}=2\sqrt{(aq)^2-1}$

すなわち，$e^{ap}=aq+\sqrt{(aq)^2-1}$，$e^{-ap}=aq-\sqrt{(aq)^2-1}$

よって

$$l=\frac{1}{2a}(e^{ap}-e^{-ap})=\frac{1}{a}\sqrt{(aq)^2-1}=\frac{\sqrt{(aq)^2-1}}{a}\quad\cdots\cdots〔答〕$$

(2) $l=\dfrac{\sqrt{(aq)^2-1}}{a}=\dfrac{\sqrt{3}}{a}$ とすると，$(aq)^2-1=3$ $\quad\therefore\quad q=\dfrac{2}{a}$

このとき，$e^{ap}=aq+\sqrt{(aq)^2-1}=2+\sqrt{3}$ $\quad\therefore\quad p=\dfrac{\log(2+\sqrt{3})}{a}$

よって，$\mathrm{B}\left(\dfrac{\log(2+\sqrt{3})}{a},\ \dfrac{2}{a}\right)$ ……〔答〕

第3章

級　　数

3.1　級数の収束と発散

〔目標〕　級数の基本を学習する。特に，収束と発散について詳しく考察する。

（1）　数列の収束と発散

数列の極限についての基本的な計算は高校で学習済みである。ここでは，やや理論的な内容を確認しておく。次の命題が基本である。

［定理］（有界な単調列の収束）

上に有界な単調増加列は収束する。同様に，下に有界な単調減少列は収束する。

問 1　次で与えられる数列 $\{a_n\}$ は収束することを示せ。

$$a_n=\frac{1}{1!}+\frac{1}{2!}+\frac{1}{3!}+\cdots+\frac{1}{n!}$$

（解）　数列 $\{a_n\}$ は明らかに単調増加列である。

$$k!=1\cdot2\cdot3\cdots k\geqq1\cdot2\cdot2\cdots2=2^{k-1}$$

に注意すると

$$a_n=\frac{1}{1!}+\frac{1}{2!}+\frac{1}{3!}+\cdots+\frac{1}{n!}\leqq\frac{1}{1}+\frac{1}{2}+\frac{1}{2^2}+\cdots+\frac{1}{2^{n-1}}$$

$$=\frac{1-\left(\frac{1}{2}\right)^n}{1-\frac{1}{2}}=2\left\{1-\left(\frac{1}{2}\right)^n\right\}<2$$

よって，数列 $\{a_n\}$ は上に有界である。

上に有界な単調増加列は収束するから，与えられた数列は収束する。　□

はさみうちの原理は有名であるが確認しておこう。

[定理]（はさみうちの原理）

$a_n \leqq x_n \leqq b_n$ かつ $\lim_{n\to\infty} a_n = \lim_{n\to\infty} b_n = \alpha$

ならば，$\lim_{n\to\infty} x_n = \alpha$

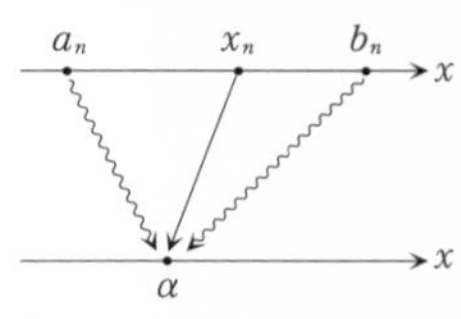

（2） 級数（無限級数）

級数（無限級数）の基本事項も高校で学習済みであるが，級数の詳しい検討が本節のテーマであるから要点を復習しておく。

級数（無限級数）

級数 $\sum_{n=1}^{\infty} a_n = a_1 + a_2 + \cdots + a_n + \cdots$ に対して

部分和 $S_n = \sum_{k=1}^{n} a_k = a_1 + a_2 + \cdots + a_n$

を考える。部分和が収束するとき**級数は収束する**といい，発散するとき**級数は発散する**という。級数が収束するとき，部分和の極限値を級数の**和**という。

次の級数の性質は部分和を考えて容易に証明できる。

[定理]（無限級数の基本性質）

2つの無限級数 $\sum_{n=1}^{\infty} a_n$，$\sum_{n=1}^{\infty} b_n$ が収束するとき

① $\sum_{n=1}^{\infty} (a_n + b_n) = \sum_{n=1}^{\infty} a_n + \sum_{n=1}^{\infty} b_n$　　② $\sum_{n=1}^{\infty} ka_n = k\sum_{n=1}^{\infty} a_n$

[定理]（無限級数の基本性質）

無限級数 $\sum_{n=1}^{\infty} a_n$ が収束するならば，$\lim_{n\to\infty} a_n = 0$

（注） この命題の対偶を述べると

$\lim_{n\to\infty} a_n = 0$ でないならば，無限級数 $\sum_{n=1}^{\infty} a_n$ は発散する。

次の無限等比級数も高校で学習済みの内容であるが，あとで学習するマクローリン展開で重要となるからここで確認しておこう。

［定理］（無限等比級数の和）

無限等比級数：$a+ar+ar^2+\cdots+ar^{n-1}+\cdots$ について

（ｉ）　$a=0$ のとき：r の値に関係なく収束して，和は 0

（ii）　$a\neq 0$ のとき：$-1<r<1$ のときに限り収束して，和は $\dfrac{a}{1-r}$

（注）　この無限等比級数の和の公式は，逆に見れば

$$\frac{a}{1-r}=a+ar+ar^2+\cdots+ar^{n-1}+\cdots$$

のように級数に展開する公式と考えることもできる。

（３）　正項級数の収束判定

正項級数

すべての n に対して $a_n\geqq 0$ である級数 $\sum_{n=1}^{\infty}a_n$ を**正項級数**という。

（注）　正項級数の部分和 S_n は単調増加列であるから，もし S_n が上に有界ならば級数は収束する。

正項級数については以下に示す**収束・発散の判定法**が重要である。

［定理］（比較判定法①）

２つの正項級数 $\sum_{n=1}^{\infty}a_n$，$\sum_{n=1}^{\infty}b_n$ について次が成り立つ。

(1)　$a_n\leqq b_n$（$n=1,\ 2,\ \cdots$）かつ $\sum_{n=1}^{\infty}b_n$ が収束するなら，$\sum_{n=1}^{\infty}a_n$ は収束する。

(2)　$b_n\leqq a_n$（$n=1,\ 2,\ \cdots$）かつ $\sum_{n=1}^{\infty}b_n$ が発散するなら，$\sum_{n=1}^{\infty}a_n$ は発散する。

（注１）　この判定では，収束・発散が既知の正項級数 $\sum_{n=1}^{\infty}b_n$ を基準に $\sum_{n=1}^{\infty}a_n$ の収束・発散を判定している。

（注２）　条件 $a_n\leqq b_n$ および $b_n\leqq a_n$ は，明らかに $a_n\leqq kb_n$ および $kb_n\leqq a_n$ に置き換えても差し支えない。ここで，k は任意の正の定数を表す。

収束・発散が既知の級数として，次の**ゼータ級数**が重要である（証明は例題参照)。

［定理］（ゼータ級数）

ゼータ級数：$\sum_{n=1}^{\infty}\frac{1}{n^p}=\frac{1}{1^p}+\frac{1}{2^p}+\frac{1}{3^p}+\cdots+\frac{1}{n^p}+\cdots$ $(p>0)$ について

（i） $p>1$ ならば収束する。

（ii） $p\leqq 1$ ならば発散する。

（注） 特に，$p=1$ のときは**調和級数**と呼ばれ，調和級数は発散する。

$\sum_{n=1}^{\infty}\frac{1}{n}=1+\frac{1}{2}+\frac{1}{3}+\cdots+\frac{1}{n}+\cdots$ は発散する。

また，$\sum_{n=1}^{\infty}\frac{1}{n^2}=\frac{1}{1^2}+\frac{1}{2^2}+\frac{1}{3^2}+\cdots+\frac{1}{n^2}+\cdots$ は収束する。

問 2 次の正項級数の収束・発散を調べよ。

(1) $\sum_{n=1}^{\infty}\frac{n}{n^3+1}$　　(2) $\sum_{n=1}^{\infty}\frac{1}{\sqrt{n}+1}$

（解） (1) $\frac{n}{n^3+1}\leqq\frac{n}{n^3}=\frac{1}{n^2}$ であり $\sum_{n=1}^{\infty}\frac{1}{n^2}$ は収束するから，$\sum_{n=1}^{\infty}\frac{n}{n^3+1}$ も収束する。

(2) $\frac{1}{\sqrt{n}+1}\geqq\frac{1}{\sqrt{n}+\sqrt{n}}=\frac{1}{2\sqrt{n}}$ であり $\sum_{n=1}^{\infty}\frac{1}{2\sqrt{n}}$ は発散するから，

$\sum_{n=1}^{\infty}\frac{1}{\sqrt{n}+1}$ も発散する。 □

正項級数の収束・発散に関する比較判定法として次の判定法も重要である。

［定理］（比較判定法②）

2つの正項級数 $\sum_{n=1}^{\infty}a_n$，$\sum_{n=1}^{\infty}b_n$ について，$\lim_{n\to\infty}\frac{a_n}{b_n}=\alpha$ $(0\leqq\alpha\leqq\infty)$ とする。

(1) $\alpha\neq 0$, ∞ のとき，$\sum_{n=1}^{\infty}a_n$ と $\sum_{n=1}^{\infty}b_n$ はともに収束またはともに発散する。

(2) $\alpha=0$ のとき，$\sum_{n=1}^{\infty}b_n$ が収束すれば $\sum_{n=1}^{\infty}a_n$ も収束する。

(3) $\alpha=\infty$ のとき，$\sum_{n=1}^{\infty}b_n$ が発散すれば $\sum_{n=1}^{\infty}a_n$ も発散する。

正項級数 $\sum_{n=1}^{\infty} a_n$ の収束・発散の判定法として次の2つが有名である。

［定理］（ダランベールの判定法）

（i）$\lim_{n\to\infty} \frac{a_{n+1}}{a_n} < 1$ ならば，級数は収束する。

（ii）$\lim_{n\to\infty} \frac{a_{n+1}}{a_n} > 1$ ならば，級数は発散する。

（注） $\lim_{n\to\infty} \frac{a_{n+1}}{a_n} = 1$ のときは，この方法では判定不能。

問 3　正項級数 $\sum_{n=1}^{\infty} \frac{1}{n!} = \frac{1}{1!} + \frac{1}{2!} + \cdots + \frac{1}{n!} + \cdots$ の収束・発散を調べよ。

（解） $a_n = \frac{1}{n!}$ とおくと，$\lim_{n\to\infty} \frac{a_{n+1}}{a_n} = \lim_{n\to\infty} \frac{n!}{(n+1)!} = \lim_{n\to\infty} \frac{1}{n+1} = 0 < 1$

よって，**ダランベールの判定法**より，級数は収束する。　□

［定理］（コーシーの判定法）

（i）$\lim_{n\to\infty} \sqrt[n]{a_n} < 1$ ならば，級数は収束する。

（ii）$\lim_{n\to\infty} \sqrt[n]{a_n} > 1$ ならば，級数は発散する。

（注） $\lim_{n\to\infty} \sqrt[n]{a_n} = 1$ のときは，この方法では判定不能。

問 4　正項級数 $\sum_{n=1}^{\infty} \left(\frac{n}{n+1}\right)^{n^2}$ の収束・発散を調べよ。

（解） $\lim_{n\to\infty} \sqrt[n]{a_n} = \lim_{n\to\infty} (a_n)^{\frac{1}{n}} = \lim_{n\to\infty} \left(\frac{n}{n+1}\right)^n = \lim_{n\to\infty} \frac{1}{\left(1+\frac{1}{n}\right)^n} = \frac{1}{e} < 1$

よって，**コーシーの判定法**より，級数は収束する。　□

最後に，積分による正項級数の収束・発散の判定法を述べておこう。

［定理］（積分による判定法）

正の数からなる単調減少数列 $\{a_n\}$ に対して，$f(n) = a_n$ を満たす単調減少な連続関数 $f(x)$ をとるとき

$\sum_{n=1}^{\infty} a_n$ と $\int_1^{\infty} f(x)\,dx$ とはともに収束またはともに発散する。

(4) 交代級数の収束判定

正項級数の他に次の**交代級数**も大切である。

交代級数

正の数からなる数列 $\{a_n\}$ に対して，級数 $\sum_{n=1}^{\infty}(-1)^{n-1}a_n$ を**交代級数**という。

交代級数の収束・発散の判定では次の判定法が基本である。

[定理]（交代級数に関するライプニッツの定理）

交代級数 $\sum_{n=1}^{\infty}(-1)^{n-1}a_n$ は，$\{a_n\}$ が単調減少 かつ $\lim_{n\to\infty}a_n=0$ ならば，収束する。

問 5 次の交代級数の収束・発散を調べよ。

$$\sum_{n=1}^{\infty}(-1)^{n-1}\frac{1}{n}=1-\frac{1}{2}+\frac{1}{3}-\cdots+(-1)^{n-1}\frac{1}{n}+\cdots$$

（解） $a_n=\dfrac{1}{n}$ は「単調減少 かつ $\lim_{n\to\infty}a_n=0$」であるから，交代級数に関するライプニッツの定理より，級数は収束する。 □

(5) 絶対収束

級数の収束には**絶対収束**という概念がある。“絶対収束”という用語である。

絶対収束

級数 $\sum_{n=1}^{\infty}a_n$ において，$\sum_{n=1}^{\infty}|a_n|$ が収束するとき，$\sum_{n=1}^{\infty}a_n$ は**絶対収束**するという。

【例】 交代級数：$1-\dfrac{1}{2}+\dfrac{1}{3}-\cdots+(-1)^{n-1}\dfrac{1}{n}+\cdots$

は収束するが，絶対収束はしない。 □

絶対収束について，次が成り立つ。

[定理]

絶対収束する級数は，収束する。

例題1（数列の収束と発散）

数列 $\{a_n\}$ を $a_n=\left(1+\dfrac{1}{n}\right)^n$ で定めるとき，$\{a_n\}$ は収束することを示せ。

解説　簡単な数列の極限の計算は高校で学習済みである。ここでは，数列の収束・発散に関するやや理論的な重要事項について確認する。

[命題]　上に有界な単調増加列は収束する（下に有界な単調減少列は収束する）。

解答　二項定理より

$$a_n=\left(1+\frac{1}{n}\right)^n=1+{}_n\mathrm{C}_1\frac{1}{n}+{}_n\mathrm{C}_2\left(\frac{1}{n}\right)^2+{}_n\mathrm{C}_3\left(\frac{1}{n}\right)^3+\cdots+{}_n\mathrm{C}_n\left(\frac{1}{n}\right)^n$$

$$=1+n\cdot\frac{1}{n}+\frac{n(n-1)}{2!}\cdot\left(\frac{1}{n}\right)^2+\frac{n(n-1)(n-2)}{3!}\cdot\left(\frac{1}{n}\right)^3+\cdots$$
$$+\frac{n(n-1)\cdots2\cdot1}{n!}\cdot\left(\frac{1}{n}\right)^n$$

$$=2+\frac{1}{2!}\left(1-\frac{1}{n}\right)+\frac{1}{3!}\left(1-\frac{1}{n}\right)\left(1-\frac{2}{n}\right)+\cdots$$
$$+\frac{1}{n!}\left(1-\frac{1}{n}\right)\left(1-\frac{2}{n}\right)\cdots\left(1-\frac{n-1}{n}\right)\quad\cdots\cdots(*)$$

$$<2+\frac{1}{2!}\left(1-\frac{1}{n+1}\right)+\frac{1}{3!}\left(1-\frac{1}{n+1}\right)\left(1-\frac{2}{n+1}\right)+\cdots$$
$$+\frac{1}{n!}\left(1-\frac{1}{n+1}\right)\left(1-\frac{2}{n+1}\right)\cdots\left(1-\frac{n-1}{n+1}\right)$$

$$<2+\frac{1}{2!}\left(1-\frac{1}{n+1}\right)+\frac{1}{3!}\left(1-\frac{1}{n+1}\right)\left(1-\frac{2}{n+1}\right)+\cdots$$
$$+\frac{1}{n!}\left(1-\frac{1}{n+1}\right)\left(1-\frac{2}{n+1}\right)\cdots\left(1-\frac{n-1}{n+1}\right)$$
$$+\frac{1}{(n+1)!}\left(1-\frac{1}{n+1}\right)\left(1-\frac{2}{n+1}\right)\cdots\left(1-\frac{n}{n+1}\right)$$

$$=a_{n+1}$$

よって，数列は単調増加列である。

また，（$*$）より

$$a_n<2+\frac{1}{2!}+\frac{1}{3!}+\cdots+\frac{1}{n!}<2+\frac{1}{2}+\frac{1}{2^2}+\cdots+\frac{1}{2^{n-1}}<3$$

よって，数列 $\{a_n\}$ は上に有界である。

以上より，与えられた数列は上に有界な単調増加列であるから収束する。

例題 2 （級数と部分和）

ゼータ級数

$$\sum_{n=1}^{\infty}\frac{1}{n^p}=\frac{1}{1^p}+\frac{1}{2^p}+\frac{1}{3^p}+\cdots+\frac{1}{n^p}+\cdots \quad (p>0)$$

について，次を示せ。

（i） $p>1$ ならば収束する。　　（ii） $p\leqq 1$ ならば発散する。

解説　**ゼータ級数**は収束・発散が既知の級数として重要である。収束・発散の考察には定積分の利用が有効である。

解答　定積分が表す面積に注目することにより，次の不等式を得る。

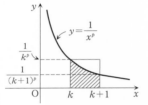

y, $y=\dfrac{1}{x^p}$, $\dfrac{1}{k^p}$, $\dfrac{1}{(k+1)^p}$, O, k, $k+1$, x

$$\frac{1}{(k+1)^p}<\int_k^{k+1}\frac{1}{x^p}\,dx<\frac{1}{k^p}$$

（i） $\displaystyle\frac{1}{(k+1)^p}<\int_k^{k+1}\frac{1}{x^p}\,dx$ より

$$\sum_{k=1}^{n-1}\frac{1}{(k+1)^p}<\sum_{k=1}^{n-1}\int_k^{k+1}\frac{1}{x^p}\,dx$$

$$\therefore\quad \frac{1}{2^p}+\frac{1}{3^p}+\cdots+\frac{1}{n^p}<\int_1^n\frac{1}{x^p}\,dx$$

ここで，$p>1$ に注意して

$$\int_1^n\frac{1}{x^p}\,dx=\left[-\frac{1}{p-1}\frac{1}{x^{p-1}}\right]_1^n=\frac{1}{p-1}\left(1-\frac{1}{n^{p-1}}\right)<\frac{1}{p-1}$$

であるから，部分和は上に有界であり級数は収束する。

（ii） $\displaystyle\int_k^{k+1}\frac{1}{x^p}\,dx<\frac{1}{k^p}$ より，$\displaystyle\sum_{k=1}^{n}\int_k^{k+1}\frac{1}{x^p}\,dx<\sum_{k=1}^{n}\frac{1}{k^p}$

$$\therefore\quad \int_1^{n+1}\frac{1}{x^p}\,dx<\frac{1}{1^p}+\frac{1}{2^p}+\frac{1}{3^p}+\cdots+\frac{1}{n^p}$$

ここで，$p\leqq 1$ に注意して

$$\int_1^{n+1}\frac{1}{x^p}\,dx\geqq\int_1^{n+1}\frac{1}{x}\,dx=\Big[\log x\Big]_1^{n+1}=\log(n+1)$$

であるから

$$\frac{1}{1^p}+\frac{1}{2^p}+\frac{1}{3^p}+\cdots+\frac{1}{n^p}>\log(n+1)\ \to\infty\quad(n\to\infty)$$

よって，部分和が発散するから級数は発散する。

例題 3（正項級数の収束・発散：比較判定法①）

次の正項級数の収束・発散を調べよ。

(1) $\displaystyle\sum_{n=1}^{\infty}\frac{1}{\sqrt{n^2+1}}$　　(2) $\displaystyle\sum_{n=1}^{\infty}\frac{1}{n(n+\sqrt{2})}$　　(3) $\displaystyle\sum_{n=1}^{\infty}\frac{1}{\log(n+1)}$

解説 級数の和を求めることは一般には困難である。そのような場合でも収束するか発散するかということだけなら判断できる場合が多い。まずは**正項級数**の収束・発散を調べる。収束・発散の判定における最初の方法は**収束・発散が既知の級数との比較**による判定（**比較判定法**）である。

収束・発散が既知の級数のうち特に重要なものが次の**ゼータ級数**である。

ゼータ級数：$\displaystyle\sum_{n=1}^{\infty}\frac{1}{n^p}=\frac{1}{1^p}+\frac{1}{2^p}+\frac{1}{3^p}+\cdots+\frac{1}{n^p}+\cdots$ $(p>0)$ について

（i） $p>1$ ならば収束する。

（ii） $p\leqq 1$ ならば発散する。

特に，$p=1$ のときは**調和級数**と呼ばれ，これは発散する級数である。

調和級数：$\displaystyle\sum_{n=1}^{\infty}\frac{1}{n}=1+\frac{1}{2}+\frac{1}{3}+\cdots+\frac{1}{n}+\cdots$

また，$\displaystyle\sum_{n=1}^{\infty}\frac{1}{n^2}=\frac{1}{1^2}+\frac{1}{2^2}+\frac{1}{3^2}+\cdots+\frac{1}{n^2}+\cdots$ は収束する。

解答 (1) $\displaystyle\frac{1}{\sqrt{n^2+1}}\geqq\frac{1}{\sqrt{n^2+3n^2}}=\frac{1}{\sqrt{4n^2}}=\frac{1}{2n}$

$\displaystyle\sum_{n=1}^{\infty}\frac{1}{n}$ は発散するから，比較判定法により，$\displaystyle\sum_{n=1}^{\infty}\frac{1}{\sqrt{n^2+1}}$ も発散する。

(2) $\displaystyle\frac{1}{n(n+\sqrt{2})}\leqq\frac{1}{n^2}$

$\displaystyle\sum_{n=1}^{\infty}\frac{1}{n^2}$ は収束するから，比較判定法により，$\displaystyle\sum_{n=1}^{\infty}\frac{1}{n(n+\sqrt{2})}$ も収束する。

(3) $\log(n+1)\leqq n$ であるから，$\displaystyle\frac{1}{\log(n+1)}\geqq\frac{1}{n}$

$\displaystyle\sum_{n=1}^{\infty}\frac{1}{n}$ は発散するから，比較判定法により，$\displaystyle\sum_{n=1}^{\infty}\frac{1}{\log(n+1)}$ も発散する。

【参考】 フーリエ級数を使えば次を示すことができる。

$$\sum_{n=1}^{\infty}\frac{1}{n^2}=\frac{1}{1^2}+\frac{1}{2^2}+\frac{1}{3^2}+\cdots+\frac{1}{n^2}+\cdots=\frac{\pi^2}{6}$$

例題 4 （正項級数の収束・発散：比較判定法②）

次の正項級数の収束・発散を調べよ。

(1) $\sum_{n=1}^{\infty} n \cdot \log\left(1+\frac{1}{n^2+1}\right)$　　(2) $\sum_{n=1}^{\infty} \log n \cdot \log\left(1+\frac{1}{n^2+1}\right)$

解説 次の比較判定法も重要な判定法の 1 つである。

2 つの正項級数 $\sum_{n=1}^{\infty} a_n$，$\sum_{n=1}^{\infty} b_n$ について

$$\lim_{n\to\infty}\frac{a_n}{b_n}=\alpha \quad (0 \leqq \alpha \leqq \infty)$$

が成り立つとする。

(1) $\alpha \fallingdotseq 0$，∞ のとき，$\sum_{n=1}^{\infty} a_n$ と $\sum_{n=1}^{\infty} b_n$ とはともに収束またはともに発散する。

(2) $\alpha=0$ のとき，$\sum_{n=1}^{\infty} b_n$ が収束すれば $\sum_{n=1}^{\infty} a_n$ も収束する。

(3) $\alpha=\infty$ のとき，$\sum_{n=1}^{\infty} b_n$ が発散すれば $\sum_{n=1}^{\infty} a_n$ も発散する。

（注） 比の極限 α の意味を考えれば，公式を覚えるのは易しい。

解答 (1) $$\lim_{n\to\infty}\frac{n\cdot\log\left(1+\frac{1}{n^2+1}\right)}{\frac{1}{n}}=\lim_{n\to\infty} n^2\log\left(1+\frac{1}{n^2+1}\right)$$

$$=\lim_{n\to\infty}\frac{n^2}{n^2+1}\log\left(1+\frac{1}{n^2+1}\right)^{n^2+1}=1\cdot\log e=1 \quad (\fallingdotseq 0,\ \infty)$$

調和級数 $\sum_{n=1}^{\infty}\frac{1}{n}$ は発散するから，$\sum_{n=1}^{\infty} n\cdot\log\left(1+\frac{1}{n^2+1}\right)$ も発散する。

(2) $$\lim_{n\to\infty}\frac{\log n\cdot\log\left(1+\frac{1}{n^2+1}\right)}{\frac{1}{n^{\frac{3}{2}}}}=\lim_{n\to\infty} n^{\frac{3}{2}}\log n\log\left(1+\frac{1}{n^2+1}\right)$$

$$=\lim_{n\to\infty}\frac{\log n}{n^{\frac{1}{2}}}\cdot\frac{n^2}{n^2+1}\cdot\log\left(1+\frac{1}{n^2+1}\right)^{n^2+1}=0\cdot1\cdot\log e=0$$

ゼータ級数 $\sum_{n=1}^{\infty}\frac{1}{n^{\frac{3}{2}}}$ は収束するから，$\sum_{n=1}^{\infty}\log n\cdot\log\left(1+\frac{1}{n^2+1}\right)$ も収束する。

例題 5（正項級数の収束・発散）

次の正項級数の収束・発散を調べよ。

(1)　$\displaystyle\sum_{n=1}^{\infty}\frac{\sqrt{n^n}}{n!}$　　　(2)　$\displaystyle\sum_{n=1}^{\infty}\frac{1}{\{\log(n+1)\}^n}$

解説　比較判定法が**収束・発散が既知の級数**を前提とする判定法であったのに対し，他の級数を前提としない判定法がいろいろ知られている。正項級数の収束・発散の判定法で特に有名なものに**ダランベールの判定法**と**コーシーの判定法**がある。

正項級数 $\displaystyle\sum_{n=1}^{\infty}a_n$ について

ダランベールの判定法：$\displaystyle\lim_{n\to\infty}\frac{a_{n+1}}{a_n}$ が 1 より大か小かをチェックする。

（i）　$\displaystyle\lim_{n\to\infty}\frac{a_{n+1}}{a_n}<1$ ならば，収束する。

（ii）　$\displaystyle\lim_{n\to\infty}\frac{a_{n+1}}{a_n}>1$ ならば，発散する。

コーシーの判定法：$\displaystyle\lim_{n\to\infty}\sqrt[n]{a_n}$ が 1 より大か小かをチェックする。

（i）　$\displaystyle\lim_{n\to\infty}\sqrt[n]{a_n}<1$ ならば，収束する。　（ii）　$\displaystyle\lim_{n\to\infty}\sqrt[n]{a_n}>1$ ならば，発散する。

（注）　いずれの判定法も極限が 1 になった場合はこの判定法では判定不能。

解答　(1)　$a_n=\dfrac{\sqrt{n^n}}{n!}$ とおくと

$$\lim_{n\to\infty}\frac{a_{n+1}}{a_n}=\lim_{n\to\infty}\frac{\sqrt{(n+1)^{n+1}}}{(n+1)!}\cdot\frac{n!}{\sqrt{n^n}}=\lim_{n\to\infty}\frac{1}{\sqrt{n+1}}\sqrt{\left(1+\frac{1}{n}\right)^n}$$
$$=0\cdot\sqrt{e}=0<1$$

よって，ダランベールの判定法により，$\displaystyle\sum_{n=1}^{\infty}\frac{\sqrt{n^n}}{n!}$ は収束する。

(2)　$a_n=\dfrac{1}{\{\log(n+1)\}^n}$ とおくと

$$\lim_{n\to\infty}(a_n)^{\frac{1}{n}}=\lim_{n\to\infty}\left(\frac{1}{\{\log(n+1)\}^n}\right)^{\frac{1}{n}}=\lim_{n\to\infty}\frac{1}{\log(n+1)}=0<1$$

よって，コーシーの判定法により，$\displaystyle\sum_{n=1}^{\infty}\frac{1}{\{\log(n+1)\}^n}$ は収束する。

■ 演習問題 3.1

▶解答は p. 271

1 数列 $\{a_n\}$ を

$$a_n=1+\frac{1}{2}+\frac{1}{3}+\cdots+\frac{1}{n}-\log n$$

で定めるとき，以下を示せ。

(1) 数列 $\{a_n\}$ は単調減少列である。

(2) 数列 $\{a_n\}$ は収束する。

【参考】 この数列の極限値は**オイラーの定数**と呼ばれる。

2 次の級数の和を求めよ。

(1) $\displaystyle\sum_{n=1}^{\infty}\frac{1}{n(n+2)}$　　(2) $\displaystyle\sum_{n=1}^{\infty}\frac{1}{\sqrt{n+1}+\sqrt{n}}$　　(3) $\displaystyle\sum_{n=1}^{\infty}\frac{n}{2^n}$

3 調和級数

$$\sum_{n=1}^{\infty}\frac{1}{n}=1+\frac{1}{2}+\frac{1}{3}+\cdots+\frac{1}{n}+\cdots$$

について，以下の問いに答えよ。

(1) $S_n=1+\dfrac{1}{2}+\dfrac{1}{3}+\cdots+\dfrac{1}{n}$ とするとき，$S_{2^m}>1+\dfrac{m}{2}$ であることを示せ。

(2) (1)の考察をもとにして，調和級数の収束・発散について論ぜよ。

4 定積分を利用して，次の級数の収束・発散を調べよ。

(1) $\displaystyle\sum_{n=1}^{\infty}\frac{\log n}{n^2}$　　(2) $\displaystyle\sum_{n=2}^{\infty}\frac{1}{n\log n}$

5 次の正項級数の収束・発散を調べよ。

(1) $\displaystyle\sum_{n=1}^{\infty}\frac{1}{n}\log\left(1+\frac{1}{n}\right)$　　(2) $\displaystyle\sum_{n=1}^{\infty}\frac{2^n}{n!}$　　(3) $\displaystyle\sum_{n=2}^{\infty}\frac{1}{(\log n)^n}$　　(4) $\displaystyle\sum_{n=1}^{\infty}\sin\frac{1}{n}$

6 次の交代級数の収束・発散を調べよ。

(1) $\displaystyle\sum_{n=1}^{\infty}(-1)^{n-1}\frac{\log n}{\sqrt{n}}$　　(2) $\displaystyle\sum_{n=1}^{\infty}(-1)^{n-1}\frac{\log n}{\log(n+1)}$

研　究

ワリスの公式とスターリングの公式

重要な数列の極限として，**ワリスの公式**と**スターリングの公式**を紹介しよう。スターリングの公式は確率論や統計学においてしばしば用いられる重要公式である。

[ワリスの公式]　$\displaystyle\lim_{n\to\infty}\frac{2^{2n}(n!)^2}{\sqrt{n}\,(2n)!}=\sqrt{\pi}$

(証明)　$I_n=\displaystyle\int_0^{\frac{\pi}{2}}\sin^n x\,dx$ （$n=0,\ 1,\ 2,\ \cdots$）に関する次の有名な公式を用いる。

（i）　n が偶数（$n=2m$）のとき

$$I_n=\frac{n-1}{n}\cdot\frac{n-3}{n-2}\cdots\frac{3}{4}\cdot\frac{1}{2}\cdot\frac{\pi}{2}=\frac{2m-1}{2m}\cdot\frac{2m-3}{2m-2}\cdots\frac{3}{4}\cdot\frac{1}{2}\cdot\frac{\pi}{2}$$

（ii）　n が奇数（$n=2m-1$）のとき

$$I_n=\frac{n-1}{n}\cdot\frac{n-3}{n-2}\cdots\frac{4}{5}\cdot\frac{2}{3}\cdot 1=\frac{2m-2}{2m-1}\cdot\frac{2m-4}{2m-3}\cdots\frac{4}{5}\cdot\frac{2}{3}\cdot 1$$

さて，$0\leqq x\leqq\dfrac{\pi}{2}$ のとき $\sin^{2n+1}x\leqq\sin^{2n}x\leqq\sin^{2n-1}x$ であることに注意すると

$$I_{2n+1}\leqq I_{2n}\leqq I_{2n-1}$$

が成り立つことが分かる。

$I_{2n+1}\leqq I_{2n}$ より

$$\frac{2n}{2n+1}\cdot\frac{2n-2}{2n-1}\cdots\frac{4}{5}\cdot\frac{2}{3}\cdot 1\leqq\frac{2n-1}{2n}\cdot\frac{2n-3}{2n-2}\cdots\frac{3}{4}\cdot\frac{1}{2}\cdot\frac{\pi}{2}$$

$$\therefore\quad\frac{\{(2n)(2n-2)\cdots 4\cdot 2\}^2}{(2n+1)(2n)\cdots 5\cdot 4\cdot 3\cdot 2}\leqq\frac{(2n)(2n-1)\cdots 4\cdot 3\cdot 2\cdot 1}{\{(2n)(2n-2)\cdots 4\cdot 2\}^2}\cdot\frac{\pi}{2}$$

$$\therefore\quad\frac{(2^n\cdot n!)^2}{(2n+1)!}\leqq\frac{(2n)!}{(2^n\cdot n!)^2}\cdot\frac{\pi}{2}$$

$$\therefore\quad\frac{(2^n\cdot n!)^4}{\{(2n)!\}^2}\leqq\frac{\pi}{2}(2n+1)\qquad\therefore\quad\frac{2^{2n}\cdot(n!)^2}{(2n)!}\leqq\sqrt{\pi\left(n+\frac{1}{2}\right)}\quad\cdots\cdots①$$

$I_{2n}\leqq I_{2n-1}$ より

$$\frac{2n-1}{2n}\cdot\frac{2n-3}{2n-2}\cdots\frac{3}{4}\cdot\frac{1}{2}\cdot\frac{\pi}{2}\leqq\frac{2n-2}{2n-1}\cdot\frac{2n-4}{2n-3}\cdots\frac{4}{5}\cdot\frac{2}{3}\cdot 1$$

$$\therefore\quad \frac{(2n)(2n-1)\cdots4\cdot3\cdot2\cdot1}{\{(2n)(2n-2)\cdots4\cdot2\}^2}\cdot\frac{\pi}{2}\leqq\frac{\{(2n)(2n-2)\cdots4\cdot2\}^2}{(2n)\cdot(2n)(2n-1)\cdots5\cdot4\cdot3\cdot2}$$

$$\therefore\quad \frac{(2n)!}{(2^n\cdot n!)^2}\cdot\frac{\pi}{2}\leqq\frac{(2^n\cdot n!)^2}{(2n)\cdot(2n)!}$$

$$\therefore\quad \frac{\pi}{2}\cdot 2n\leqq\frac{(2^n\cdot n!)^4}{\{(2n)!\}^2}\qquad\therefore\quad \sqrt{\pi n}\leqq\frac{(2^n\cdot n!)^2}{(2n)!}\quad\cdots\cdots②$$

①，②より，$\sqrt{\pi n}\leqq\dfrac{2^{2n}\cdot(n!)^2}{(2n)!}\leqq\sqrt{\pi\left(n+\dfrac{1}{2}\right)}$

$$\therefore\quad \sqrt{\pi}\leqq\frac{2^{2n}(n!)^2}{\sqrt{n}\,(2n)!}\leqq\sqrt{\pi\left(1+\frac{1}{2n}\right)}\qquad\therefore\quad \lim_{n\to\infty}\frac{2^{2n}(n!)^2}{\sqrt{n}\,(2n)!}=\sqrt{\pi}$$

□

［スターリングの公式］　$\displaystyle\lim_{n\to\infty}\frac{n!}{\sqrt{2\pi}\,n^{n+\frac{1}{2}}e^{-n}}=1$

（注） この内容をしばしば $n!\sim\sqrt{2\pi}\,n^{n+\frac{1}{2}}e^{-n}$ と表す。

（証明） 正項数列 $\{a_n\}$ を $a_n=\dfrac{n!}{\sqrt{2\pi}\,n^{n+\frac{1}{2}}e^{-n}}$ で定める。

$\{a_n\}$ が正の（すなわち 0 でない）極限値 α をもつことを仮定すれば，その極限値 α はワリスの公式から容易に求めることができる（正の極限値をもつことの証明は解答編 p. 273 を参照せよ）。

a_n の定義より

$$n!=\sqrt{2\pi}\,n^{n+\frac{1}{2}}e^{-n}a_n,\quad (2n)!=\sqrt{2\pi}\,(2n)^{2n+\frac{1}{2}}e^{-2n}a_{2n}$$

であることに注意する。

ワリスの公式より

$$\begin{aligned}\sqrt{\pi}&=\lim_{n\to\infty}\frac{2^{2n}(n!)^2}{\sqrt{n}\,(2n)!}=\lim_{n\to\infty}\frac{2^{2n}\left(\sqrt{2\pi}\,n^{n+\frac{1}{2}}e^{-n}a_n\right)^2}{\sqrt{n}\cdot\sqrt{2\pi}\,(2n)^{2n+\frac{1}{2}}e^{-2n}a_{2n}}\\&=\lim_{n\to\infty}\frac{2^{2n}\cdot2\pi n^{2n+1}e^{-2n}a_n{}^2}{\sqrt{n}\cdot\sqrt{2\pi}\,2^{2n+\frac{1}{2}}n^{2n+\frac{1}{2}}e^{-2n}a_{2n}}=\lim_{n\to\infty}\frac{2^{2n+1}\pi n^{2n+1}e^{-2n}a_n{}^2}{\sqrt{\pi}\,2^{2n+1}n^{2n+1}e^{-2n}a_{2n}}\\&=\lim_{n\to\infty}\frac{\sqrt{\pi}\,a_n{}^2}{a_{2n}}=\frac{\sqrt{\pi}\,\alpha^2}{\alpha}=\sqrt{\pi}\,\alpha\end{aligned}$$

⬅ いま $\alpha\neq0$ を仮定している

$\therefore\quad \alpha=1$　　すなわち，$\displaystyle\lim_{n\to\infty}\frac{n!}{\sqrt{2\pi}\,n^{n+\frac{1}{2}}e^{-n}}=1$

□

3. 2　整級数

〔目標〕　整級数の理論を学習し，マクローリン展開の理解を深める。

（1）　整級数の収束と発散

まず整級数の定義を述べよう。

整級数

$$\sum_{n=0}^{\infty} a_n x^n = a_0 + a_1 x + a_2 x^2 + \cdots + a_n x^n + \cdots$$

を x の**整級数**または**ベキ級数**という。

整級数の理論において，次の定理が基礎となる。

［定理］（収束半径の存在）

整級数 $\sum_{n=0}^{\infty} a_n x^n$ に対して，次のような r $(0 \leqq r \leqq \infty)$ が存在する。

（i）　$|x| < r$ ならば，絶対収束する。　← $\sum_{n=0}^{\infty} |a_n x^n|$ も収束する

（ii）　$|x| > r$ ならば，発散する。　← 当然 $\sum_{n=0}^{\infty} |a_n x^n|$ も発散する

（注）　このような r を整級数 $\sum_{n=0}^{\infty} a_n x^n$ の**収束半径**という。また，整級数 $\sum_{n=0}^{\infty} a_n x^n$ が収束する x の範囲を**収束域**という。

発散　収束　発散

$-r$　O　r　x

収束半径という言葉はまずまず納得できるであろう（図参照）。

《収束半径の求め方》

級数 $\sum_{n=0}^{\infty} a_n x^n$ の収束半径と正項級数 $\sum_{n=0}^{\infty} |a_n x^n|$ の“収束半径”（収束・発散の境界）とは一致する。したがって，$\sum_{n=0}^{\infty} a_n x^n$ の収束半径を調べるには，正項級数 $\sum_{n=0}^{\infty} |a_n x^n|$ に**ダランベールの判定法**あるいは**コーシーの判定法**を用いればよい。

問 1　次の整級数の収束半径を求めよ。

$$\sum_{n=1}^{\infty}(-1)^{n-1}\frac{1}{n}x^n=x-\frac{1}{2}x^2+\frac{1}{3}x^3-\frac{1}{4}x^4+\cdots+(-1)^{n-1}\frac{1}{n}x^n+\cdots$$

(解)　収束半径の性質より

$$\sum_{n=1}^{\infty}\left|(-1)^{n-1}\frac{1}{n}x^n\right|$$ ← $\sum_{n=0}^{\infty}a_nx^n$ と $\sum_{n=0}^{\infty}|a_nx^n|$ の収束・発散の“境界”は同じ

の収束・発散を調べればよい。

$u_n=\left|(-1)^{n-1}\frac{1}{n}x^n\right|=\frac{1}{n}|x|^n$ とおくと

$$\lim_{n\to\infty}\frac{u_{n+1}}{u_n}=\lim_{n\to\infty}\frac{|x|^{n+1}}{n+1}\cdot\frac{n}{|x|^n}=\lim_{n\to\infty}\frac{n}{n+1}|x|=|x|$$

よって，ダランベールの判定法により，正項級数 $\sum_{n=1}^{\infty}\left|(-1)^{n-1}\frac{1}{n}x^n\right|$ は

$|x|<1$ ならば収束し，$|x|>1$ ならば発散する。

したがって，与えられた整級数 $\sum_{n=1}^{\infty}(-1)^{n-1}\frac{1}{n}x^n$ も

$|x|<1$ ならば収束（絶対収束）し，$|x|>1$ ならば発散する。

以上より，求める収束半径は1である。　□

(注)　整級数 $\sum_{n=0}^{\infty}a_nx^n$ と正項級数 $\sum_{n=0}^{\infty}|a_nx^n|$ の収束・発散の“境界” r は一致するが，$x=\pm r$ における収束・発散は一致するとは限らない。

たとえば，整級数 $\sum_{n=1}^{\infty}(-1)^{n-1}\frac{1}{n}x^n$ と正項級数 $\sum_{n=1}^{\infty}\left|(-1)^{n-1}\frac{1}{n}x^n\right|$ の収束・発散の“境界”は一致するが，収束域（収束する x の値の範囲）は一致しない。

$x=1$ のときを考える。

$$\sum_{n=1}^{\infty}(-1)^{n-1}\frac{1}{n}x^n=\sum_{n=1}^{\infty}(-1)^{n-1}\frac{1}{n}$$

$$=1-\frac{1}{2}+\frac{1}{3}-\frac{1}{4}+\cdots$$ ← 収束する交代級数

は交代級数に関するライプニッツの定理により収束するが

$$\sum_{n=1}^{\infty}\left|(-1)^{n-1}\frac{1}{n}x^n\right|=\sum_{n=1}^{\infty}\frac{1}{n}=1+\frac{1}{2}+\frac{1}{3}+\frac{1}{4}+\cdots$$ ← 調和級数

はゼータ級数 $\sum_{n=1}^{\infty}\frac{1}{n^p}$ の $p=1$ の場合で発散する。

(2)　テーラー展開・マクローリン展開

第1章で述べたテーラーの定理は次のようなものであった。

『$f(x)$ が a, b を含む区間で n 回微分可能とするとき

$$f(b)=f(a)+f'(a)(b-a)+\cdots+\frac{f^{(n-1)}(a)}{(n-1)!}(b-a)^{n-1}+\frac{f^{(n)}(c)}{n!}(b-a)^n$$

を満たす c $(a<c<b)$ が存在する。』

ここで，$f(x)$ が何回でも微分可能で，かつ $\lim_{n\to\infty}\frac{f^{(n)}(c)}{n!}(x-a)^n=0$ であれば，次のような整級数展開が成り立つ。

$$f(b)=f(a)+f'(a)(b-a)+\frac{f''(a)}{2!}(b-a)^2+\cdots+\frac{f^{(n)}(a)}{n!}(b-a)^n+\cdots$$

ここで，b を x と表すと

$$f(x)=f(a)+f'(a)(x-a)+\frac{f''(a)}{2!}(x-a)^2+\cdots+\frac{f^{(n)}(a)}{n!}(x-a)^n+\cdots$$

これを，$f(x)$ の点 a のまわりでの**テーラー展開**という。特に，$a=0$ のときを**マクローリン展開**という。

テーラー展開・マクローリン展開

テーラー展開：

$$f(x)=f(a)+f'(a)(x-a)+\frac{f''(a)}{2!}(x-a)^2+\cdots+\frac{f^{(n)}(a)}{n!}(x-a)^n+\cdots$$

マクローリン展開：

$$f(x)=f(0)+f'(0)x+\frac{f''(0)}{2!}x^2+\cdots+\frac{f^{(n)}(0)}{n!}x^n+\cdots$$

【例】　代表的な関数のマクローリン展開を以下に示す。

(1)　$e^x=1+x+\frac{x^2}{2!}+\cdots+\frac{x^n}{n!}+\cdots$

(2)　$\sin x=x-\frac{x^3}{3!}+\frac{x^5}{5!}-\cdots+(-1)^n\frac{x^{2n+1}}{(2n+1)!}+\cdots$

(3)　$\cos x=1-\frac{x^2}{2!}+\frac{x^4}{4!}-\cdots+(-1)^n\frac{x^{2n}}{(2n)!}+\cdots$

(4)　$\log(1+x)=x-\frac{1}{2}x^2+\frac{1}{3}x^3-\frac{1}{4}x^4+\cdots+(-1)^{n-1}\frac{1}{n}x^n+\cdots$

(5)　$\tan^{-1}x=x-\frac{1}{3}x^3+\frac{1}{5}x^5-\cdots+(-1)^n\frac{1}{2n+1}x^{2n+1}+\cdots$

整級数の微分および積分について次の定理が重要である。

［定理］（項別積分・項別微分）

整級数 $f(x)=\sum_{n=0}^{\infty} a_n x^n$ について，収束半径の内部（$|x|<r$）において次が成り立つ。

(1)　項別積分：$\int_0^x f(t)\,dt=\sum_{n=0}^{\infty} \frac{a_n}{n+1} x^{n+1}$

(2)　項別微分：$f'(x)=\sum_{n=1}^{\infty} n a_n x^{n-1}$

また，整級数展開とマクローリン展開が同一であるという事実も重要である。

［定理］（マクローリン展開の一意性）

整級数 $\sum_{n=0}^{\infty} a_n x^n$ の収束半径が r であるとき，$|x|<r$ において

$f(x)=\sum_{n=0}^{\infty} a_n x^n$ は何回でも微分可能であり，$a_n=\frac{f^{(n)}(0)}{n!}$ が成り立つ。

（注）　この定理により，どのような方法であれ，関数を整級数展開すればそれはマクローリン展開に他ならないことが分かる。

項別積分の定理とマクローリン展開の一意性により，n 次導関数を調べないでマクローリン展開を求める場合もある。具体例で確認しよう。その際，無限等比級数の和の公式が重要な役割を果たす。

問 2　項別積分により，$\log(1+x)$ のマクローリン展開を求めよ。

（解）　$\{\log(1+x)\}'=\frac{1}{1+x}$

$=\frac{1}{1-(-x)}$　← $\frac{a}{1-r}$ の形

$=1+(-x)+(-x)^2+(-x)^3+\cdots+(-x)^{n-1}+\cdots$　← 無限等比級数の和の公式

$=1-x+x^2-x^3+\cdots+(-1)^{n-1}x^{n-1}+\cdots$

これを項別積分することにより，$\log(1+x)$ のマクローリン展開

$$\log(1+x)=x-\frac{1}{2}x^2+\frac{1}{3}x^3-\frac{1}{4}x^4+\cdots+(-1)^{n-1}\frac{1}{n}x^n+\cdots$$

を得る。　□

例題1（整級数の収束半径）

次の整級数の収束半径を求めよ。

(1)　$\displaystyle\sum_{n=0}^{\infty}\frac{(-2)^n}{n+1}x^n$　　　(2)　$\displaystyle\sum_{n=1}^{\infty}\frac{(-1)^{n-1}}{3^n\sqrt{n}}x^{2n-1}$

解説　正項級数における収束・発散の判定法を応用して，整級数の収束半径を求めよう。整級数の理論において，次の定理が基礎となる。

［定理］　整級数 $\displaystyle\sum_{n=0}^{\infty}a_nx^n$ に対して，次のような r $(0\leqq r\leqq\infty)$ が存在する。

（i）　$|x|<r$ ならば，絶対収束する。　　（ii）　$|x|>r$ ならば，発散する。

よって，整級数 $\displaystyle\sum_{n=0}^{\infty}a_nx^n$ の収束半径を求めるには，正項級数 $\displaystyle\sum_{n=0}^{\infty}|a_nx^n|$ の収束・発散を調べればよい。すなわち，収束・発散の“境界”r は両者で一致する。

（注）　ちょうど $x=\pm r$ のところでの収束・発散は両者で一致するとは限らない。

解答　(1)　$u_n=\left|\dfrac{(-2)^n}{n+1}x^n\right|=\dfrac{2^n|x|^n}{n+1}$ とおくと

$$\lim_{n\to\infty}\frac{u_{n+1}}{u_n}=\lim_{n\to\infty}\frac{2^{n+1}|x|^{n+1}}{n+2}\cdot\frac{n+1}{2^n|x|^n}$$

$$=\lim_{n\to\infty}2|x|\frac{n+1}{n+2}=2|x|$$　⬅ **これが1より大か小か**

そこで，$2|x|=1$ とすると　$|x|=\dfrac{1}{2}$

よって，$\displaystyle\sum_{n=0}^{\infty}\frac{(-2)^n}{n+1}x^n$ の収束半径は $\dfrac{1}{2}$　……〔**答**〕

(2)　$u_n=\left|\dfrac{(-1)^{n-1}}{3^n\sqrt{n}}x^{2n-1}\right|=\dfrac{|x|^{2n-1}}{3^n\sqrt{n}}$ とおくと

$$\lim_{n\to\infty}\frac{u_{n+1}}{u_n}=\lim_{n\to\infty}\frac{|x|^{2n+1}}{3^{n+1}\sqrt{n+1}}\cdot\frac{3^n\sqrt{n}}{|x|^{2n-1}}$$

$$=\lim_{n\to\infty}\frac{|x|^2}{3}\sqrt{\frac{n}{n+1}}=\frac{|x|^2}{3}$$　⬅ **これが1より大か小か**

そこで，$\dfrac{|x|^2}{3}=1$ とすると $|x|=\sqrt{3}$

よって，$\displaystyle\sum_{n=1}^{\infty}\frac{(-1)^{n-1}}{3^n\sqrt{n}}x^{2n-1}$ の収束半径は $\sqrt{3}$　……〔**答**〕

例題 2（整級数の収束域）

次の整級数の収束域を求めよ。

$$\sum_{n=1}^{\infty}\frac{(-1)^n}{\sqrt{n(n+1)}}x^n$$

解説 整級数の収束域を求めるには，まず収束半径 r を求め，次に $x=r$ および $x=-r$ における収束・発散を調べる。その際，前節で登場した**交代級数に関するライプニッツの定理**がしばしば重要な役割を果たす。

[定理] 交代級数 $\sum_{n=1}^{\infty}(-1)^{n-1}a_n$ は

$\{a_n\}$ が単調減少 かつ $\lim_{n\to\infty}a_n=0$

ならば，収束する。

解答 $u_n=\left|\frac{(-1)}{\sqrt{n(n+1)}}x^n\right|=\frac{|x|^n}{\sqrt{n(n+1)}}$ とおく。

$$\lim_{n\to\infty}\frac{u_{n+1}}{u_n}=\lim_{n\to\infty}\frac{|x|^{n+1}}{\sqrt{(n+1)(n+2)}}\frac{\sqrt{n(n+1)}}{|x|^n}$$

$$=\lim_{n\to\infty}|x|\sqrt{\frac{n}{n+2}}=|x|$$

よって，収束半径は 1 である。

次に，$x=1$ および $x=-1$ における収束・発散を調べる。

（i） $x=-1$ のとき

$\sum_{n=1}^{\infty}\frac{(-1)^n}{\sqrt{n(n+1)}}x^n=\sum_{n=1}^{\infty}\frac{1}{\sqrt{n(n+1)}}$ となるが

$\frac{1}{\sqrt{n(n+1)}}=\frac{1}{\sqrt{n^2+n}}>\frac{1}{\sqrt{n^2+3n^2}}=\frac{1}{2n}$ であり，$\sum_{n=1}^{\infty}\frac{1}{n}$ は発散するから，比較判定法により $\sum_{n=1}^{\infty}\frac{1}{\sqrt{n(n+1)}}$ は発散する。

（ii） $x=1$ のとき

$\sum_{n=1}^{\infty}\frac{(-1)^n}{\sqrt{n(n+1)}}x^n=\sum_{n=1}^{\infty}(-1)^n\frac{1}{\sqrt{n(n+1)}}$ となるが

これは**交代級数に関するライプニッツの定理**により収束する。

したがって，$x=1$ では収束するが，$x=-1$ では発散する。

以上より，求める収束域は，$-1<x\leqq 1$ ……**〔答〕**

例題 3（マクローリン展開①）

次の関数 $f(x)$ のマクローリン展開を求めよ。

(1)　$f(x)=\sin x$　　　　(2)　$f(x)=\tan^{-1}x$

解説　関数 $f(x)$ の**マクローリン展開**は次のような形である。

$$f(x)=\sum_{n=0}^{\infty}\frac{f^{(n)}(0)}{n!}x^n=f(0)+f'(0)x+\frac{f''(0)}{2!}x^2+\cdots+\frac{f^{(n)}(0)}{n!}x^n+\cdots$$

マクローリン展開を求めるには $f(x)$ の n 次導関数が分かればよいが，関数 $f(x)$ の整級数展開はマクローリン展開ただ一通りであることに注意すれば，$f(x)$ の**整級数展開**が何か求まればそれはマクローリン展開そのものである。まずは，収束・発散の問題は気にせず，マクローリン展開の式の導出を練習をしよう。

解答　(1)　$f(x)=\sin x$ の n 次導関数および $f^{(n)}(0)$ の値は**1.2 節**で計算したように

$$f^{(n)}(x)=\sin\left(x+\frac{n}{2}\pi\right),$$

$$f^{(n)}(0)=\sin\frac{n}{2}\pi=\begin{cases}(-1)^{m-1} & (n=2m-1)\\ 0 & (n=2m)\end{cases}$$

であるから，求めるマクローリン展開は

$$f(x)=\sum_{n=0}^{\infty}\frac{f^{(n)}(0)}{n!}x^n=\sum_{m=1}^{\infty}\frac{(-1)^{m-1}}{(2m-1)!}x^{2m-1}$$ **⬅ $n=2m-1$ のところだけ残る**

$$=x-\frac{x^3}{3!}+\frac{x^5}{5!}-\cdots+(-1)^{m-1}\frac{x^{2m-1}}{(2m-1)!}+\cdots$$ ……〔答〕

(2)　$f(x)=\tan^{-1}x$ より，$f'(x)=\dfrac{1}{1+x^2}$　**⬅ $\dfrac{a}{1-r}$ の形!!**

ここで，**無限等比級数の和の公式**に注意すると

$$\frac{1}{1+x^2}=\frac{1}{1-(-x^2)}$$
$$=1+(-x^2)+(-x^2)^2+\cdots+(-x^2)^{n-1}+\cdots$$
$$=1-x^2+x^4-\cdots+(-1)^{n-1}x^{2n-2}+\cdots$$

これを**項別積分**する（$f(0)=\tan^{-1}0=0$ に注意）ことにより

$$f(x)=\tan^{-1}x=x-\frac{x^3}{3}+\frac{x^5}{5}-\cdots+(-1)^{n-1}\frac{x^{2n-1}}{2n-1}+\cdots$$ ……〔答〕

例題 4（マクローリン展開②）

例題 3 で求めたマクローリン展開の収束半径を求めよ。

(1) $\sin x = x - \dfrac{x^3}{3!} + \dfrac{x^5}{5!} - \cdots + (-1)^{n-1}\dfrac{x^{2n-1}}{(2n-1)!} + \cdots$

(2) $\tan^{-1} x = x - \dfrac{x^3}{3} + \dfrac{x^5}{5} - \cdots + (-1)^{n-1}\dfrac{x^{2n-1}}{2n-1} + \cdots$

解説 マクローリン展開は級数であるから当然，収束・発散の問題が生じる。たとえば(1)のマクローリン展開において $x=\dfrac{\pi}{2}$ とすれば $\sin\dfrac{\pi}{2}=1$ になるのであろうか？ つまり級数は収束してくれているのであろうか？ 同様に，(2)のマクローリン展開において $x=\sqrt{3}$ とすれば $\tan^{-1}\sqrt{3}=\dfrac{\pi}{3}$ になるのであろうか？ つまり級数は収束してくれているのであろうか？ そこで収束半径を計算してみることにしよう。

解答 (1) $u_n=\left|(-1)^{n-1}\dfrac{x^{2n-1}}{(2n-1)!}\right|=\dfrac{|x|^{2n-1}}{(2n-1)!}$ とおくと

$$\lim_{n\to\infty}\frac{u_{n+1}}{u_n}=\lim_{n\to\infty}\frac{|x|^{2n+1}}{(2n+1)!}\frac{(2n-1)!}{|x|^{2n-1}}=\lim_{n\to\infty}\frac{|x|^2}{(2n+1)\cdot 2n}=0<1$$

よって，このマクローリン展開はすべての実数 x について収束する。

すなわち，収束半径は ∞ である。 ……〔答〕

(2) $u_n=\left|(-1)^{n-1}\dfrac{x^{2n-1}}{2n-1}\right|=\dfrac{|x|^{2n-1}}{2n-1}$ とおくと

$$\lim_{n\to\infty}\frac{u_{n+1}}{u_n}=\lim_{n\to\infty}\frac{|x|^{2n+1}}{2n+1}\frac{2n-1}{|x|^{2n-1}}=\lim_{n\to\infty}|x|^2\frac{2n-1}{2n+1}=|x|^2$$

よって，収束半径は 1 である。 ……〔答〕

【参考】 上の結果より，(1)のマクローリン展開において $x=\dfrac{\pi}{2}$ とすれば級数は収束してその値は $\sin\dfrac{\pi}{2}=1$ であるが，(2)のマクローリン展開において $x=\sqrt{3}$ としても級数が発散するから $\tan^{-1}\sqrt{3}=\dfrac{\pi}{3}$ にはならない。このように，マクローリン展開は収束する範囲，少なくともその収束半径を把握しておくことが重要である。

例題5（マクローリン展開③）

極限 $\displaystyle\lim_{x\to 0}\frac{x-\sin x}{x^3}$ について，以下の問いに答えよ。

(1)　ロピタルの定理を用いて上の極限値を求めよ。

(2)　マクローリン展開を用いて上の極限値を求めよ。

解説　マクローリン展開を**関数の極限値**を求めるのに利用することも常套手段である。関数の極限値の計算ではロピタルの定理とマクローリン展開を自由に使えるようにしておこう。なお，$x\to 0$ とするから，マクローリン展開の収束半径がいくら小さくても，x はやがて収束半径の内部に入ってくるので収束半径は気にしなくてよい。

解答　(1)　$\displaystyle\lim_{x\to 0}\frac{x-\sin x}{x^3}=\lim_{x\to 0}\frac{1-\cos x}{3x^2}=\lim_{x\to 0}\frac{\sin x}{6x}=\frac{1}{6}$　……〔答〕

(2)　$\displaystyle\sin x=x-\frac{x^3}{3!}+\frac{x^5}{5!}-\frac{x^7}{7!}+\cdots+(-1)^{n-1}\frac{x^{2n-1}}{(2n-1)!}+\cdots$　であるから

$$\lim_{x\to 0}\frac{x-\sin x}{x^3}$$

$$=\lim_{x\to 0}\frac{x-\left(x-\dfrac{x^3}{3!}+\dfrac{x^5}{5!}-\dfrac{x^7}{7!}+\cdots\right)}{x^3}=\lim_{x\to 0}\frac{\dfrac{x^3}{3!}-\dfrac{x^5}{5!}+\dfrac{x^7}{7!}-\cdots}{x^3}$$

$$=\lim_{x\to 0}\left(\frac{1}{3!}-\frac{x^2}{5!}+\frac{x^4}{7!}-\cdots\right)=\frac{1}{3!}=\frac{1}{6}\quad\text{……〔答〕}$$

【参考】　$\displaystyle\tan^{-1}x=x-\frac{x^3}{3}+\frac{x^5}{5}-\frac{x^7}{7}+\cdots+(-1)^{n-1}\frac{x^{2n-1}}{2n-1}+\cdots$　であるから

$$\lim_{x\to 0}\frac{x-\tan^{-1}x}{x^3}=\lim_{x\to 0}\frac{x-\left(x-\dfrac{x^3}{3}+\dfrac{x^5}{5}-\dfrac{x^7}{7}+\cdots\right)}{x^3}$$

$$=\lim_{x\to 0}\frac{\dfrac{x^3}{3}-\dfrac{x^5}{5}+\dfrac{x^7}{7}-\cdots}{x^3}=\lim_{x\to 0}\left(\frac{1}{3}-\frac{x^2}{5}+\frac{x^4}{7}-\cdots\right)=\frac{1}{3}$$

ロピタルの定理で計算すると

$$\lim_{x\to 0}\frac{x-\tan^{-1}x}{x^3}=\lim_{x\to 0}\frac{1-\dfrac{1}{1+x^2}}{3x^2}=\lim_{x\to 0}\frac{\dfrac{x^2}{1+x^2}}{3x^2}=\lim_{x\to 0}\frac{1}{3(1+x^2)}=\frac{1}{3}$$

のようになる。

■ 演習問題　3.2

▶解答は p. 274

1 次の整級数の収束半径を求めよ。

(1) $\displaystyle\sum_{n=0}^{\infty}\frac{(n+1)^n}{n!}x^n$　(2) $\displaystyle\sum_{n=0}^{\infty}\frac{3^n}{2n+1}x^{2n+1}$　(3) $\displaystyle\sum_{n=0}^{\infty}\frac{(-1)^n}{n!}x^n$

2 次の整級数の収束域を求めよ。

(1) $\displaystyle\sum_{n=1}^{\infty}\frac{(-1)^{n-1}}{\log(n+1)}x^{n-1}$　(2) $\displaystyle\sum_{n=1}^{\infty}\left(\sin\frac{1}{n}\right)x^n$

3 次の関数 $f(x)$ のマクローリン展開を求めよ。

(1) $f(x)=\cos^2 x$　(2) $f(x)=\dfrac{1}{\sqrt{1+x}}$

(3) $f(x)=\log(1+x^2)$　(4) $f(x)=\sin^{-1}x$

4 **3** で求めたマクローリン展開の収束半径をそれぞれ計算せよ。

5 マクローリン展開を利用して次の極限値を求めよ。

(1) $\displaystyle\lim_{x\to 0}\left(\frac{1}{\sin^2 x}-\frac{1}{x^2}\right)$　(2) $\displaystyle\lim_{x\to 0}\left(\frac{1}{x^2}-\frac{1}{\tan^2 x}\right)$

6 $f(x)=\log(x+\sqrt{1+x^2})$ について，以下の問いに答えよ。

(1) $(1+x^2)f^{(n+2)}(x)+(2n+1)xf^{(n+1)}(x)+n^2f^{(n)}(x)=0$ が成り立つことを示せ。

(2) $f(x)=\log(x+\sqrt{1+x^2})$ のマクローリン展開を求めよ。

過去問研究 3 − 1（正項級数の収束・発散）

一般項が $a_n \geqq 0$ の級数（正項級数）$\sum_{n=1}^{\infty} a_n$ に対して，次を示せ。

(1)　$\sum_{n=1}^{\infty} a_n$ が収束するとき，$\sum_{n=1}^{\infty} \frac{a_n}{1+a_n}$ および $\sum_{n=1}^{\infty} \frac{a_n}{1+na_n}$ は収束する。

(2)　$\sum_{n=1}^{\infty} \frac{a_n}{1+a_n}$ が収束するとき，$\sum_{n=1}^{\infty} a_n$ は収束する。

(3)　$\sum_{n=1}^{\infty} \frac{a_n}{1+na_n}$ が収束しても $\sum_{n=1}^{\infty} a_n$ は収束しないことがある。その具体例を示せ。

(4)　$\sum_{n=1}^{\infty} a_n$ の収束・発散に関係なく，$\sum_{n=1}^{\infty} \frac{a_n}{1+n^2a_n}$ は収束する。

〈徳島大学〉

解説　これは面白い問題である。(1)，(2)，(3)の結果に注目。ただし，(3)は難しいだろう。

解答　(1)　$\frac{a_n}{1+a_n} \leqq \frac{a_n}{1} = a_n$，$\frac{a_n}{1+na_n} \leqq \frac{a_n}{1} = a_n$ でかつ $\sum_{n=1}^{\infty} a_n$ が収束するから，$\sum_{n=1}^{\infty} \frac{a_n}{1+a_n}$ および $\sum_{n=1}^{\infty} \frac{a_n}{1+na_n}$ も収束する。

(2)　$\sum_{n=1}^{\infty} \frac{a_n}{1+a_n}$ が収束するとき，$\lim_{n\to\infty} \frac{a_n}{1+a_n} = 0$ であるから

十分大きな n に対して　$\frac{a_n}{1+a_n} < \frac{1}{2}$　　$\therefore$　$a_n < 1$

$\therefore$　$\frac{a_n}{1+a_n} > \frac{a_n}{1+1}$　　$\therefore$　$a_n < 2\frac{a_n}{1+a_n}$

したがって，$\sum_{n=1}^{\infty} \frac{a_n}{1+a_n}$ が収束するならば，$\sum_{n=1}^{\infty} a_n$ も収束する。

(3)　$n \fallingdotseq k!$ のときは $a_n = \frac{1}{n!}$，$n = k!$ のときは $a_n = n$ と定める。……〔答〕

（注）　解説はあとで行う。

(4)　$\frac{1}{n^2} - \frac{a_n}{1+n^2a_n} = \frac{1}{n^2(1+n^2a_n)} > 0$ より，$\frac{a_n}{1+n^2a_n} < \frac{1}{n^2}$

ところで，$\sum_{n=1}^{\infty} \frac{1}{n^2}$ は収束するから，$\sum_{n=1}^{\infty} \frac{a_n}{1+n^2a_n}$ も収束する。

[(3)の解説]　(3)の具体例は容易には見つけられないだろう。たとえば

もし，$na_n \leqq 1$　$(n=1,\ 2,\ \cdots)$ だったとすると

$\dfrac{a_n}{1+na_n} \geqq \dfrac{a_n}{1+1} = \dfrac{1}{2}a_n$ で，$\displaystyle\sum_{n=1}^{\infty} a_n$ が発散すれば $\displaystyle\sum_{n=1}^{\infty} \frac{a_n}{1+na_n}$ も発散する。

もし，$na_n > 1$　$(n=1,\ 2,\ \cdots)$ だったとすると

$\dfrac{a_n}{1+na_n} > \dfrac{a_n}{na_n+na_n} = \dfrac{1}{2n}$ で，$\displaystyle\sum_{n=1}^{\infty} \frac{1}{n}$ は発散するから $\displaystyle\sum_{n=1}^{\infty} \frac{a_n}{1+na_n}$ も発散する。

というわけで，具体例はどうも一癖ありそうな数列の予感がする。

そこで解答にあげたような変な数列 $\{a_n\}$ を考えよう。

$$a_n = \begin{cases} \dfrac{1}{n!} & (n \fallingdotseq k!\ \text{のとき}) \\ n & (n = k!\ \text{のとき}) \end{cases}$$

もしこの $\{a_n\}$ のかわりに

$$a_n' = \frac{1}{n!} \quad (n=1,\ 2,\ \cdots)$$

なる数列 $\{a_n'\}$ を考えると

$$\begin{aligned} \sum_{n=1}^{\infty} a_n' &= \frac{1}{1!} + \frac{1}{2!} + \cdots + \frac{1}{n!} + \cdots \\ &= \left(1 + \frac{1}{1!} + \frac{1}{2!} + \cdots + \frac{1}{n!} + \cdots\right) - 1 = e - 1 < 2 \end{aligned}$$

で余裕で収束してしまう。この余裕で収束する級数をヒントに，数列 $\{a_n'\}$ を少しだけ変えて解答のような数列 $\{a_n\}$ を考える。

$a_n = n$ ($n = k!$ のとき) であるから，明らかに $\displaystyle\sum_{n=1}^{\infty} a_n$ は発散する。一方，

$b_n = \dfrac{a_n}{1+na_n}$ とおくと，$n \fallingdotseq k!$ のとき $b_n = \dfrac{a_n}{1+na_n} < \dfrac{a_n}{1} = \dfrac{1}{n!}$，$n = k!$ のとき

$b_n = \dfrac{a_n}{1+na_n} = \dfrac{n}{1+n^2} < \dfrac{n}{n^2} = \dfrac{1}{n} = \dfrac{1}{k!}$ であることに注意して $\displaystyle\sum_{n=1}^{\infty} b_n$ の部分和を考えると

$$\begin{aligned} S_{m!} = \sum_{n=1}^{m!} b_n &< \sum_{n=1}^{\infty} a_n' + b_{1!} + b_{2!} + \cdots + b_{m!} < 2 + b_{1!} + b_{2!} + \cdots + b_{m!} \\ &< 2 + \frac{1}{1!} + \frac{1}{2!} + \cdots + \frac{1}{m!} < 2 + 2 = 4 \end{aligned}$$

よって，$\displaystyle\sum_{n=1}^{\infty} b_n = \sum_{n=1}^{\infty} \frac{a_n}{1+na_n}$ は収束する。

過去問研究3－2（マクロ―リン展開）

次に答えよ。

(1)　ある定数 a_0, a_1, …, a_n と正の定数 M が存在して

$$\left|\log(x+1)-\sum_{k=0}^{n}a_kx^k\right|\leqq Mx^{n+1}\quad(0\leqq x\leqq 1)$$

が成り立つとき，a_0, a_1, …, a_n を求めよ。

(2)　$\displaystyle\lim_{n\to\infty}\sum_{k=1}^{n}\frac{(-1)^{k+1}}{k}=\log 2$ を示せ。　〈金沢大学〉

解説　(1)では初めからマクローリンの定理を使う。特に，剰余項に注意すること。

解答　(1)　$f(x)=\log(1+x)$ とおくと

$$f'(x)=\frac{1}{1+x},\ f''(x)=-\frac{1}{(1+x)^2},\ f'''(x)=\frac{2}{(1+x)^3},$$

$$f^{(4)}(x)=-\frac{3!}{(1+x)^4}\ \text{より}$$

$$f^{(n)}(x)=\frac{(-1)^{n+1}(n-1)!}{(1+x)^n}\qquad\therefore\quad\frac{f^{(n)}(x)}{n!}=\frac{(-1)^{n+1}}{n(1+x)^n}$$

よって，マクローリンの定理により

$$\log(1+x)=\sum_{k=1}^{n}\frac{(-1)^{k+1}}{k}x^k+\frac{(-1)^{n+2}}{n+1}\cdot\frac{x^{n+1}}{(1+\theta x)^{n+1}}\quad(0<\theta<1)$$

であるから

$$\log(1+x)-\sum_{k=0}^{n}a_kx^k$$

$$=-a_0+\sum_{k=1}^{n}\left(\frac{(-1)^{k+1}}{k}-a_k\right)x^k+\frac{(-1)^{n+2}}{n+1}\cdot\frac{x^{n+1}}{(1+\theta x)^{n+1}}$$

よって，与えられた不等式は次のようになる。

$$\left|-a_0+\sum_{k=1}^{n}\left(\frac{(-1)^{k+1}}{k}-a_k\right)x^k+\frac{(-1)^{n+2}}{n+1}\cdot\frac{x^{n+1}}{(1+\theta x)^{n+1}}\right|\leqq Mx^{n+1}\quad\cdots\cdots(*)$$

ここで $x=0$ を代入すると，$|-a_0|\leqq 0$　　$\therefore\ a_0=0$

よって，（＊）は

$$\left|\sum_{k=1}^{n}\left(\frac{(-1)^{k+1}}{k}-a_k\right)x^k+\frac{(-1)^{n+2}}{n+1}\cdot\frac{x^{n+1}}{(1+\theta x)^{n+1}}\right|\leqq Mx^{n+1}$$

となり，この両辺を $x>0$ で割ると

$$\left|\sum_{k=1}^{n}\left(\frac{(-1)^{k+1}}{k}-a_k\right)x^{k-1}+\frac{(-1)^{n+2}}{n+1}\cdot\frac{x^n}{(1+\theta x)^{n+1}}\right|\leqq Mx^n \quad \cdots\cdots(**)$$

そして，$x\to+0$ とすると

$$|1-a_1|\leqq 0 \qquad \therefore\quad 1-a_1=0 \qquad \therefore\quad a_1=1$$

よって，$(**)$ は

$$\left|\sum_{k=2}^{n}\left(\frac{(-1)^{k+1}}{k}-a_k\right)x^{k-1}+\frac{(-1)^{n+2}}{n+1}\cdot\frac{x^n}{(1+\theta x)^{n+1}}\right|\leqq Mx^n$$

となり，この両辺を $x>0$ で割ると

$$\left|\sum_{k=2}^{n}\left(\frac{(-1)^{k+1}}{k}-a_k\right)x^{k-2}+\frac{(-1)^{n+2}}{n+1}\cdot\frac{x^{n-1}}{(1+\theta x)^{n+1}}\right|\leqq Mx^{n-1}$$

そして，$x\to+0$ とすると

$$\left|-\frac{1}{2}-a_2\right|\leqq 0 \qquad \therefore\quad -\frac{1}{2}-a_2=0 \qquad \therefore\quad a_2=-\frac{1}{2}$$

以下同様にして，次を得る。

$$a_k=\frac{(-1)^{k+1}}{k}\quad (k=0,\ 1,\ 2,\ \cdots,\ n)\quad \cdots\cdots〔答〕$$

(2)　$\log(1+x)=\sum_{k=1}^{n}\frac{(-1)^{k+1}}{k}x^k+\frac{(-1)^{n+2}}{n+1}\cdot\frac{x^{n+1}}{(1+\theta x)^{n+1}}$ に $x=1$ を代入すると

$$\log 2=\sum_{k=1}^{n}\frac{(-1)^{k+1}}{k}+\frac{(-1)^{n+2}}{n+1}\cdot\frac{1}{(1+\theta)^{n+1}}$$

ここで

$$\left|\frac{(-1)^{n+2}}{n+1}\cdot\frac{1}{(1+\theta)^{n+1}}\right|\leqq\frac{1}{n+1}\to 0\quad (n\to\infty)$$ より，

$$\lim_{n\to\infty}\frac{(-1)^{n+2}}{n+1}\cdot\frac{1}{(1+\theta)^{n+1}}=0$$

したがって

$$\lim_{n\to\infty}\sum_{k=1}^{n}\frac{(-1)^{k+1}}{k}=\lim_{n\to\infty}\left(\log 2-\frac{(-1)^{n+2}}{n+1}\cdot\frac{1}{(1+\theta)^{n+1}}\right)=\log 2$$

【参考】　マクローリン展開

$$\log(1+x)=\sum_{n=1}^{\infty}\frac{(-1)^{n+1}}{n}x^n$$
$$=x-\frac{x^2}{2}+\frac{x^3}{3}-\cdots+\frac{(-1)^{n+1}}{n}x^n+\cdots$$

の収束域は $-1<x\leqq 1$ である。

第4章 偏微分

4.1 偏微分

〔**目標**〕 多変数関数の偏微分を理解し，自由に計算できるようになる。

(1) 多変数関数

これまで1変数関数 $f(x)$ を考えてきたが，ここでは2変数関数 $f(x, y)$ や3変数関数 $f(x, y, z)$ などの**多変数関数**を考察する。主に2変数関数について詳しく調べていくが，3変数以上の場合も同様の結果が成り立つ。

【例】 2変数関数のグラフ $z=f(x, y)$ は曲面を表す。

(1) $z=\sqrt{1-x^2-y^2}$ (2) $z=x^2+y^2$ (3) $z=-x^2+y^2$

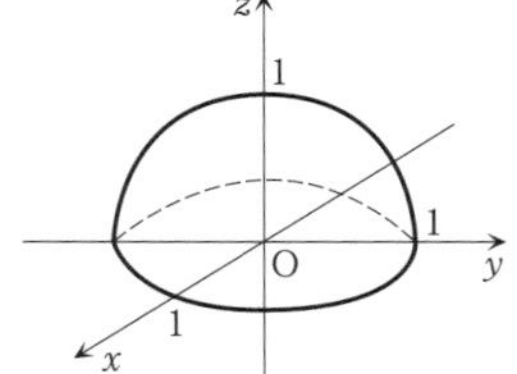

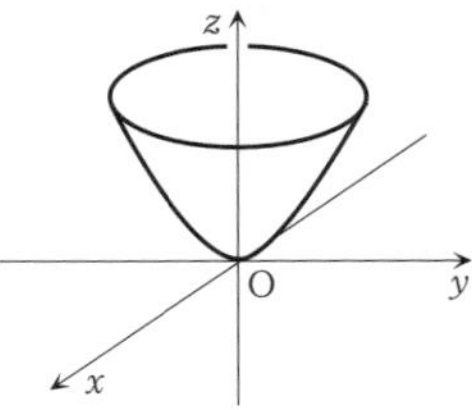

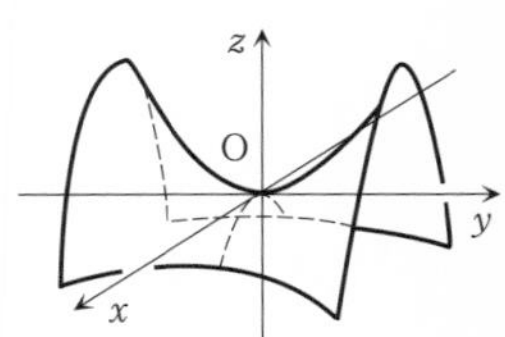

多変数関数の極限と連続性

2変数関数 $f(x, y)$ が点 (a, b) を含むある領域 D で定義されており，点 (x, y) が D 内を点 (a, b) に限りなく近づくとき，その近づき方によらず，一定値 α に近づくならば，$(x, y)\to(a, b)$ のとき $f(x, y)$ の**極限値**は α であるといい

$$\lim_{(x, y)\to(a, b)} f(x, y)=\alpha \quad \text{または} \quad f(x, y)\to\alpha \quad ((x, y)\to(a, b))$$

と表す。また，$\displaystyle\lim_{(x, y)\to(a, b)} f(x, y)=f(a, b)$ が成り立つとき，$f(x, y)$ は点 (a, b) において**連続**であるという。

問 1　次の極限値は存在しないことを示せ。

$$\lim_{(x,\ y)\to(0,\ 0)} \frac{xy}{x^2+y^2}$$

(解)　2 つの直線 $y=x$, $y=-x$ に沿って，点 $(x,\ y)$ を点 $(0,\ 0)$ に近づけてみる。

$$\lim_{\substack{(x,\ y)\to(0,\ 0)\\ y=x}} \frac{xy}{x^2+y^2}=\lim_{x\to 0}\frac{x^2}{x^2+x^2}=\lim_{x\to 0}\frac{1}{2}=\frac{1}{2}$$

$$\lim_{\substack{(x,\ y)\to(0,\ 0)\\ y=-x}} \frac{xy}{x^2+y^2}=\lim_{x\to 0}\frac{-x^2}{x^2+x^2}=\lim_{x\to 0}\frac{-1}{2}=-\frac{1}{2}$$

点 $(0,\ 0)$ への近づき方によって値が異なるので極限値は存在しない。　□

(2)　偏微分

偏微分係数

2 変数関数 $f(x,\ y)$ に対して，**偏微分係数**を次のように定義する。

$$f_x(a,\ b)=\lim_{h\to 0}\frac{f(a+h,\ b)-f(a,\ b)}{h}$$

$$f_y(a,\ b)=\lim_{h\to 0}\frac{f(a,\ b+h)-f(a,\ b)}{h}$$

偏微分係数 $f_x(a,\ b)$, $f_y(a,\ b)$ をそれぞれ $\dfrac{\partial f}{\partial x}(a,\ b)$, $\dfrac{\partial f}{\partial y}(a,\ b)$ とも表す。また，$f_x(a,\ b)$ が存在するとき $f(x,\ y)$ は x で**偏微分可能**，$f_y(a,\ b)$ が存在するとき $f(x,\ y)$ は y で**偏微分可能**であるという。

(注 1)　**偏微分係数の図形的意味：**

$f_x(a,\ b)$, $f_y(a,\ b)$ はそれぞれ，x 軸方向，y 軸方向に沿っての接線の傾きを表す。

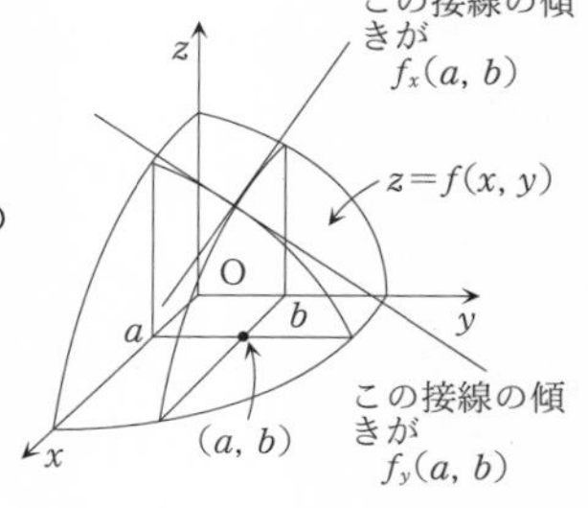

(注 2)　偏微分係数の定義は本質的に 1 変数の微分係数の定義と同じである。

1 変数の微分係数の定義は

$$f'(a)=\lim_{h\to 0}\frac{f(a+h)-f(a)}{h}$$

であり，その図形的意味はやはり接線の傾きである。

1変数のときの導関数と同様，偏導関数の定義は次のようになる。

偏導関数

$$f_x(x,\ y)=\lim_{h\to 0}\frac{f(x+h,\ y)-f(x,\ y)}{h}$$

$$f_y(x,\ y)=\lim_{h\to 0}\frac{f(x,\ y+h)-f(x,\ y)}{h}$$

$f_x(x,\ y)$ を $\dfrac{\partial f}{\partial x}(x,\ y)$，$\dfrac{\partial}{\partial x}f(x,\ y)$ などとも表す。$f_y(x,\ y)$ についても同様。

問 2　次の関数の偏導関数を定義にしたがって求めよ。

$$f(x,\ y)=x^3y^2$$

（解）　定義に従って計算すれば次のようになる。

$$f_x(x,\ y)=\lim_{h\to 0}\frac{f(x+h,\ y)-f(x,\ y)}{h}$$ ⬅ **$f_x(x,\ y)$ の定義**

$$=\lim_{h\to 0}\frac{(x+h)^3y^2-x^3y^2}{h}$$

$$=\lim_{h\to 0}\frac{(3x^2h+3xh^2+h^3)y^2}{h}=\lim_{h\to 0}(3x^2+3xh+h^2)y^2=3x^2y^2$$

$$f_y(x,\ y)=\lim_{h\to 0}\frac{f(x,\ y+h)-f(x,\ y)}{h}$$ ⬅ **$f_y(x,\ y)$ の定義**

$$=\lim_{h\to 0}\frac{x^3(y+h)^2-x^3y^2}{h}$$

$$=\lim_{h\to 0}\frac{x^3(2yh+h^2)}{h}=\lim_{h\to 0}x^3(2y+h)=2x^3y$$ □

偏導関数の定義から，x で偏微分するときは x 以外の変数を定数と思って，y で偏微分するときは y 以外の変数を定数と思って微分すればよいことが分かる。上の問題では，$(x^3y^2)_x=3x^2y^2$ および $(x^3y^2)_y=2x^3y$ である。

問 3　次の関数の偏導関数を定義に戻らず計算せよ。

$$f(x,\ y)=x^y$$

（解）　1変数関数の導関数の公式がそのまま使えることに注意しよう。

$f_x(x,\ y)=yx^{y-1}$　⬅ **公式：$(x^p)'=px^{p-1}$**

$f_y(x,\ y)=x^y\log x$　⬅ **公式：$(a^x)'=a^x\log a$** □

第2次偏導関数の基本事項を確認しておく。

第2次偏導関数

$$\frac{\partial}{\partial x}\left(\frac{\partial f}{\partial x}\right),\ \frac{\partial}{\partial y}\left(\frac{\partial f}{\partial x}\right),\ \frac{\partial}{\partial x}\left(\frac{\partial f}{\partial y}\right),\ \frac{\partial}{\partial y}\left(\frac{\partial f}{\partial y}\right),$$

はそれぞれ次のように表す。

$$\frac{\partial^2 f}{\partial x^2},\ \frac{\partial^2 f}{\partial y \partial x},\ \frac{\partial^2 f}{\partial x \partial y},\ \frac{\partial^2 f}{\partial y^2}\quad \text{あるいは}\quad f_{xx},\ f_{xy},\ f_{yx},\ f_{yy}$$

第2次偏導関数に関して次の性質は重要である。

[定理]

f_{xy}，f_{yx} がともに存在して連続ならば，$f_{xy}=f_{yx}$

【例】 $f(x,\ y)=x^3y^2$ とするとき

$f_x(x,\ y)=3x^2y^2$，$f_y(x,\ y)=2x^3y$ であり，

$f_{xy}(x,\ y)=(3x^2y^2)_y=6x^2y$，$f_{yx}(x,\ y)=(2x^3y)_x=6x^2y$

問 4 次の関数は $(x,\ y)=(0,\ 0)$ において $f_{xy}\neq f_{yx}$ であることを示せ。

$$f(x,\ y)=\begin{cases} xy\dfrac{x^2-y^2}{x^2+y^2} & (x,\ y)\neq(0,\ 0) \\ 0 & (x,\ y)=(0,\ 0) \end{cases}$$

(解) まず $f_x(0,\ y)$ を求める。

$$f_x(0,\ y)=\lim_{h\to 0}\frac{f(h,\ y)-f(0,\ y)}{h}=\lim_{h\to 0}y\frac{h^2-y^2}{h^2+y^2}=-y$$

よって

$$\begin{aligned} f_{xy}(0,\ 0)&=(f_x)_y(0,\ 0) \\ &=\lim_{h\to 0}\frac{f_x(0,\ h)-f_x(0,\ 0)}{h}=\lim_{h\to 0}\frac{(-h)-0}{h}=-1 \end{aligned}$$

同様に，まず $f_y(x,\ 0)$ を求める。

$$f_y(x,\ 0)=\lim_{h\to 0}\frac{f(x,\ h)-f(x,\ 0)}{h}=\lim_{h\to 0}x\frac{x^2-h^2}{x^2+h^2}=x$$

よって

$$f_{yx}(0,\ 0)=(f_y)_x(0,\ 0)=\lim_{h\to 0}\frac{f_y(h,\ 0)-f_y(0,\ 0)}{h}=\lim_{h\to 0}\frac{h-0}{h}=1$$

以上より，関数 $f(x,\ y)$ は $(x,\ y)=(0,\ 0)$ において $f_{xy}\neq f_{yx}$ である。 □

（3）　接平面の方程式

1変数関数の微分法で接線の方程式が基本的だったのに対応して，2変数関数の微分法では接平面の方程式が基本的である。接平面の方程式はほとんど当たり前のことであることを理解しよう。

［定理］（接平面の方程式①）

曲面 $z=f(x,\ y)$ の $(x,\ y)=(a,\ b)$ での接平面の方程式は

$$z-f(a,\ b)$$
$$=f_x(a,\ b)(x-a)+f_y(a,\ b)(y-b)$$

で与えられる。

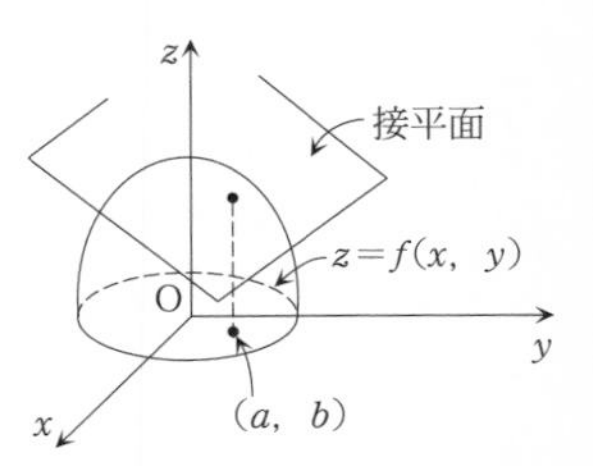

（注）　接平面の方程式を1変数関数における接線の方程式と比較してしっかりと理解しよう。

$y=f(x)$ の $x=a$ での接線の方程式は

$$y-f(a)=f'(a)(x-a)$$

で与えられる。

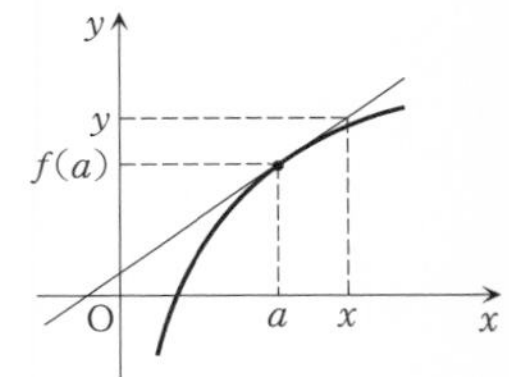

問 5　曲面 $z=x^2+y^2$ の $(x,\ y)=(1,\ 2)$ での接平面の方程式を求めよ。

（解）　$z_x=2x$，$z_y=2y$ であるから，$(x,\ y)=(1,\ 2)$ において，$z_x=2$，$z_y=4$

よって，求める接平面の方程式は

$$z-5=2(x-1)+4(y-2) \qquad \therefore \quad 2x+4y-z-5=0$$ □

接平面の方程式として次の形も重要である（証明は後の節で行う）。

［定理］（接平面の方程式②）

曲面 $f(x,\ y,\ z)=0$ の点 $(a,\ b,\ c)$ における接平面の方程式は

$$f_x(a,\ b,\ c)(x-a)+f_y(a,\ b,\ c)(y-b)+f_z(a,\ b,\ c)(z-c)=0$$

で与えられる。

（注）　$(f_x,\ f_y,\ f_z)$ は曲面 $f(x,\ y,\ z)=0$ の接平面の法線ベクトルを表す。

平面の方程式は，平面上の点の座標と法線ベクトルの成分で表せることに注意しよう。

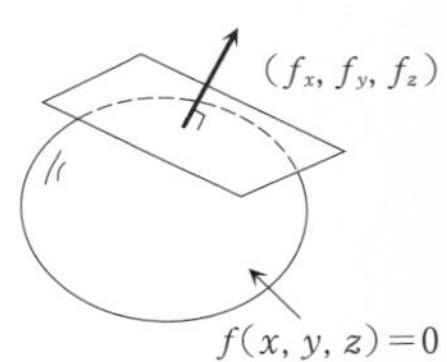

（4） 全微分可能性

2 変数関数 $z=f(x,\ y)$ の場合，偏微分係数 $f_x(a,\ b)$，$f_y(a,\ b)$ の存在からただちに接平面の存在が保証されるわけではない。どのようなときに接平面が存在するのか調べてみよう。

全微分可能性

$(x,\ y)=(a,\ b)$ で $z=f(x,\ y)$ の接平面が定まるとき，$z=f(x,\ y)$ は $(a,\ b)$ で**全微分可能**であるという（**例題 5** の解説も参照せよ）。

（注） 接平面については直観的な理解でも十分であるが，曲面がある平面に“ペタッ”と接していることを数学的に表現すれば次のようになる。

平面 $z=p(x,\ y)$ が曲面 $z=f(x,\ y)$ の $(x,\ y)=(a,\ b)$ での**接平面**であるとは

$$\lim_{(x,\,y)\to(a,\,b)} \frac{f(x,\ y)-p(x,\ y)}{\sqrt{(x-a)^2+(y-b)^2}}=0$$ **⬅ 左辺の分子は曲面と平面との差を表す**

を満たすときをいう。この式の意味は図を考えてみると分かり易い。

［定理］（全微分可能であるための十分条件）

f_x，f_y がともに存在して連続ならば，$f(x,\ y)$ は全微分可能である。

問 6 関数 $f(x,\ y)=x^2y$ は $\boldsymbol{R}^2$ 全体で全微分可能であることを示せ。

（解） $f_x(x,\ y)=2xy$，$f_y(x,\ y)=x^2$ ともに $\boldsymbol{R}^2$ 全体で連続であるから，$f(x,\ y)$ は $\boldsymbol{R}^2$ 全体で全微分可能である。 □

［定理］（全微分可能であるための必要条件）

$f(x,\ y)$ が $(a,\ b)$ で全微分可能ならば，次の（ i ），（ii）が成り立つ。

（ i ） $f(x,\ y)$ は $(a,\ b)$ で連続である。

（ii） $f(x,\ y)$ は $(a,\ b)$ で，x，y について偏微分可能である。

全微分

$f(x,\ y)$ が $(x,\ y)=(a,\ b)$ で全微分可能であるとき

$$df=f_x(a,\ b)dx+f_y(a,\ b)dy$$

と表し，これを f の**全微分**という。

例題1（2変数関数の連続性）

次の関数の原点 $(x,\ y)=(0,\ 0)$ における連続性を調べよ。

(1)　$f(x,\ y)=\begin{cases} \dfrac{xy}{\sqrt{x^2+y^2}} & (x,\ y)\neq(0,\ 0) \\ 0 & (x,\ y)=(0,\ 0) \end{cases}$

(2)　$f(x,\ y)=\begin{cases} \dfrac{y^2}{x^2+y^2} & (x,\ y)\neq(0,\ 0) \\ 0 & (x,\ y)=(0,\ 0) \end{cases}$

解説　まず連続性の定義を思い出そう。

$$\lim_{(x,\ y)\to(a,\ b)} f(x,\ y)=f(a,\ b)$$

が成り立つとき，$f(x,\ y)$ は点 $(a,\ b)$ において**連続**であるという。ここで注意すべきことは，$(x,\ y)$ が $(a,\ b)$ に限りなく近づくとき，その近づき方によらず，$f(x,\ y)$ の値が $f(a,\ b)$ に近づくということである。

解答　点 $(x,\ y)$ を原点 $(0,\ 0)$ にいろいろな経路で近づけてみよう。

(1)　$x=r\cos\theta,\ y=r\sin\theta$ と極座標で考えると

$$\lim_{(x,\ y)\to(0,\ 0)} f(x,\ y)=\lim_{r\to0} f(r\cos\theta,\ r\sin\theta)$$

$$=\lim_{r\to0}\frac{r^2\sin\theta\cos\theta}{\sqrt{r^2}}=\lim_{r\to0} r\sin\theta\cos\theta=0$$

（θ によらない）

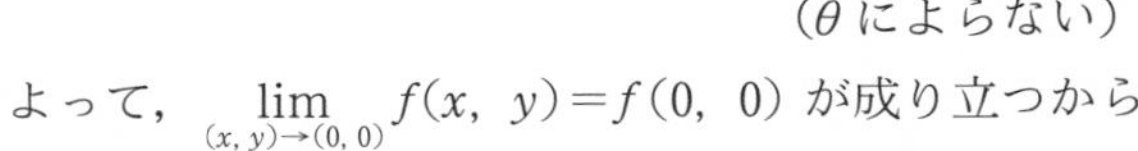

よって，$\displaystyle\lim_{(x,\ y)\to(0,\ 0)} f(x,\ y)=f(0,\ 0)$ が成り立つから

$f(x,\ y)$ は原点 $(0,\ 0)$ において連続である。　……〔答〕

(2)　(1)と同様に考えて

$$\lim_{(x,\ y)\to(0,\ 0)} f(x,\ y)=\lim_{r\to0} f(r\cos\theta,\ r\sin\theta)$$

$$=\lim_{r\to0}\frac{(r\sin\theta)^2}{(r\cos\theta)^2+(r\sin\theta)^2}=\lim_{r\to0}\sin^2\theta$$

よって，たとえば $\theta=\dfrac{\pi}{2}$（y 軸上）として原点に近づけると

$$\lim_{\substack{(x,\ y)\to(0,\ 0)\\ x=0}} f(x,\ y)=1\neq f(0,\ 0)$$

であるから

$f(x,\ y)$ は原点 $(x,\ y)=(0,\ 0)$ において連続ではない。　……〔答〕

例題 2（偏微分の計算）

次の関数の偏導関数を求めよ。

(1) $f(x,\ y)=\sin(x^2y)$ (2) $f(x,\ y)=\log\dfrac{x}{y}$ (3) $f(x,\ y)=y^{\sin x}$

解 説 偏導関数の定義も導関数の定義と本質的には同じである。

$$f_x(x,\ y)=\lim_{h\to 0}\frac{f(x+h,\ y)-f(x,\ y)}{h}$$

$$f_y(x,\ y)=\lim_{h\to 0}\frac{f(x,\ y+h)-f(x,\ y)}{h}$$

したがって，x で偏微分するときは y を定数とみなして普通に微分すればよい。同様に，y で偏微分するときは x を定数とみなして普通に微分すればよい。

なお，1 変数関数における合成関数の微分法は，多変数関数の偏微分の計算においてもたびたび利用される。

解 答 (1) $f_x(x,\ y)=\cos(x^2y)\times 2xy$ **⬅ 合成関数の微分**

$=2xy\cos(x^2y)$ ……〔答〕

$f_y(x,\ y)=\cos(x^2y)\times x^2$ **⬅ 合成関数の微分**

$=x^2\cos(x^2y)$ ……〔答〕

(2) $f_x(x,\ y)=\dfrac{1}{\frac{x}{y}}\times\dfrac{1}{y}=\dfrac{1}{x}$ ……〔答〕

$f_y(x,\ y)=\dfrac{1}{\frac{x}{y}}\times\left(-\dfrac{x}{y^2}\right)=-\dfrac{1}{y}$ ……〔答〕

(3) $f_x(x,\ y)=y^{\sin x}\log y\times\cos x$ **⬅ $(a^x)'=a^x\log a$**

$=y^{\sin x}\log y\cdot\cos x$ ……〔答〕

$f_y(x,\ y)=\sin x\cdot y^{\sin x-1}$ ……〔答〕 **⬅ $(x^p)'=px^{p-1}$**

(注) “定数とみなす” と簡単に言うが，練習しないと意外と難しい。ある変数を “定数とみなす” ことがうまくできないと簡単な偏微分の計算でもつまずくことになる。(3)では，使う文字を少し変えるだけで簡単な計算であることが理解できるだろう。

$(a^{\sin x})'=a^{\sin x}\log a\times\cos x$

$(x^{\sin a})'=\sin a\cdot x^{\sin a-1}$

例題 3（接平面①）

次の曲面の，与えられた点における接平面の方程式および法線の方程式を求めよ。

(1)　$z=x^2y$　点 $(1,\ -1,\ -1)$　　　(2)　$z=\tan^{-1}\dfrac{y}{x}$　点 $\left(1,\ 1,\ \dfrac{\pi}{4}\right)$

解説　曲面 $z=f(x,\ y)$ の $(x,\ y)=(a,\ b)$ での接平面の方程式は

$$z-f(a,\ b)=f_x(a,\ b)(x-a)+f_y(a,\ b)(y-b)$$

で与えられる。

（注）　接平面の方程式を 1 変数関数における接線の方程式と比較してしっかりと理解することが大切である。

$y=f(x)$ の $x=a$ での接線の方程式は

$$y-f(a)=f'(a)(x-a)$$

で与えられる。

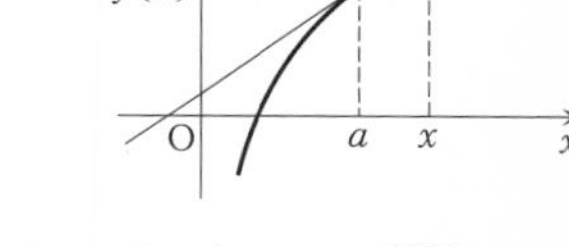

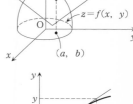

解答　(1)　$z_x=2xy$，$z_y=x^2$ であるから，接点 $(1,\ -1,\ -1)$ において　$z_x=-2$，$z_y=1$

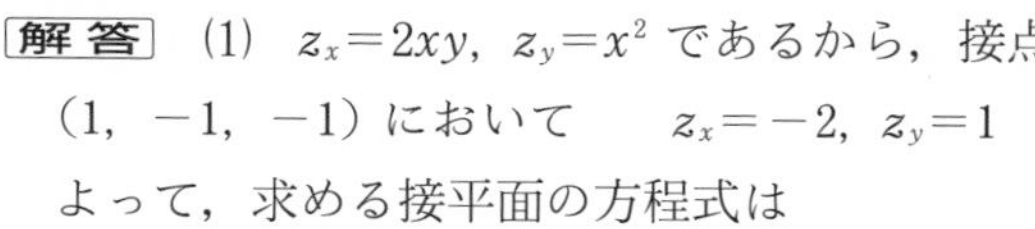

よって，求める接平面の方程式は

$$z+1=(-2)\cdot(x-1)+1\cdot(y+1)\qquad \therefore\quad 2x-y+z-2=0$$ ……〔答〕

したがって，法線の方程式は

$$\frac{x-1}{2}=\frac{y+1}{-1}=\frac{z+1}{1}$$ ……〔答〕

(2)　$$z_x=\frac{1}{1+\left(\dfrac{y}{x}\right)^2}\cdot\left(-\frac{y}{x^2}\right)=-\frac{y}{x^2+y^2},\quad z_y=\frac{1}{1+\left(\dfrac{y}{x}\right)^2}\cdot\frac{1}{x}=\frac{x}{x^2+y^2}$$

であるから，接点 $\left(1,\ 1,\ \dfrac{\pi}{4}\right)$ において　$z_x=-\dfrac{1}{2}$，$z_y=\dfrac{1}{2}$

よって，求める接平面の方程式は

$$z-\frac{\pi}{4}=\left(-\frac{1}{2}\right)\cdot(x-1)+\frac{1}{2}\cdot(y-1)\qquad \therefore\quad x-y+2z-\frac{\pi}{2}=0$$ ……〔答〕

したがって，法線の方程式は

$$\frac{x-1}{1}=\frac{y-1}{-1}=\frac{z-\dfrac{\pi}{4}}{2}$$ ……〔答〕

例題 4 （接平面②）

次の曲面の，与えられた点における接平面の方程式を求めよ。

(1)　$x^2+y^2-z^2=-1$　点（2，-2，3）

(2)　$\dfrac{x^2}{a^2}+\dfrac{y^2}{b^2}+\dfrac{z^2}{c^2}=1$　点（x_0，y_0，z_0）

解説　曲面の方程式が $f(x,\ y,\ z)=0$ の形で与えられていることも多い。接平面の方程式として次の形も重要である。

曲面 $f(x,\ y,\ z)=0$ の点（a，b，c）における接平面の方程式は

$$f_x(a,\ b,\ c)(x-a)+f_y(a,\ b,\ c)(y-b)+f_z(a,\ b,\ c)(z-c)=0$$

で与えられる。

（注）（f_x，f_y，f_z）は曲面 $f(x,\ y,\ z)=0$ の接平面の法線ベクトルを表す。

なお，（f_x，f_y，f_z）は f の**勾配**と呼ばれ，

grad(f) あるいは ∇f

などのように表されることもある。

（f_x, f_y, f_z）

$f(x, y, z)=0$

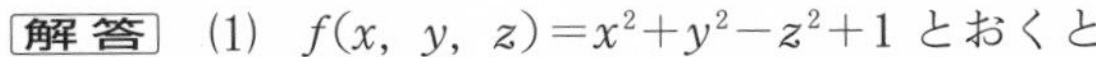

解答　(1)　$f(x,\ y,\ z)=x^2+y^2-z^2+1$ とおくと

$f_x(x,\ y,\ z)=2x$，$f_y(x,\ y,\ z)=2y$，$f_z(x,\ y,\ z)=-2z$

$\therefore$　$f_x(2,\ -2,\ 3)=4$，$f_y(2,\ -2,\ 3)=-4$，$f_z(2,\ -2,\ 3)=-6$

よって，求める接平面の方程式は

$4\cdot(x-2)+(-4)\cdot(y+2)+(-6)\cdot(z-3)=0$

$\therefore$　$2x-2y-3z+1=0$　……〔答〕

(2)　$f(x,\ y,\ z)=\dfrac{x^2}{a^2}+\dfrac{y^2}{b^2}+\dfrac{z^2}{c^2}-1$ とおくと

$f_x(x,\ y,\ z)=\dfrac{2x}{a^2}$，$f_y(x,\ y,\ z)=\dfrac{2y}{b^2}$，$f_z(x,\ y,\ z)=\dfrac{2z}{c^2}$

よって，求める接平面の方程式は

$$\frac{2x_0}{a^2}\cdot(x-x_0)+\frac{2y_0}{b^2}\cdot(y-y_0)+\frac{2z_0}{c^2}\cdot(z-z_0)=0$$

$\therefore$　$\dfrac{x_0}{a^2}x+\dfrac{y_0}{b^2}y+\dfrac{z_0}{c^2}z=\dfrac{{x_0}^2}{a^2}+\dfrac{{y_0}^2}{b^2}+\dfrac{{z_0}^2}{c^2}$

$\therefore$　$\dfrac{x_0}{a^2}x+\dfrac{y_0}{b^2}y+\dfrac{z_0}{c^2}z=1$　……〔答〕　　**（注）**　$\dfrac{{x_0}^2}{a^2}+\dfrac{{y_0}^2}{b^2}+\dfrac{{z_0}^2}{c^2}=1$

例題 5（全微分可能性）

次の各関数の原点 (0, 0) における，（ⅰ）連続性，（ⅱ）偏微分可能性，（ⅲ）全微分可能性について調べよ。

(1)　$f(x, y)=\begin{cases} \dfrac{xy^2}{x^4+y^4} & (x, y)\neq(0, 0) \\ 0 & (x, y)=(0, 0) \end{cases}$

(2)　$f(x, y)=\begin{cases} xy\dfrac{x^2-y^2}{x^2+y^2} & (x, y)\neq(0, 0) \\ 0 & (x, y)=(0, 0) \end{cases}$

解 説　点 (a, b) において $z=f(x, y)$ の接平面が定まるとき，$z=f(x, y)$ は (a, b) で**全微分可能**であるという。すなわち

$$\varepsilon(x, y)=f(x, y)-\{f(a, b)+f_x(a, b)(x-a)+f_y(a, b)(y-b)\}$$

とおくとき

$$\lim_{(x, y)\to(a, b)}\frac{\varepsilon(x, y)}{\sqrt{(x-a)^2+(y-b)^2}}=0$$

を満たすときをいう。

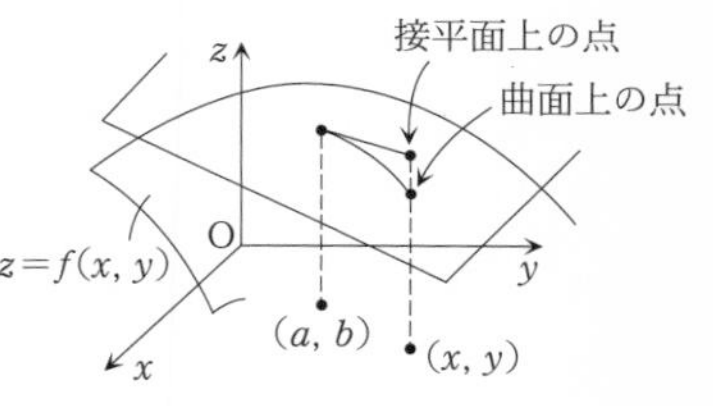

全微分可能性に関連して，次が成り立つ。

[定理]　f_x, f_y がともに存在して連続ならば，$f(x, y)$ は全微分可能である。

[定理]　$f(x, y)$ が (a, b) で全微分可能ならば，次の（ⅰ），（ⅱ）が成り立つ。

（ⅰ）　$f(x, y)$ は (a, b) で連続である。

（ⅱ）　$f(x, y)$ は (a, b) で x, y について偏微分可能である。

解 答　(1)　（ⅰ）　連続性：

$x=r\cos\theta$, $y=r\sin\theta$ と極座標で考えると

$$\lim_{(x, y)\to(0, 0)}f(x, y)=\lim_{r\to0}f(r\cos\theta, r\sin\theta)=\lim_{r\to0}\frac{r^3\sin^2\theta\cos\theta}{r^4\cos^4\theta+r^4\sin^4\theta}$$

よって，たとえば $\theta=\dfrac{\pi}{4}$（直線 $y=x$ 軸上）として原点に近づけると

$$\lim_{\substack{(x, y)\to(0, 0)\\ y=x}}f(x, y)=\lim_{r\to0}\frac{\dfrac{1}{2\sqrt{2}}r^3}{\dfrac{1}{4}r^4+\dfrac{1}{4}r^4}=\lim_{r\to0}\frac{\sqrt{2}\,r^3}{2r^4}=\lim_{r\to0}\frac{\sqrt{2}}{2r}=+\infty$$

であるから，原点 (0, 0) において連続ではない。　……〔答〕

（ii） 偏微分可能性：

$$f_x(0,\ 0)=\lim_{h\to 0}\frac{f(h,\ 0)-f(0,\ 0)}{h}=\lim_{h\to 0}\frac{0-0}{h}=0$$

$$f_y(0,\ 0)=\lim_{h\to 0}\frac{f(0,\ h)-f(0,\ 0)}{h}=\lim_{h\to 0}\frac{0-0}{h}=0$$

より，x についても y についても偏微分可能である。 ……〔答〕

（iii） 全微分可能性：

（i）より，$f(x,\ y)$ は原点 $(0,\ 0)$ において連続ではないから全微分可能ではない。 ……〔答〕

(2) （i） 連続性：

$x=r\cos\theta,\ y=r\sin\theta$ と極座標で考えると

$$\lim_{(x,\ y)\to(0,\ 0)} f(x,\ y)=\lim_{r\to 0} f(r\cos\theta,\ r\sin\theta)$$

$$=\lim_{r\to 0} r^2\sin\theta\cos\theta\frac{r^2(\cos^2\theta-\sin^2\theta)}{r^2}$$

$$=\lim_{r\to 0} r^2\sin\theta\cos\theta(\cos^2\theta-\sin^2\theta)=0=f(0,\ 0)$$

より，$f(x,\ y)$ は原点 $(0,\ 0)$ において連続である。 ……〔答〕

（ii） 偏微分可能性：

$$f_x(0,\ 0)=\lim_{h\to 0}\frac{f(h,\ 0)-f(0,\ 0)}{h}=\lim_{h\to 0}\frac{0-0}{h}=0$$

$$f_y(0,\ 0)=\lim_{h\to 0}\frac{f(0,\ h)-f(0,\ 0)}{h}=\lim_{h\to 0}\frac{0-0}{h}=0$$

より，x についても y についても偏微分可能である。 ……〔答〕

（iii） 全微分可能性：

$$\varepsilon(x,\ y)=f(x,\ y)-\{f(0,\ 0)+f_x(0,\ 0)x+f_y(0,\ 0)y\}=f(x,\ y)$$

とおくと

$$\lim_{(x,\ y)\to(0,\ 0)}\frac{\varepsilon(x,\ y)}{\sqrt{x^2+y^2}}=\lim_{(x,\ y)\to(0,\ 0)}\frac{f(x,\ y)}{\sqrt{x^2+y^2}}$$

$$=\lim_{(x,\ y)\to(0,\ 0)}\frac{1}{\sqrt{x^2+y^2}}\cdot xy\frac{x^2-y^2}{x^2+y^2}$$

$$=\lim_{r\to 0}\frac{1}{r}\cdot r^2\sin\theta\cos\theta\frac{r^2(\cos^2\theta-\sin^2\theta)}{r^2}$$

$$=\lim_{r\to 0} r\sin\theta\cos\theta(\cos^2\theta-\sin^2\theta)=0$$

よって，$f(x,\ y)$ は原点 $(0,\ 0)$ において全微分可能である。 ……〔答〕

●確認しておこう

空間図形の方程式

空間における直線・平面・球面の方程式について簡単に確認しておく。

[直線の方程式]

点 $A(x_0,\ y_0,\ z_0)$ を通り，$\vec{l}=(a,\ b,\ c)$ に平行な直線を l とする。
直線 l 上の任意の点を $P(x,\ y,\ z)$ とすると

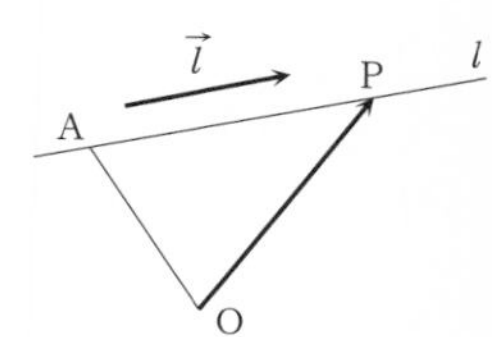

$$\overrightarrow{OP}=\overrightarrow{OA}+t\vec{l}$$

$$\therefore\ \begin{pmatrix}x\\y\\z\end{pmatrix}=\begin{pmatrix}x_0\\y_0\\z_0\end{pmatrix}+t\begin{pmatrix}a\\b\\c\end{pmatrix}\qquad\therefore\ \begin{cases}x=x_0+at\\y=y_0+bt\\z=z_0+ct\end{cases}$$

この式から t を消去すると

$$\frac{x-x_0}{a}=\frac{y-y_0}{b}=\frac{z-z_0}{c}$$（ただし，分母が 0 のときは分子も 0 と約束）

$\vec{l}=(a,\ b,\ c)$ を直線 l の**方向ベクトル**という。

[平面の方程式]

点 $A(x_0,\ y_0,\ z_0)$ を通り，$\vec{n}=(a,\ b,\ c)$ に垂直な平面を π とする。
平面 π 上の任意の点を $P(x,\ y,\ z)$ とすると

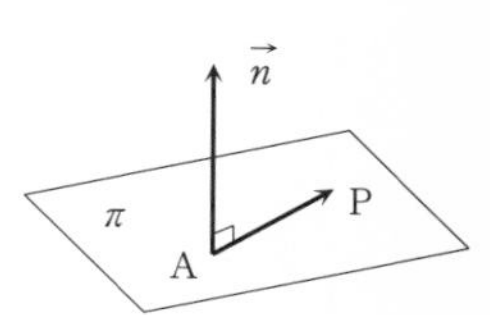

$$\vec{n}\cdot\overrightarrow{AP}=0$$

ここで

$$\vec{n}=(a,\ b,\ c),\quad \overrightarrow{AP}=(x-x_0,\ y-y_0,\ z-z_0)$$

より次のように表される。

$$a(x-x_0)+b(y-y_0)+c(z-z_0)=0$$

あるいは簡単に次のように表すこともできる。

$$ax+by+cz+d=0$$

$\vec{n}=(a,\ b,\ c)$ を平面 π の**法線ベクトル**という。

[球面の方程式]

中心が点 $A(x_0,\ y_0,\ z_0)$，半径 r の球面の方程式は

$$(x-x_0)^2+(y-y_0)^2+(z-z_0)^2=r^2$$

■ 演習問題　4．1

▶解答は p. 278

1　次の関数の原点 $(x,\ y)=(0,\ 0)$ における連続性を調べよ。

(1)　$f(x,\ y)=\begin{cases}\dfrac{x^2-y^2}{x^2+y^2} & (x,\ y)\neq(0,\ 0)\\ 0 & (x,\ y)=(0,\ 0)\end{cases}$

(2)　$f(x,\ y)=\begin{cases}xy\log(x^2+y^2) & (x,\ y)\neq(0,\ 0)\\ 0 & (x,\ y)=(0,\ 0)\end{cases}$

2　次の関数の偏導関数を求めよ。

(1)　$f(x,\ y)=x^2y+3xy^5$　　(2)　$f(x,\ y)=\log(x^2+y^2)$　　(3)　$f(x,\ y)=e^{\frac{y}{x}}$

3　次の関数の第 2 次偏導関数を求めよ。

(1)　$f(x,\ y)=x^3y^2$　　(2)　$f(x,\ y)=x^y$　　(3)　$f(x,\ y)=e^x\sin y$

4　次の曲面の，与えられた点における接平面および法線の方程式を求めよ。

(1)　$z=\sqrt{1-x^2-y^2}$　点 $\left(\dfrac{1}{\sqrt{2}},\ \dfrac{1}{\sqrt{3}},\ \dfrac{1}{\sqrt{6}}\right)$　　(2)　$z=\dfrac{x}{y-x}$　点 $(2,\ 1,\ -2)$

(3)　$x^2+y^2-z^2=1$　点 $(1,\ -1,\ 1)$

5　曲面 $x^{\frac{2}{3}}+y^{\frac{2}{3}}+z^{\frac{2}{3}}=a^{\frac{2}{3}}$ の接平面と座標軸との交点を A，B，C とするとき，三角形 ABC の重心 G と原点との距離は，接平面の取り方によらず一定であることを示せ。ただし，a は正の定数とする。

6　次の関数の原点 $(0,\ 0)$ における，(i)連続性，(ii)偏微分可能性，(iii)全微分可能性　について調べよ。

$$f(x,\ y)=\begin{cases}\dfrac{x^2y}{x^2+y^2} & (x,\ y)\neq(0,\ 0)\\ 0 & (x,\ y)=(0,\ 0)\end{cases}$$

4.2 チェイン・ルール

〔目標〕 チェイン・ルールを自由かつ正確に使えるようにする。

チェイン・ルールとは多変数関数における合成関数の微分のことであるが，多変数関数の微分の計算においても1変数関数の合成関数の微分は頻繁に使われるので，誤解を避けるためにチェイン・ルールと呼ばれることが多い。チェイン・ルールは偏微分の計算において非常に重要である。証明はやや面倒であるからあとで述べるとして，とりあえず $z=f(x,\ y)$ の全微分可能性が仮定されていることだけ注意しよう。

［定理］（チェイン・ルール①）

$z=f(x,\ y)$ が全微分可能で，x，y がともに t の関数で微分可能ならば

$$\frac{dz}{dt}=\frac{\partial z}{\partial x}\cdot\frac{dx}{dt}+\frac{\partial z}{\partial y}\cdot\frac{dy}{dt}$$

（注） 公式をもう少し精密に書くとやや難しく見えるが次のようになる。

$z=f(x,\ y)$ および $x=\varphi(t)$，$y=\phi(t)$ に対して

$$\frac{d}{dt}f(\varphi(t),\ \phi(t))=\frac{\partial f}{\partial x}(\varphi(t),\ \phi(t))\cdot\varphi'(t)+\frac{\partial f}{\partial y}(\varphi(t),\ \phi(t))\cdot\phi'(t)$$

表面的な理解でもたいてい間に合うが，精密な理解が必要になることもあるのでしっかりと覚えておこう。

問 1 次の合成関数について，$\dfrac{dz}{dt}$ を求めよ。

$z=x^2-y^2$，　$x=\cos t$，　$y=\sin t$

（解）
$$\begin{aligned}\frac{dz}{dt}&=\frac{\partial z}{\partial x}\cdot\frac{dx}{dt}+\frac{\partial z}{\partial y}\cdot\frac{dy}{dt}\\&=2x\cdot(-\sin t)+(-2y)\cdot\cos t\\&=2\cos t\cdot(-\sin t)+(-2\sin t)\cdot\cos t=-4\sin t\cos t\end{aligned}$$
□

問 2 $f(x,\ y)$ と $\varphi(x)$ に対して，$f(x,\ \varphi(x))$ を x で微分せよ。

（解）
$$\begin{aligned}\frac{d}{dx}f(x,\ \varphi(x))&=f_x(x,\ \varphi(x))\cdot x'+f_y(x,\ \varphi(x))\cdot\varphi'(x)\\&=f_x(x,\ \varphi(x))\cdot 1+f_y(x,\ \varphi(x))\cdot\varphi'(x)\\&=f_x(x,\ \varphi(x))+f_y(x,\ \varphi(x))\cdot\varphi'(x)\end{aligned}$$
□

チェイン・ルール①から次のチェイン・ルール②が成り立つことは明らかである。

[定理]（チェイン・ルール②）

$z=f(x, y)$ が全微分可能で，x, y がともに u, v の関数で偏微分可能ならば

（i）$\dfrac{\partial z}{\partial u}=\dfrac{\partial z}{\partial x}\cdot\dfrac{\partial x}{\partial u}+\dfrac{\partial z}{\partial y}\cdot\dfrac{\partial y}{\partial u}$　　（ii）$\dfrac{\partial z}{\partial v}=\dfrac{\partial z}{\partial x}\cdot\dfrac{\partial x}{\partial v}+\dfrac{\partial z}{\partial y}\cdot\dfrac{\partial y}{\partial v}$

（注1） この公式ももう少し精密に書くと次のようになる。

$z=f(x, y)$ および $x=\varphi(u, v)$, $y=\phi(u, v)$ に対して

（i）
$$\frac{\partial}{\partial u}f(\varphi(u, v), \phi(u, v))$$
$$=\frac{\partial f}{\partial x}(\varphi(u, v), \phi(u, v))\cdot\frac{\partial \varphi}{\partial u}(u, v)$$
$$+\frac{\partial f}{\partial y}(\varphi(u, v), \phi(u, v))\cdot\frac{\partial \phi}{\partial u}(u, v)$$

（ii）
$$\frac{\partial}{\partial v}f(\varphi(u, v), \phi(u, v))$$
$$=\frac{\partial f}{\partial x}(\varphi(u, v), \phi(u, v))\cdot\frac{\partial \varphi}{\partial v}(u, v)$$
$$+\frac{\partial f}{\partial y}(\varphi(u, v), \phi(u, v))\cdot\frac{\partial \phi}{\partial v}(u, v)$$

（注2） チェイン・ルール②を簡単に次のように書くことも多い。

（i）$z_u=z_x\cdot x_u+z_y\cdot y_u$　　（ii）$z_v=z_x\cdot x_v+z_y\cdot y_v$

問 3 次の合成関数について，z_u, z_v を求めよ。

$$z=\log\frac{y}{x},\ x=u^2+v^2,\ y=uv$$

（解） まず z_x, z_y を計算しておく。

$$z_x=\frac{x}{y}\cdot\left(-\frac{y}{x^2}\right)=-\frac{1}{x},\ z_y=\frac{x}{y}\cdot\frac{1}{x}=\frac{1}{y}$$

よって

$$z_u=z_x\cdot x_u+z_y\cdot y_u=-\frac{1}{x}\cdot 2u+\frac{1}{y}\cdot v=-\frac{2u}{u^2+v^2}+\frac{1}{u}$$

$$z_v=z_x\cdot x_v+z_y\cdot y_v=-\frac{1}{x}\cdot 2v+\frac{1}{y}\cdot u=-\frac{2v}{u^2+v^2}+\frac{1}{v}$$ □

例題1（チェイン・ルール：基本計算①）

次の関数について，$\dfrac{dz}{dt}$，$\dfrac{d^2z}{dt^2}$ を求めよ。

(1)　$z=2x^2-3y^2$，$x=\cos t$，$y=\sin t$

(2)　$z=\tan^{-1}\dfrac{y}{x}$，$x=\cosh t$，$y=\sinh t$

解説　**チェイン・ルール**を利用して計算する。すなわち

$z=f(x,\ y)$，$x=x(t)$，$y=y(t)$ のとき

$$\frac{dz}{dt}=\frac{\partial z}{\partial x}\frac{dx}{dt}+\frac{\partial z}{\partial y}\frac{dy}{dt}$$

解答　(1)　$\dfrac{\partial z}{\partial x}=4x$，$\dfrac{\partial z}{\partial y}=-6y$ より

$$\begin{aligned}\frac{dz}{dt}&=\frac{\partial z}{\partial x}\frac{dx}{dt}+\frac{\partial z}{\partial y}\frac{dy}{dt}=4x\cdot(-\sin t)+(-6y)\cdot\cos t\\&=4\cos t\cdot(-\sin t)+(-6\sin t)\cdot\cos t=-10\sin t\cos t\\&=-5\sin 2t\quad\cdots\cdots\text{〔答〕}\end{aligned}$$

よって

$$\frac{d^2z}{dt^2}=-10\cos 2t\quad\cdots\cdots\text{〔答〕}$$

(2)　$$\frac{\partial z}{\partial x}=\frac{1}{1+\left(\dfrac{y}{x}\right)^2}\times\left(-\frac{y}{x^2}\right)=-\frac{y}{x^2+y^2},$$

$$\frac{\partial z}{\partial y}=\frac{1}{1+\left(\dfrac{y}{x}\right)^2}\times\frac{1}{x}=\frac{x}{x^2+y^2}$$

より

$$\begin{aligned}\frac{dz}{dt}&=\frac{\partial z}{\partial x}\frac{dx}{dt}+\frac{\partial z}{\partial y}\frac{dy}{dt}=-\frac{y}{x^2+y^2}\cdot\sinh t+\frac{x}{x^2+y^2}\cdot\cosh t\\&=\frac{\cosh^2 t-\sinh^2 t}{\cosh^2 t+\sinh^2 t}=\frac{1}{\cosh 2t}\quad\cdots\cdots\text{〔答〕}\end{aligned}$$

よって

$$\frac{d^2z}{dt^2}=-\frac{\sinh 2t}{\cosh^2 2t}\quad\cdots\cdots\text{〔答〕}$$

（注）　双曲線関数の公式については**1.3節**を参照せよ。

例題 2（チェイン・ルール：基本計算②）

次の関数について，z_u，z_v を求めよ。

(1) $z=x^2+y^2$，$x=u-2v$，$y=2u+v$

(2) $z=e^{-x}\sin y$，$x=u^2+v^2$，$y=u-v$

解説 **チェイン・ルール**を利用する。すなわち

$$\frac{\partial z}{\partial u}=\frac{\partial z}{\partial x}\frac{\partial x}{\partial u}+\frac{\partial z}{\partial y}\frac{\partial y}{\partial u},$$

$$\frac{\partial z}{\partial v}=\frac{\partial z}{\partial x}\frac{\partial x}{\partial v}+\frac{\partial z}{\partial y}\frac{\partial y}{\partial v}$$

ただし，この書き方は面倒なので次のように書いて計算するとよい。

$$z_u=z_x x_u+z_y y_u,\quad z_v=z_x x_v+z_y y_v$$

解答 (1) $z=x^2+y^2$，$x=u-2v$，$y=2u+v$

$z_x=2x$，$z_y=2y$；$x_u=1$，$x_v=-2$，$y_u=2$，$y_v=1$

より

$$z_u=z_x x_u+z_y y_u=2x\cdot 1+2y\cdot 2$$
$$=2x+4y$$
$$=2(u-2v)+4(2u+v)=10u \quad \cdots\cdots〔答〕$$

また

$$z_v=z_x x_v+z_y y_v=2x\cdot(-2)+2y\cdot 1$$
$$=-4x+2y$$
$$=-4(u-2v)+2(2u+v)=10v \quad \cdots\cdots〔答〕$$

(2) $z=e^{-x}\sin y$，$x=u^2+v^2$，$y=u-v$

$z_x=-e^{-x}\sin y$，$z_y=e^{-x}\cos y$；$x_u=2u$，$x_v=2v$，$y_u=1$，$y_v=-1$

より

$$z_u=z_x x_u+z_y y_u=-e^{-x}\sin y\cdot 2u+e^{-x}\cos y\cdot 1$$
$$=e^{-x}(-2u\sin y+\cos y)$$
$$=e^{-u^2-v^2}\{-2u\sin(u-v)+\cos(u-v)\} \quad \cdots\cdots〔答〕$$

また

$$z_v=z_x x_v+z_y y_v=-e^{-x}\sin y\cdot 2v+e^{-x}\cos y\cdot(-1)$$
$$=-e^{-x}(2v\sin y+\cos y)$$
$$=-e^{-u^2-v^2}\{2v\sin(u-v)+\cos(u-v)\} \quad \cdots\cdots〔答〕$$

例題 3（等式の証明①）

$z=f(x,\ y)$ は C^2 級とし，

$$x=u\cos\alpha-v\sin\alpha,\ y=u\sin\alpha+v\cos\alpha \quad (\alpha \text{ は定数})$$

とするとき，次の各等式が成り立つことを示せ。

(1) $\left(\dfrac{\partial z}{\partial x}\right)^2+\left(\dfrac{\partial z}{\partial y}\right)^2=\left(\dfrac{\partial z}{\partial u}\right)^2+\left(\dfrac{\partial z}{\partial v}\right)^2$

(2) $\dfrac{\partial^2 z}{\partial x^2}+\dfrac{\partial^2 z}{\partial y^2}=\dfrac{\partial^2 z}{\partial u^2}+\dfrac{\partial^2 z}{\partial v^2}$

解説　チェイン・ルールを利用していろいろな重要公式を証明してみよう。まずはチェイン・ルールを形式的に正確に使えるようになることが大切である。

簡単のため，偏導関数を z_x，z_y のように表すことにする。

解答　(1)　チェイン・ルールにより

$$z_u=z_x\cdot x_u+z_y\cdot y_u=z_x\cos\alpha+z_y\sin\alpha \quad \cdots\cdots①$$

$$z_v=z_x\cdot x_v+z_y\cdot y_v=-z_x\sin\alpha+z_y\cos\alpha \quad \cdots\cdots②$$

$①^2+②^2$ より

$$(z_u)^2+(z_v)^2=(z_x)^2+(z_y)^2$$

⬅ $\sin^2\alpha+\cos^2\alpha=1$ に注意

すなわち，$\left(\dfrac{\partial z}{\partial u}\right)^2+\left(\dfrac{\partial z}{\partial v}\right)^2=\left(\dfrac{\partial z}{\partial x}\right)^2+\left(\dfrac{\partial z}{\partial y}\right)^2$

(2)　$z_{uu}=(z_u)_u$，$z_{vv}=(z_v)_v$ に注意して計算する。

$$\begin{aligned}
z_{uu}&=(z_u)_u=(z_x\cos\alpha+z_y\sin\alpha)_u\\
&=(z_x)_u\cos\alpha+(z_y)_u\sin\alpha\\
&=(z_{xx}\cos\alpha+z_{xy}\sin\alpha)\cos\alpha+(z_{yx}\cos\alpha+z_{yy}\sin\alpha)\sin\alpha\\
&=z_{xx}\cos^2\alpha+z_{yy}\sin^2\alpha+2z_{xy}\sin\alpha\cos\alpha \quad \cdots\cdots③
\end{aligned}$$

$$\begin{aligned}
z_{vv}&=(z_v)_v=(-z_x\sin\alpha+z_y\cos\alpha)_v\\
&=-(z_x)_v\sin\alpha+(z_y)_v\cos\alpha\\
&=-(-z_{xx}\sin\alpha+z_{xy}\cos\alpha)\sin\alpha+(-z_{yx}\sin\alpha+z_{yy}\cos\alpha)\cos\alpha\\
&=z_{xx}\sin^2\alpha+z_{yy}\cos^2\alpha-2z_{xy}\sin\alpha\cos\alpha \quad \cdots\cdots④
\end{aligned}$$

③＋④ より

$$z_{uu}+z_{vv}=z_{xx}+z_{yy}$$

⬅ $\sin^2\alpha+\cos^2\alpha=1$ に注意

すなわち，$\dfrac{\partial^2 z}{\partial u^2}+\dfrac{\partial^2 z}{\partial v^2}=\dfrac{\partial^2 z}{\partial x^2}+\dfrac{\partial^2 z}{\partial y^2}$

例題 4（等式の証明②）

$z=f(x,\ y)$ は C^2 級，$x=r\cos\theta,\ y=r\sin\theta$ とするとき，次の等式を示せ。

$$\frac{\partial^2 z}{\partial x^2}+\frac{\partial^2 z}{\partial y^2}=\frac{\partial^2 z}{\partial r^2}+\frac{1}{r}\frac{\partial z}{\partial r}+\frac{1}{r^2}\frac{\partial^2 z}{\partial \theta^2}$$

解説 今度はやや注意を要する等式を証明してみよう。

解答 まず，第 1 次偏導関数を計算すると

$$z_r=z_x\cdot x_r+z_y\cdot y_r=z_x\cos\theta+z_y\sin\theta$$
$$z_\theta=z_x\cdot x_\theta+z_y\cdot y_\theta=r(-z_x\sin\theta+z_y\cos\theta)$$

次に，第 2 次偏導関数を計算する。

$$\begin{aligned}
z_{rr}&=(z_r)_r=(z_x\cos\theta+z_y\sin\theta)_r\\
&=(z_x)_r\cos\theta+(z_y)_r\sin\theta\\
&=(z_{xx}\cdot x_r+z_{xy}\cdot y_r)\cos\theta+(z_{yx}\cdot x_r+z_{yy}\cdot y_r)\sin\theta\\
&=(z_{xx}\cos\theta+z_{xy}\sin\theta)\cos\theta+(z_{yx}\cos\theta+z_{yy}\sin\theta)\sin\theta\\
&=z_{xx}\cos^2\theta+z_{yy}\sin^2\theta+2z_{xy}\sin\theta\cos\theta \quad\cdots\cdots①
\end{aligned}$$

また

$$\begin{aligned}
\frac{1}{r}z_{\theta\theta}&=\left(\frac{1}{r}z_\theta\right)_\theta=(-z_x\sin\theta+z_y\cos\theta)_\theta\\
&=(-z_x\sin\theta)_\theta+(z_y\cos\theta)_\theta\\
&=(-z_x)_\theta\sin\theta+(-z_x)\cos\theta+(z_y)_\theta\cos\theta+z_y(-\sin\theta) \quad \Leftarrow \theta\text{ での微分！}\\
&=-(z_x)_\theta\sin\theta+(z_y)_\theta\cos\theta-(z_x\cos\theta+z_y\sin\theta)\\
&=-(-rz_{xx}\sin\theta+rz_{xy}\cos\theta)\sin\theta+(-rz_{yx}\sin\theta+rz_{yy}\cos\theta)\cos\theta-z_r\\
&=r(z_{xx}\sin^2\theta+z_{yy}\cos^2\theta-2z_{xy}\sin\theta\cos\theta)-z_r
\end{aligned}$$

$$\therefore\ \ \frac{1}{r^2}z_{\theta\theta}=z_{xx}\sin^2\theta+z_{yy}\cos^2\theta-2z_{xy}\sin\theta\cos\theta-\frac{1}{r}z_r \quad\cdots\cdots②$$

①＋② より

$$z_{rr}+\frac{1}{r^2}z_{\theta\theta}=z_{xx}+z_{yy}-\frac{1}{r}z_r$$

$$\therefore\ \ z_{xx}+z_{yy}=z_{rr}+\frac{1}{r}z_r+\frac{1}{r^2}z_{\theta\theta}$$

すなわち，$\dfrac{\partial^2 z}{\partial x^2}+\dfrac{\partial^2 z}{\partial y^2}=\dfrac{\partial^2 z}{\partial r^2}+\dfrac{1}{r}\dfrac{\partial z}{\partial r}+\dfrac{1}{r^2}\dfrac{\partial^2 z}{\partial \theta^2}$

例題 5（証明問題）

関数 $z=f(x, y)$ が $\dfrac{y}{x}$ のみの関数であるための必要十分条件は

$$x\frac{\partial z}{\partial x}+y\frac{\partial z}{\partial y}=0$$

であることを示せ。

解 説　チェイン・ルールを完全に使えるようになるのはかなり難しい。本問ではチェイン・ルールについての十分な理解が必要となる。

チェイン・ルールとは簡単に書けば次のような公式である。

$z=f(x, y)$ が全微分可能で，x, y がともに u, v の関数で偏微分可能ならば

（i）　$\dfrac{\partial z}{\partial u}=\dfrac{\partial z}{\partial x}\cdot\dfrac{\partial x}{\partial u}+\dfrac{\partial z}{\partial y}\cdot\dfrac{\partial y}{\partial u}$　　（ii）　$\dfrac{\partial z}{\partial v}=\dfrac{\partial z}{\partial x}\cdot\dfrac{\partial x}{\partial v}+\dfrac{\partial z}{\partial y}\cdot\dfrac{\partial y}{\partial v}$

が成り立つ。

ただし，この書き方だけでは十分ではない。数式部分をより詳しく書けば次のようになる。

$z=f(x, y)$ および $x=\varphi(u, v)$, $y=\phi(u, v)$ に対して

（i）
$$\frac{\partial}{\partial u}f(\varphi(u, v), \phi(u, v))=\frac{\partial f}{\partial x}(\varphi(u, v), \phi(u, v))\cdot\frac{\partial\varphi}{\partial u}(u, v)+\frac{\partial f}{\partial y}(\varphi(u, v), \phi(u, v))\cdot\frac{\partial\phi}{\partial u}(u, v)$$

（ii）
$$\frac{\partial}{\partial v}f(\varphi(u, v), \phi(u, v))=\frac{\partial f}{\partial x}(\varphi(u, v), \phi(u, v))\cdot\frac{\partial\varphi}{\partial v}(u, v)+\frac{\partial f}{\partial y}(\varphi(u, v), \phi(u, v))\cdot\frac{\partial\phi}{\partial v}(u, v)$$

解 答　証明すべき命題を簡潔に表せば次のようになる。

関数 $z=f(x, y)$ が $\dfrac{y}{x}$ のみの関数である　$\Longleftrightarrow$　$x\dfrac{\partial z}{\partial x}+y\dfrac{\partial z}{\partial y}=0$

（⇒）の証明：

関数 $z=f(x, y)$ が $\dfrac{y}{x}$ のみの関数であるとする。 ⬅ **仮定**

このとき，t のある1変数関数 $g(t)$ を用いて

$$z=f(x, y)=g\left(\frac{y}{x}\right)$$

と表すことができる。

これより

$$\frac{\partial z}{\partial x}=g'\left(\frac{y}{x}\right)\times\left(\frac{y}{x}\right)_x=g'\left(\frac{y}{x}\right)\times\left(-\frac{y}{x^2}\right)=-\frac{y}{x^2}g'\left(\frac{y}{x}\right) \quad \cdots\cdots①$$

$$\frac{\partial z}{\partial y}=g'\left(\frac{y}{x}\right)\times\left(\frac{y}{x}\right)_y=g'\left(\frac{y}{x}\right)\times\frac{1}{x}=\frac{1}{x}g'\left(\frac{y}{x}\right) \quad \cdots\cdots②$$

①$\times x+$②$\times y$ より，$x\dfrac{\partial z}{\partial x}+y\dfrac{\partial z}{\partial y}=0$ **⬅ 結論**

（⇐）の証明：

$x\dfrac{\partial z}{\partial x}+y\dfrac{\partial z}{\partial y}=0$ が成り立つとする。 **⬅ 仮定**

関数 $z=f(x,\ y)$ をある u，v の 2 変数関数 $h(u,\ v)$ を用いて

$$z=f(x,\ y)=h\left(\frac{y}{x},\ x\right) \quad \left(例：xy^2=\left(\frac{y}{x}\right)^2x^3 \quad ならば，h(u,\ v)=u^2v^3\right)$$

と表しておく。

このとき

$$\frac{\partial z}{\partial x}=h_u\left(\frac{y}{x},\ x\right)\cdot\left(\frac{y}{x}\right)_x+h_v\left(\frac{y}{x},\ x\right)\cdot(x)_x \quad \text{⬅ チェイン・ルール}$$

$$=h_u\left(\frac{y}{x},\ x\right)\cdot\left(-\frac{y}{x^2}\right)+h_v\left(\frac{y}{x},\ x\right)\cdot 1$$

$$\therefore \quad x\frac{\partial z}{\partial x}=-\frac{y}{x}h_u\left(\frac{y}{x},\ x\right)+xh_v\left(\frac{y}{x},\ x\right) \quad \cdots\cdots①$$

また

$$\frac{\partial z}{\partial y}=h_u\left(\frac{y}{x},\ x\right)\cdot\left(\frac{y}{x}\right)_y+h_v\left(\frac{y}{x},\ x\right)\cdot(x)_y \quad \text{⬅ チェイン・ルール}$$

$$=h_u\left(\frac{y}{x},\ x\right)\cdot\frac{1}{x}+h_v\left(\frac{y}{x},\ x\right)\cdot 0$$

$$\therefore \quad y\frac{\partial z}{\partial y}=\frac{y}{x}h_u\left(\frac{y}{x},\ x\right) \quad \cdots\cdots②$$

仮定に注意すると，①＋② より　$x\dfrac{\partial z}{\partial x}+y\dfrac{\partial z}{\partial y}=xh_v\left(\dfrac{y}{x},\ x\right)=0$

ここで，x，y は任意に選べるから，$h_v=0$ **⬅ h は v で微分すると 0!!**

すなわち，$h(u,\ v)$ は u のみの関数である。

したがって，$z=f(x,\ y)=h\left(\dfrac{y}{x},\ x\right)$ は $\dfrac{y}{x}$ のみの関数である。 **⬅ 結論**

発　展

チェイン・ルール①の証明

（ここは無理に読まなくてもよい）

$$\frac{d}{dt}f(\varphi(t),\ \phi(t))=\lim_{h\to 0}\frac{f(\varphi(t+h),\ \phi(t+h))-f(\varphi(t),\ \phi(t))}{h}$$

ここで，$z=f(x,\ y)$ の全微分可能性より

$$e(h)=f_x(\varphi(t),\ \phi(t))\{\varphi(t+h)-\varphi(t)\}$$
$$\qquad+f_y(\varphi(t),\ \phi(t))\{\phi(t+h)-\phi(t)\}$$

とおくと

$$\lim_{h\to 0}\frac{f(\varphi(t+h),\ \phi(t+h))-f(\varphi(t),\ \phi(t))-e(h)}{\sqrt{\{\varphi(t+h)-\varphi(t)\}^2+\{\phi(t+h)-\phi(t)\}^2}}=0$$

であるから，左辺の分子・分母をそれぞれ

$$\rho(h)=f(\varphi(t+h),\ \phi(t+h))-f(\varphi(t),\ \phi(t))-e(h)$$
$$\varDelta(h)=\sqrt{\{\varphi(t+h)-\varphi(t)\}^2+\{\phi(t+h)-\phi(t)\}^2}$$

とおけば，$\displaystyle\lim_{h\to 0}\frac{\rho(h)}{\varDelta(h)}=0$ と表される。

これと

$$\lim_{h\to 0}\frac{\varDelta(h)}{|h|}=\lim_{h\to 0}\sqrt{\left(\frac{\varphi(t+h)-\varphi(t)}{h}\right)^2+\left(\frac{\phi(t+h)-\phi(t)}{h}\right)^2}$$
$$=\sqrt{(\varphi'(t))^2+(\phi'(t))^2}$$

より

$$\lim_{h\to 0}\frac{\rho(h)}{h}=\lim_{h\to 0}\frac{\rho(h)}{\varDelta(h)}\cdot\frac{\varDelta(h)}{h}=0$$ ⬅ ここがポイント

以上より

$$\frac{d}{dt}f(\varphi(t),\ \phi(t))=\lim_{h\to 0}\frac{f(\varphi(t+h),\ \phi(t+h))-f(\varphi(t),\ \phi(t))}{h}$$
$$=\lim_{h\to 0}\frac{e(h)+\rho(h)}{h}=\lim_{h\to 0}\frac{e(h)}{h}$$
$$=\lim_{h\to 0}\frac{f_x(\varphi(t),\ \phi(t))\{\varphi(t+h)-\varphi(t)\}+f_y(\varphi(t),\ \phi(t))\{\phi(t+h)-\phi(t)\}}{h}$$
$$=\lim_{h\to 0}\left(f_x(\varphi(t),\ \phi(t))\frac{\varphi(t+h)-\varphi(t)}{h}+f_y(\varphi(t),\ \phi(t))\frac{\phi(t+h)-\phi(t)}{h}\right)$$
$$=f_x(\varphi(t),\ \phi(t))\varphi'(t)+f_y(\varphi(t),\ \phi(t))\phi'(t)$$ □

■ 演習問題 4.2

▶解答は p. 279

1 次の関数について，$\dfrac{dz}{dt}$，$\dfrac{d^2z}{dt^2}$ を求めよ。

(1) $z=e^{-x}\sin y$，$x=2t$，$y=3t$

(2) $z=\dfrac{y}{x}$，$x=\cosh t$，$y=\sinh t$

2 次の関数について，z_u，z_v を求めよ。

(1) $z=\log\sqrt{\dfrac{y}{x}}$，$x=(u-1)^2+v^2$，$y=(u+1)^2+v^2$

(2) $z=e^{\sin x+\cos y}$，$x=uv$，$y=u-v$

3 $z=f(x,\ y)$，$x=r\cos\theta$，$y=r\sin\theta$ とするとき，次の等式を示せ。

$$\left(\frac{\partial z}{\partial x}\right)^2+\left(\frac{\partial z}{\partial y}\right)^2=\left(\frac{\partial z}{\partial r}\right)^2+\frac{1}{r^2}\left(\frac{\partial z}{\partial \theta}\right)^2$$

4 $z=f(x,\ y)$，$x=e^u\cos v$，$y=e^u\sin v$ とするとき，次の等式を示せ。

$$\frac{\partial^2 z}{\partial x^2}+\frac{\partial^2 z}{\partial y^2}=e^{-2u}\left(\frac{\partial^2 z}{\partial u^2}+\frac{\partial^2 z}{\partial v^2}\right)$$

5 関数 $z=f(x,\ y)$ が $r=\sqrt{x^2+y^2}$ のみの関数であるための必要十分条件は

$$y\frac{\partial z}{\partial x}=x\frac{\partial z}{\partial y}$$

であることを示せ。

6 関数 $z=f(x,\ y)$ が $ax+by$ $(ab\neq 0)$ のみの関数であるための必要十分条件は

$$b\frac{\partial z}{\partial x}=a\frac{\partial z}{\partial y}$$

であることを示せ。

4.3　2変数関数の極値

〔目標〕　2変数関数の極値の調べ方を理解する。

（1）　2変数関数のテーラーの定理

準備として，以下のように偏微分作用素 $D^n=\left(h\dfrac{\partial}{\partial x}+k\dfrac{\partial}{\partial y}\right)^n$ を定義する。

まず

$$Df=\left(h\frac{\partial}{\partial x}+k\frac{\partial}{\partial y}\right)f=hf_x+kf_y$$

によって，偏微分作用素 $D=h\dfrac{\partial}{\partial x}+k\dfrac{\partial}{\partial y}$ を定義し，さらに

$$D^2f=\left(h\frac{\partial}{\partial x}+k\frac{\partial}{\partial y}\right)^2f=\left(h\frac{\partial}{\partial x}+k\frac{\partial}{\partial y}\right)\left(h\frac{\partial f}{\partial x}+k\frac{\partial f}{\partial y}\right)$$
$$=h^2f_{xx}+hk(f_{xy}+f_{yx})+k^2f_{yy}$$

によって，偏微分作用素 $D^2=\left(h\dfrac{\partial}{\partial x}+k\dfrac{\partial}{\partial y}\right)^2$ を定義する。

特に，$f_{xy}=f_{yx}$ のときは

$$D^2f=h^2f_{xx}+2hkf_{xy}+k^2f_{yy}$$

以下，同様にして，偏微分作用素 $D^n=\left(h\dfrac{\partial}{\partial x}+k\dfrac{\partial}{\partial y}\right)^n$ が定義される。

関数 D^nf の点 $(a,\ b)$ における値を $D^nf(a,\ b)$ と表すとき，次が成り立つ。

［定理］（2変数のテーラーの定理）

$f(x,\ y)$ が n 次までの連続な偏導関数をもつならば

$$f(a+h,\ b+k)=f(a,\ b)+\frac{1}{1!}Df(a,\ b)+\frac{1}{2!}D^2f(a,\ b)+\cdots$$
$$+\frac{1}{(n-1)!}D^{n-1}f(a,\ b)+\frac{1}{n!}D^nf(a+\theta h,\ b+\theta k)$$

を満たす θ $(0<\theta<1)$ が存在する。

（注）　特に，$a=0$，$b=0$ のときを**マクローリンの定理**という。マクローリンの定理では，h，k を x，y で表すことが多い。

[定理]（2変数のマクローリンの定理）

$f(x,\ y)$ が n 次までの連続な偏導関数をもつならば

$$f(x,\ y)=f(0,\ 0)+\frac{1}{1!}Df(0,\ 0)+\frac{1}{2!}D^2f(0,\ 0)+\cdots$$
$$+\frac{1}{(n-1)!}D^{n-1}f(0,\ 0)+\frac{1}{n!}D^nf(\theta x,\ \theta y)$$

を満たす θ $(0<\theta<1)$ が存在する。

問 1　$f(x,\ y)=e^x\log(1+y)$ をマクローリン展開し，3次の項まで表せ。

（解）　$f_x=e^x\log(1+y)$，$f_y=e^x\dfrac{1}{1+y}$

$$f_{xx}=e^x\log(1+y),\ f_{xy}=e^x\frac{1}{1+y},\ f_{yy}=-e^x\frac{1}{(1+y)^2}$$

$$f_{xxx}=e^x\log(1+y),\ f_{xxy}=e^x\frac{1}{1+y},\ f_{xyy}=-e^x\frac{1}{(1+y)^2},\ f_{yyy}=e^x\frac{2}{(1+y)^3}$$

より

$$f_x(0,\ 0)=0,\ f_y(0,\ 0)=1,$$
$$f_{xx}(0,\ 0)=0,\ f_{xy}(0,\ 0)=1,\ f_{yy}(0,\ 0)=-1$$
$$f_{xxx}(0,\ 0)=0,\ f_{xxy}(0,\ 0)=1,\ f_{xyy}(0,\ 0)=-1,\ f_{yyy}(0,\ 0)=2$$

であるから

$$\begin{aligned}
&f(x,\ y)\\
&=f(0,\ 0)+f_x(0,\ 0)x+f_y(0,\ 0)y\\
&\quad+\frac{1}{2!}\{f_{xx}(0,\ 0)x^2+2\cdot f_{xy}(0,\ 0)xy+f_{yy}(0,\ 0)y^2\}\\
&\quad+\frac{1}{3!}\{f_{xxx}(0,\ 0)x^3+3\cdot f_{xxy}(0,\ 0)x^2y+3\cdot f_{xyy}(0,\ 0)xy^2+f_{yyy}(0,\ 0)y^3\}+\cdots\\
&=0+(0\cdot x+1\cdot y)+\frac{1}{2!}\{0\cdot x^2+2\cdot 1\cdot xy+(-1)\cdot y^2\}\\
&\quad+\frac{1}{3!}\{0\cdot x^3+3\cdot 1\cdot x^2y+3\cdot(-1)\cdot xy^2+2\cdot y^3\}+\cdots\\
&=y+\frac{1}{2!}(2xy-y^2)+\frac{1}{3!}(3x^2y-3xy^2+2y^3)+\cdots\\
&=y+xy-\frac{1}{2}y^2+\frac{1}{2}x^2y-\frac{1}{2}xy^2+\frac{1}{3}y^3+\cdots
\end{aligned}$$

□

（2）　2変数関数の極値

2変数関数の極値は次のように定義される。

2変数関数の極値

関数 $f(x,\ y)$ を点 $(a,\ b)$ の十分近くで考えたとき，点 $(a,\ b)$ 以外のすべての点 $(x,\ y)$ に対して

$f(a,\ b)>f(x,\ y)$ ならば，$f(x,\ y)$ は点 $(a,\ b)$ で**極大**

$f(a,\ b)<f(x,\ y)$ ならば，$f(x,\ y)$ は点 $(a,\ b)$ で**極小**

であるという。

このときの $f(a,\ b)$ の値をそれぞれ**極大値**，**極小値**といい，2つをまとめていう場合は単に**極値**という。

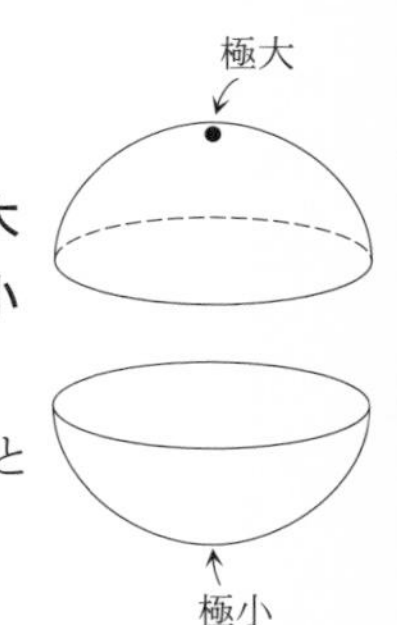

まず次は明らかである。

［定理］（極値をとる必要条件）

$f(x,\ y)$ が $(x,\ y)=(a,\ b)$ で極値をとるならば

$$f_x(a,\ b)=0 \text{ かつ } f_y(a,\ b)=0$$

（注1）「$f_x(a,\ b)=0$ かつ $f_y(a,\ b)=0$」となる点 $(a,\ b)$ を**停留点**という。

（注2）「$f_x(a,\ b)=0$ かつ $f_y(a,\ b)=0$」だからといって極値とは限らない。

次の極値の判定に関する定理が重要である。

［定理］（極値の判定）

関数 $f(x,\ y)$ は連続な2次偏導関数をもち

$$f_x(a,\ b)=0 \text{ かつ } f_y(a,\ b)=0$$

であるとする。（すなわち，点 $(a,\ b)$ で停留点をとるとする。）

$H(a,\ b)\equiv f_{xx}(a,\ b)\cdot f_{yy}(a,\ b)-\{f_{xy}(a,\ b)\}^2$ とするとき，次が成り立つ。

（i）　$H(a,\ b)>0$ のとき

　$f(a,\ b)$ は極値であり

　① $f_{xx}(a,\ b)>0$ ならば，$f(a,\ b)$ は極小値

　② $f_{xx}(a,\ b)<0$ ならば，$f(a,\ b)$ は極大値

（ii）　$H(a,\ b)<0$ のとき

　$f(a,\ b)$ は極値でない。

（注１） $H=\begin{vmatrix} f_{xx} & f_{xy} \\ f_{yx} & f_{yy} \end{vmatrix}=f_{xx}\cdot f_{yy}-(f_{xy})^2$ を**ヘッシアン**という。

（注２） $H(a,\ b)=0$ のときについて：

上の定理が使えないので，極値かどうかの考察には別の方法が必要になる。

（注３） $H(a,\ b)>0$ のとき，$f_{xx}(a,\ b)\cdot f_{yy}(a,\ b)>\{f_{xy}(a,\ b)\}^2\geqq 0$ であるから，$f_{xx}(a,\ b)$ と $f_{yy}(a,\ b)$ とは“ともに正”かまたは“ともに負"となる。したがって，$H(a,\ b)>0$ であれば $f_{xx}(a,\ b)=0$ となることはなく極値をもつことが言える。

● 定理の覚え方

まず(ｉ)における①と②の区別，つまりどちらが極大でどちらが極小かの覚え方であるが，これは $f''(x)$ の理解，もっと言えば導関数の理解の問題である。

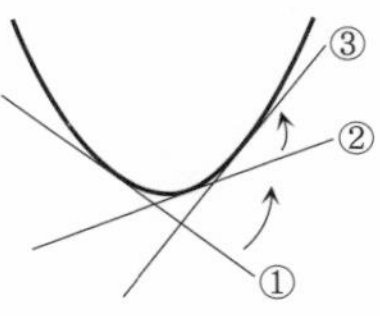

１変数関数 $f(x)$ において第２次導関数 $f''(x)$ の符号はグラフの凹凸に関係していたことを思い出そう。

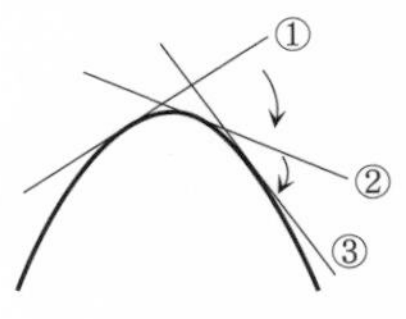

$f''(x)>0$ であればグラフは下に凸

$f''(x)<0$ であればグラフは上に凸

すなわち，f_{xx} の符号は x 軸方向に沿って曲面を触った場合の曲面の凹凸を表し

$f_{xx}>0$ であれば，x 軸方向に沿って曲面を触ると下に凸

$f_{xx}<0$ であれば，x 軸方向に沿って曲面を触ると上に凸

であることを表す。このことに注意すれば

① $f_{xx}(a,\ b)>0$ の方が極小　　② $f_{xx}(a,\ b)<0$ の方が極大

が自然に判断できるだろう。

次に(ｉ)，(ii)の区別で，(ii)の「$H(a,\ b)<0$ のとき極値でない」であるが，これは極値でない典型例である鞍点（suddle point）を思い出せばよい。

鞍点では f_{xx} と f_{yy} が異符号であることに注意すれば

「$H=f_{xx}\cdot f_{yy}-(f_{xy})^2<0$ のときが極値でない。」

も自然に判断できるだろう。

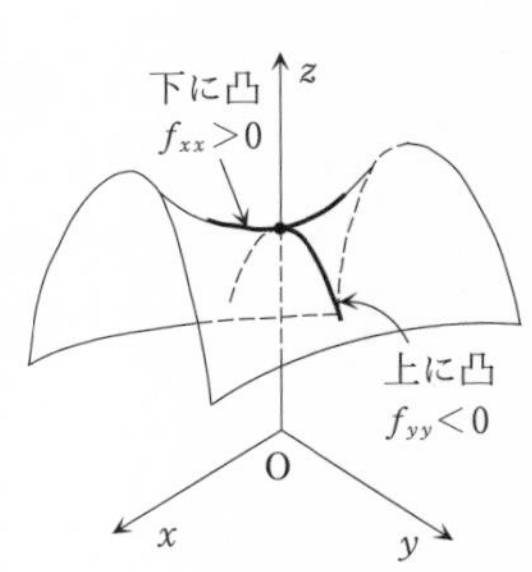

[定理の証明]　（やや難しいが2変数のテーラーの定理の大切な応用である。）

2変数のテーラーの定理より

$$f(a+h,\ b+k)-f(a,\ b)=\frac{1}{1!}Df(a,\ b)+\frac{1}{2!}D^2f(a+\theta h,\ b+\theta k)$$

ここで

$$A=f_{xx}(a+\theta h,\ b+\theta k),$$
$$B=f_{xy}(a+\theta h,\ b+\theta k),$$
$$C=f_{yy}(a+\theta h,\ b+\theta k)$$

とおくと，「$f_x(a,\ b)=0$ かつ $f_y(a,\ b)=0$」に注意して

$$f(a+h,\ b+k)-f(a,\ b)=\frac{1}{2}(Ah^2+2Bhk+Ck^2)$$

が成り立つことが分かる。

第2次偏導関数の連続性より，h，k が十分0に近ければ，$AC-B^2$ および A の符号はそれぞれ，$H(a,\ b)$ および $f_{xx}(a,\ b)$ の符号に等しいことに注意する。

（i）　$H(a,\ b)>0$ のとき（すなわち，$AC-B^2>0$ のとき）；

$$f(a+h,\ b+k)-f(a,\ b)=\frac{1}{2}(Ah^2+2Bhk+Ck^2)$$
$$=\frac{A}{2}\left\{\left(h+\frac{B}{A}k\right)^2+\frac{AC-B^2}{A^2}k^2\right\}$$

より，この値の正・負を考えて

$f_{xx}(a,\ b)>0$（すなわち，$A>0$）ならば，極小

$f_{xx}(a,\ b)<0$（すなわち，$A<0$）ならば，極大

であることが分かる。

（ii）　$H(a,\ b)<0$ のとき（すなわち，$AC-B^2<0$ のとき）；

（ア）　$A\fallingdotseq 0$ または $C\fallingdotseq 0$ のとき

$AC-B^2<0$ より，$Ah^2+2Bhk+Ck^2$ の値は正にも負にもなる。

よって，極値をとらない。

（イ）　$A=C=0$ のとき

$AC-B^2<0$ より $B\fallingdotseq 0$ であるから，$Ah^2+2Bhk+Ck^2=2Bhk$ の値は正にも負にもなる。

よって，極値をとらない。　□

【参考】　線形代数の2次形式の十分な素養があれば，より明瞭に理解できる。

例題 1 （2 変数関数のテーラーの定理）

$f(x,\ y)=e^x\cos y$ を原点（0, 0）のまわりでテーラー展開し，3 次の項まで表せ。

解説 2 変数関数についても 1 変数のときと同様，テーラーの定理が成り立つ。原点（0, 0）のまわりでのテーラー展開は特にマクローリン展開と呼ばれる。

2 変数関数のマクローリン展開：

$f(x,\ y)$ のマクローリン展開は次のようになる。

$$f(x,\ y)=f(0,\ 0)+\frac{1}{1!}Df(0,\ 0)+\frac{1}{2!}D^2f(0,\ 0)+\frac{1}{3!}D^3f(0,\ 0)+\cdots$$

$$=f(0,\ 0)+f_x(0,\ 0)x+f_y(0,\ 0)y$$

$$+\frac{1}{2!}\{f_{xx}(0,\ 0)x^2+2\cdot f_{xy}(0,\ 0)xy+f_{yy}(0,\ 0)y^2\}$$

$$+\frac{1}{3!}\{f_{xxx}(0,\ 0)x^3+3\cdot f_{xxy}(0,\ 0)x^2y+3\cdot f_{xyy}(0,\ 0)xy^2+f_{yyy}(0,\ 0)y^3\}+\cdots$$

解答 $f_x=e^x\cos y,\ f_y=-e^x\sin y$

$f_{xx}=e^x\cos y,\ f_{xy}=-e^x\sin y,\ f_{yy}=-e^x\cos y$

$f_{xxx}=e^x\cos y,\ f_{xxy}=-e^x\sin y,\ f_{xyy}=-e^x\cos y,\ f_{yyy}=e^x\sin y$

より

$f_x(0,\ 0)=1,\ f_y(0,\ 0)=0,$

$f_{xx}(0,\ 0)=1,\ f_{xy}(0,\ 0)=0,\ f_{yy}(0,\ 0)=-1$

$f_{xxx}(0,\ 0)=1,\ f_{xxy}(0,\ 0)=0,\ f_{xyy}(0,\ 0)=-1,\ f_{yyy}(0,\ 0)=0$

であるから

$$f(x,\ y)=e^x\cos y$$

$$=1+(1\cdot x+0\cdot y)+\frac{1}{2!}\{1\cdot x^2+2\cdot 0\cdot xy+(-1)\cdot y^2\}$$

$$+\frac{1}{3!}\{1\cdot x^3+3\cdot 0\cdot x^2y+3\cdot(-1)\cdot xy^2+0\cdot y^3\}+\cdots$$

$$=1+x+\frac{1}{2!}(x^2-y^2)+\frac{1}{3!}(x^3-3xy^2)+\cdots$$

$$=1+x+\frac{1}{2}x^2-\frac{1}{2}y^2+\frac{1}{6}x^3-\frac{1}{2}xy^2+\cdots$$ ……〔答〕

例題２（２変数関数の極値①）

関数 $f(x,\ y)=x^3-3y^2-6xy$ の極値を求めよ。

解説　２変数関数の極値を求める問題は頻出である。確実に解けるようにしよう。手順は簡単である。まず，曲面の水平な場所（**停留点**）を求める。これが極値をとる点の“候補”である。次に，その各々について極値をとる点かどうかを調べていく。そのとき必要となるのが**ヘッシアン**である。

ヘッシアンとは次式で与えられる関数行列式である。

$$H=\begin{vmatrix} f_{xx} & f_{xy} \\ f_{yx} & f_{yy} \end{vmatrix}=f_{xx}\cdot f_{yy}-(f_{xy})^2$$

解答　まず停留点を調べる。

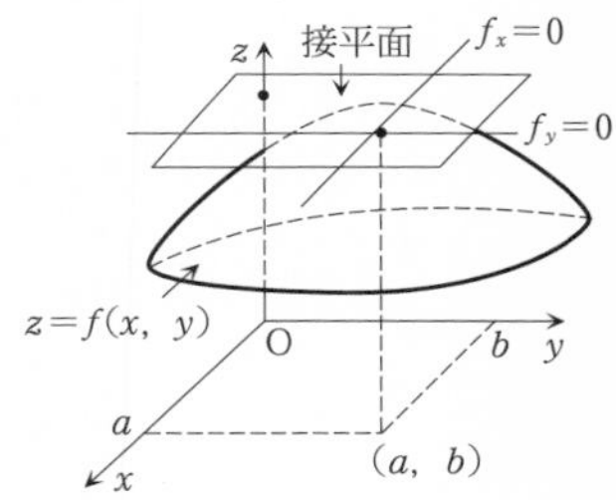

$$f_x(x,\ y)=3x^2-6y,\ f_y(x,\ y)=-6y-6x$$

より，$f_x(x,\ y)=0$ かつ $f_y(x,\ y)=0$ とすると

$$\begin{cases} x^2-2y=0 & \cdots\cdots① \\ y+x=0 & \cdots\cdots② \end{cases}$$

②より，$y=-x$　　これを①に代入すると

$$x^2+2x=0 \qquad \therefore\ x(x+2)=0$$

$$\therefore\ x=0,\ -2$$

よって，極値をとる $(x,\ y)$ の候補は

$$(x,\ y)=(0,\ 0),\ (-2,\ 2)$$

の２点のみである。

次に，この２点の各々について極値をとるかどうか調べてみる。

$$f_{xx}(x,\ y)=6x,\ f_{yy}(x,\ y)=-6,\ f_{xy}(x,\ y)=f_{yx}(x,\ y)=-6$$

より，ヘッシアンは

$$H(x,\ y)=f_{xx}\cdot f_{yy}-(f_{xy})^2$$
$$=6x\cdot(-6)-(-6)^2=-36(x+1)$$

(i)　$(x,\ y)=(0,\ 0)$ について

$$H(0,\ 0)=-36<0$$

よって，$(x,\ y)=(0,\ 0)$ において極値をとらない。

(ii)　$(x,\ y)=(-2,\ 2)$ について

$$H(-2,\ 2)=36>0 \text{ かつ } f_{xx}(-2,\ 2)=-12<0$$

よって，$(x,\ y)=(-2,\ 2)$ において極大値 $f(-2,\ 2)=4$ をとる。

例題 3 （2 変数関数の極値②）

関数 $f(x,\ y)=x^4+y^4-(x+y)^2$ の極値を求めよ。

解説 ヘッシアンの値が 0 になったときはヘッシアンが役に立たない。このような場合は極値をとるかどうかについて手探りで調べなければならない。

解答 まず停留点を調べる。

$$f_x(x,\ y)=4x^3-2(x+y),\ f_y(x,\ y)=4y^3-2(x+y)$$

より，$f_x(x,\ y)=0$ かつ $f_y(x,\ y)=0$ とすると

$$\begin{cases} 2x^3-x-y=0 & \cdots\cdots① \\ 2y^3-x-y=0 & \cdots\cdots② \end{cases}$$

①－② より，$2x^3-2y^3=0 \quad \therefore \quad y^3=x^3 \quad \therefore \quad y=x$

これを①に代入すると

$$2x^3-2x=0 \quad \therefore \quad x(x^2-1)=0 \quad \therefore \quad x=0,\ 1,\ -1$$

よって，極値をとる $(x,\ y)$ の候補は次の 3 点である。

$$(x,\ y)=(0,\ 0),\ (1,\ 1),\ (-1,\ -1)$$

次に，この各々について極値をとるかどうか調べてみる。

ヘッシアンは

$$H(x,\ y)=f_{xx}\cdot f_{yy}-(f_{xy})^2$$
$$=(12x^2-2)\cdot(12y^2-2)-(-2)^2$$

（i） $(x,\ y)=(\pm1,\ \pm1)$ について（ただし，複号同順）

$$H(\pm1,\ \pm1)=10\cdot10-4>0 \text{ かつ } f_{xx}(\pm1,\ \pm1)=10>0$$

よって，$(x,\ y)=(1,\ 1),\ (-1,\ -1)$ において極小値 -2 をとる。

（ii） $(x,\ y)=(0,\ 0)$ について

このとき，$H(0,\ 0)=0$ となり，極値の判定に関する定理は使えない。そこで手探りで調べてみる。

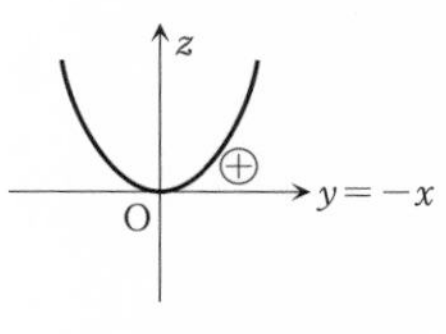

（ア） 直線 $y=-x$ に沿って曲面上を動いてみると

$f(x,\ -x)=2x^4$ より

$(x,\ y)=(0,\ 0)$ の付近で正の値をとる。

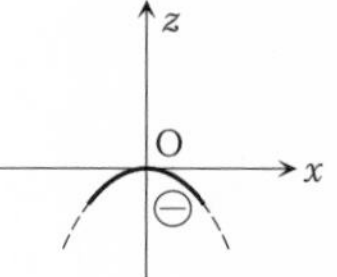

（イ） 直線 $y=0$ に沿って曲面上を動いてみると

$f(x,\ y)=x^4-x^2=x^2(x^2-1)$ より

$(x,\ y)=(0,\ 0)$ の付近で負の値をとる。

したがって，$(x,\ y)=(0,\ 0)$ において極値をとらない。

例題4（2変数関数の最大・最小）

領域 $D=\{(x,\ y):x \geqq 0,\ y \geqq 0,\ x+y \leqq 1\}$ 上で定義された関数

$$f(x,\ y)=x^3+y^3+(1-x-y)^3$$

の最大値・最小値を求めよ。

解説 関数 $f(x,\ y)$ において最大値・最小値の存在および最大・最小となる点が極大・極小であることが明らかな場合がある。しかも極大・極小となる点の候補がごく限られているとき，ただちに最大・最小が求まることがある。

解答 明らかに，$f(x,\ y)$ は領域 D において最大値と最小値をとる。

$f_x(x,\ y)=3x^2-3(1-x-y)^2$，$f_y(x,\ y)=3y^2-3(1-x-y)^2$

$f_x(x,\ y)=0$ とすると　$2x+y=1$　……①

$f_y(x,\ y)=0$ とすると　$x+2y=1$　……②

①，②を解くと，$(x,\ y)=\left(\dfrac{1}{3},\ \dfrac{1}{3}\right)$　**⬅領域 D の内部の点**

したがって，領域 D の内部にただ1つの停留点をもつ。

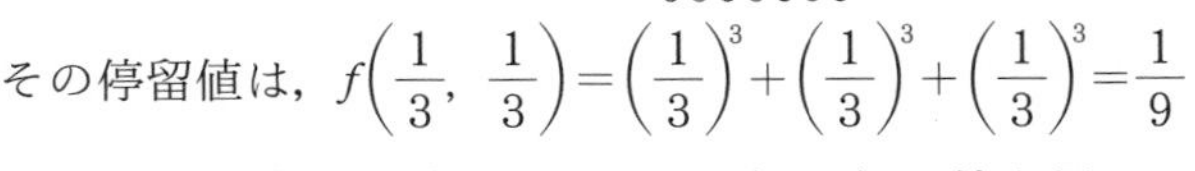

その停留値は，$f\left(\dfrac{1}{3},\ \dfrac{1}{3}\right)=\left(\dfrac{1}{3}\right)^3+\left(\dfrac{1}{3}\right)^3+\left(\dfrac{1}{3}\right)^3=\dfrac{1}{9}$

次に，領域 D の境界における $f(x,\ y)$ の値を調べる。

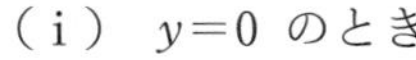

（i）　$y=0$ のとき

$$f(x,\ 0)=x^3+(1-x)^3=1-3x+3x^2=3\left(x-\frac{1}{2}\right)^2+\frac{1}{4}>\frac{1}{9}$$

（ii）　$x=0$ のとき

$$f(0,\ y)=y^3+(1-y)^3=1-3y+3y^2=3\left(y-\frac{1}{2}\right)^2+\frac{1}{4}>\frac{1}{9}$$

（iii）　$x+y=1$ のとき

$$f(x,\ 1-x)=x^3+(1-x)^3=1-3x+3x^2=3\left(x-\frac{1}{2}\right)^2+\frac{1}{4}>\frac{1}{9}$$

以上より，$f(x,\ y)$ は領域 D の内部において最小値をとる。そこは停留点であるから，$(x,\ y)=\left(\dfrac{1}{3},\ \dfrac{1}{3}\right)$ において最小値 $\dfrac{1}{9}$ をとる。　……〔答〕

したがって，$f(x,\ y)$ は領域 D の境界において最大値をとることが分かる。

（i），（ii），（iii）の計算より，

$(x,\ y)=(0,\ 0)$，$(1,\ 0)$，$(0,\ 1)$ において最大値1をとる。　……〔答〕

■ 演習問題　4.3

▶解答は p. 281

1　次の各関数を原点のまわりでテーラー展開し，3 次の項まで表せ。

(1)　$f(x,\ y)=\sin(x-y)$　　(2)　$f(x,\ y)=e^{x+y}$

2　次の各関数の極値を求めよ。

(1)　$f(x,\ y)=x^3+y^3+3xy$

(2)　$f(x,\ y)=x^3-y^3-3x+3y$

(3)　$f(x,\ y)=x^3-xy+y^2$

3　次の各関数の極値を求めよ。

(1)　$f(x,\ y)=x^3+y^3+(x+y)^2$

(2)　$f(x,\ y)=x^4(x-2)^2+y^2$

(3)　$f(x,\ y)=(y-x^2)(y-2x^2)$

4　領域 $D=\{(x,\ y):x\geqq 0,\ y\geqq 0,\ x+y\leqq 1\}$ 上で定義された関数

$$f(x,\ y)=xy(1-x-y)$$

の最大値・最小値を求めよ。

5　2 変数関数のテーラーの定理を $n=2$ の場合について書くと次のようになる。

「$f(x,\ y)$ が 2 次までの連続な偏導関数をもつならば

$$\begin{aligned}f(a+h,\ b+k)=f(a,\ b)&+f_x(a,\ b)h+f_y(a,\ b)k\\&+\frac{1}{2!}\{f_{xx}(a+\theta h,\ b+\theta k)h^2+2f_{xy}(a+\theta h,\ b+\theta k)hk\\&\qquad+f_{yy}(a+\theta h,\ b+\theta k)k^2\}\end{aligned}$$

を満たす θ $(0<\theta<1)$ が存在する。」

これを 1 変数関数のテーラーの定理を用いて証明せよ。

4.4　ラグランジュの乗数法

〔目標〕　陰関数の定理およびラグランジュの乗数法を使えるようにする。

(1)　陰関数の定理

まず理論上きわめて重要な意義をもつ**陰関数の定理**について述べよう。はじめに，陰関数の定理の直観的意味が理解できるよう，曲線の接線および曲面の接平面の法線ベクトルについて考察しておく。

[定理]（曲線の接線の方程式）

曲線 $f(x,\ y)=0$ の点 $(a,\ b)$ における接線の方程式は次で与えられる。

$$f_x(a,\ b)(x-a)+f_y(a,\ b)(y-b)=0$$

(証明)　曲線の媒介変数表示 $x=x(t)$，$y=y(t)$ で $(x(0),\ y(0))=(a,\ b)$ を満たすものを考える。
$f(x(t),\ y(t))=0$ の両辺を t で微分すると

$$f_x(x(t),\ y(t))\cdot x'(t)+f_y(x(t),\ y(t))\cdot y'(t)=0$$

$t=0$ とすると，$(x(0),\ y(0))=(a,\ b)$ に注意して

$$f_x(a,\ b)\cdot x'(0)+f_y(a,\ b)\cdot y'(0)=0$$

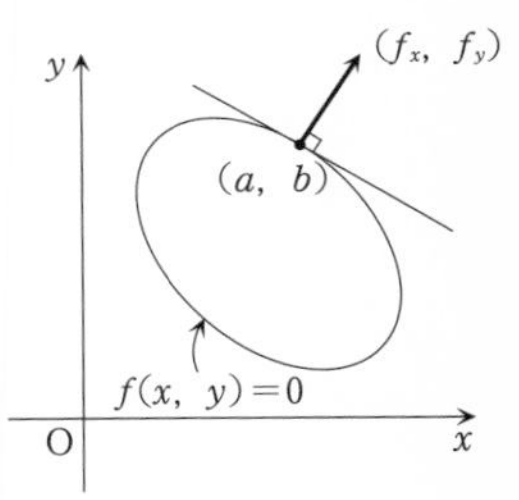

これより，ベクトル $(f_x(a,\ b),\ f_y(a,\ b))$ は接線の方向ベクトル $(x'(0),\ y'(0))$ と垂直，すなわち，ベクトル $(f_x(a,\ b),\ f_y(a,\ b))$ は接線の法線ベクトルであることが分かる。

よって，接線の方程式は

$$f_x(a,\ b)(x-a)+f_y(a,\ b)(y-b)=0$$

である。　□

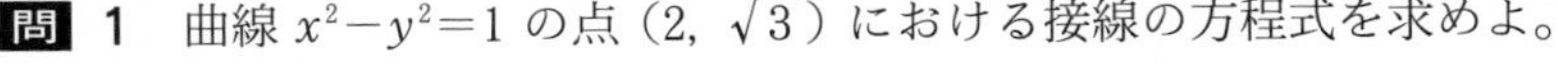
問 1　曲線 $x^2-y^2=1$ の点 $(2,\ \sqrt{3})$ における接線の方程式を求めよ。

(解)　$f(x,\ y)=x^2-y^2-1$ とおくと

$$f_x(x,\ y)=2x,\quad f_y(x,\ y)=-2y$$

よって，点 $(2,\ \sqrt{3})$ における接線の方程式は

$$4(x-2)+(-2\sqrt{3})(y-\sqrt{3})=0$$

$$\therefore\quad 2x-\sqrt{3}\,y-1=0$$

□

［定理］（曲面の接平面の方程式）

曲面 $f(x, y, z)=0$ の点 (a, b, c) における接平面の方程式は次で与えられる。

$$f_x(a, b, c)(x-a)+f_y(a, b, c)(y-b)+f_z(a, b, c)(z-c)=0$$

（証明） 前ページの接線の方程式とだいたい同じようにして証明できる。すなわち，

$$(f_x(a, b, c), f_y(a, b, c), f_z(a, b, c))$$

が接平面に垂直であることを示せばよい。

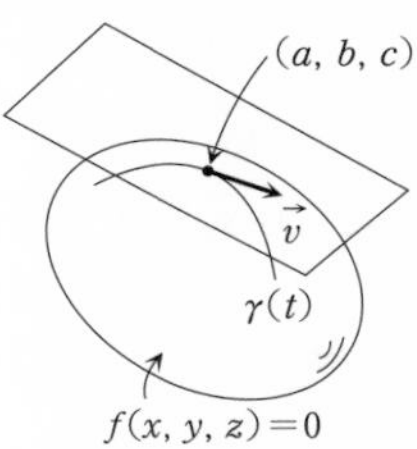

点 (a, b, c) を始点とする接平面上の任意のベクトル $\vec{v}$ をとる。

時刻 $t=0$ に点 (a, b, c) を速度 $\vec{v}$ で通過する曲面上の曲線 $\gamma(t)=(x(t), y(t), z(t))$ を考える。

$$(x(0), y(0), z(0))=(a, b, c) \quad \text{かつ} \quad (x'(0), y'(0), z'(0))=\vec{v}$$

よって，$f(x(t), y(t), z(t))=0$ の両辺を t で微分してから $t=0$ とすると

$$f_x(a, b, c)\cdot x'(0)+f_y(a, b, c)\cdot y'(0)+f_z(a, b, c)\cdot z'(0)=0$$

であるから

$$(f_x(a, b, c), f_y(a, b, c), f_z(a, b, c))\perp\vec{v}=(x'(0), y'(0), z'(0))$$

すなわち，$(f_x(a, b, c), f_y(a, b, c), f_z(a, b, c))$ は接平面の法線ベクトルであることが分かる。

よって，接平面の方程式は

$$f_x(a, b, c)(x-a)+f_y(a, b, c)(y-b)+f_z(a, b, c)(z-c)=0$$

である。 □

（注） この証明は $f(x, y, z)$ の勾配 (f_x, f_y, f_z) の意味を説明している。

問 2 曲面 $x^2+2y^2+3z^2=6$ の点 $(1, 1, 1)$ における接平面の方程式を求めよ。

（解） $f(x, y, z)=x^2+2y^2+3z^2-6$ とおくと

$$f_x(x, y, z)=2x, \quad f_y(x, y, z)=4y, \quad f_z(x, y, z)=6z$$

よって，点 $(1, 1, 1)$ における接平面の方程式は

$$2(x-1)+4(y-1)+6(z-1)=0$$

$$\therefore \quad x+2y+3z-6=0$$

□

準備ができたので陰関数の定理を述べよう。それは，曲線や曲面はある条件を満たせば局所的に関数表示されることを主張する。

［定理］（陰関数の定理①）

$f(x,\ y)$ は連続な偏導関数をもつとする。

曲線 $f(x,\ y)=0$ 上の点 $(a,\ b)$ において $f_y(a,\ b)\neq 0$ を満たすならば，曲線 $f(x,\ y)=0$ は点 $(a,\ b)$ の近くでは a を含むある区間で定義された連続な導関数をもつ関数 $\varphi(x)$ を用いて

$$y=\varphi(x)$$

と表される。よって，$f(x,\ \varphi(x))=0$ も成り立つ。

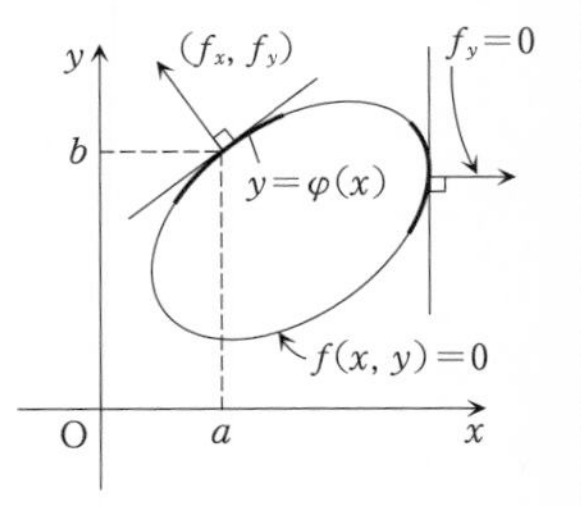

（注１）　上の定理で，$f_x(a,\ b)\neq 0$ を満たすならば，曲線 $f(x,\ y)=0$ は b を含む区間で定義された連続な導関数をもつ関数 $\phi(y)$ を用いて

$$x=\phi(y)$$

と表される。よって，$f(\phi(y),\ y)=0$ も成り立つ。

（注２）　$f(x,\ \varphi(x))=0$ の両辺を x で微分すると

$$f_x(x,\ \varphi(x))+f_y(x,\ \varphi(x))\cdot\varphi'(x)=0 \qquad \therefore\quad \varphi'(x)=-\frac{f_x(x,\ \varphi(x))}{f_y(x,\ \varphi(x))}$$

［定理］（陰関数の定理②）

$f(x,\ y,\ z)$ は連続な偏導関数をもつとする。

曲面 $f(x,\ y,\ z)=0$ 上の点 $(a,\ b,\ c)$ において $f_z(a,\ b,\ c)\neq 0$ を満たすならば，曲面 $f(x,\ y,\ z)=0$ は点 $(a,\ b,\ c)$ の近くでは $(a,\ b)$ を含むある領域で定義された連続な偏導関数をもつ関数 $\varphi(x,\ y)$ を用いて

$$z=\varphi(x,\ y)$$

と表される。よって，$f(x,\ y,\ \varphi(x,\ y))=0$ も成り立つ。

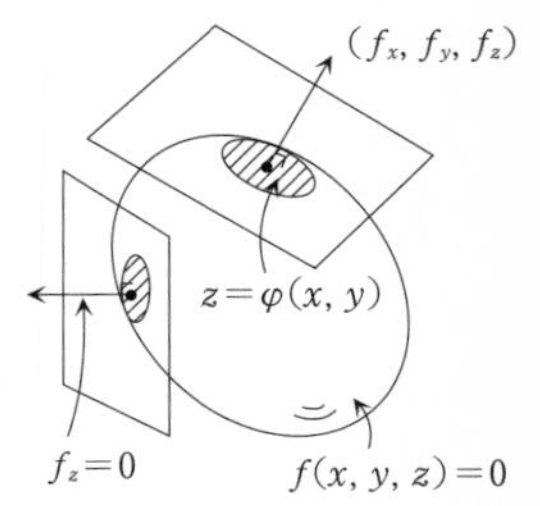

（注１）　この定理においても上の（注１）と同様のことが成り立つ。

（注２）　上の（注２）と同様にして，次を得る。

$$\varphi_x(x,\ y)=-\frac{f_x(x,\ y,\ \varphi(x,\ y))}{f_z(x,\ y,\ \varphi(x,\ y))},\qquad \varphi_y(x,\ y)=-\frac{f_y(x,\ y,\ \varphi(x,\ y))}{f_z(x,\ y,\ \varphi(x,\ y))}$$

（2） ラグランジュの乗数法（またはラグランジュの未定乗数法）

陰関数の定理の応用としてラグランジュの乗数法を証明する。ラグランジュの乗数法は**条件付き極値問題**で重要となる。

以下，関数はすべて連続な偏導関数をもつとする。

[定理]（ラグランジュの乗数法①）

条件 $g(x, y)=0$ のもとで，$f(x, y)$ は $(x, y)=(a, b)$ で極値をとるとする。

「$g_x(a, b)\neq 0$ または $g_y(a, b)\neq 0$」であれば

$$\begin{cases} f_x(a, b)=\lambda\cdot g_x(a, b) \\ f_y(a, b)=\lambda\cdot g_y(a, b) \end{cases}$$

を満たす定数 λ が存在する。

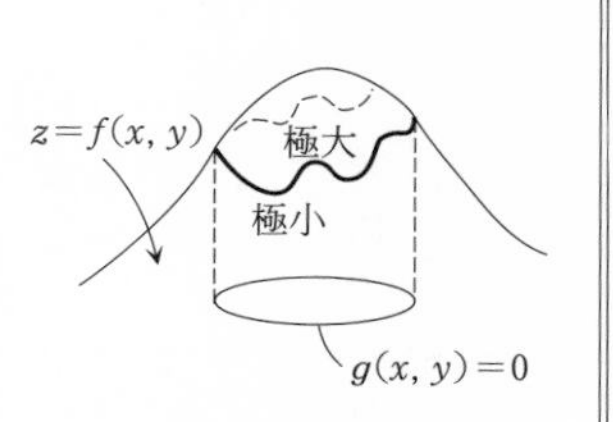

（証明） $g_y(a, b)\neq 0$ の場合だけ示せば十分である。

$g_y(a, b)\neq 0$ のとき，**陰関数の定理**より，a を含む区間で定義された連続な導関数をもつ関数 $y=\varphi(x)$ で

$$g(x, \varphi(x))=0 \text{ かつ } \varphi(a)=b$$

を満たすものが存在する。

ここで，$F(x)=f(x, \varphi(x))$ とおくと

$$F'(x)=f_x(x, \varphi(x))+f_y(x, \varphi(x))\cdot\varphi'(x)$$

であり，仮定より $F(x)$ は $x=a$ で極値をとるから $F'(a)=0$ を満たし

$$f_x(a, b)+f_y(a, b)\cdot\varphi'(a)=0 \quad \cdots\cdots ①$$

（注） $\varphi(a)=b$

一方，$g(x, \varphi(x))=0$ の両辺を x で微分すると

$$g_x(x, \varphi(x))+g_y(x, \varphi(x))\cdot\varphi'(x)=0$$

であるから，$x=a$ とすると

$$g_x(a, b)+g_y(a, b)\cdot\varphi'(a)=0 \quad \cdots\cdots ②$$

そこで，$g_y(a, b)\neq 0$ より

$$\lambda=\frac{f_y(a, b)}{g_y(a, b)}$$

とおくと

$$f_y(a, b)-\lambda\cdot g_y(a, b)=0 \qquad \text{すなわち，} \quad f_y(a, b)=\lambda\cdot g_y(a, b)$$

であり，さらに ①−②×λ より

$$f_x(a, b)-\lambda\cdot g_x(a, b)=0 \qquad \text{すなわち，} \quad f_x(a, b)=\lambda\cdot g_x(a, b)$$

□

【参考】　ラグランジュの乗数法の精密化：

ラグランジュの乗数法において，「極値」を「広義の極値」に変更しても定理が成り立つことは証明を見れば明らかである。この精密化は応用上必要であるから簡単に述べておく。

広義の極大・広義の極小

関数 $f(x, y)$ が点 (a, b) の十分近くでつねに $f(x, y) \leqq f(a, b)$ が成り立つとき，$f(x, y)$ は点 (a, b) で**広義の極大**であるという。

広義の極小についても同様。

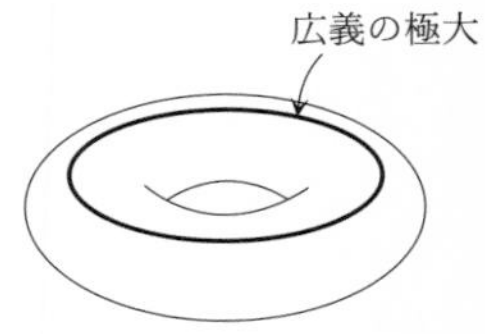

（注）　広義の極値の概念は明らかに1変数でも多変数でも定義される。

ラグランジュの乗数法の精密化は次のようになる。

[定理]（ラグランジュの乗数法①）

条件 $g(x, y)=0$ のもとで，$f(x, y)$ は (a, b) で広義の極値をとるとする。「$g_x(a, b) \neq 0$ または $g_y(a, b) \neq 0$」であれば

$$f_x(a, b)=\lambda \cdot g_x(a, b) \quad かつ \quad f_y(a, b)=\lambda \cdot g_y(a, b)$$

を満たす定数 λ が存在する。

（注）　定理における定数 λ の存在は $F(x)=f(x, \varphi(x))$ が $x=a$ において停留値をとるための必要条件である。ただし，定理の記述の時点で条件付き関数の“停留”をきちんと定義するのはやや面倒である。

3変数の場合も2変数のときと同様なラグランジュの乗数法は成り立つ。

[定理]（ラグランジュの乗数法②）

条件 $g(x, y, z)=0$ のもとで，$f(x, y, z)$ は (a, b, c) で広義の極値をとるとする。

「$g_x(a, b, c) \neq 0$ または $g_y(a, b, c) \neq 0$ または $g_z(a, b, c) \neq 0$」であれば

$$f_x(a, b, c)=\lambda \cdot g_x(a, b, c)$$
$$f_y(a, b, c)=\lambda \cdot g_y(a, b, c)$$
$$f_z(a, b, c)=\lambda \cdot g_z(a, b, c)$$

を満たす定数 λ が存在する。

（注）　証明は2変数の場合と同様である。

例題 1（陰関数の定理）

方程式 $x^2+2xy+2y^2-1=0$ で定まる陰関数 $y=y(x)$ の極値を求めよ。

解 説 **陰関数の定理**とは次のような内容である。

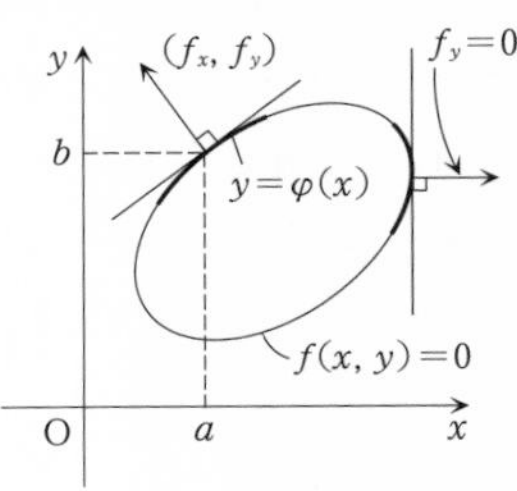

［定理］ $f(x,\ y)$ は連続な偏導関数をもつとする。

曲線 $f(x,\ y)=0$ 上の点 $(a,\ b)$ において $f_y(a,\ b)\neq 0$ を満たすならば，曲線 $f(x,\ y)=0$ は点 $(a,\ b)$ の近くでは a を含むある区間で定義された連続な導関数をもつ関数 $\varphi(x)$ を用いて

$$y=\varphi(x)$$

と表される。よって，$f(x,\ \varphi(x))=0$ も成り立つ。

(注) 陰関数の定理はいったい何を主張しているのか理解できたであろうか。今，方程式 $x^2+2xy+2y^2-1=0$ によって，この方程式を満たす点 $(x,\ y)$ の集合である曲線が定まっている。しかし，y の値は x の値から一意的に定まるわけではないから，y は x の関数とは言えない。陰関数の定理は，適当な条件を満たすならば，局所的には，y を x の関数として，あるいは x を y の関数として表せることを主張する。

解 答 $x^2+2xy+2y^2-1=0$ の両辺を x で微分すると

$$2x+2y+2xy'+4yy'=0 \qquad \therefore\ (x+2y)y'=-(x+y)$$

$$\therefore\ y'=-\frac{x+y}{x+2y}\ \cdots\cdots①\qquad y'=0 \text{ とすると，} x+y=0 \qquad \therefore\ y=-x$$

これを与式に代入すると，$x^2-1=0$ $\quad\therefore\ x=\pm 1$

よって，停留点は $(1,\ -1)$，$(-1,\ 1)$ である。

次に，各々の点について極値かどうか調べる。

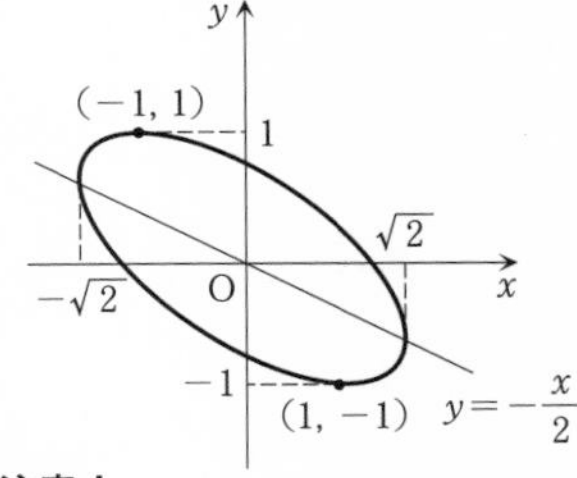

①より

$$y''=-\frac{(1+y')\cdot(x+2y)-(x+y)\cdot(1+2y')}{(x+2y)^2}$$

$(x,\ y)=(1,\ -1)$ のとき，$y''=1>0$ **⬅ $y'(1)=0$ に注意！**

よって，陰関数 $y=y(x)$ は $x=1$ において極小値 -1 をとる。

$(x,\ y)=(-1,\ 1)$ のとき，$y''=-1<0$ **⬅ $y'(-1)=0$ に注意！**

よって，陰関数 $y=y(x)$ は $x=-1$ において極大値 1 をとる。 ……〔答〕

【参考】 与式を y について解くと，$y=\dfrac{-x\pm\sqrt{2-x^2}}{2}$ これは楕円である。

例題 2（ラグランジュの乗数法）

$\dfrac{x^2}{4}+y^2=1$ の条件のもとで，$2x+3y-6$ の最大値，最小値を求めよ。

解 説　**ラグランジュの乗数法（未定乗数法）** は以下に示す定理で，条件を与えられた関数が極値をとるための必要条件を教えてくれる。

[定理]　条件 $g(x,\ y)=0$ のもとで，$f(x,\ y)$ は $(a,\ b)$ で極値をとるとする。「$g_x(a,\ b)\neq 0$ または $g_y(a,\ b)\neq 0$」であれば

$$f_x(a,\ b)=\lambda\cdot g_x(a,\ b)$$

かつ

$$f_y(a,\ b)=\lambda\cdot g_y(a,\ b)$$

を満たす定数 λ が存在する。

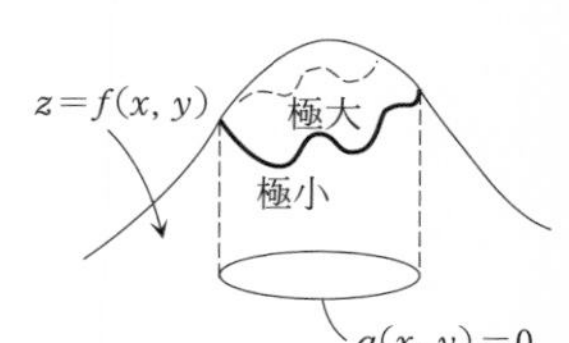

解 答　$f(x,\ y)=2x+3y-6$, $g(x,\ y)=\dfrac{x^2}{4}+y^2-1$ とおく。

条件 $g(x,\ y)=0$ のもとで，$f(x,\ y)$ の最大値，最小値を求めたい。

　まず，$f(x,\ y)$ および $g(x,\ y)$ の内容から，明らかに最大値，最小値がともに存在し，最大値は極大値でもあり，最小値は極小値でもあることに注意する。

$f(x,\ y)=2x+3y-6$ より，$f_x(x,\ y)=2$, $f_y(x,\ y)=3$

$g(x,\ y)=\dfrac{x^2}{4}+y^2-1$ より，$g_x(x,\ y)=\dfrac{x}{2}$, $g_y(x,\ y)=2y$

さて，条件 $g(x,\ y)=0$ のもとで，$f(x,\ y)$ が $(a,\ b)$ で極値をとるとする。

$g_x(a,\ b)=\dfrac{a}{2}$, $g_y(a,\ b)=2b$ および $\dfrac{a^2}{4}+b^2=1$ であることから

$$g_x(a,\ b)\neq 0 \text{ または } g_y(a,\ b)\neq 0$$

が成り立つ。よって，ラグランジュの乗数法により

$$f_x(a,\ b)=\lambda\cdot g_x(a,\ b) \text{ かつ } f_y(a,\ b)=\lambda\cdot g_y(a,\ b)$$

すなわち

$$2=\lambda\cdot\frac{a}{2}\ \cdots\cdots①\quad \text{かつ}\quad 3=\lambda\cdot 2b\ \cdots\cdots②$$

を満たす定数 λ が存在する。

①より，$a=\dfrac{4}{\lambda}$　　②より，$b=\dfrac{3}{2\lambda}$　　これらを $\dfrac{a^2}{4}+b^2=1$ に代入すると

$$\frac{4}{\lambda^2}+\frac{9}{4\lambda^2}=1\qquad \therefore\ \ \lambda^2=4+\frac{9}{4}=\frac{25}{4}\qquad \therefore\ \ \lambda=\pm\frac{5}{2}$$

よって，条件 $g(x,\ y)=0$ のもとで，$f(x,\ y)$ が極値をとり得るのは

$$(a,\ b)=\left(\frac{8}{5},\ \frac{3}{5}\right),\ \left(-\frac{8}{5},\ -\frac{3}{5}\right)$$

の 2 つだけである。

したがって，はじめに注意したことから，一方の点で最大かつ極大，他方の点で最小かつ極小であることが分かる。

$$f\left(\frac{8}{5},\ \frac{3}{5}\right)=2\cdot\frac{8}{5}+3\cdot\frac{3}{5}-6=-1$$

$$f\left(-\frac{8}{5},\ -\frac{3}{5}\right)=2\cdot\left(-\frac{8}{5}\right)+3\cdot\left(-\frac{3}{5}\right)-6=-11$$

であることから

$\left(\frac{8}{5},\ \frac{3}{5}\right)$ において最大値 -1，$\left(-\frac{8}{5},\ -\frac{3}{5}\right)$ において最小値 -11

……〔答〕

■ 演習問題 4.4

▶解答は p. 285

1 次の方程式で与えられる陰関数 $y=y(x)$ の極値を求めよ。

(1) $x^2-xy+y^3-7=0$

(2) $x^4-2y^3-2x^2-3y^2+1=0$

(3) $x^4+2x^2+y^3-y=0$

2 与えられた条件のもとで，関数 $f(x,\ y)$ の最大値，最小値を求めよ。

(1) $f(x,\ y)=xy$ 　条件：$x^2+y^2=1$

(2) $f(x,\ y)=x+y$ 　条件：$\dfrac{x^2}{2}+y^2=1$

(3) $f(x,\ y)=x^2+2xy+y^2$ 　条件：$x^2-2xy+5y^2=1$

3 次の関数 $f(x,\ y,\ z)$ の領域 $D=\{(x,\ y,\ z)\,|\,x+y+z=1,\ x>0,\ y>0,\ z>0\}$ における最大値，最小値について調べよ。

(1) $f(x,\ y,\ z)=x^3+y^3+z^3$

(2) $f(x,\ y,\ z)=-(x\log x+y\log y+z\log z)$

過去問研究4－1（偏導関数の定義）

xy 平面上で定義された関数

$$f(x,\ y)=\begin{cases} x^2\tan^{-1}\dfrac{y}{x} & (x\neq 0) \\ 0 & (x=0) \end{cases}$$

がある。ここで，$\tan^{-1}x$ は逆正接関数の主値を表す。

(1)　$x\neq 0$ のとき，偏導関数 $\dfrac{\partial f}{\partial x}(x,\ y)$ および $\dfrac{\partial f}{\partial y}(x,\ y)$ を求めよ。

(2)　$\dfrac{\partial f}{\partial x}(0,\ y)$ および $\dfrac{\partial f}{\partial y}(0,\ y)$ を定義に基づいて求めよ。

(3)　$\dfrac{\partial^2 f}{\partial y\partial x}(0,\ 0)$ および $\dfrac{\partial^2 f}{\partial x\partial y}(0,\ 0)$ の値を求めよ。　〈京都工芸繊維大学〉

解 説　偏導関数（偏微分係数）の定義も導関数（微分係数）の定義と同様に重要である。導関数や微分係数の定義はしっかりと理解しておくこと。

2変数関数 $f(x,\ y)$ に対して，**偏微分係数**は微分係数の定義と同様，次のように定義されたことを思い出そう。

$$f_x(a,\ b)=\lim_{h\to 0}\frac{f(a+h,\ b)-f(a,\ b)}{h}$$

$$f_y(a,\ b)=\lim_{h\to 0}\frac{f(a,\ b+h)-f(a,\ b)}{h}$$

なお，偏微分係数 $f_x(a,\ b)$，$f_y(a,\ b)$ をそれぞれ $\dfrac{\partial f}{\partial x}(a,\ b)$，$\dfrac{\partial f}{\partial y}(a,\ b)$ とも表す。

解 答　(1)　$x\neq 0$ のとき，$f(x,\ y)=x^2\tan^{-1}\dfrac{y}{x}$ より

$$\frac{\partial f}{\partial x}(x,\ y)=2x\cdot\tan^{-1}\frac{y}{x}+x^2\cdot\frac{-\dfrac{y}{x^2}}{1+\left(\dfrac{y}{x}\right)^2}$$ ⬅ **公式で計算できる**

$$=2x\tan^{-1}\frac{y}{x}-\frac{x^2y}{x^2+y^2}$$ ……〔答〕

$$\frac{\partial f}{\partial y}(x,\ y)=x^2\cdot\frac{\dfrac{1}{x}}{1+\left(\dfrac{y}{x}\right)^2}=\frac{x^3}{x^2+y^2}$$ ……〔答〕

(2)　定義に基づいて計算しなければならない。

$$\frac{\partial f}{\partial x}(0,\ y)$$

$$=\lim_{h\to 0}\frac{f(h,\ y)-f(0,\ y)}{h} \quad \Leftarrow f_x(a,\ b)=\lim_{h\to 0}\frac{f(a+h,\ b)-f(a,\ b)}{h}$$

$$=\lim_{h\to 0}\frac{h^2\tan^{-1}\dfrac{y}{h}-0}{h} \quad \Leftarrow f(x,\ y)=\begin{cases} x^2\tan^{-1}\dfrac{y}{x} & (x\neq 0) \\ 0 & (x=0)\end{cases} \text{に注意!!}$$

$$=\lim_{h\to 0}h\tan^{-1}\frac{y}{h}=0$$ ……〔答〕

$$\frac{\partial f}{\partial y}(0,\ y)$$

$$=\lim_{h\to 0}\frac{f(0,\ y+h)-f(0,\ y)}{h} \quad \Leftarrow f_y(a,\ b)=\lim_{h\to 0}\frac{f(a,\ b+h)-f(a,\ b)}{h}$$

$$=\lim_{h\to 0}\frac{0-0}{h}=0$$ ……〔答〕

(3)　これも定義に基づいて計算しなければならない。

$$\frac{\partial^2 f}{\partial y\partial x}(0,\ 0)=\frac{\partial}{\partial y}\left(\frac{\partial f}{\partial x}\right)(0,\ 0)$$

$$=\lim_{h\to 0}\frac{1}{h}\left\{\frac{\partial f}{\partial x}(0,\ h)-\frac{\partial f}{\partial x}(0,\ 0)\right\} \quad \Leftarrow f_y(a,\ b)=\lim_{h\to 0}\frac{f(a,\ b+h)-f(a,\ b)}{h}$$

$$=\lim_{h\to 0}\frac{1}{h}(0-0) \quad \Leftarrow \text{(2)より，}\frac{\partial f}{\partial x}(0,\ y)=0$$

$=0$ ……〔答〕

$$\frac{\partial^2 f}{\partial x\partial y}(0,\ 0)=\frac{\partial}{\partial x}\left(\frac{\partial f}{\partial y}\right)(0,\ 0)$$

$$=\lim_{h\to 0}\frac{1}{h}\left\{\frac{\partial f}{\partial y}(h,\ 0)-\frac{\partial f}{\partial y}(0,\ 0)\right\} \quad \Leftarrow f_x(a,\ b)=\lim_{h\to 0}\frac{f(a+h,\ b)-f(a,\ b)}{h}$$

$$=\lim_{h\to 0}\frac{1}{h}(h-0)$$

$=1$ ……〔答〕

⇐ (1)より，$x\neq 0$ のとき $\dfrac{\partial f}{\partial y}(x,\ y)=\dfrac{x^3}{x^2+y^2}$

(2)より，$\dfrac{\partial f}{\partial y}(0,\ y)=0$

(注)　本問の関数 $f(x,\ y)$ では

$$\frac{\partial^2 f}{\partial x\partial y}(0,\ 0)\neq\frac{\partial^2 f}{\partial y\partial x}(0,\ 0)$$　すなわち，$f_{yx}(0,\ 0)\neq f_{xy}(0,\ 0)$

過去問研究4－2（2変数関数の極値）

2変数関数 $f(x,\ y)=x^4+y^4-a(x+y)^2$ について，以下の問いに答えよ。ただし，a は定数である。

(1)　関数 $f(x,\ y)$ の1次偏導関数，2次偏導関数をすべて求めよ。

(2)　$a\leqq 0$ と $a>0$ に場合分けし，それぞれの場合について，$f_x(x,\ y)=f_y(x,\ y)=0$ となる点を，すべて求めよ。

(3)　前問(2)で求めた各点について，極大値か，極小値か，いずれでもないかを判別せよ。　〈名古屋大学〉

解説　2変数関数の極値の典型的な問題である。停留点（水平なところ）を求めたあと，ヘッシアンを利用して極値の判定を行うことがまず重要である。さらに，ヘッシアンの値が0になった場合の対応にも注意しよう。

解答　(1)　$f_x(x,\ y)=4x^3-2a(x+y)$，$f_y(x,\ y)=4y^3-2a(x+y)$

$f_{xx}(x,\ y)=12x^2-2a$，$f_{yy}(x,\ y)=12y^2-2a$，$f_{xy}(x,\ y)=-2a$

……〔答〕

(2)　$f_x(x,\ y)=4x^3-2a(x+y)=0$ より，$2x^3-a(x+y)=0$　……①

$f_y(x,\ y)=4y^3-2a(x+y)=0$ より，$2y^3-a(x+y)=0$　……②

①－② より，$2x^3-2y^3=0$　$\therefore\ y^3=x^3$　$\therefore\ y=x$

これを①に代入すると

$$2x^3-2ax=0 \qquad \therefore\ x(x^2-a)=0$$

（i）　$a\leqq 0$ の場合；

$a\leqq 0$ より，$x=0$

よって，求める点は

$(x,\ y)=(0,\ 0)$　……〔答〕

（ii）　$a>0$ の場合；

$a>0$ より，$x=0,\ \pm\sqrt{a}$

よって，求める点は

$(x,\ y)=(0,\ 0),\ (\pm\sqrt{a},\ \pm\sqrt{a})$（複号同順）　……〔答〕

(3)　$f_{xx}(x,\ y)=12x^2-2a$，$f_{yy}(x,\ y)=12y^2-2a$，$f_{xy}(x,\ y)=-2a$

より，ヘッシアンは

$$\begin{aligned}H(x,\ y)&=(12x^2-2a)(12y^2-2a)-(-2a)^2\\&=4\{(6x^2-a)(6y^2-a)-a^2\}\end{aligned}$$

(i) $a \leqq 0$ の場合;

極値をとる点の候補は,$(x,\ y)=(0,\ 0)$ ただ1つである。

$(H(0,\ 0)=4\{(-a)(-a)-a^2\}=0$ なのでヘッシアンは役に立たない。)

$f(x,\ y)=x^4+y^4-a(x+y)^2$ の値を考えると

$a \leqq 0$ より,これは原点付近でつねに正の値をとる。

よって,$(0,\ 0)$ において極小値 0 ……〔答〕

(ii) $a>0$ の場合;

極値をとる点の候補は

$(x,\ y)=(0,\ 0),\ (\pm\sqrt{a},\ \pm\sqrt{a})$ (複号同順,以下同じ)

の3つである。

(ア) $(\pm\sqrt{a},\ \pm\sqrt{a})$ について

$$\begin{cases} H(\pm\sqrt{a},\ \pm\sqrt{a})=4\{(5a)(5a)-a^2\}>0 \\ f_{xx}(\pm\sqrt{a},\ \pm\sqrt{a})=10a>0 \end{cases}$$

よって

$(\pm\sqrt{a},\ \pm\sqrt{a})$ において,極小値 $-2a^2$ ……〔答〕

(イ) $(0,\ 0)$ について

$(H(0,\ 0)=4\{(-a)(-a)-a^2\}=0$ なのでヘッシアンは役に立たない。)

そこで,グラフ(曲面)上を少し動き回ってみよう。

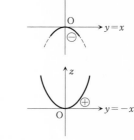

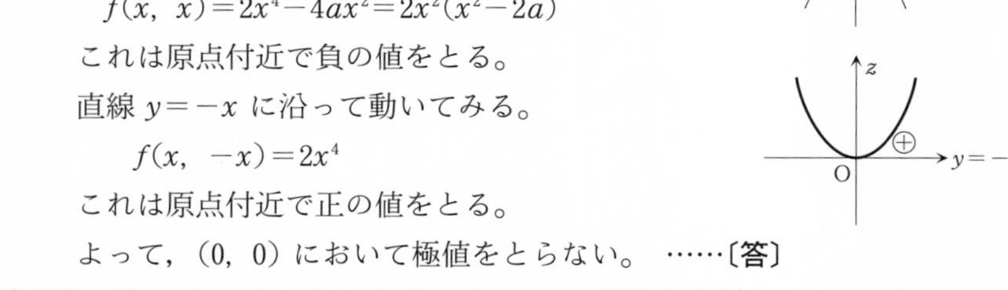

直線 $y=x$ に沿って動いてみる。

$f(x,\ x)=2x^4-4ax^2=2x^2(x^2-2a)$

これは原点付近で負の値をとる。

直線 $y=-x$ に沿って動いてみる。

$f(x,\ -x)=2x^4$

これは原点付近で正の値をとる。

よって,$(0,\ 0)$ において極値をとらない。……〔答〕

【参考】 $f(x,\ y)=x^4+y^2$ は点 $(0,\ 0)$ でのみ停留点をとり,$H(0,\ 0)=0$ である。ただし,$f(x,\ y)=x^4+y^2$ は原点 $(0,\ 0)$ の付近でつねに正の値をとるから,点 $(0,\ 0)$ において極小値 $f(0,\ 0)=0$ をとる。

また,$f(x,\ y)=x^3+y^2$ も点 $(0,\ 0)$ でのみ停留点をとり,$H(0,\ 0)=0$ である。ただし,x 軸上で $f(x,\ 0)=x^3$ であり,原点 $(0,\ 0)$ の付近で正にも負にもなるから,点 $(0,\ 0)$ において極値をとらない。

過去問研究 4 − 3（連続性・偏微分可能性・全微分可能性）

関数 $f(x,\ y)$ を

$$f(x,\ y)=\begin{cases}\dfrac{x^3-y^3}{x^2+y^2} & (x^2+y^2>0\text{ のとき})\\ 0 & (x=y=0\text{ のとき})\end{cases}$$

と定めるとき，$f(x,\ y)$ の原点における連続性，偏微分可能性，および全微分可能性を調べよ。〈神戸大学〉

解 説　連続性，偏微分可能性，全微分可能性について次の内容が基本である。

連続性：2 変数関数 $f(x,\ y)$ が点 $(a,\ b)$ において**連続**であるとは

$$\lim_{(x,\,y)\to(a,\,b)} f(x,\ y)=f(a,\ b)$$

が成り立つときをいう。ここで，点 $(x,\ y)$ を点 $(a,\ b)$ に近づける方法は無数にあることに注意する。

偏微分可能性：偏微分係数 $f_x(a,\ b)$ が存在するとき，点 $(a,\ b)$ において x で偏微分可能，偏微分係数 $f_y(a,\ b)$ が存在するとき，点 $(a,\ b)$ において y で偏微分可能であるという。

全微分可能性：点 $(a,\ b)$ において $z=f(x,\ y)$ の接平面が定まるとき，$z=f(x,\ y)$ は $(a,\ b)$ で**全微分可能**であるという。すなわち

$$\varepsilon(x,\ y)=f(x,\ y)-\{f(a,\ b)+f_x(a,\ b)(x-a)+f_y(a,\ b)(y-b)\}$$

とおくとき

$$\lim_{(x,\,y)\to(a,\,b)}\frac{\varepsilon(x,\ y)}{\sqrt{(x-a)^2+(y-b)^2}}=0$$

を満たすときをいう。

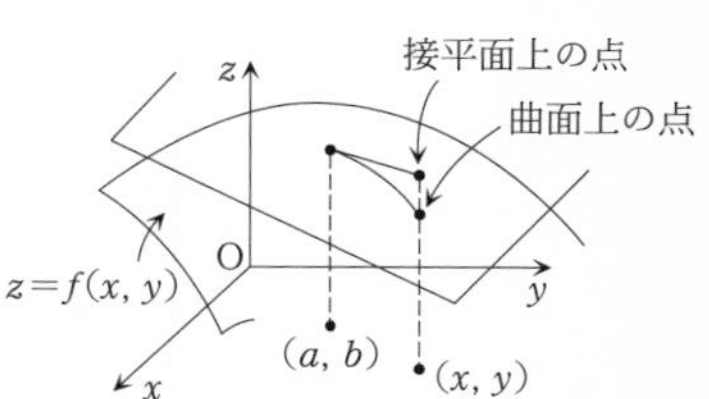

（注）　これは曲面が接平面に“ペタッ”と接していることを数学的に表現したものであることを理解しよう。

解 答　**連続性**：

$x=r\cos\theta,\ y=r\sin\theta$ とおいて調べる。

$$\lim_{(x,\,y)\to(0,\,0)} f(x,\ y)=\lim_{(x,\,y)\to(0,\,0)}\frac{x^3-y^3}{x^2+y^2}=\lim_{r\to 0}\frac{(r\cos\theta)^3-(r\sin\theta)^3}{(r\cos\theta)^2+(r\sin\theta)^2}$$

$$=\lim_{r\to 0}\frac{r^3(\cos^3\theta-\sin^3\theta)}{r^2}=\lim_{r\to 0} r(\cos^3\theta-\sin^3\theta)=0=f(0,\ 0)$$

よって，$f(x,\ y)$ は原点において連続である。……〔答〕

偏微分可能性：

$$f_x(0,\ 0)=\lim_{h\to0}\frac{f(h,\ 0)-f(0,\ 0)}{h}$$

$$=\lim_{h\to0}\frac{\dfrac{h^3-0^3}{h^2+0^2}-0}{h}=\lim_{h\to0}\frac{h}{h}=\lim_{h\to0}1=1$$

より，$f(x,\ y)$ は原点において，x で偏微分可能である。 ……〔答〕

$$f_y(0,\ 0)=\lim_{h\to0}\frac{f(0,\ h)-f(0,\ 0)}{h}$$

$$=\lim_{h\to0}\frac{\dfrac{0^3-h^3}{0^2+h^2}-0}{h}=\lim_{h\to0}\frac{-h}{h}=\lim_{h\to0}(-1)=-1$$

より，$f(x,\ y)$ は原点において，y で偏微分可能である。 ……〔答〕

全微分可能性：

$$\varepsilon(x,\ y)=f(x,\ y)-\{f(0,\ 0)+(f_x(0,\ 0)(x-0)+f_y(0,\ 0)(y-0)\}$$

とおくと

$$\lim_{(x,y)\to(0,0)}\frac{\varepsilon(x,\ y)}{\sqrt{x^2+y^2}}$$

$$=\lim_{(x,y)\to(0,0)}\frac{f(x,\ y)-\{f(0,\ 0)+f_x(0,\ 0)x+f_y(0,\ 0)y\}}{\sqrt{x^2+y^2}}$$

$$=\lim_{(x,y)\to(0,0)}\frac{\dfrac{x^3-y^3}{x^2+y^2}-(x-y)}{\sqrt{x^2+y^2}}$$

$$=\lim_{r\to0}\frac{\dfrac{(r\cos\theta)^3-(r\sin\theta)^3}{(r\cos\theta)^2+(r\sin\theta)^2}-(r\cos\theta-r\sin\theta)}{\sqrt{(r\cos\theta)^2+(r\sin\theta)^2}}$$

$$=\lim_{r\to0}\frac{r(\cos^3\theta-\sin^3\theta-\cos\theta+\sin\theta)}{r}$$

$$=\lim_{r\to0}(\cos^3\theta-\sin^3\theta-\cos\theta+\sin\theta)$$

よって，たとえば $\theta=-\dfrac{\pi}{4}$ とでもすると

$$\cos^3\theta-\sin^3\theta-\cos\theta+\sin\theta$$

$$=\frac{1}{2\sqrt{2}}-\left(-\frac{1}{2\sqrt{2}}\right)-\frac{1}{\sqrt{2}}+\left(-\frac{1}{\sqrt{2}}\right)=-\frac{1}{\sqrt{2}}\neq0$$

となるから，$f(x,\ y)$ は原点において全微分可能ではない。 ……〔答〕

過去問研究4－4（2変数関数の最大・最小）

$f(x,\ y)=x^2+xy+y^2-y$ とするとき，以下の問いに答えよ。

(1)　f の極値を調べよ。

(2)　$x^2+y^2=1$ における f の最大値と最小値を求めよ。

(3)　$x^2+y^2\leqq 1$ における f の最大値と最小値を求めよ。

(4)　f は $x^2+y^2<1$ における最大値をもたないことを示せ。　〈神戸大学〉

解説　(1)の極値の問題は典型的な問題であるが，(2)，(3)，(4)は要注意である。しっかり解けるようにしておこう。(3)，(4)は(1)，(2)の考察をもとに考えること。

解答　(1)　まず停留点を求めよう。

$f_x(x,\ y)=2x+y=0$ とすると，$2x+y=0$

$f_y(x,\ y)=x+2y-1=0$ とすると，$x+2y-1=0$

これを解くと，$x=-\dfrac{1}{3}$，$y=\dfrac{2}{3}$

よって，極値をとる $(x,\ y)$ の候補（停留点）は

$$(x,\ y)=\left(-\frac{1}{3},\ \frac{2}{3}\right)$$

のみである。

次に，ヘッシアンを用いて極値の判定を行う。

$f_{xx}(x,\ y)=2$，$f_{yy}(x,\ y)=2$，$f_{xy}(x,\ y)=1$

より，ヘッシアンは

$$H(x,\ y)=f_{xx}\cdot f_{yy}-(f_{xy})^2=2\cdot 2-1^2=3>0$$

よって

$$H\left(-\frac{1}{3},\ \frac{2}{3}\right)=3>0 \quad かつ \quad f_{xx}\left(-\frac{1}{3},\ \frac{2}{3}\right)=2>0$$

であるから，$f(x,\ y)=x^2+xy+y^2-y$ は

$(x,\ y)=\left(-\dfrac{1}{3},\ \dfrac{2}{3}\right)$ において極小値 $f\left(-\dfrac{1}{3},\ \dfrac{2}{3}\right)=-\dfrac{1}{3}$　……〔答〕

(2)　$x^2+y^2=1$ より，$x=\cos\theta$，$y=\sin\theta$ $(0\leqq\theta\leqq 2\pi)$ とおけて

$$f(x,\ y)=\cos^2\theta+\cos\theta\sin\theta+\sin^2\theta-\sin\theta=1+\sin\theta\cos\theta-\sin\theta$$

そこで，$g(\theta)=1+\sin\theta\cos\theta-\sin\theta$ とおくと

$$g'(\theta)=\cos^2\theta-\sin^2\theta-\cos\theta=2\cos^2\theta-\cos\theta-1$$
$$=(2\cos\theta+1)(\cos\theta-1)$$

よって，増減表は次のようになり，最大値・最小値が求まる。

θ	0	$\cdots$	$\frac{2\pi}{3}$	$\cdots$	$\frac{4\pi}{3}$	$\cdots$	2π
$g'(\theta)$	0	$-$	0	$+$	0	$-$	0
$g(\theta)$	1	↘	$1-\frac{3\sqrt{3}}{4}$	↗	$1+\frac{3\sqrt{3}}{4}$	↘	1

$$(x,\ y)=\left(\cos\frac{4\pi}{3},\ \sin\frac{4\pi}{3}\right)=\left(-\frac{1}{2},\ -\frac{\sqrt{3}}{2}\right)$$

のとき最大値 $1+\frac{3\sqrt{3}}{4}$

$$(x,\ y)=\left(\cos\frac{2\pi}{3},\ \sin\frac{2\pi}{3}\right)=\left(-\frac{1}{2},\ \frac{\sqrt{3}}{2}\right)$$

のとき最小値 $1-\frac{3\sqrt{3}}{4}$ ……〔答〕

(注) 本問をラグランジュの乗数法を利用して解くこともできる。

（ヒント） $x^2+y^2=1$ のとき，$f(x,\ y)$ は明らかに最大値・最小値をもち，最大値は極大値，最小値は極小値である。

$f(x,\ y)=x^2+xy+y^2-y$，$g(x,\ y)=x^2+y^2-1$ とする。

点 $(a,\ b)$ で極値をとるとすると，ラグランジュの乗数法より

$2a+b=\lambda\cdot 2a$ ……①　　$a+2b-1=\lambda\cdot 2b$ ……②

を満たす定数 λ が存在することが分かり，$a^2+b^2=1$ に注意して解けば

$$(a,\ b)=(1,\ 0),\ \left(-\frac{1}{2},\ \frac{\sqrt{3}}{2}\right),\ \left(-\frac{1}{2},\ -\frac{\sqrt{3}}{2}\right)$$

を得る。これらが最大値・最小値をとる点の候補である。

(3) (1)および(2)の結果より，$f(x,\ y)$ は

$(x,\ y)=\left(-\frac{1}{2},\ -\frac{\sqrt{3}}{2}\right)$ において最大値 $1+\frac{3\sqrt{3}}{4}$

$(x,\ y)=\left(-\frac{1}{3},\ \frac{2}{3}\right)$ において最小値 $-\frac{1}{3}$

をとる。 ……〔答〕 **⬅(1)の結果に注意して曲面の形を想像してみよ**

(4) もし，$x^2+y^2<1$ において最大値をとるならばそこで極大であるが，(1)の結果より $x^2+y^2<1$ において極大とならない。

したがって，$x^2+y^2<1$ において最大値をとらない。

第5章

重　積　分

5.1　重積分と逐次積分

〔目標〕　重積分の概念を理解し，基本的な計算ができるようにする。

（1）　重積分

2変数関数 $f(x,\ y)$ が領域 D 上で非負値の連続関数の場合，2重積分 $\iint_D f(x,\ y)\,dx\,dy$ は図のような（グラフの下の）**体積**を表す。

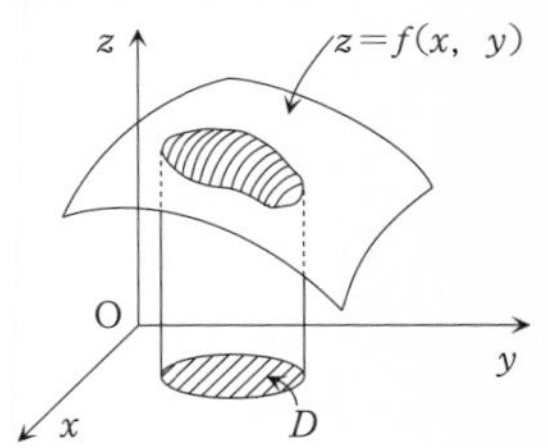

【参考】　重積分も定積分と同様，初等的な応用の範囲では直観的な理解で全く支障はない。参考のため，ごく簡単に解説しておく。アイデアはやはり区分求積法である。

積分範囲 D を n 個の小領域 $D_1,\ D_2,\ \cdots,\ D_n$ に分割し，点 $(x_k,\ y_k) \in D_k$ $(k=1,\ 2,\ \cdots,\ n)$ を任意に選んで，和

$$\sum_{k=1}^{n} f(x_k,\ y_k)\,\Delta S_k$$

を考える。ただし，ΔS_k は小領域 D_k の面積を表す。

次に，小領域 D_k 内の2点の距離の最大値を d_k とし，$d_1,\ d_2,\ \cdots,\ d_n$ の最大値を δ とする。

$\delta \to 0$ のとき，積分範囲 D の分割の仕方および点 $(x_k,\ y_k)$ の選び方に関係なく上の和がある一定値に収束するならば，$f(x,\ y)$ は D 上で**積分可能**であるといい，この一定値を次の記号で表す。

$$\iint_D f(x,\ y)\,dx\,dy$$

（2） 重積分の具体的計算（逐次積分）

重積分の具体的な計算は逐次積分（普通の積分の繰り返し）によって実行される。要は切り口の面積を積分して体積を求めるという話である。

［定理］（逐次積分）

(1) $D=\{(x,\ y)\,|\,a\leqq x\leqq b,\ \varphi_1(x)\leqq y\leqq\varphi_2(x)\}$ のとき

$$\iint_D f(x,\ y)\,dx\,dy=\int_a^b\left(\int_{\varphi_1(x)}^{\varphi_2(x)}f(x,\ y)\,dy\right)dx$$

(2) $D=\{(x,\ y)\,|\,\phi_1(y)\leqq x\leqq\phi_2(y),\ c\leqq y\leqq d\}$ のとき

$$\iint_D f(x,\ y)\,dx\,dy=\int_c^d\left(\int_{\phi_1(y)}^{\phi_2(y)}f(x,\ y)\,dx\right)dy$$

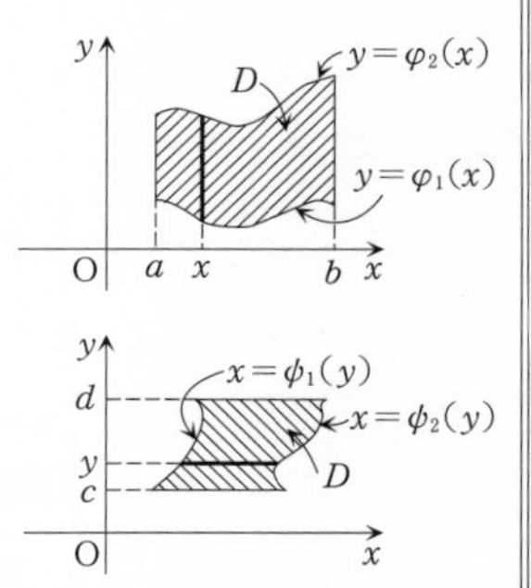

（注） $\displaystyle\int_a^b\left(\int_{\varphi_1(x)}^{\varphi_2(x)}f(x,\ y)\,dy\right)dx$ を $\displaystyle\int_a^b dx\int_{\varphi_1(x)}^{\varphi_2(x)}f(x,\ y)\,dy$ と表現することもある。

問 1 次の重積分を2通りの逐次積分で計算せよ。

$$\iint_D x^2y\,dx\,dy,\quad D：x^2+y^2\leqq 1,\ y\geqq 0$$

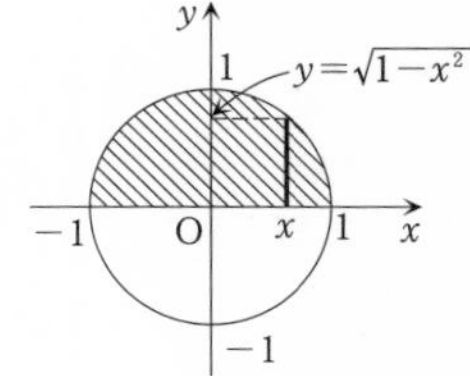

（解） **計算1：**

$$\iint_D x^2y\,dx\,dy=\int_{-1}^1\left(\int_0^{\sqrt{1-x^2}}x^2y\,dy\right)dx$$

$$=\int_{-1}^1\left[\frac{x^2}{2}y^2\right]_{y=0}^{y=\sqrt{1-x^2}}dx=\int_{-1}^1\frac{x^2}{2}(1-x^2)\,dx$$

$$=\int_0^1 x^2(1-x^2)\,dx=\int_0^1(x^2-x^4)\,dx=\left[\frac{x^3}{3}-\frac{x^5}{5}\right]_0^1=\frac{1}{3}-\frac{1}{5}=\frac{2}{15}$$

計算2：

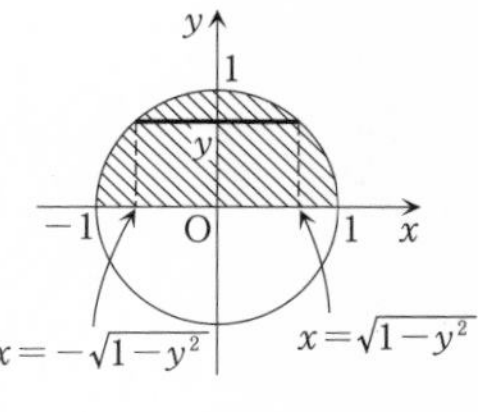

$$\iint_D x^2y\,dx\,dy=\int_0^1\left(\int_{-\sqrt{1-y^2}}^{\sqrt{1-y^2}}x^2y\,dx\right)dy$$

$$=\int_0^1\left[\frac{x^3}{3}y\right]_{x=-\sqrt{1-y^2}}^{x=\sqrt{1-y^2}}dy=\int_0^1\frac{2}{3}(\sqrt{1-y^2})^3y\,dy$$

$$=\int_0^1\frac{2}{3}(1-y^2)^{\frac{3}{2}}y\,dy=\left[-\frac{2}{15}(1-y^2)^{\frac{5}{2}}\right]_0^1$$

$$=-\frac{2}{15}(0-1)=\frac{2}{15}$$

□

（3）　積分の順序変更

上の問 1 の解答に現れた逐次積分について

$$\int_{-1}^{1}\left(\int_{0}^{\sqrt{1-x^2}} x^2 y\,dy\right)dx=\int_{0}^{1}\left(\int_{-\sqrt{1-y^2}}^{\sqrt{1-y^2}} x^2 y\,dx\right)dy$$

という積分の順序変更が成り立つ。これから，逐次積分はもとの重積分に戻ることによって積分の順序を変更できることが分かる。

問 2　次の逐次積分を，もとの 2 重積分に戻し，積分の順序を変更せよ。

$$\int_{0}^{1}\left(\int_{x^2}^{x} f(x,\ y)\,dy\right)dx$$

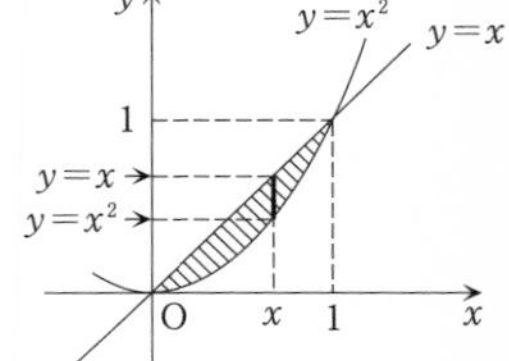

（解）　与えられた逐次積分をまずもとの 2 重積分に戻すことが大切である。境界線，$y=x^2$，$y=x$ に注意すれば，2 重積分の積分範囲が見えてくる。

$$\int_{0}^{1}\left(\int_{x^2}^{x} f(x,\ y)\,dy\right)dx=\iint_D f(x,\ y)\,dx\,dy$$

ここで，積分範囲は $D：x^2 \leqq y \leqq x$ と分かる。

次に，この 2 重積分を与式とは異なるやり方で逐次積分してみよう。

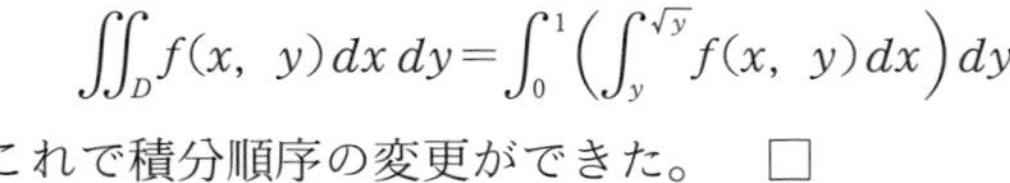

$$\iint_D f(x,\ y)\,dx\,dy=\int_{0}^{1}\left(\int_{y}^{\sqrt{y}} f(x,\ y)\,dx\right)dy$$

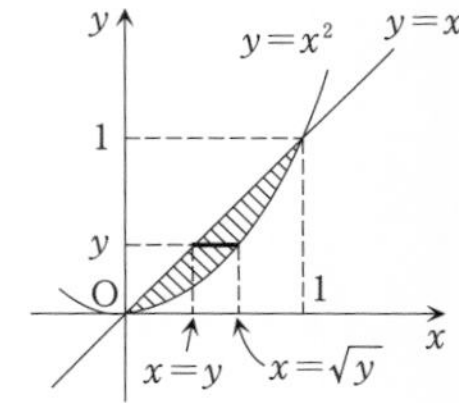

これで積分順序の変更ができた。　□

（4）　3 重積分

2 重積分と同様に 3 重積分も定義される。実際の計算は逐次積分によって実行されるから考え方は難しくはない。ただし，3 重積分の逐次積分の計算はしばしば難しい。

問 3　次の 3 重積分を逐次積分により計算せよ。

$$\iiint_V (x^2+y^2+z^2)\,dx\,dy\,dz,\quad V：0 \leqq x \leqq 1,\ 0 \leqq y \leqq 2,\ 0 \leqq z \leqq 3$$

（解）　$\displaystyle\iiint_V (x^2+y^2+z^2)\,dx\,dy\,dz=\int_0^1\left(\int_0^2\left(\int_0^3 (x^2+y^2+z^2)\,dz\right)dy\right)dx$

$$=\int_0^1\left(\int_0^2\left[(x^2+y^2)z+\frac{z^3}{3}\right]_{z=0}^{z=3}dy\right)dx=\int_0^1\left(\int_0^2 (3x^2+3y^2+9)\,dy\right)dx$$

$$=\int_0^1\left[3x^2y+y^3+9y\right]_{y=0}^{y=2}dx=\int_0^1 (6x^2+8+18)\,dx$$

$$=\left[2x^3+26x\right]_0^1=28$$

□

(5) 微分と積分の順序交換

微分と積分の順序交換は問題としてはそれほど出題されることはないが，応用上とても重要な内容であるから最後に確認しておこう。

[定理]（微分と積分の順序交換）

> $f(x,\ y)$ および偏導関数 $f_y(x,\ y)$ が領域
> $D=\{(x,\ y)\,|\,a\leqq x\leqq b,\ c\leqq y\leqq d\}$ で連続ならば，次が成り立つ。
> $$\frac{d}{dy}\int_a^b f(x,\ y)\,dx=\int_a^b \frac{\partial f}{\partial y}(x,\ y)\,dx$$

（証明）
$$\begin{aligned}\int_c^y\left(\int_a^b \frac{\partial f}{\partial y}(x,\ y)\,dx\right)dy&=\int_a^b\left(\int_c^y \frac{\partial f}{\partial y}(x,\ y)\,dy\right)dx\\&=\int_a^b\Big[f(x,\ y)\Big]_{y=c}^{y=y}dx\\&=\int_a^b\{f(x,\ y)-f(x,\ c)\}\,dx\\&=\int_a^b f(x,\ y)\,dx-\int_a^b f(x,\ c)\,dx\end{aligned}$$

この両辺を y で微分すると
$$\int_a^b \frac{\partial f}{\partial y}(x,\ y)\,dx=\frac{d}{dy}\int_a^b f(x,\ y)\,dx$$
□

問 4 微分と積分の順序交換を利用して，次の等式を示せ。
$$\int_0^1 x^a\log x\,dx=-\frac{1}{(a+1)^2}\quad(a>0)$$

（解） $\displaystyle\int_0^1 x^a\,dx=\frac{1}{a+1}$ の両辺を a で微分すると
$$\frac{d}{da}\int_0^1 x^a\,dx=-\frac{1}{(a+1)^2}$$
ここで，微分と積分の順序交換により
$$\frac{d}{da}\int_0^1 x^a dx=\int_0^1 \frac{\partial}{\partial a}x^a dx=\int_0^1 x^a\log x\,dx$$
であるから
$$\int_0^1 x^a\log x\,dx=-\frac{1}{(a+1)^2}$$
を得る。 □

例題 1 （逐次積分①）

次の 2 重積分を計算せよ。

(1) $\displaystyle\iint_D (x+y+1)^2\,dx\,dy,\qquad D：x+y\leqq 1,\ x\geqq 0,\ y\geqq 0$

(2) $\displaystyle\iint_D xy\,dx\,dy,\qquad D：x^2+y^2\geqq 1,\ y\leqq x+2,\ 0\leqq x\leqq 1$

解説 2 重積分とはグラフ（曲面）の下の体積を表すと思ってよい。すなわち，1 変数のときの定積分がグラフ（曲線）の下の面積を表すのと同じである。2 重積分の計算は**逐次積分**（**累次積分**，**繰り返し積分**ともいう）である。名前は大げさだが，要は体積の計算（切り口の面積を積分）と同じである。

解答 (1) 積分範囲 $D：x+y\leqq 1,\ x\geqq 0,\ y\geqq 0$ は図のようになる。

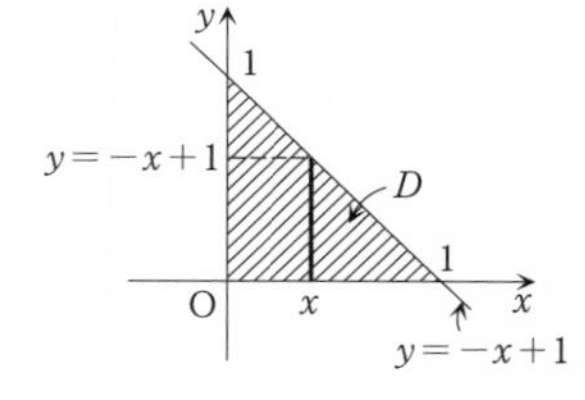

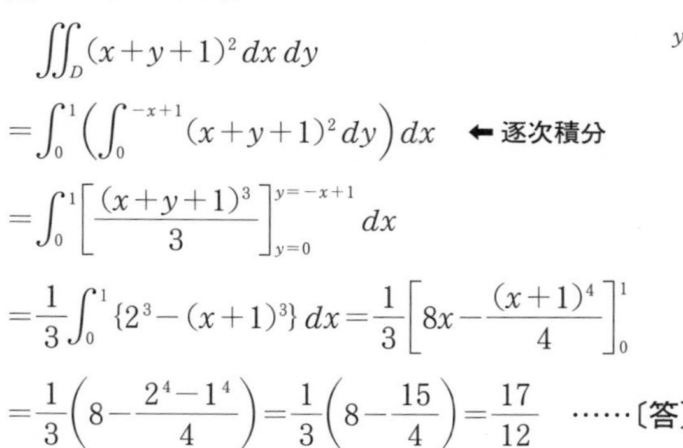

$$\iint_D (x+y+1)^2\,dx\,dy$$

$$=\int_0^1\left(\int_0^{-x+1}(x+y+1)^2\,dy\right)dx \quad \text{⬅ 逐次積分}$$

$$=\int_0^1\left[\frac{(x+y+1)^3}{3}\right]_{y=0}^{y=-x+1}dx$$

$$=\frac{1}{3}\int_0^1\{2^3-(x+1)^3\}\,dx=\frac{1}{3}\left[8x-\frac{(x+1)^4}{4}\right]_0^1$$

$$=\frac{1}{3}\left(8-\frac{2^4-1^4}{4}\right)=\frac{1}{3}\left(8-\frac{15}{4}\right)=\frac{17}{12} \quad \cdots\cdots〔答〕$$

(2) 積分範囲 $D：x^2+y^2\geqq 1,\ y\leqq x+2,\ 0\leqq x\leqq 1$ は図のようになる。

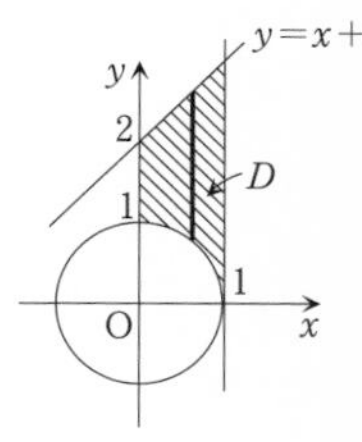

$$\iint_D xy\,dx\,dy=\int_0^1\left(\int_{\sqrt{1-x^2}}^{x+2}xy\,dy\right)dx \quad \text{⬅ 逐次積分}$$

$$=\int_0^1\left[\frac{1}{2}xy^2\right]_{y=\sqrt{1-x^2}}^{y=x+2}dx$$

$$=\frac{1}{2}\int_0^1\{x(x+2)^2-x(1-x^2)\}\,dx$$

$$=\frac{1}{2}\int_0^1(3x+4x^2+2x^3)\,dx$$

$$=\frac{1}{2}\left[\frac{3}{2}x^2+\frac{4}{3}x^3+\frac{1}{2}x^4\right]_0^1=\frac{1}{2}\left(\frac{3}{2}+\frac{4}{3}+\frac{1}{2}\right)=\frac{5}{3} \quad \cdots\cdots〔答〕$$

例題 2 （逐次積分②）

次の 2 重積分を計算せよ。

(1) $\displaystyle\iint_D e^{y^2}dx\,dy$, $D：0\leqq x\leqq 1,\ x\leqq y\leqq 1$

(2) $\displaystyle\iint_D \frac{x}{(x^2+y)^2}dx\,dy$, $D：y\geqq x^2,\ x\geqq 0,\ 1\leqq y\leqq 3$

解説 重積分の計算は逐次積分によって実行するが，その際 x 軸方向に先に積分するかそれとも y 軸方向に先に積分するか判断を要する場合がある。

解答 (1) 積分範囲 $D：0\leqq x\leqq 1,\ x\leqq y\leqq 1$ は図のようになる。

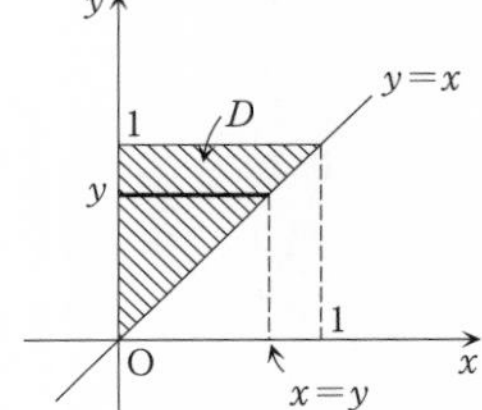

e^{y^2} を y で積分できないので，まず x で積分することを考える。

$$\iint_D e^{y^2}dx\,dy$$

$$=\int_0^1\left(\int_0^y e^{y^2}dx\right)dy \quad \text{← まず } x \text{ で積分}$$

$$=\int_0^1\left[e^{y^2}x\right]_{x=0}^{x=y}dy$$

$$=\int_0^1 e^{y^2}y\,dy \quad \text{← } e^{y^2}y \text{ は } y \text{ で積分できる!!}$$

$$=\left[\frac{1}{2}e^{y^2}\right]_0^1=\frac{e-1}{2} \quad \cdots\cdots〔答〕$$

(2) 積分範囲 $D：y\geqq x^2,\ x\geqq 0,\ 1\leqq y\leqq 3$ は図のようになる。

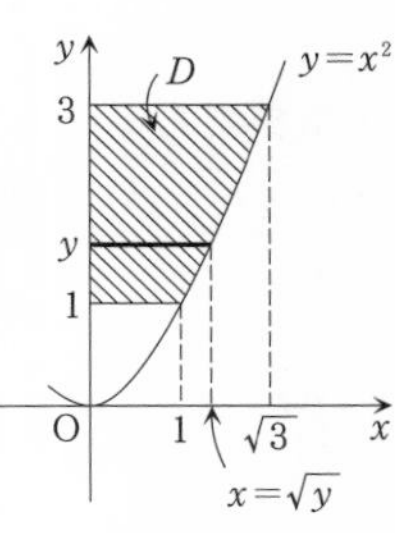

積分範囲の形状から考えて，まず x で積分するのが自然である。

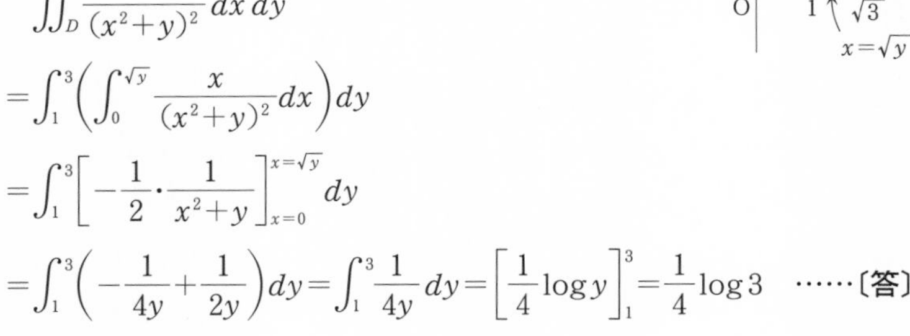

$$\iint_D \frac{x}{(x^2+y)^2}dx\,dy$$

$$=\int_1^3\left(\int_0^{\sqrt{y}}\frac{x}{(x^2+y)^2}dx\right)dy$$

$$=\int_1^3\left[-\frac{1}{2}\cdot\frac{1}{x^2+y}\right]_{x=0}^{x=\sqrt{y}}dy$$

$$=\int_1^3\left(-\frac{1}{4y}+\frac{1}{2y}\right)dy=\int_1^3\frac{1}{4y}dy=\left[\frac{1}{4}\log y\right]_1^3=\frac{1}{4}\log 3 \quad \cdots\cdots〔答〕$$

例題 3（積分の順序変更①）

次の積分の順序を変更せよ。

(1)　$\displaystyle\int_0^1\left(\int_0^{x^2} f(x,\ y)\,dy\right)dx$　　　(2)　$\displaystyle\int_0^1\left(\int_{y-1}^{-y+1} f(x,\ y)\,dx\right)dy$

解 説　逐次積分において積分の順序を変更することは実際の計算上も重要な操作である。式だけを見て機械的に解決しようとしてもうまくいかない。一度もとの 2 重積分に戻ることがポイントである。

解 答　もとの 2 重積分の積分領域 D を知るコツは，逐次積分の範囲から領域の“境界線”を確認することである。

(1)　はじめに $y=0$ から $y=x^2$ まで y で積分していることに注意する。そのあと $x=0$ から $x=1$ まで x で積分しているから，もとの 2 重積分の積分領域 D は図のような領域であることが分かる。

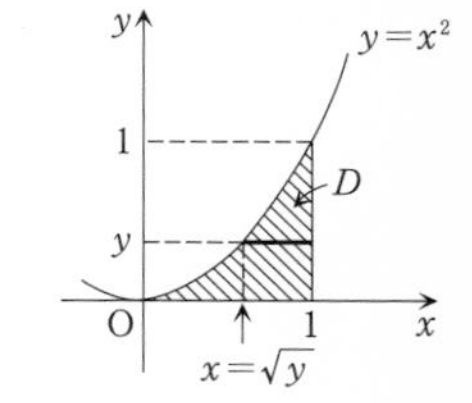

よって，積分の順序を変更すると

$$\int_0^1\left(\int_0^{x^2} f(x,\ y)\,dy\right)dx$$

$$=\iint_D f(x,\ y)\,dx\,dy$$ ⬅ **一度 2 重積分に戻る**

$$=\int_0^1\left(\int_{\sqrt{y}}^1 f(x,\ y)\,dx\right)dy$$ ……〔答〕

(2)　はじめに $x=y-1$（$y=x+1$）から $x=-y+1$（$y=-x+1$）まで x で積分していることに注意する。そのあと $y=0$ から $y=1$ まで y で積分しているから，もとの 2 重積分の積分領域 D は図のような領域であることが分かる。

よって，積分の順序を変更すると

$$\int_0^1\left(\int_{y-1}^{-y+1} f(x,\ y)\,dx\right)dy$$

$$=\iint_D f(x,\ y)\,dx\,dy$$ ⬅ **一度 2 重積分に戻る**

$$=\int_{-1}^0\left(\int_0^{x+1} f(x,\ y)\,dy\right)dx+\int_0^1\left(\int_0^{-x+1} f'(x,\ y)\,dy\right)dx$$ ……〔答〕

（注）　(2)を見れば積分の順序変更は機械的な作業でないことがよく分かるだろう。そもそも 2 重積分は逐次積分によって計算が実行されるが，その積分の順序として 2 通りが考えられる。与えられた逐次積分の積分順序を変更したいときには，いったんもとの 2 重積分に戻ることが必要となる。

例題 4 （積分の順序変更②）

次の逐次積分を計算せよ。

(1) $\displaystyle\int_0^1\left(\int_y^1 e^{x^2}y^2dx\right)dy$　　(2) $\displaystyle\int_0^{\frac{\sqrt{\pi}}{2}}\left(\int_x^{\frac{\sqrt{\pi}}{2}}\cos(y^2)dy\right)dx$

解説 与えられた逐次積分がそのままの積分順序で計算しにくい場合などは積分順序を変更して計算してみる。逐次積分の範囲からもとの2重積分の積分領域 D を判断する。

解答 (1) $\displaystyle\int_0^1\left(\int_y^1 e^{x^2}y^2dx\right)dy$

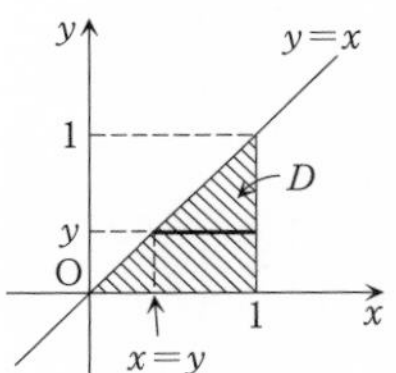

$$=\iint_D e^{x^2}y^2dx\,dy \quad \text{← 一度 2 重積分に戻る}$$

$$=\int_0^1\left(\int_0^x e^{x^2}y^2dy\right)dx$$

$$=\int_0^1\left[e^{x^2}\frac{y^3}{3}\right]_{y=0}^{y=x}dx=\int_0^1\frac{1}{3}x^3e^{x^2}dx \quad \cdots\cdots(*)$$

ここで $x^2=t$ とおくと，$2x\,dx=dt$　　$\therefore$　$x\,dx=\dfrac{1}{2}dt$

また，$x:0\to1$ のとき，$t:0\to1$ であるから

$$(*)=\int_0^1\frac{1}{3}x^2e^{x^2}\cdot x\,dx=\int_0^1\frac{1}{3}te^t\cdot\frac{1}{2}dt=\frac{1}{6}\int_0^1te^tdt$$

$$=\frac{1}{6}\left(\left[te^t\right]_0^1-\int_0^1e^tdt\right)=\frac{1}{6}\{e-(e-1)\}=\frac{1}{6} \quad \cdots\cdots〔答〕$$

(2) $\displaystyle\int_0^{\frac{\sqrt{\pi}}{2}}\left(\int_x^{\frac{\sqrt{\pi}}{2}}\cos(y^2)dy\right)dx$

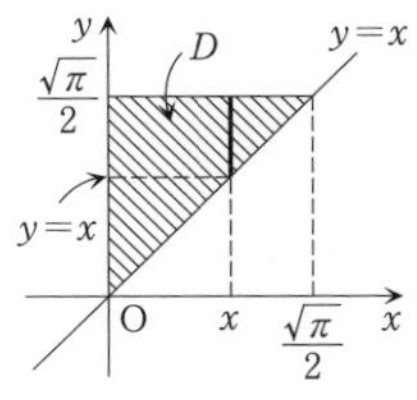

$$=\iint_D\cos(y^2)dx\,dy \quad \text{← 一度 2 重積分に戻る}$$

$$=\int_0^{\frac{\sqrt{\pi}}{2}}\left(\int_0^y\cos(y^2)dx\right)dy$$

$$=\int_0^{\frac{\sqrt{\pi}}{2}}\left[x\cos(y^2)\right]_{x=0}^{x=y}dy$$

$$=\int_0^{\frac{\sqrt{\pi}}{2}}y\cos(y^2)dy=\left[\frac{1}{2}\sin(y^2)\right]_0^{\frac{\sqrt{\pi}}{2}}$$

$$=\frac{1}{2}\sin\frac{\pi}{4}=\frac{\sqrt{2}}{4} \quad \cdots\cdots〔答〕$$

例題 5（3 重積分）

次の 3 重積分を計算せよ。

$$\iiint_V \frac{1}{(x+y+z+1)^3}\,dx\,dy\,dz,\quad V: x+y+z\leqq 1,\ x\geqq 0,\ y\geqq 0,\ z\geqq 0$$

解説　3 重積分の計算も 2 重積分の計算と全く同様であるが，逐次積分がきちんと理解できないと簡単につまずいてしまう。ここでは理解しやすいように x, y, z の順に積分してみよう。

積分範囲は右図のような三角錐であり，z を止めたときの (x, y) の存在範囲は右下図（斜線部分）のような領域であることに注意する。

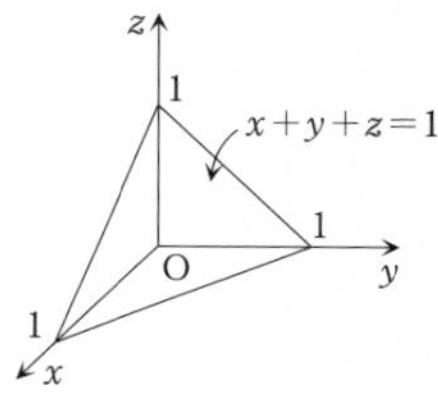

まず最初に y を止めて $x=0$ から $x=1-z-y$ まで x で積分し，次に $y=0$ から $y=1-z$ まで y で積分し，最後に $z=0$ から $z=1$ まで z で積分すればよい。

解答　$\displaystyle\iiint_V \frac{1}{(x+y+z+1)^3}\,dx\,dy\,dz$

$$=\int_0^1\left(\int_0^{1-z}\left(\int_0^{1-z-y}\frac{1}{(x+y+z+1)^3}\,dx\right)dy\right)dz$$

$$=\int_0^1\left(\int_0^{1-z}\left[\frac{-1}{2(x+y+z+1)^2}\right]_{x=0}^{x=1-z-y}dy\right)dz$$

$$=\int_0^1\left(\int_0^{1-z}\frac{1}{2}\left\{\frac{1}{(y+z+1)^2}-\frac{1}{2^2}\right\}dy\right)dz$$

$$=\int_0^1\left[\frac{1}{2}\left(-\frac{1}{y+z+1}-\frac{1}{4}y\right)\right]_{y=0}^{y=1-z}dz$$

$$=\int_0^1\frac{1}{2}\left\{-\frac{1}{2}+\frac{1}{z+1}-\frac{1}{4}(1-z)\right\}dz$$

$$=\int_0^1\frac{1}{2}\left(-\frac{3}{4}+\frac{1}{z+1}+\frac{1}{4}z\right)dz=\left[\frac{1}{2}\left(-\frac{3}{4}z+\log|z+1|+\frac{1}{8}z^2\right)\right]_0^1$$

$$=\frac{1}{2}\left(-\frac{3}{4}+\log 2+\frac{1}{8}\right)=\frac{1}{2}\left(\log 2-\frac{5}{8}\right)$$ ……〔答〕

（注）　解答の 2 行目の逐次積分を

$$\int_0^1 dz\int_0^{1-z}dy\int_0^{1-z-y}\frac{1}{(x+y+z+1)^3}\,dx$$

と表すこともある。

■ 演習問題　5. 1

▶解答は p. 289

1 次の 2 重積分を計算せよ。

(1) $\iint_D xy\,dx\,dy$,　$D: 0 \leqq x \leqq 1,\ x \leqq y \leqq 2x$

(2) $\iint_D e^x y\,dx\,dy$,　$D: 0 \leqq x \leqq y,\ 0 \leqq y \leqq 1$

(3) $\iint_D \cos(x+y)\,dx\,dy$,　$D: 2x+y \leqq \dfrac{\pi}{2},\ x \geqq 0,\ y \geqq 0$

(4) $\iint_D xy\,dx\,dy$,　$D: \dfrac{x^2}{4}+y^2 \leqq 1,\ x \geqq 0,\ y \geqq 0$

2 次の 2 重積分を計算せよ。

(1) $\iint_D e^{y^3}\,dx\,dy$,　$D: 0 \leqq x \leqq y^2,\ 0 \leqq y \leqq 1$

(2) $\iint_D \dfrac{1}{\sqrt{1+x^2}}\,dx\,dy$,　$D: 0 \leqq y \leqq x \leqq 1$

3 次の積分の順序を変更せよ。

(1) $\int_0^1 \left(\int_{x^2}^{x} f(x,\ y)\,dy \right) dx$　　(2) $\int_0^1 \left(\int_y^{2-y} f(x,\ y)\,dx \right) dy$

4 次の逐次積分を計算せよ。

(1) $\int_0^1 \left(\int_{x^2}^{1} \dfrac{2x}{\sqrt{y^2+1}}\,dy \right) dx$　　(2) $\int_0^1 \left(\int_y^{1} \sin\dfrac{\pi x^2}{2}\,dx \right) dy$

5 次の 3 重積分を計算せよ。

(1) $\iiint_V x^2 yz\,dx\,dy\,dz$,　$V: 0 \leqq x \leqq y \leqq z \leqq 1$

(2) $\iiint_V \sin(x+y+z)\,dx\,dy\,dz$,　$V: 0 \leqq y \leqq x \leqq \dfrac{\pi}{2},\ 0 \leqq z \leqq x+y$

(3) $\iiint_V (x+y+z)\,dx\,dy\,dz$,　$V: x+y+z \leqq 1,\ x \geqq 0,\ y \geqq 0,\ z \geqq 0$

5.2 変数変換

〔目標〕 重積分における変数変換の公式が自由自在に使えるようにする。

（1） 変数変換

重積分を計算するとき，積分範囲の形状や被積分関数の形などの理由で逐次積分の計算に進むことが困難な場合がある。このようなとき，変数変換の公式が重要となる。これは1変数関数の積分における置換積分法の多変数版である。

［定理］（変数変換の公式）

$f(x,\ y)$ は D 上連続とする。変数変換 $x=\varphi(u,\ v)$，$y=\phi(u,\ v)$ によって，積分領域 D が領域 E に移るとき，次が成り立つ。

$$\iint_D f(x,\ y)\,dx\,dy=\iint_E f(\varphi(u,\ v),\ \phi(u,\ v))\left|\frac{\partial(x,\ y)}{\partial(u,\ v)}\right|du\,dv$$

（注1） 関数行列式 $\dfrac{\partial(x,\ y)}{\partial(u,\ v)}=\det\begin{pmatrix}x_u & x_v\\ y_u & y_v\end{pmatrix}=\begin{vmatrix}x_u & x_v\\ y_u & y_v\end{vmatrix}$ は**ヤコビアン**とよばれる。公式中の $\left|\dfrac{\partial(x,\ y)}{\partial(u,\ v)}\right|$ はヤコビアン $\dfrac{\partial(x,\ y)}{\partial(u,\ v)}$ の絶対値である。

（注2） 厳密には，変数変換の公式において，E から D への写像 $x=\varphi(u,v)$，$y=\phi(u,\ v)$ は以下に示すいくつかの条件を満たさなければならない。

- $x=\varphi(u,\ v)$，$y=\phi(u,\ v)$ は E 上 C^1 級（連続な偏導関数をもつ）である。
- E から D への写像は面積0の集合を除いて，1対1対応である。
- ヤコビアンは面積0の集合を除いて，0にはならない。

（注3） 変数変換の公式の自然でかつ厳密な証明は非常に難しい。興味のある人は高木貞治著「解析概論」（岩波書店）などを参照せよ。

（注4） 変数変換の公式は，1変数の置換積分の公式：

$$\int_a^b f(x)\,dx=\int_\alpha^\beta f(\varphi(u))\frac{dx}{du}du$$

の多変数版であるが，1変数の置換積分の公式では絶対値がつかないのに重積分の変数変換の公式では絶対値がついているのが異様に感じるだろう。これは1変数の積分では積分の向きまで考えているのに対し，重積分では積分の向きまでは考えていないことによる。

問 1 次の重積分を変数変換の公式を使って計算せよ。

$$\iint_D (x+y)e^{x-y}\,dx\,dy,\quad D: 0 \leqq x+y \leqq 1,\ 0 \leqq x-y \leqq 1$$

(解) 変数変換 $x+y=u$, $x-y=v$ により，積分範囲 D は
$E: 0 \leqq u \leqq 1,\ 0 \leqq v \leqq 1$ に移る。

また，$x=\dfrac{u+v}{2}$, $y=\dfrac{u-v}{2}$ より

$$\frac{\partial(x,\ y)}{\partial(u,\ v)}=\begin{vmatrix} x_u & x_v \\ y_u & y_v \end{vmatrix}=\begin{vmatrix} \dfrac{1}{2} & \dfrac{1}{2} \\ \dfrac{1}{2} & -\dfrac{1}{2} \end{vmatrix}=-\frac{1}{2}$$

$$\therefore\ \left|\frac{\partial(x,\ y)}{\partial(u,\ v)}\right|=\frac{1}{2}$$ ⬅ **ヤコビアンの絶対値!!**

よって

$$\iint_D (x+y)e^{x-y}\,dx\,dy=\iint_E ue^v\cdot\frac{1}{2}\,du\,dv$$ ⬅ **別の重積分に変換する**

$$=\int_0^1\left(\int_0^1 \frac{1}{2}ue^v dv\right)du=\frac{1}{2}\times\int_0^1 u\,du\times\int_0^1 e^v\,dv=\frac{e-1}{4}$$ □

(2) 極座標変換

変数変換のうち，極座標変換：$x=r\cos\theta$, $y=r\sin\theta$ は特に重要である。

$$\frac{\partial(x,\ y)}{\partial(r,\ \theta)}=\begin{vmatrix} x_r & x_\theta \\ y_r & y_\theta \end{vmatrix}=\begin{vmatrix} \cos\theta & -r\sin\theta \\ \sin\theta & r\cos\theta \end{vmatrix}=r\cos^2\theta+r\sin^2\theta=r \geqq 0$$

$$\therefore\ \left|\frac{\partial(x,\ y)}{\partial(r,\ \theta)}\right|=r$$ ⬅ **これは覚えておくとよい**

問 2 次の重積分を極座標変換を使って計算せよ。

$$\iint_D \sqrt{1-x^2-y^2}\,dx\,dy,\quad D: x^2+y^2 \leqq 1$$

(解) 極座標変換，$x=r\cos\theta$, $y=r\sin\theta$ により，積分範囲 D は
$E: 0 \leqq r \leqq 1,\ 0 \leqq \theta \leqq 2\pi$ に移る。

よって

$$\iint_D \sqrt{1-x^2-y^2}\,dx\,dy=\iint_E \sqrt{1-r^2}\cdot r\,dr\,d\theta=\int_0^1\left(\int_0^{2\pi} r\sqrt{1-r^2}\,d\theta\right)dr$$

$$=\int_0^{2\pi} d\theta\times\int_0^1 r\sqrt{1-r^2}\,dr=2\pi\left[-\frac{1}{3}(1-r^2)^{\frac{3}{2}}\right]_0^1=\frac{2\pi}{3}$$ □

（3）　3重積分における極座標変換

3重積分でも同様な変数変換の公式が成り立つが，空間における極座標は少し注意を要する。

（i）　図のように極座標（r, θ, φ）を定める。

このとき，図から分かるように

$$x=r\sin\theta\cos\varphi,\ y=r\sin\theta\sin\varphi,\ z=r\cos\theta$$

$$r\geqq 0,\ 0\leqq\theta\leqq\pi,\ 0\leqq\varphi\leqq 2\pi$$

また，ヤコビアンは，サラスの方法で計算して

$$\frac{\partial(x,\ y,\ z)}{\partial(r,\ \theta,\ \varphi)}=\begin{vmatrix}\sin\theta\cos\varphi & r\cos\theta\cos\varphi & -r\sin\theta\sin\varphi\\ \sin\theta\sin\varphi & r\cos\theta\sin\varphi & r\sin\theta\cos\varphi\\ \cos\theta & -r\sin\theta & 0\end{vmatrix}$$

$$=r^2(\sin\theta\cos^2\theta\cos^2\varphi+\sin^3\theta\sin^2\varphi+\sin\theta\cos^2\theta\sin^2\varphi+\sin^3\theta\cos^2\varphi)$$

$$=r^2\{\sin\theta\cos^2\theta(\cos^2\varphi+\sin^2\varphi)+\sin^3\theta(\sin^2\varphi+\cos^2\varphi)\}$$

$$=r^2(\sin\theta\cos^2\theta+\sin^3\theta)=r^2\sin\theta$$

よって，$\left|\dfrac{\partial(x,\ y,\ z)}{\partial(r,\ \theta,\ \varphi)}\right|=|r^2\sin\theta|=r^2\sin\theta$　（$\because$　$0\leqq\theta\leqq\pi$）

（注）　空間における極座標は上の式をただ丸暗記しているだけではまずい。問題文にこれとは別の極座標（緯度の測り方が違う）が指定されていることもあるからである。

（ii）　図のように極座標（r, θ, φ）を定める。

このとき，図から分かるように

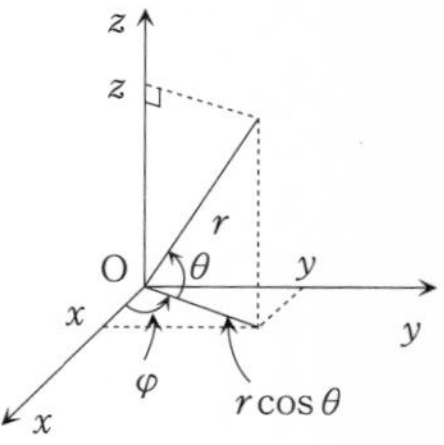

$$x=r\cos\theta\cos\varphi,\ y=r\cos\theta\sin\varphi,\ z=r\sin\theta$$

$$r\geqq 0,\ -\frac{\pi}{2}\leqq\theta\leqq\frac{\pi}{2},\ 0\leqq\varphi\leqq 2\pi$$

また，ヤコビアンは，サラスの方法で計算して

$$\frac{\partial(x,\ y,\ z)}{\partial(r,\ \theta,\ \varphi)}=\begin{vmatrix}\cos\theta\cos\varphi & -r\sin\theta\cos\varphi & -r\cos\theta\sin\varphi\\ \cos\theta\sin\varphi & -r\sin\theta\sin\varphi & r\cos\theta\cos\varphi\\ \sin\theta & r\cos\theta & 0\end{vmatrix}$$

$$=-r^2(\sin^2\theta\cos\theta\cos^2\varphi+\cos^3\theta\sin^2\varphi+\sin^2\theta\cos\theta\sin^2\varphi+\cos^3\theta\cos^2\varphi)$$

$$=-r^2\{\sin^2\theta\cos\theta(\cos^2\varphi+\sin^2\varphi)+\cos^3\theta(\sin^2\varphi+\cos^2\varphi)\}$$

$$=-r^2(\sin^2\theta\cos\theta+\cos^3\theta)=-r^2\cos\theta$$

よって，$\left|\dfrac{\partial(x,\ y,\ z)}{\partial(r,\ \theta,\ \varphi)}\right|=|-r^2\cos\theta|=r^2\cos\theta$　$\left(\because\ \ -\dfrac{\pi}{2}\leqq\theta\leqq\dfrac{\pi}{2}\right)$　□

問 3　次の3重積分を極座標変換を使って計算せよ。

$$\iiint_V z^2\,dx\,dy\,dz,\quad V：x^2+y^2+z^2 \leqq 1$$

(解)　極座標変換：$x=r\sin\theta\cos\varphi$，$y=r\sin\theta\sin\varphi$，$z=r\cos\theta$ により積分範囲 V は $W：0\leqq r\leqq 1$，$0\leqq\theta\leqq\pi$，$0\leqq\varphi\leqq 2\pi$ に移る。

よって

$$\iiint_V z^2\,dx\,dy\,dz=\iiint_W r^2\cos^2\theta\cdot r^2\sin\theta\,dr\,d\theta\,d\varphi$$

$$=\int_0^1\left(\int_0^\pi\left(\int_0^{2\pi} r^4\cos^2\theta\sin\theta\,d\varphi\right)d\theta\right)dr$$ **⬅ 逐次積分**

$$=\int_0^1 r^4\,dr\times\int_0^\pi\cos^2\theta\sin\theta\,d\theta\times\int_0^{2\pi}d\varphi$$ **⬅ 3つの積分に分解する**

$$=\left[\frac{r^5}{5}\right]_0^1\times\left[-\frac{1}{3}\cos^3\theta\right]_0^\pi\times 2\pi=\frac{1}{5}\times\frac{2}{3}\times 2\pi=\frac{4}{15}\pi$$ □

(4)　3重積分における円柱座標への変換

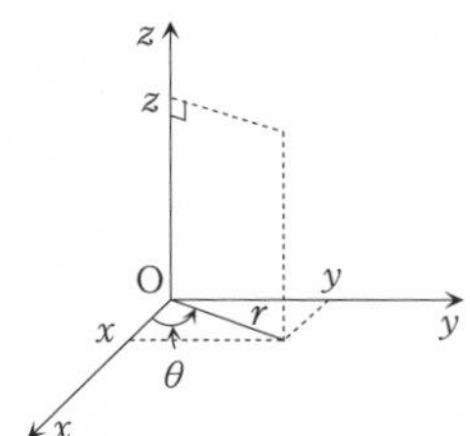

次のような円柱座標への変換もある。

$x=r\cos\theta$，$y=r\sin\theta$，$z=z$

$r\geqq 0$，$0\leqq\theta\leqq 2\pi$，$-\infty<z<\infty$

このとき

$$\left|\frac{\partial(x,\ y,\ z)}{\partial(r,\ \theta,\ z)}\right|=\begin{vmatrix}\cos\theta & -r\sin\theta & 0\\ \sin\theta & r\cos\theta & 0\\ 0 & 0 & 1\end{vmatrix}=r\qquad\therefore\quad\left|\frac{\partial(x,\ y,\ z)}{\partial(r,\ \theta,\ z)}\right|=r$$

問 4　次の3重積分を円柱座標変換を使って計算せよ。

$$\iiint_V z\,dx\,dy\,dz,\quad V：x^2+y^2\leqq 1,\ 0\leqq z\leqq y$$

(解)　円柱座標変換：$x=r\cos\theta$，$y=r\sin\theta$，$z=z$ により積分範囲 V は $W：0\leqq r\leqq 1$，$0\leqq\theta\leqq\pi$，$0\leqq z\leqq r\sin\theta$ に移る。よって

$$\iiint_V z\,dx\,dy\,dz=\iiint_W z\cdot r\,dr\,d\theta\,dz\quad\leftarrow\left|\frac{\partial(x,\ y,\ z)}{\partial(r,\ \theta,\ z)}\right|=r$$

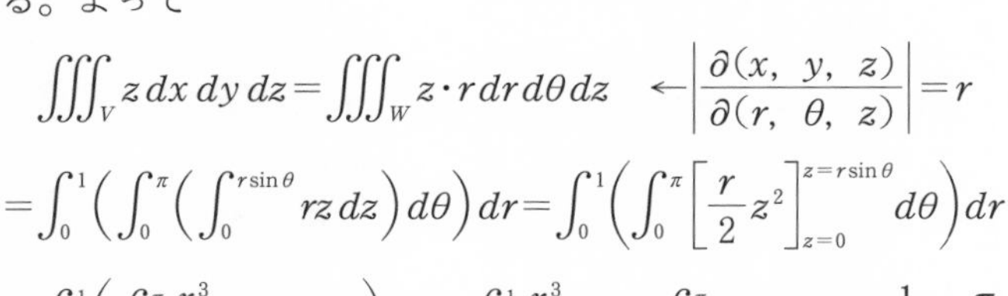

$$=\int_0^1\left(\int_0^\pi\left(\int_0^{r\sin\theta} rz\,dz\right)d\theta\right)dr=\int_0^1\left(\int_0^\pi\left[\frac{r}{2}z^2\right]_{z=0}^{z=r\sin\theta}d\theta\right)dr$$

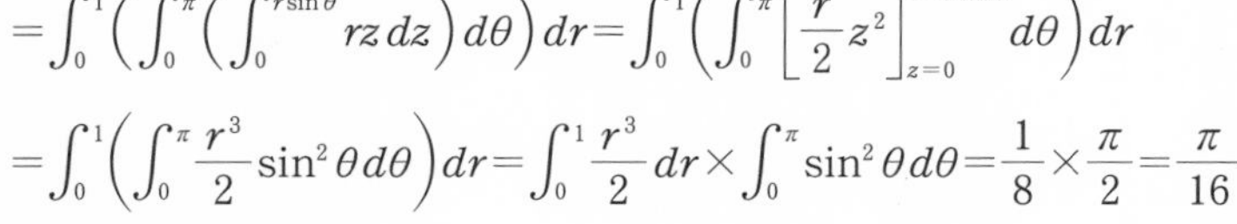

$$=\int_0^1\left(\int_0^\pi\frac{r^3}{2}\sin^2\theta\,d\theta\right)dr=\int_0^1\frac{r^3}{2}dr\times\int_0^\pi\sin^2\theta\,d\theta=\frac{1}{8}\times\frac{\pi}{2}=\frac{\pi}{16}$$

例題1（変数変換の基本）

次の2重積分を計算せよ。

$$\iint_D (x+y)\sin\pi(x-y)\,dx\,dy,\quad D：0 \leqq x+y \leqq 1,\ 0 \leqq x-y \leqq 1$$

解説　重積分の計算において変数変換は極めて重要である。変数変換の公式は次のように表される。

変数変換 $x=\varphi(u,\ v)$, $y=\phi(u,\ v)$ によって積分領域 D が領域 E に移るとき，与えられた2重積分が次のように別の2重積分に置き換えられる。

$$\iint_D f(x,\ y)\,dx\,dy=\iint_E f(\varphi(u,\ v),\ \phi(u,\ v))\left|\frac{\partial(x,\ y)}{\partial(u,\ v)}\right|du\,dv$$

具体的な計算においてはどのような変数変換が適当であるかを判断しなければならないが，それは積分領域の形および被積分関数の形から考える。変数変換したとき，**ヤコビアンの絶対値**をかけるのを忘れないように注意しよう。

解答　$x+y=u$, $x-y=v$ とおくと

$D：0 \leqq x+y \leqq 1,\ 0 \leqq x-y \leqq 1$ は，$E：0 \leqq u \leqq 1,\ 0 \leqq v \leqq 1$ に移る。

このとき，$x=\dfrac{u+v}{2}$, $y=\dfrac{u-v}{2}$ より

$$\frac{\partial(x,\ y)}{\partial(u,\ v)}=\begin{vmatrix}\frac{1}{2} & \frac{1}{2}\\ \frac{1}{2} & -\frac{1}{2}\end{vmatrix}=-\frac{1}{2}$$

$$\therefore\quad \left|\frac{\partial(x,\ y)}{\partial(u,\ v)}\right|=\frac{1}{2}$$ ← **ヤコビアンの絶対値**

よって

$$\iint_D (x+y)\sin\pi(x-y)\,dx\,dy$$ ← **この2重積分は計算しない**

$$=\iint_E u\sin\pi v\cdot\frac{1}{2}\,du\,dv$$ ← **この2重積分を計算する**

$$=\int_0^1\left(\int_0^1 \frac{1}{2}u\sin\pi v\,dv\right)du$$ ← **2重積分の計算は逐次積分で実行する**

$$=\frac{1}{2}\times\int_0^1 u\,du\times\int_0^1 \sin\pi v\,dv$$ ← **ここでは1変数の定積分の積に分解する**

$$=\frac{1}{2}\times\left[\frac{u^2}{2}\right]_0^1\times\left[-\frac{1}{\pi}\cos\pi v\right]_0^1=\frac{1}{2}\times\frac{1}{2}\times\left\{-\frac{1}{\pi}(-1-1)\right\}=\frac{1}{2\pi}$$ ……〔答〕

例題 2（極座標変換）

次の 2 重積分を計算せよ。

(1) $\iint_D (x-y)\,dx\,dy$, $D: x^2+y^2 \leqq 1$, $y \geqq 0$

(2) $\iint_D x^2\,dx\,dy$, $D: (x-1)^2+y^2 \leqq 1$

解説 変数変換の中でも**極座標変換**は頻出である。$x=r\cos\theta$, $y=r\sin\theta$ のときのヤコビアンの絶対値が r であることは覚えておいてもよい。ただし，原点を極にとるとは限らない。極をずらしてもヤコビアンは同じであることに注意しよう。

解答 (1) $x=r\cos\theta$, $y=r\sin\theta$ とおくと

D は $E: 0 \leqq r \leqq 1$, $0 \leqq \theta \leqq \pi$ に移る。

よって

$$\iint_D (x-y)\,dx\,dy = \iint_E (r\cos\theta - r\sin\theta)\cdot r\,dr\,d\theta$$

← ヤコビアンの絶対値が r

$$= \int_0^{\pi}\left(\int_0^1 r^2(\cos\theta-\sin\theta)\,dr\right)d\theta$$

$$= \int_0^1 r^2\,dr \times \int_0^{\pi}(\cos\theta-\sin\theta)\,d\theta$$

$$= \left[\frac{r^3}{3}\right]_0^1 \times \Bigl[\sin\theta+\cos\theta\Bigr]_0^{\pi} = \frac{1}{3}\cdot(-2) = -\frac{2}{3}$$ ……〔答〕

(2) $x=1+r\cos\theta$, $y=r\sin\theta$ とおくと

D は $E: 0 \leqq r \leqq 1$, $0 \leqq \theta \leqq 2\pi$ に移る。

よって

$$\iint_D x^2\,dx\,dy = \iint_E (1+r\cos\theta)^2\cdot r\,dr\,d\theta$$

← ここでもヤコビアンの絶対値は r

$$= \int_0^1\left(\int_0^{2\pi}(r+2r^2\cos\theta+r^3\cos^2\theta)\,d\theta\right)dr$$

$$= \int_0^1\left(\int_0^{2\pi}\left(r+2r^2\cos\theta+r^3\frac{1+\cos 2\theta}{2}\right)d\theta\right)dr$$

$$= \int_0^1\left[r\theta+2r^2\sin\theta+\frac{r^3}{2}\left(\theta+\frac{1}{2}\sin 2\theta\right)\right]_0^{2\pi}dr$$

$$= \int_0^1\left(2\pi r+\frac{r^3}{2}\cdot 2\pi\right)dr = \left[\pi r^2+\frac{\pi}{4}r^4\right]_0^1 = \frac{5\pi}{4}$$ ……〔答〕

例題 3（やや難しい変数変換）

次の 2 重積分を計算せよ。

(1) $\iint_D e^{(x+y)^2}dx\,dy$,　$D：x+y\leqq 1,\ x\geqq 0,\ y\geqq 0$

(2) $\iint_D e^{x^2+y^2}dx\,dy$,　$D：x^2+y^2\leqq 1,\ x\geqq 0,\ y\geqq 0$

解説　本問の 2 重積分は逐次積分によって計算することができない。なぜならば，被積分関数が x で積分することも y で積分することもできないからである。そこで，変数変換により，逐次積分ができる他の 2 重積分に変換することを工夫する。

解答　(1)　$x+y=u,\ y=v$ とおくと

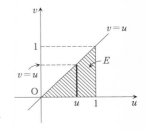

$D：x+y\leqq 1,\ x\geqq 0,\ y\geqq 0$ は

$E：u\leqq 1,\ u-v\geqq 0,\ v\geqq 0$

すなわち，$E：u\leqq 1,\ 0\leqq v\leqq u$ に移る。

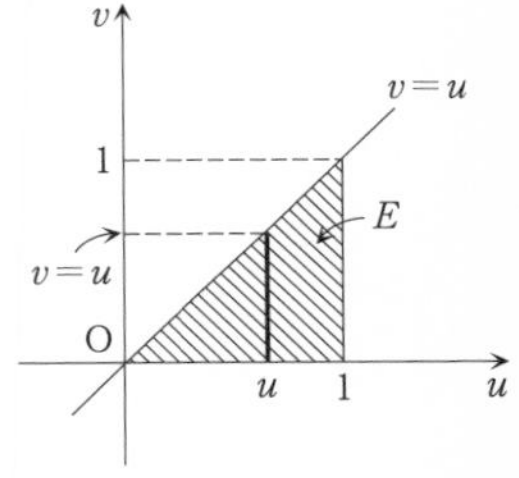

このとき，$x=u-v,\ y=v$ より

$$\frac{\partial(x,\ y)}{\partial(u,\ v)}=\begin{vmatrix}1 & -1\\0 & 1\end{vmatrix}=1 \qquad \therefore \quad \left|\frac{\partial(x,\ y)}{\partial(u,\ v)}\right|=1$$

よって

$$\iint_D e^{(x+y)^2}dx\,dy=\iint_E e^{u^2}\cdot 1\,du\,dv$$ ⬅ **この 2 重積分は逐次積分ができる!!**

$$=\int_0^1\left(\int_0^u e^{u^2}dv\right)du$$ ⬅ **逐次積分の順序に注意!!**

$$=\int_0^1\left[e^{u^2}v\right]_{v=0}^{v=u}du=\int_0^1 e^{u^2}u\,du$$ ⬅ **e^{x^2} は積分できないが，$e^{x^2}x$ の積分は簡単!!**

$$=\left[\frac{1}{2}e^{u^2}\right]_0^1=\frac{e-1}{2}$$ ……〔答〕

(2)　極座標変換により

$$\iint_D e^{x^2+y^2}dx\,dy=\iint_E e^{r^2}\cdot r\,dr\,d\theta \quad ただし，E：0\leqq r\leqq 1,\ 0\leqq\theta\leqq\frac{\pi}{2}$$

$$=\int_0^1\left(\int_0^{\frac{\pi}{2}} re^{r^2}d\theta\right)dr=\frac{\pi}{2}\int_0^1 re^{r^2}dr=\frac{\pi}{2}\left[\frac{1}{2}e^{r^2}\right]_0^1=\frac{\pi}{4}(e-1)$$ ……〔答〕

（注）　いずれの 2 重積分ももとの積分領域 D の形が運よく被積分関数と相性の良い形だったため逐次積分できる 2 重積分に変換できたことに注意しよう。

例題 4 （2 重積分の応用①：体積）

放物面 $z=x^2+y^2$ と円柱面 $(x-1)^2+y^2=1$ および xy 平面で囲まれた部分の体積を求めよ。

解 説 2 重積分の計算が自由にできるようになったところで，その応用としていろいろな立体の体積が計算できる。まず求める立体の体積がどのような 2 重積分で表されるかを考える。

解 答 xy 平面上の領域 D を

$$D：(x-1)^2+y^2 \leqq 1$$

で定めるとき，求める体積 V は

$$V=\iint_D (x^2+y^2)\,dx\,dy$$

で表される。

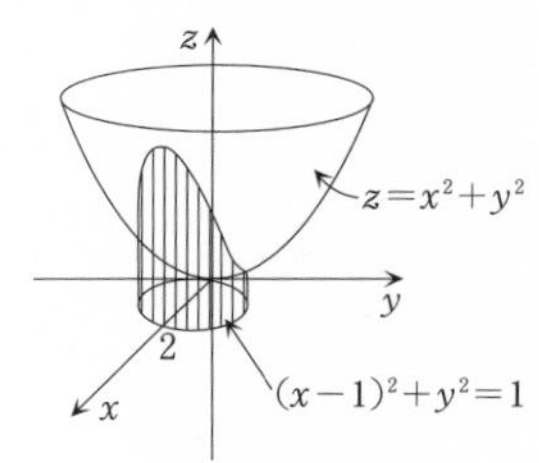

$x=r\cos\theta$, $y=r\sin\theta$ とおくと

D は E：$-\dfrac{\pi}{2} \leqq \theta \leqq \dfrac{\pi}{2}$, $0 \leqq r \leqq 2\cos\theta$ に移る。

このとき，ヤコビアンの絶対値は $\left|\dfrac{\partial(x,\ y)}{\partial(r,\ \theta)}\right|=r$ であり

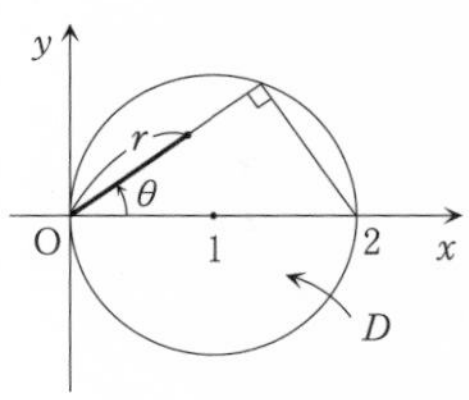

$$\begin{aligned}
V&=\iint_D (x^2+y^2)\,dx\,dy=\iint_E r^2 \cdot r\,dr\,d\theta \\
&=\int_{-\frac{\pi}{2}}^{\frac{\pi}{2}}\left(\int_0^{2\cos\theta} r^3 dr\right)d\theta \\
&=\int_{-\frac{\pi}{2}}^{\frac{\pi}{2}}\left[\frac{r^4}{4}\right]_0^{2\cos\theta} d\theta=\int_{-\frac{\pi}{2}}^{\frac{\pi}{2}} 4\cos^4\theta\,d\theta \\
&=8\int_0^{\frac{\pi}{2}}\cos^4\theta\,d\theta=8\int_0^{\frac{\pi}{2}}\left(\frac{1+\cos 2\theta}{2}\right)^2 d\theta \\
&=2\int_0^{\frac{\pi}{2}}(1+2\cos 2\theta+\cos^2 2\theta)\,d\theta \\
&=2\int_0^{\frac{\pi}{2}}\left(1+2\cos 2\theta+\frac{1+\cos 4\theta}{2}\right)d\theta \\
&=\int_0^{\frac{\pi}{2}}(3+4\cos 2\theta+\cos 4\theta)\,d\theta \\
&=\left[3\theta+2\sin 2\theta+\frac{1}{4}\sin 4\theta\right]_0^{\frac{\pi}{2}}=\frac{3\pi}{2}
\end{aligned}$$

……〔答〕

例題 5 （2 重積分の応用②：曲面積）

上半球面（北半球）$z=\sqrt{1-x^2-y^2}$ の面積を求めよ。

解説　2 重積分を利用していろいろな曲面の面積（**曲面積**）が計算できる。2.4 節で紹介した曲面積の公式は一般にはベクトル解析の範囲であるが知っておいた方がよい。**2.4 節**の演習問題も参照せよ。

［定理］（曲面積の公式）

曲面が $z=f(x,\ y)$ （$(x,\ y)\in D$）で与えられているとき，曲面の面積 S は

$$S=\iint_D \sqrt{1+(f_x)^2+(f_y)^2}\,dx\,dy$$

で与えられる。

解答　$z=\sqrt{1-x^2-y^2}$ より

$$z_x=-\frac{x}{\sqrt{1-x^2-y^2}},\quad z_y=-\frac{y}{\sqrt{1-x^2-y^2}}$$

よって

$$1+(z_x)^2+(z_y)^2=1+\frac{x^2}{1-x^2-y^2}+\frac{y^2}{1-x^2-y^2}=\frac{1}{1-x^2-y^2}$$

したがって，$D：x^2+y^2\leqq 1$ とするとき，求める面積 S は

$$S=\iint_D \frac{1}{\sqrt{1-x^2-y^2}}\,dx\,dy$$

で与えられる。厳密にはこの積分は広義積分であるが，この積分は収束することが明らかなので，ここでは普通の 2 重積分のように計算しておく。

$x=r\cos\theta,\ y=r\sin\theta$ とおくと，D は $E：0\leqq r\leqq 1,\ 0\leqq\theta\leqq 2\pi$ に移る。

よって

$$S=\iint_D \frac{1}{\sqrt{1-x^2-y^2}}\,dx\,dy$$

$$=\iint_E \frac{1}{\sqrt{1-r^2}}\cdot r\,dr\,d\theta=\int_0^1\left(\int_0^{2\pi}\frac{r}{\sqrt{1-r^2}}\,d\theta\right)dr$$

$$=2\pi\int_0^1\frac{r}{\sqrt{1-r^2}}\,dr=2\pi\Big[-\sqrt{1-r^2}\Big]_0^1=2\pi$$ ……〔答〕　**⬅ よく知られた結果**

【参考】　曲面積 S の公式は一般には次で与えられる。

曲面が $\mathbf{r}(u,v)=(x(u,v),y(u,v),z(u,v))$ （$(u,v)\in D$）で表されているとき

$$S=\iint_D \left|\frac{\partial\mathbf{r}}{\partial u}\times\frac{\partial\mathbf{r}}{\partial v}\right|du\,dv$$

例題 6（空間における極座標への変数変換）

次の 3 重積分を計算せよ。

$$\iiint_V x\,dx\,dy\,dz,\quad V：x^2+y^2+z^2 \leqq 1,\ x \geqq 0,\ y \geqq 0,\ z \geqq 0$$

解 説　3 重積分の変数変換では特に極座標変換が重要である。空間座標の極座標に関する詳細ははじめの講義部分を参照すること。

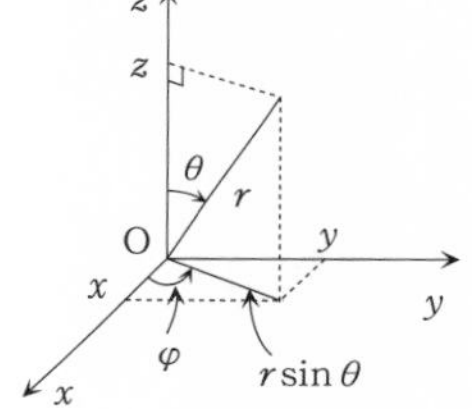

解 答　極座標変換：

$$x=r\sin\theta\cos\varphi,\ y=r\sin\theta\sin\varphi,\ z=r\cos\theta$$

により積分範囲 V は

$W：0 \leqq r \leqq 1,\ 0 \leqq \theta \leqq \dfrac{\pi}{2},\ 0 \leqq \varphi \leqq \dfrac{\pi}{2}$ に移る。

（**注**：$z \geqq 0$ より $0 \leqq \theta \leqq \dfrac{\pi}{2}$，$x \geqq 0$，$y \geqq 0$ より $0 \leqq \varphi \leqq \dfrac{\pi}{2}$）

また，ヤコビアンの絶対値は $\left|\dfrac{\partial(x,\ y,\ z)}{\partial(r,\ \theta,\ \varphi)}\right| = r^2\sin\theta$

よって

$$\iiint_V x\,dx\,dy\,dz = \iiint_W r\sin\theta\cos\varphi \cdot r^2\sin\theta\,dr\,d\theta\,d\varphi$$

$$=\int_0^1\left(\int_0^{\frac{\pi}{2}}\left(\int_0^{\frac{\pi}{2}} r^3\sin^2\theta\cos\varphi\,d\varphi\right)d\theta\right)dr$$ ⬅ **逐次積分**

$$=\int_0^1 r^3\,dr \times \int_0^{\frac{\pi}{2}} \sin^2\theta\,d\theta \times \int_0^{\frac{\pi}{2}} \cos\varphi\,d\varphi$$ ⬅ **3 つの積分に分解する**

$$=\int_0^1 r^3\,dr \times \int_0^{\frac{\pi}{2}} \frac{1-\cos 2\theta}{2}\,d\theta \times \int_0^{\frac{\pi}{2}} \cos\varphi\,d\varphi$$

$$=\left[\frac{r^4}{4}\right]_0^1 \times \left[\frac{1}{2}\left(\theta-\frac{1}{2}\sin 2\theta\right)\right]_0^{\frac{\pi}{2}} \times \Big[\sin\varphi\Big]_0^{\frac{\pi}{2}} = \frac{1}{4}\times\frac{\pi}{4}\times 1 = \frac{\pi}{16}$$ ……〔**答**〕

（注）　空間における極座標変換は暗記するのはよくない。

“緯度” θ を図のようにとった場合は

$$x=r\cos\theta\cos\varphi,\ y=r\cos\theta\sin\varphi,\ z=r\sin\theta$$

であり，さらに次が成り立つ。

$$r \geqq 0,\ -\frac{\pi}{2} \leqq \theta \leqq \frac{\pi}{2},\ 0 \leqq \varphi \leqq 2\pi \text{ および}$$

$$\left|\frac{\partial(x,\ y,\ z)}{\partial(r,\ \theta,\ \varphi)}\right| = r^2\cos\theta$$

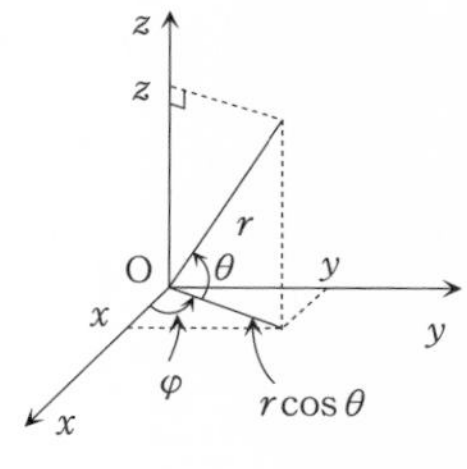

例題 7（空間における円柱座標への変数変換）

次の 3 重積分を計算せよ。

$$\iiint_V z^2\,dx\,dy\,dz,\quad V: x^2+y^2+z^2 \leqq 1,\ x^2+y^2 \leqq x$$

解説　空間座標の変数変換としては極座標への変換の他に円柱座標への変換も重要である。

解答　円柱座標への変換：$x=r\cos\theta$, $y=r\sin\theta$, $z=z$ により
積分範囲 V は

$$W: 0 \leqq r \leqq \cos\theta,\ -\frac{\pi}{2} \leqq \theta \leqq \frac{\pi}{2},\ -\sqrt{1-r^2} \leqq z \leqq \sqrt{1-r^2}$$

に移る。ヤコビアンの絶対値は簡単な計算により r と求まる。
よって

$$\iiint_V z^2\,dx\,dy\,dz = \iiint_W z^2 \cdot r\,dr\,d\theta\,dz$$

$$= \int_{-\frac{\pi}{2}}^{\frac{\pi}{2}} \left(\int_0^{\cos\theta} \left(\int_{-\sqrt{1-r^2}}^{\sqrt{1-r^2}} z^2 r\,dz \right) dr \right) d\theta$$

$$= \int_{-\frac{\pi}{2}}^{\frac{\pi}{2}} \left(\int_0^{\cos\theta} \left[\frac{r}{3} z^3 \right]_{z=-\sqrt{1-r^2}}^{z=\sqrt{1-r^2}} dr \right) d\theta$$

$$= \int_{-\frac{\pi}{2}}^{\frac{\pi}{2}} \left(\int_0^{\cos\theta} \frac{2}{3} r (1-r^2)^{\frac{3}{2}} dr \right) d\theta$$

$$= \int_{-\frac{\pi}{2}}^{\frac{\pi}{2}} \left[-\frac{2}{15} (1-r^2)^{\frac{5}{2}} \right]_{r=0}^{r=\cos\theta} d\theta = -\frac{2}{15} \int_{-\frac{\pi}{2}}^{\frac{\pi}{2}} \{(1-\cos^2\theta)^{\frac{5}{2}} - 1\}\,d\theta$$

$$= \frac{2}{15} \int_{-\frac{\pi}{2}}^{\frac{\pi}{2}} \{1-(\sin^2\theta)^{\frac{5}{2}}\}\,d\theta = \frac{4}{15} \int_0^{\frac{\pi}{2}} \{1-(\sin^2\theta)^{\frac{5}{2}}\}\,d\theta$$

$$= \frac{4}{15} \int_0^{\frac{\pi}{2}} (1-\sin^5\theta)\,d\theta = \frac{4}{15} \int_0^{\frac{\pi}{2}} \{1-(1-\cos^2\theta)^2 \sin\theta\}\,d\theta$$

$$= \frac{4}{15} \int_0^{\frac{\pi}{2}} (1-\sin\theta + 2\cos^2\theta\sin\theta - \cos^4\theta\sin\theta)\,d\theta$$

$$= \frac{4}{15} \left[\theta + \cos\theta - \frac{2}{3}\cos^3\theta + \frac{1}{5}\cos^5\theta \right]_0^{\frac{\pi}{2}}$$

$$= \frac{4}{15} \left\{ \frac{\pi}{2} - \left(1 - \frac{2}{3} + \frac{1}{5} \right) \right\} = \frac{4}{15} \left(\frac{\pi}{2} - \frac{8}{15} \right) \quad \cdots\cdots〔答〕$$

■ 演習問題　5．2

▶解答は p. 291

1　次の 2 重積分を計算せよ。

(1)　$\displaystyle\iint_D (x+y)^2 dx\,dy$，　$D：|x+y| \leqq 1$，　$|x-2y| \leqq 1$

(2)　$\displaystyle\iint_D (x^2+y^2) dx\,dy$，　$D：|x-y| \leqq 1$，　$|x+y| \leqq 1$

2　次の 2 重積分を計算せよ。

(1)　$\displaystyle\iint_D \frac{1}{x^2+y^2} dx\,dy$，　$D：1 \leqq x^2+y^2 \leqq 4$，$0 \leqq y \leqq x$

(2)　$\displaystyle\iint_D \sqrt{x^2+y^2}\, dx\,dy$，　$D：(x-1)^2+y^2 \leqq 1$

(3)　$\displaystyle\iint_D (x^2+y^2-x) dx\,dy$，　$D：x^2+y^2-x-1 \leqq 0$

(4)　$\displaystyle\iint_D xy\, dx\,dy$，　$D：\dfrac{x^2}{9}+\dfrac{y^2}{4} \leqq 1$，$x \geqq 0$，$y \geqq 0$

3　次の 2 重積分を計算せよ。括弧内のヒントを参考にせよ。

(1)　$\displaystyle\iint_D \frac{1}{x^2+y^2} dx\,dy$，　$D：0 \leqq y \leqq x$，$1 \leqq x \leqq 2$　$\left(x=u,\ \dfrac{y}{x}=v\right)$

(2)　$\displaystyle\iint_D e^{\frac{y}{x+y}} dx\,dy$，　$D：1 \leqq x+y \leqq 2$，$x \geqq 0$，$y \geqq 0$　$(x+y=u,\ y=v)$

4　次の曲面で囲まれる部分の体積を求めよ。

(1)　2 つの円柱面 $x^2+y^2=1$，$y^2+z^2=1$

(2)　球面 $x^2+y^2+z^2=4$，円柱面 $(x-1)^2+y^2=1$

5　次の 3 重積分を計算せよ。

(1)　$\displaystyle\iiint_V \sqrt{1-x^2-y^2-z^2}\, dx\,dy\,dz$，　$V：x^2+y^2+z^2 \leqq 1$，$x \geqq 0$，$y \geqq 0$，$z \geqq 0$

(2)　$\displaystyle\iiint_V |z|\, dx\,dy\,dz$，　$V：x^2+y^2+z^2 \leqq 1$，$x^2+y^2 \leqq x$

(3)　$\displaystyle\iiint_V z^2 dx\,dy\,dz$，　$D：\dfrac{x^2}{4^2}+\dfrac{y^2}{3^2}+\dfrac{z^2}{2^2} \leqq 1$

5.3 重積分の広義積分

〔目標〕 重積分における広義積分を理解する。

重積分においても積分を広義積分に拡張しておくことは1変数のときと同様に重要である。ただし，重積分の広義積分の場合，積分範囲の狭め方がいろいろ考えられるので注意を要する。

(1) 特異点はもたないが積分範囲が有界でない場合

重積分の広義積分①

領域 D 内の有界閉領域の増加列 $D_1 \subset D_2 \subset \cdots \subset D_n \subset \cdots$ が D 内の任意の閉領域 E に対して $E \subset D_n$ を満たす n が存在するとき，$\{D_n\}$ を D の**近似増加列**という。

D の近似増加列 $\{D_n\}$ に対して

$$\lim_{n \to \infty} \iint_{D_n} f(x,\ y)\,dx\,dy$$

が近似増加列の選び方に関係なく一定の値に収束するとき，$f(x,\ y)$ は D 上で**積分可能**であるといい

$$\iint_D f(x,\ y)\,dx\,dy = \lim_{n \to \infty} \iint_{D_n} f(x,\ y)\,dx\,dy$$

と定義する。

広義積分可能性について次の定理が基本である。

［定理］

領域 D 上で $f(x,\ y) \geqq 0$ であるとき，領域 D のある1つの近似増加列 $\{D_n\}$ に対して

$$\lim_{n \to \infty} \iint_{D_n} f(x,\ y)\,dx\,dy$$

が収束するならば，$f(x,\ y)$ は D 上で積分可能である。

(注) 近似増加列 $\{D_n\}$ については，最後に極限値を計算する都合上，連続的なパラメータ a を用いて $\{D_a\}$ としてよい。

問 1　次の広義積分を計算せよ。

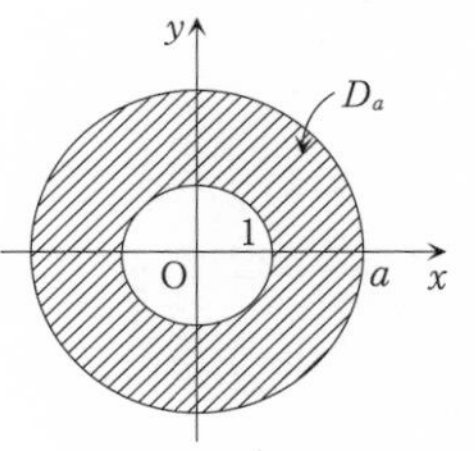

$$\iint_D \frac{1}{(x^2+y^2)^2}\,dx\,dy,\quad D：x^2+y^2 \geqq 1$$

(解)　$D_a：1 \leqq x^2+y^2 \leqq a^2$ とおく。ただし，$a>1$

まず，$\displaystyle\iint_{D_a} \frac{1}{(x^2+y^2)^2}\,dx\,dy$ を計算する。

極座標変換：$x=r\cos\theta$，$y=r\sin\theta$ により，領域 D_a は

$$E_a：1 \leqq r \leqq a,\ 0 \leqq \theta \leqq 2\pi$$

に移る。また，$\left|\dfrac{\partial(x,\ y)}{\partial(r,\ \theta)}\right|=r$ である。

よって

$$\iint_{D_a} \frac{1}{(x^2+y^2)^2}\,dx\,dy=\iint_{E_a} \frac{1}{(r^2)^2}\cdot r\,dr\,d\theta=\int_1^a\left(\int_0^{2\pi}\frac{1}{r^3}\,d\theta\right)dr$$

$$=2\pi\int_1^a \frac{1}{r^3}\,dr=2\pi\left[-\frac{1}{2r^2}\right]_1^a=\pi\left(1-\frac{1}{a^2}\right)$$

であり

$$\lim_{a\to\infty}\iint_{D_a} \frac{1}{(x^2+y^2)^2}\,dx\,dy=\lim_{a\to\infty}\pi\left(1-\frac{1}{a^2}\right)=\pi$$

すなわち，$\displaystyle\iint_D \frac{1}{(x^2+y^2)^2}\,dx\,dy=\pi$　(与えられた広義積分は収束する。)　□

【参考】　次の広義積分の収束・発散を調べてみよう。

$$\iint_D \frac{1}{(x^2+y^2)^p}\,dx\,dy,\quad D：x^2+y^2 \geqq 1$$　ただし，p は正の定数である。

問 1 と同様の計算により

$$\iint_{D_a} \frac{1}{(x^2+y^2)^p}\,dx\,dy=\begin{cases}\dfrac{\pi}{1-p}(a^{2-2p}-1) & (p \neq 1 \text{ のとき}) \\ 2\pi\log a & (p=1 \text{ のとき})\end{cases}$$

よって，$\displaystyle\iint_D \frac{1}{(x^2+y^2)^p}\,dx\,dy=\lim_{a\to\infty}\iint_{D_a} \frac{1}{(x^2+y^2)^p}\,dx\,dy$ より

(i)　$p \leqq 1$ ならば，$\displaystyle\iint_D \frac{1}{(x^2+y^2)^p}\,dx\,dy=\infty$

(ii)　$p>1$ ならば，$\displaystyle\iint_D \frac{1}{(x^2+y^2)^p}\,dx\,dy=\frac{\pi}{p-1}$

（2）　積分範囲は有界であるが特異点をもつ場合

積分範囲の中に特異点を含む場合も同様に広義積分が定義できる。定義を見ると難しく見えるが，具体的な問題を解いてみればなにも難しいところはない。

重積分の広義積分②

領域 D 内の特異点を含まない有界閉領域の増加列 $D_1 \subset D_2 \subset \cdots \subset D_n \subset \cdots$ が D 内の特異点を含まない任意の閉領域 E に対して $E \subset D_n$ を満たす n が存在するとき，$\{D_n\}$ を D の**近似増加列**という。

D の近似増加列 $\{D_n\}$ に対して，

$$\lim_{n\to\infty}\iint_{D_n} f(x,\ y)\,dx\,dy$$

が近似増加列の選び方に関係なく一定の値に収束するとき，$f(x,\ y)$ は D 上で**積分可能**であるといい

$$\iint_D f(x,\ y)\,dx\,dy = \lim_{n\to\infty}\iint_{D_n} f(x,\ y)\,dx\,dy$$

と定義する。

広義積分可能性についてやはり次の定理が基本である。

［定理］

領域 D 上で $f(x,\ y) \geqq 0$ であるとき，領域 D のある1つの近似増加列 $\{D_n\}$ に対して

$$\lim_{n\to\infty}\iint_{D_n} f(x,\ y)\,dx\,dy$$

が収束するならば，$f(x,\ y)$ は D 上で積分可能である。

（注1）　近似増加列 $\{D_n\}$ については，最後に極限値を計算する都合上，連続的なパラメータ a を用いて $\{D_a\}$ としてよい。これによりロピタルの定理も使える。

（注2）　領域 D の境界については，全部あるいは一部が含まれているとしても含まれていないとしても差し支えない。また，D 上に関数が定義されていない点があってもよい。したがって，積分範囲 D の境界は適当に解釈しておけばよい。興味のある人は高木貞治著「解析概論」（岩波書店）を参照せよ。

問 2 次の広義積分を計算せよ。

$$\iint_D \frac{1}{\sqrt{x^2+y^2}}\,dx\,dy,\ \ D: x^2+y^2 \leqq 1$$

(解) 原点 (0, 0) が特異点である。

$D_a: a^2 \leqq x^2+y^2 \leqq 1$ とおく。ただし，$0<a<1$

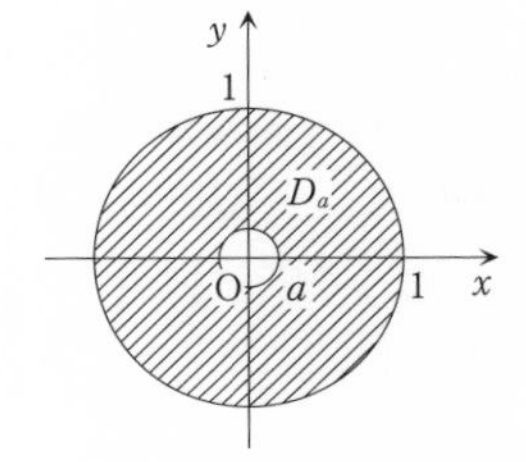

まず，$\displaystyle\iint_{D_a} \frac{1}{\sqrt{x^2+y^2}}\,dx\,dy$ を計算する。

極座標変換：$x=r\cos\theta,\ y=r\sin\theta$ により，領域 D_a は

$$E_a: a \leqq r \leqq 1,\ 0 \leqq \theta \leqq 2\pi$$

に移る。また，$\dfrac{\partial(x,\ y)}{\partial(r,\ \theta)}=r$ である。

よって

$$\iint_{D_a} \frac{1}{\sqrt{x^2+y^2}}\,dx\,dy=\iint_{E_a} \frac{1}{r}\cdot r\,dr\,d\theta=\int_a^1\left(\int_0^{2\pi} d\theta\right)dr=2\pi(1-a)$$

であり

$$\lim_{a\to+0}\iint_{D_a} \frac{1}{\sqrt{x^2+y^2}}\,dx\,dy=\lim_{a\to+0} 2\pi(1-a)=2\pi$$

すなわち，$\displaystyle\iint_D \frac{1}{\sqrt{x^2+y^2}}\,dx\,dy=2\pi$ （与えられた広義積分は収束する。） □

【参考】 次の広義積分の収束・発散を調べてみよう。

$$\iint_D \frac{1}{(x^2+y^2)^p}\,dx\,dy,\ \ D: x^2+y^2 \leqq 1$$ ただし，p は正の定数である。

原点 (0, 0) が特異点である。

問 2 と同様の計算により

$$\iint_{D_a} \frac{1}{(x^2+y^2)^p}\,dx\,dy=\begin{cases} \dfrac{\pi}{1-p}(1-a^{2-2p}) & (p \neq 1 \text{ のとき}) \\ -2\pi\log a & (p=1 \text{ のとき}) \end{cases}$$

よって，$\displaystyle\iint_D \frac{1}{(x^2+y^2)^p}\,dx\,dy=\lim_{a\to+0}\iint_{D_a} \frac{1}{(x^2+y^2)^p}\,dx\,dy$ より

（i） $p \geqq 1$ ならば，$\displaystyle\iint_D \frac{1}{(x^2+y^2)^p}\,dx\,dy=\infty$

（ii） $p<1$ ならば，$\displaystyle\iint_D \frac{1}{(x^2+y^2)^p}\,dx\,dy=\frac{\pi}{1-p}$

例題 1（広義積分①：積分範囲が有界でない場合）

次の広義積分を計算せよ。

$$\iint_D \frac{xy}{(x^2+y^2)^3}\,dx\,dy,\ D：x \geqq 1,\ y \geqq 1$$

解説　重積分の広義積分も 1 変数の広義積分と本質的な違いはない。ただし，重積分の広義積分の場合，積分範囲の狭め方がいろいろ考えられるので注意を要する。

解答　$D_a：1 \leqq x \leqq a,\ 1 \leqq y \leqq a$ とおく。ただし，$a>1$　**⬅ 積分範囲を狭める**

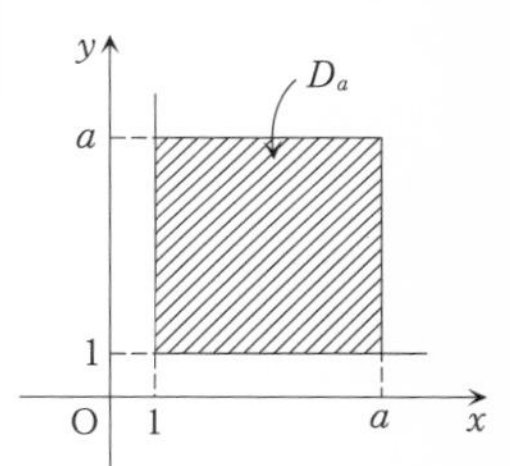

$$\iint_{D_a} \frac{xy}{(x^2+y^2)^3}\,dx\,dy$$
$$=\int_1^a\left(\int_1^a \frac{xy}{(x^2+y^2)^3}dy\right)dx$$
$$=\int_1^a\left[-\frac{x}{4}\frac{1}{(x^2+y^2)^2}\right]_{y=1}^{y=a}dx$$
$$=-\frac{1}{4}\int_1^a\left(\frac{x}{(x^2+a^2)^2}-\frac{x}{(x^2+1)^2}\right)dx$$
$$=-\frac{1}{4}\left[-\frac{1}{2}\cdot\frac{1}{x^2+a^2}+\frac{1}{2}\cdot\frac{1}{x^2+1}\right]_1^a$$
$$=\frac{1}{8}\left[\frac{1}{x^2+a^2}-\frac{1}{x^2+1}\right]_1^a$$
$$=\frac{1}{8}\left(\frac{1}{2a^2}-\frac{1}{1+a^2}\right)-\frac{1}{8}\left(\frac{1}{a^2+1}-\frac{1}{2}\right)$$
$$=\frac{1}{16a^2}-\frac{1}{4}\cdot\frac{1}{a^2+1}+\frac{1}{16}$$

よって

$$\lim_{a\to\infty}\iint_{D_a}\frac{xy}{(x^2+y^2)^3}\,dx\,dy=\lim_{a\to\infty}\left(\frac{1}{16a^2}-\frac{1}{4}\cdot\frac{1}{a^2+1}+\frac{1}{16}\right)=\frac{1}{16}$$

すなわち

$$\iint_D \frac{xy}{(x^2+y^2)^3}\,dx\,dy=\frac{1}{16}$$ ……〔**答**〕

（注）　解答の積分の計算の 3 行目は次のことに注意せよ。

$$\frac{\partial}{\partial y}\left(\frac{1}{(x^2+y^2)^2}\right)=-\frac{4y}{(x^2+y^2)^3}$$

例題 2（広義積分②：積分範囲に特異点を含む場合）

次の広義積分を計算せよ。

$$\iint_D \log(x+y)\,dx\,dy,\quad D：x+y \leqq 1,\ x \geqq 0,\ y \geqq 0$$

解説　今度は積分範囲の中に特異点を含む場合である。これも本質的には1変数のときと同様である。やはり注意すべき点は積分範囲の狭め方である。

解答　原点 (0, 0) が特異点である。

$D_a：x+y \leqq 1,\ x \geqq a,\ y \geqq 0$ とおく。ただし，$0<a<1$

$$\iint_{D_a} \log(x+y)\,dx\,dy$$

$$=\int_a^1\left(\int_0^{-x+1}\log(x+y)\,dy\right)dx$$

$$=\int_a^1\left(\int_0^{-x+1}(x+y)_y\log(x+y)\,dy\right)dx$$

$$=\int_a^1\left(\Big[(x+y)\cdot\log(x+y)\Big]_{y=0}^{y=-x+1}-\int_0^{-x+1}(x+y)\cdot\frac{1}{x+y}dy\right)dx$$

$$=\int_a^1\{-x\log x-(-x+1)\}\,dx=\int_a^1(-x\log x+x-1)\,dx$$

$$=-\left(\left[\frac{x^2}{2}\cdot\log x\right]_a^1-\int_a^1\frac{x^2}{2}\cdot\frac{1}{x}dx\right)+\left[\frac{x^2}{2}-x\right]_a^1$$

$$=-\left(-\frac{a^2}{2}\log a-\left[\frac{x^2}{4}\right]_a^1\right)+\frac{1-a^2}{2}-(1-a)$$

$$=-\left(-\frac{a^2}{2}\log a-\frac{1-a^2}{4}\right)+\frac{1-a^2}{2}-(1-a)$$

$$=\frac{a^2}{2}\log a-\frac{3}{4}a^2+a-\frac{1}{4}$$

ここで，ロピタルの定理を用いて

$$\lim_{a\to+0}\frac{a^2}{2}\log a=\lim_{a\to+0}\frac{1}{2}\cdot\frac{\log a}{a^{-2}}=\lim_{a\to+0}\frac{1}{2}\cdot\frac{a^{-1}}{-2a^{-3}}=\lim_{a\to+0}\left(-\frac{a^2}{4}\right)=0$$

であるから

$$\lim_{a\to+a}\iint_{D_a}\log(x+y)\,dxdy=\lim_{a\to+0}\left(\frac{a^2}{2}\log a-\frac{3}{4}a^2+a-\frac{1}{4}\right)=-\frac{1}{4}$$

すなわち，$\displaystyle\iint_{D_a}\log(x+y)\,dxdy=-\frac{1}{4}$　……〔答〕

例題 3（広義積分の応用）

(1)　次の2重積分を計算せよ。

$$\iint_D e^{-x^2-y^2}dx\,dy,\quad D : x \geqq 0,\ y \geqq 0$$

(2)　上の結果を利用して，次の広義積分の値を求めよ。

$$\int_0^{\infty} e^{-x^2}dx$$

解説　難解な1変数の広義積分が2重積分の広義積分を利用して容易に計算できる重要な例を確認しておこう。

解答　(1)　$D_a : x \geqq 0,\ y \geqq 0,\ x^2+y^2 \leqq a^2$ とおく。ただし，$a>0$

$x=r\cos\theta,\ y=r\sin\theta$ とおくと

D_a は，$E_a : 0 \leqq r \leqq a,\ 0 \leqq \theta \leqq \dfrac{\pi}{2}$ に移る。

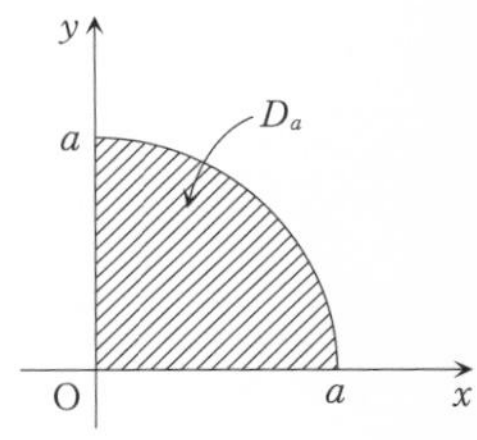

また，$\left|\dfrac{\partial(x,\ y)}{\partial(r,\ \theta)}\right| = r$

$$\iint_{D_a} e^{-x^2-y^2}dx\,dy = \iint_{E_a} e^{-r^2}\cdot r\,dr\,d\theta$$

$$= \int_0^a \left(\int_0^{\frac{\pi}{2}} e^{-r^2} r\,d\theta\right)dr$$

$$= \int_0^a e^{-r^2} r\,dr \times \int_0^{\frac{\pi}{2}} d\theta = \frac{\pi}{2}\left[-\frac{1}{2}e^{-r^2}\right]_0^a = \frac{\pi}{4}(1-e^{-a^2})$$

よって

$$\iint_D e^{-x^2-y^2}dx\,dy = \lim_{a\to\infty}\iint_{D_a} e^{-x^2-y^2}dx\,dy = \lim_{a\to\infty}\frac{\pi}{4}(1-e^{-a^2}) = \frac{\pi}{4}$$ ……〔答〕

(2)　$F_a : 0 \leqq x \leqq a,\ 0 \leqq y \leqq a$ とおく。ただし，$a>0$

$$\iint_{F_a} e^{-x^2-y^2}dx\,dy = \int_0^a \left(\int_0^a e^{-x^2-y^2}dx\right)dy$$

$$= \int_0^a \left(\int_0^a e^{-x^2}e^{-y^2}dx\right)dy$$

$$= \int_0^a e^{-x^2}dx \cdot \int_0^a e^{-y^2}dy = \left(\int_0^a e^{-x^2}dx\right)^2$$

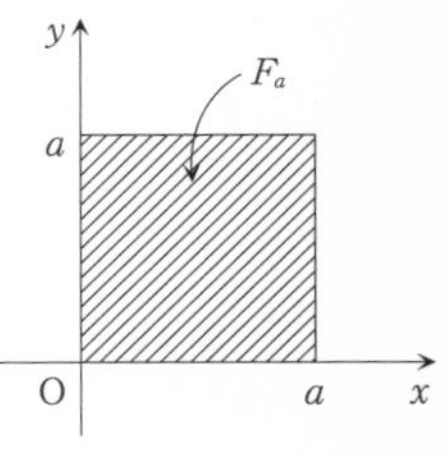

$a \to \infty$ とすると，(1)の結果より　$\left(\displaystyle\int_0^{\infty} e^{-x^2}dx\right)^2 = \dfrac{\pi}{4}$

よって，$\displaystyle\int_0^{\infty} e^{-x^2}dx = \frac{\sqrt{\pi}}{2}$　……〔答〕

■ 演習問題　5.3

▶解答は p. 294

1　次の広義積分を計算せよ。

(1)　$\displaystyle\iint_D e^{-x-y}\,dx\,dy,\quad D:x\geqq 0,\ y\geqq 0$

(2)　$\displaystyle\iint_D e^{-x^2-4y^2}\,dx\,dy,\quad D:x\geqq 0,\ y\geqq 0$

(3)　$\displaystyle\iint_D e^{-(x+y)^2}\,dx\,dy,\quad D:x\geqq 0,\ y\geqq 0$

2　次の広義積分を計算せよ。

(1)　$\displaystyle\iint_D \frac{1}{\sqrt{x^2+y^2}}\,dx\,dy,\quad D:0\leqq x\leqq y\leqq 1$

(2)　$\displaystyle\iint_D \log\frac{1}{x^2+y^2}\,dx\,dy,\quad D:x^2+y^2\leqq 1$

(3)　$\displaystyle\iint_D \frac{1}{\sqrt[3]{x-y}}\,dx\,dy,\quad D:0\leqq y\leqq x\leqq 1$

(4)　$\displaystyle\iint_D \sqrt{\frac{x^2+y^2}{1-x^2-y^2}}\,dx\,dy,\quad D:x^2+y^2\leqq 1$

(5)　$\displaystyle\iint_D \frac{1}{(x+y)^{\frac{3}{2}}}\,dx\,dy,\quad D:0\leqq x\leqq 1,\ 0\leqq y\leqq 1$

3　広義積分，$\displaystyle\iint_D \frac{x^2-y^2}{(x^2+y^2)^2}\,dx\,dy,\qquad D=\{(x,\ y)\,|\,0\leqq x\leqq 1,\ 0\leqq y\leqq 1\}$

に対して，近似増加列を

$$D_{n,\,p}=\left\{(x,\ y)\,\middle|\,0\leqq y\leqq x\leqq 1,\ x\geqq\frac{1}{n}\right\}\cup\left\{(x,\ y)\,\middle|\,0\leqq x\leqq y\leqq 1,\ y\geqq\frac{p}{n}\right\}$$

により定める。ただし，p は正の定数とする。

このとき，次の極限を調べよ。

$$\lim_{n\to\infty}\iint_{D_{n,\,p}} \frac{x^2-y^2}{(x^2+y^2)^2}\,dx\,dy$$

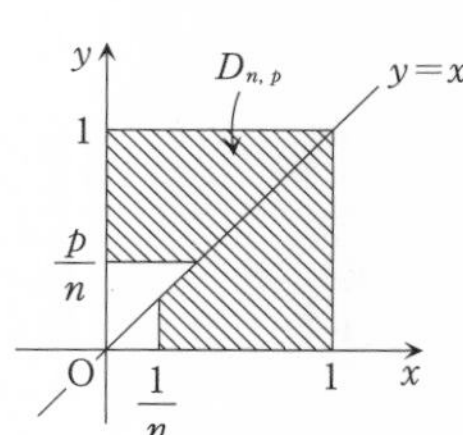

過去問研究 5 − 1（逐次積分）

領域 $D=\left\{(x,\ y)\,\middle|\,0\leqq y\leqq\dfrac{\pi}{4},\ 0\leqq x\leqq\sin y\right\}$ における次の重積分 A および B の値を求めよ。

$$A=\iint_D\frac{y}{\sqrt{1-x^2}}\,dx\,dy,\qquad B=\iint_D\sqrt{1-x^2}\,dx\,dy$$

〈東京農工大学〉

解説 重積分の計算の仕方は逐次積分である。積分領域の内容に注意して逐次積分を実行する。

解答 $A=\displaystyle\iint_D\frac{y}{\sqrt{1-x^2}}\,dx\,dy$

$$=\int_0^{\frac{\pi}{4}}\left(\int_0^{\sin y}\frac{y}{\sqrt{1-x^2}}\,dx\right)dy$$

$$=\int_0^{\frac{\pi}{4}}\Big[y\sin^{-1}x\Big]_{x=0}^{x=\sin y}dy=\int_0^{\frac{\pi}{4}}y\sin^{-1}(\sin y)\,dy$$

$$=\int_0^{\frac{\pi}{4}}y\cdot y\,dy$$

（注!!） $\boldsymbol{-\dfrac{\pi}{2}\leqq y\leqq\dfrac{\pi}{2}}$ **だから，** $\boldsymbol{\sin^{-1}(\sin y)=y}$

$$=\left[\frac{y^3}{3}\right]_0^{\frac{\pi}{4}}=\frac{1}{3}\left(\frac{\pi}{4}\right)^3=\frac{\pi^3}{192}$$

……〔答〕

x=sin y　π/2　π/4　D　y　1　O　x　x=sin y

次に

$$B=\iint_D\sqrt{1-x^2}\,dx\,dy=\int_0^{\frac{\pi}{4}}\left(\int_0^{\sin y}\sqrt{1-x^2}\,dx\right)dy\quad\cdots\cdots(*)$$

ここで，$x=\sin\theta$ とおくと，$dx=\cos\theta d\theta$

また，$x:0\to\sin y$ のとき，$\theta:0\to y$

$$(*)=\int_0^{\frac{\pi}{4}}\left(\int_0^{y}\sqrt{1-\sin^2\theta}\cos\theta d\theta\right)dy=\int_0^{\frac{\pi}{4}}\left(\int_0^{y}\cos^2\theta d\theta\right)dy$$

$$=\int_0^{\frac{\pi}{4}}\left(\int_0^{y}\frac{1+\cos2\theta}{2}d\theta\right)dy=\int_0^{\frac{\pi}{4}}\left[\frac{1}{2}\theta+\frac{1}{4}\sin2\theta\right]_0^{y}dy$$

$$=\int_0^{\frac{\pi}{4}}\left(\frac{1}{2}y+\frac{1}{4}\sin2y\right)dy$$

$$=\left[\frac{1}{4}y^2-\frac{1}{8}\cos2y\right]_0^{\frac{\pi}{4}}=\frac{1}{4}\left(\frac{\pi}{4}\right)^2-\frac{1}{8}(0-1)$$

$$=\frac{\pi^2}{64}+\frac{1}{8}$$

……〔答〕

過去問研究 5 − 2（積分の順序変更）

累次積分 $I=\int_0^1\left(\int_y^1 y^2e^{x^2}dx\right)dy$ について次の問いに答えよ。

(1)　2 重積分を用いると $I=\iint_D y^2e^{x^2}dx\,dy$ と書ける。このときの積分領域 D を図示せよ。

(2)　I を求めよ。　〈徳島大学〉

解説　累次積分（＝逐次積分）の順序変更に関する問題である。ポイントは問題文に指示されているように，一度もとの 2 重積分に戻ることである。その 2 重積分からあらためてはじめとは異なる順序の累次積分を考える。ちなみに，与式の累次積分は与えられたままの順序では計算できないことにも注意しておこう。

解答　(1)　積分領域 D の境界線に注意して考える。
与えられた累次積分の積分範囲から判断する。
次のように見ると境界線が分かり易いだろう。

$$I=\int_{y=0}^{y=1}\left(\int_{x=y}^{x=1} y^2e^{x^2}dx\right)dy$$

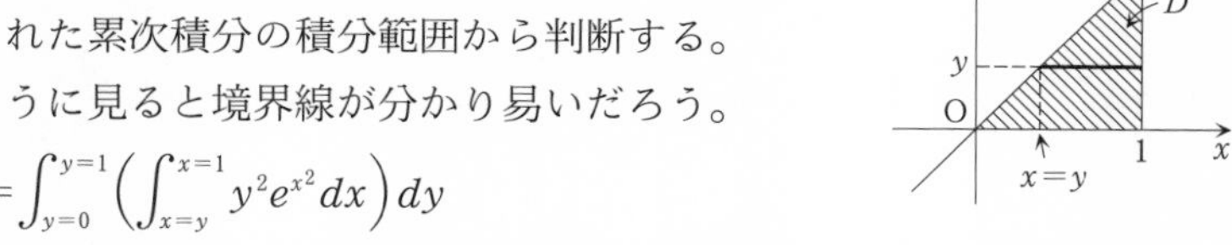

(2)　(1)の結果をもとに積分順序を変更して累次積分を計算してみよう。

$$I=\int_0^1\left(\int_y^1 y^2e^{x^2}dx\right)dy=\iint_D y^2e^{x^2}dx\,dy$$

$$=\int_0^1\left(\int_0^x y^2e^{x^2}dy\right)dx=\int_0^1\left[\frac{y^3}{3}e^{x^2}\right]_{y=0}^{y=x}dx$$

$$=\int_0^1\frac{x^3}{3}e^{x^2}dx\quad\cdots\cdots①$$

ここで，$x^2=t$ とおくと，$2x\,dx=dt$　　∴　$x\,dx=\frac{1}{2}dt$

また，$x:0\to1$ のとき，$t:0\to1$

よって

$$①=\int_0^1\frac{x^2}{3}e^{x^2}\cdot x\,dx=\int_0^1\frac{t}{3}e^t\cdot\frac{1}{2}dt$$

$$=\frac{1}{6}\int_0^1 te^t dt=\frac{1}{6}\left(\left[t\cdot e^t\right]_0^1-\int_0^1 1\cdot e^t dt\right)$$

$$=\frac{1}{6}\{e-(e-1)\}=\frac{1}{6}\quad\cdots\cdots〔答〕$$

過去問研究5－3（変数変換）

次の重積分を求めよ。

(1)　$\displaystyle\iint_D (x+2y)\sin^2(x-2y)\,dx\,dy,$

$$D=\left\{(x,\ y)\,\middle|\,0\leqq x+2y\leqq\pi,\ 0\leqq x-2y\leqq\frac{\pi}{4}\right\}$$

(2)　$\displaystyle\iint_D \log\sqrt{x^2+y^2}\,dx\,dy,\quad D=\{(x,\ y)\,|\,1\leqq x^2+y^2\leqq 4,\ 0\leqq y\leqq x\}$

〈電気通信大学〉

解説　重積分における変数変換の基本問題である。ヤコビアンの絶対値がかかるのを忘れないようにしよう。

解答　(1)　$x+2y=u,\ x-2y=v$ の変数変換により，積分範囲 D は

$E=\left\{(u,\ v)\,\middle|\,0\leqq u\leqq\pi,\ 0\leqq v\leqq\dfrac{\pi}{4}\right\}$ に移る。

また，$x=\dfrac{u+v}{2},\ y=\dfrac{u-v}{4}$ であるから，簡単な計算により，$\left|\dfrac{\partial(x,\ y)}{\partial(u,\ v)}\right|=\dfrac{1}{4}$

よって

$$\iint_D (x+2y)\sin^2(x-2y)\,dx\,dy=\iint_E u\sin^2 v\cdot\frac{1}{4}\,du\,dv$$

$$=\int_0^{\pi}\left(\int_0^{\frac{\pi}{4}}\frac{1}{4}u\sin^2 v\,dv\right)du=\frac{1}{4}\times\int_0^{\pi}u\,du\times\int_0^{\frac{\pi}{4}}\sin^2 v\,dv$$

$$=\frac{1}{4}\times\int_0^{\pi}u\,du\times\int_0^{\frac{\pi}{4}}\frac{1-\cos 2v}{2}\,dv=\frac{1}{4}\times\left[\frac{u^2}{2}\right]_0^{\pi}\times\left[\frac{1}{2}v-\frac{1}{4}\sin 2v\right]_0^{\frac{\pi}{4}}$$

$$=\frac{1}{4}\times\frac{\pi^2}{2}\times\left(\frac{\pi}{8}-\frac{1}{4}\right)=\frac{\pi^3-2\pi^2}{64}\quad\cdots\cdots〔答〕$$

(2)　$x=r\cos\theta,\ y=r\sin\theta$ の変数変換により，積分範囲 D は

$E=\left\{(r,\ \theta)\,\middle|\,1\leqq r\leqq 2,\ 0\leqq\theta\leqq\dfrac{\pi}{4}\right\}$ に移る。　また，$\left|\dfrac{\partial(x,\ y)}{\partial(r,\ \theta)}\right|=r$

よって

$$\iint_D \log\sqrt{x^2+y^2}\,dx\,dy=\iint_E \log r\cdot r\,dr\,d\theta=\int_1^2\left(\int_0^{\frac{\pi}{4}}r\log r\,d\theta\right)dr$$

$$=\frac{\pi}{4}\int_1^2 r\log r\,dr=\frac{\pi}{4}\left(\left[\frac{r^2}{2}\log r\right]_1^2-\int_1^2\frac{r^2}{2}\cdot\frac{1}{r}\,dr\right)=\frac{\pi}{4}\left(2\log 2-\left[\frac{r^2}{4}\right]_1^2\right)$$

$$=\frac{\pi}{4}\left(2\log 2-\frac{3}{4}\right)=\frac{\pi}{16}(8\log 2-3)\quad\cdots\cdots〔答〕$$

過去問研究 5 − 4（変数変換）

以下の積分を計算せよ。

$$\iint_D xy\,dx\,dy,\quad D=\{(x,\ y)\,|\,0\leqq x,\ 0\leqq y,\ x^2+4y^2\leqq 1\}$$ 〈神戸大学〉

解説 もちろん変数変換を考えるが，積分範囲が楕円であることに注意する。普通の極座標変換をしてもうまくいかない。極座標変換を問題の積分範囲に適合するように少し工夫しよう。

解答 $x=r\cos\theta,\ y=\dfrac{1}{2}r\sin\theta$ ← **極座標変換を少し変える**

の変数変換により，積分範囲 D は

$$E=\left\{(r,\ \theta)\,\middle|\,0\leqq r\leqq 1,\ 0\leqq\theta\leqq\frac{\pi}{2}\right\}$$

に移る。

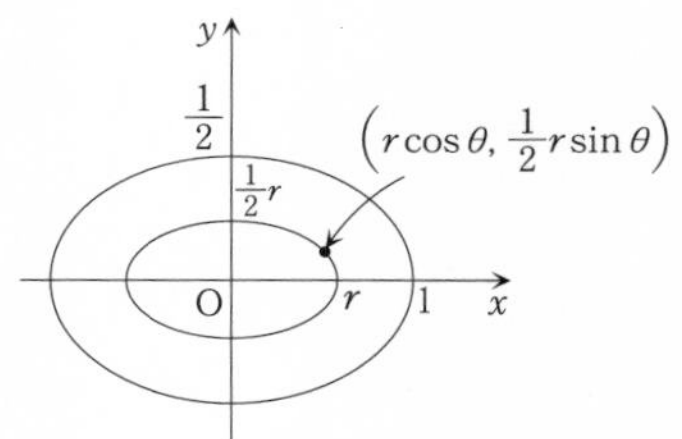

また，ヤコビアンおよびその絶対値は

$$\frac{\partial(x,\ y)}{\partial(r,\ \theta)}=\begin{vmatrix}\cos\theta & -r\sin\theta\\ \dfrac{1}{2}\sin\theta & \dfrac{1}{2}r\cos\theta\end{vmatrix}$$

$$=\frac{1}{2}r\ (\geqq 0)$$

$$\therefore\quad\left|\frac{\partial(x,\ y)}{\partial(r,\ \theta)}\right|=\frac{1}{2}r$$

よって

$$\iint_D xy\,dx\,dy$$

$$=\iint_E r\cos\theta\cdot\frac{1}{2}r\sin\theta\cdot\frac{1}{2}r\,dr\,d\theta$$ ← **ヤコビアンの絶対値を忘れないこと！**

$$=\iint_E \frac{1}{4}r^3\sin\theta\cos\theta\,dr\,d\theta$$

$$=\int_0^{\frac{\pi}{2}}\left(\int_0^1\frac{1}{4}r^3\sin\theta\cos\theta\,dr\right)d\theta$$

$$=\frac{1}{4}\times\int_0^1 r^3\,dr\times\int_0^{\frac{\pi}{2}}\sin\theta\cos\theta\,d\theta$$ ← **ここの逐次積分は 2 つの積分に分解する**

$$=\frac{1}{4}\times\left[\frac{r^4}{4}\right]_0^1\times\left[\frac{1}{2}\sin^2\theta\right]_0^{\frac{\pi}{2}}=\frac{1}{4}\times\frac{1}{4}\times\frac{1}{2}=\frac{1}{32}$$ ……〔答〕

過去問研究 5 − 5（重積分の広義積分）

以下の式を計算せよ。ただし，$D=\{(x,\ y)\,|\,0<x^2+y^2\leqq 4\}$ とする。

$$\iint_D \sqrt{1+\frac{1}{x^2+y^2}}\,dx\,dy$$

〈神戸大学〉

解説　重積分の広義積分も 1 変数の広義積分と考え方は同じである。定積分の計算力も必要である。

解答　原点 (0, 0) が特異点である。

$$\iint_D \sqrt{1+\frac{1}{x^2+y^2}}\,dx\,dy$$

$$=\lim_{a\to+0}\iint_{D_a}\sqrt{1+\frac{1}{x^2+y^2}}\,dx\,dy,\quad D_a=\{(x,\ y)\,|\,a^2\leqq x^2+y^2\leqq 4\}$$

$$=\lim_{a\to+0}\iint_{E_a}\sqrt{1+\frac{1}{r^2}}\cdot r\,dr\,d\theta,\quad E_a=\{(r,\ \theta)\,|\,a\leqq r\leqq 2,\ 0\leqq\theta\leqq 2\pi\}$$

$$=\lim_{a\to+0}\int_0^{2\pi}\left(\int_a^2\sqrt{r^2+1}\,dr\right)d\theta=2\pi\int_0^2\sqrt{r^2+1}\,dr\quad\cdots\cdots(*)$$

あとはこの定積分（∗）を計算するだけである。

ここで，$\sqrt{r^2+1}=t-r$ とおくと，$r^2+1=t^2-2tr+r^2$

$$\therefore\quad r=\frac{t^2-1}{2t}=\frac{1}{2}(t-t^{-1})\qquad\therefore\quad dr=\frac{1}{2}(1+t^{-2})\,dt=\frac{t^2+1}{2t^2}\,dt$$

また，$r:0\to 2$ のとき，$t:1\to\sqrt{5}+2$ に注意すると

$$(*)=2\pi\int_1^{\sqrt{5}+2}\left(t-\frac{t^2-1}{2t}\right)\frac{t^2+1}{2t^2}\,dt$$

$$=2\pi\int_1^{\sqrt{5}+2}\frac{(t^2+1)^2}{4t^3}\,dt=2\pi\int_1^{\sqrt{5}+2}\frac{t^4+2t^2+1}{4t^3}\,dt$$

$$=\frac{\pi}{2}\int_1^{\sqrt{5}+2}\left(t+\frac{2}{t}+\frac{1}{t^3}\right)dt$$

$$=\frac{\pi}{2}\left[\frac{t^2}{2}+2\log t-\frac{1}{2t^2}\right]_1^{\sqrt{5}+2}$$

$$=\frac{\pi}{2}\left\{\frac{(\sqrt{5}+2)^2}{2}+2\log(\sqrt{5}+2)-\frac{1}{2(\sqrt{5}+2)^2}\right\}$$

$$=\frac{\pi}{2}\left\{\frac{(\sqrt{5}+2)^2}{2}+2\log(\sqrt{5}+2)-\frac{(\sqrt{5}-2)^2}{2}\right\}$$

$$=\pi\{2\sqrt{5}+\log(\sqrt{5}+2)\}\quad\cdots\cdots〔答〕$$

過去問研究 5 − 6 （重積分・曲面積）

2 変数関数 $z=x^2-y^2$ について次の設問に答えよ。

(1) $z=x^2-y^2$ のグラフの表す曲面の xy 平面 $z=0$ による切り口はどんな図形になるか，方程式と図で説明せよ。

(2) $z=x^2-y^2$ のグラフの表す曲面と，柱面 $x^2+y^2=1$ と xy 平面 $z=0$ で囲まれる立体図形：$0 \leqq z \leqq x^2-y^2$，$x^2+y^2 \leqq 1$ の体積を求めよ。

(3) $z=x^2-y^2$ のグラフの作る曲面が，柱面 $x^2+y^2=1$ で切り取られる部分：$z=x^2-y^2$，$x^2+y^2 \leqq 1$ の曲面積を求めよ。 〈九州大学〉

解説 2 重積分による体積，曲面積の計算の基本問題である。

解答 (1) $z=x^2-y^2=0$ とすると，2 直線 $y=\pm x$ （図は省略）

(2) $x^2-y^2 \geqq 0$ より，$y^2-x^2 \leqq 0$

$\therefore \ (y+x)(y-x) \leqq 0$ （図参照）

そこで

$D：x \geqq 0,\ -x \leqq y \leqq x,\ x^2+y^2 \leqq 1$

とおくと，求める体積は

$$V=2\iint_D (x^2-y^2)\,dx\,dy$$

さらに，極座標変換：$x=r\cos\theta$，$y=r\sin\theta$ により

領域 D は $E：0 \leqq r \leqq 1,\ -\dfrac{\pi}{4} \leqq \theta \leqq \dfrac{\pi}{4}$ に移るから

$$V=2\iint_E \{(r\cos\theta)^2-(r\sin\theta)^2\}\cdot r\,dr\,d\theta$$

$$=2\int_{-\frac{\pi}{4}}^{\frac{\pi}{4}}\left(\int_0^1 r^3\cos 2\theta\,dr\right)d\theta=2\int_0^1 r^3\,dr\int_{-\frac{\pi}{4}}^{\frac{\pi}{4}}\cos 2\theta\,d\theta=\frac{1}{2} \quad \cdots\cdots〔答〕$$

(3) 求める曲面の面積は，$x^2-y^2 \leqq 0$ の部分にも注意して

$$S=4\iint_D \sqrt{z_x{}^2+z_y{}^2+1}\,dx\,dy=4\iint_D \sqrt{(2x)^2+(-2y)^2+1}\,dx\,dy$$

$$=4\iint_E \sqrt{4r^2+1}\,r\,dr\,d\theta=4\int_{-\frac{\pi}{4}}^{\frac{\pi}{4}}\left(\int_0^1 r\sqrt{4r^2+1}\,dr\right)d\theta$$

$$=4\cdot\frac{\pi}{2}\cdot\int_0^1 r\sqrt{4r^2+1}\,dr=2\pi\left[\frac{1}{12}(4r^2+1)^{\frac{3}{2}}\right]_0^1$$

$$=\frac{\pi}{6}(5\sqrt{5}-1) \quad \cdots\cdots〔答〕$$

第6章

微分方程式

6.1　1階線形微分方程式

〔目標〕　1階線形微分方程式の解法と微分方程式の基礎を習得する。

(1)　微分方程式の基礎

微分方程式

x の関数 y に対して，x および y とその導関数 y'，y''，… を含む方程式

$$F(x,\ y,\ y',\ y'',\ \cdots)=0$$

を**微分方程式**といい，含まれる導関数の最大の階数を微分方程式の**階数**という。

【例】　$y''-y=x$ は**2階**の微分方程式である。

微分方程式の解

微分方程式を満たす関数 y を求めることを，微分方程式を**解く**といい，その関数 y を微分方程式の**解**という。

n 階の微分方程式の解で n 個の任意定数を含む解を**一般解**といい，一般解の n 個の任意定数に具体的な値を代入して得られる1つ1つの解を**特殊解**という。また，一般解でも特殊解でもない解があるとき，その解を**特異解**という。ただし，特異解は無視することが多い。

【例】　1階の微分方程式 $(y')^2+xy'-y=0$ について

一般解は，$y=Cx+C^2$（C は任意定数）

特殊解は，$y=2x+4$（$C=2$），$y=-x+1$（$C=-1$），$y=0$（$C=0$）など。

特異解は，$y=-\dfrac{1}{4}x^2$　□

◆微分方程式の学習◆

微分方程式を解くことは一般には容易なことではない。応用上は整級数や逐次近似法などで近似解を求めるのが実際的であるが，微分方程式の入門としては，比較的簡単な微分方程式を積分によって解く練習をすることが重要である。

まず初めに**線形微分方程式**の解法を取り上げる。線形微分方程式の解法はすっきりしているので，微分方程式の入門はここから始めるのがよい。

1階線形微分方程式，**2階線形定数係数微分方程式**の解法から学習し，最後に一般の1階微分方程式について変数分離形とその応用を学習する。

（2）　1階・線形微分方程式：$y'+p(x)y=f(x)$ の解法

$f(x)=0$ の場合を**同次（斉次）**，$f(x)\neq 0$ の場合を**非同次（非斉次）**という。

Ⅰ．　同次の場合：$y'+p(x)y=0$

まず具体例で練習してみよう。

問 1　微分方程式 $y'+2y=0$ の一般解を求めよ。

（解）　与式より，$\dfrac{dy}{dx}=-2y$

$\therefore\quad \underbrace{\dfrac{1}{y}\dfrac{dy}{dx}=-2}_{\text{変数分離形}}$　**⬅ $y=0$ など気にせず両辺を y で割る（（注）を参照）**

両辺を x で積分すると

$$\int\frac{1}{y}\frac{dy}{dx}dx=\int(-2)\,dx$$ **⬅ この式は省略してもよい**

$$\therefore\quad \int\frac{1}{y}dy=\int(-2)\,dx$$ **⬅ 確かに変数 x，y が左辺と右辺に分離した！**

$\therefore\quad \log|y|=-2x+C$（$C$ は積分定数）　　$\therefore\quad y=\pm e^{-2x+C}=\pm e^{C}e^{-2x}$

よって，求める一般解は

$y=Ae^{-2x}$（A は任意定数）　**⬅ “こそっと“ $y=0$ も仲間に入れてやる**　□

（注）　微分方程式の答案は，上のように“ややラフな書き方”をするのが普通である。つまり，$y=0$ のときと $y\neq 0$ のときを場合分けして答案を書くということはあまりしない（煩雑になるため）。ちなみにここでいう $y=0$ とは定数関数としての0のことであるが，あまり細かいことを説明するとかえって混乱を招くのでやめておく。

◎1 階・線形・同次：$y'+p(x)y=0$ の解法のまとめ◎

問 1 における解法を一般的な形で整理してみよう。

$y'+p(x)y=0$ より，$\dfrac{1}{y}\dfrac{dy}{dx}=-p(x)$　⬅ **変数分離形**

両辺を x で積分すると

$\displaystyle\int\frac{1}{y}dy=-\int p(x)\,dx$　⬅ **変数が左辺と右辺に分離した**

$\therefore$　$\displaystyle\log|y|=-\int p(x)\,dx+C$　（C は積分定数）　⬅ **積分定数 C を別に書く**

$\therefore$　$y=\pm e^{-\int p(x)dx+C}$　　　$y=\pm e^{C}e^{-\int p(x)dx}$

よって，一般解は

$y=Ae^{-\int p(x)dx}$　（A は任意定数）　⬅ **一応公式であるが覚えたりしない!!**

（注 1）　公式の中の不定積分は，不定積分のどれか 1 つを表す。

（注 2）　e^x の指数部分を強調したい場合は $\exp(x)$ と表現することもある。

$\displaystyle y=A\exp\left(-\int p(x)\,dx\right)$　（A は任意定数）

（注 3）　問 1 に公式を当てはめてみると次のようになる。

$y=Ae^{-\int 2dx}=Ae^{-2x}$　（A は任意定数）

II．非同次の場合：$y'+p(x)y=f(x)$

問 2　微分方程式 $y'+2y=e^{-x}$ の一般解を求めよ。

（解）　まず，同次である $y'+2y=0$ の一般解を求めると，問 1 より

$y=Ae^{-2x}$　（A は任意定数）

もちろん，A が定数である限り $y=Ae^{-2x}$ は同次である $y'+2y=0$ の解であるから，非同次である $y'+2y=e^{-x}$ の解にはならない。そこで，y を

$y=A(x)e^{-2x}$　（$A(x)$ はある x の関数）

という形で表しておく。(**注**：y がどんな関数でもこのような形に表せる。)

このとき

$$\begin{aligned}y'+2y&=\{A'(x)e^{-2x}+A(x)(-2e^{-2x})\}+2A(x)e^{-2x}\\&=A'(x)e^{-2x}-2A(x)e^{-2x}+2A(x)e^{-2x}=A'(x)e^{-2x}\end{aligned}$$

であるから，$A'(x)e^{-2x}=e^{-x}$ であればよい。

$\therefore$　$A'(x)=e^x$　　$\therefore$　$A(x)=e^x+C$　（C は積分定数）

よって，$y=A(x)e^{-2x}=(e^x+C)e^{-2x}=e^{-x}+Ce^{-2x}$　（C は任意定数）　□

◎1階・線形・非同次：$y'+p(x)y=f(x)$ の解法のまとめ◎

問2における解法（**定数変化法**）を一般的な形で整理してみよう。

同次である $y'+p(x)y=0$ の一般解

$$y=Ae^{-\int p(x)dx} \quad (A \text{ は任意定数})$$

において，任意定数 A を x の関数 $A(x)$ と考えて

$$y=A(x)e^{-\int p(x)dx}$$ ⬅ **どんな y でもこのように表せる**

とおくと

$$\begin{aligned} &y'+p(x)y \\ &=\left\{A'(x)e^{-\int p(x)dx}+A(x)\left(-p(x)e^{-\int p(x)dx}\right)\right\}+p(x)A(x)e^{-\int p(x)dx} \\ &=A'(x)e^{-\int p(x)dx}-p(x)A(x)e^{-\int p(x)dx}+p(x)A(x)e^{-\int p(x)dx} \\ &=A'(x)e^{-\int p(x)dx} \end{aligned}$$

であるから，$A'(x)e^{-\int p(x)dx}=f(x)$ であればよい。

$$\therefore \quad A'(x)=f(x)e^{\int p(x)dx}$$

$$\therefore \quad A(x)=\int f(x)e^{\int p(x)dx}dx+C \quad (C \text{ は任意定数})$$

以上より

$$y=A(x)e^{-\int p(x)dx}=\left(\int f(x)e^{\int p(x)dx}dx+C\right)e^{-\int p(x)dx} \quad (C \text{ は任意定数})$$

（注） これも一応公式であるが覚えたりしない!!

[一般解の公式の補足]

1階線形微分方程式 $y'+p(x)y=f(x)$ の一般解の公式：

$$y=\left(\int f(x)e^{\int p(x)dx}dx+C\right)e^{-\int p(x)dx} \quad (C \text{ は任意定数})$$

は次のように簡単に導くこともできる（例題の解説も参照せよ)。

与式の両辺に $e^{\int p(x)dx}$ をかけると

$$y'\cdot e^{\int p(x)dx}+y\cdot p(x)e^{\int p(x)dx}=f(x)e^{\int p(x)dx}$$

$$\therefore \quad \left(y\cdot e^{\int p(x)dx}\right)'=f(x)e^{\int p(x)dx}$$ ⬅ **積の微分：$(f\cdot g)'=f'\cdot g+f\cdot g'$**

$$\therefore \quad y\cdot e^{\int p(x)dx}=\int f(x)e^{\int p(x)dx}dx+C$$

$$\therefore \quad y=\left(\int f(x)e^{\int p(x)dx}dx+C\right)e^{-\int p(x)dx} \quad (C \text{ は任意定数})$$

(3)　ベルヌーイの微分方程式：

次の1階微分方程式を**ベルヌーイの微分方程式**という。

$$\boldsymbol{y'+p(x)y=f(x)y^m \quad (m=2,\ 3,\ \cdots)}$$

これは $z=y^{1-m}$ とおくことにより，1階線形微分方程式になる。

解説　$y'+p(x)y=f(x)y^m$ の両辺を y^m で割ると

$$y^{-m}y'+p(x)y^{1-m}=f(x)$$

そこで，$z=y^{1-m}$ とおくと，$z'=(1-m)y^{-m}y'$ より

$$\frac{1}{1-m}z'+p(x)z=f(x)$$

$$\therefore \quad z'+(1-m)p(x)z=(1-m)f(x)$$ ⬅**1階線形微分方程式**

問 3　微分方程式 $y'-2y=-e^{-x}y^2$ の一般解を求めよ。

(解)　$y'-2y=-e^{-x}y^2$ の両辺を y^2 で割ると

$$y^{-2}y'-2y^{-1}=-e^{-x}$$

そこで，$z=y^{-1}=\dfrac{1}{y}$ とおくと，$z'=-y^{-2}y'$ より

$$-z'-2z=-e^{-x} \qquad \therefore \quad z'+2z=e^{-x}$$

この微分方程式の一般解は，問2より

$$z=e^{-x}+Ce^{-2x} \quad (C\text{ は任意定数})$$

$$\therefore \quad y=\frac{1}{z}=\frac{1}{e^{-x}+Ce^{-2x}} \quad (C\text{ は任意定数})$$ □

(注)　定数関数 $y=0$ も与式の解であるが，一般解の任意定数 C にどのような値を代入しても $y=0$ は得られない。このように，一般解から得られない解を**特異解**という。線形微分方程式でない場合，このような特異解をもつことがある。ただし，特異解は無視することが多い。

【参考】　最も有名な微分方程式は次の**ニュートンの運動方程式**であろう。

$$m\frac{d^2x}{dt^2}=F \quad (m\text{ は物体の質量，}F\text{ は物体に働く力})$$

これは $x=x(t)$ を未知関数とする2階の微分方程式である。

真空中を自由落下する場合は特に簡単になり，重力加速度を g として

$$m\frac{d^2x}{dt^2}=mg \qquad \text{すなわち，}\ \frac{d^2x}{dt^2}=g$$

と表される。ただし，鉛直方向下向きを正とした。

この場合は極めて簡単な微分方程式で，積分を繰り返すことにより，容易に解を得ることができる。

例題1（1階・線形：$y'+p(x)y=f(x)$）

次の微分方程式を解け。

(1)　$y'+3y=0$　　　(2)　$y'+3y=e^x$

解説　まず初めに**1階・線形微分方程式**の解法を学習しよう。線形微分方程式の解法はすっきりしているので，ここから学習を始めると無用の混乱を防ぐことができる。最初に登場する**変数分離形**および**定数変化法**は微分方程式論の基礎である。

解答　(1)　$y'+3y=0$ より，$\dfrac{dy}{dx}=-3y$

$\therefore\quad \dfrac{1}{y}\dfrac{dy}{dx}=-3$　**← $y=0$ が無視されているがこのように書くことが多い**

両辺を x で積分すると

$\displaystyle\int\frac{1}{y}dy=\int(-3)\,dx$　**← 置換積分法により $\displaystyle\int\frac{1}{y}\frac{dy}{dx}dx=\int\frac{1}{y}dy$**

$\therefore\quad \log|y|=-3x+C\qquad\therefore\quad y=\pm e^{-3x+C}=\pm e^{C}e^{-3x}$

よって，$y=Ae^{-3x}$　（A は任意定数）……〔答〕　**← 最後に $y=0$ も仲間入り**

（注）　計算の途中に現れた形 $\dfrac{1}{y}\dfrac{dy}{dx}=-3$ は**変数分離形**と呼ばれる。

(2)　(1)により，同次の場合 $y'+3y=0$ の一般解は $y=Ae^{-3x}$ である。

ここで，任意定数 A を関数 $A(x)$ と考えて

$y=A(x)e^{-3x}$　**← どんな y でもこのように表せる**

と表しておくと

$$y'=A'(x)e^{-3x}+A(x)(-3e^{-3x})=A'(x)e^{-3x}-3y$$

$$\therefore\quad y'+3y=A'(x)e^{-3x}$$

よって，$y=A(x)e^{-3x}$ が $y'+3y=e^x$ を満たすとすれば

$$A'(x)e^{-3x}=e^x\qquad\therefore\quad A'(x)=e^{4x}$$

$$\therefore\quad A(x)=\int e^{4x}dx=\frac{1}{4}e^{4x}+C$$

以上より，求める一般解は

$$y=\left(\frac{1}{4}e^{4x}+C\right)e^{-3x}=\frac{1}{4}e^{x}+Ce^{-3x}$$　（C は任意定数）……〔答〕

（注）　非同次の場合のこのような解法は**定数変化法**といわれる。

例題２（１階・線形微分方程式の一般解の公式①）

両辺に適当な関数をかけることにより，次の微分方程式を解け。

(1)　$y'+3y=e^x$　　　(2)　$y'+\left(1-\dfrac{1}{x}\right)y=2xe^x$

解説　１階・線形微分方程式：$y'+p(x)y=f(x)$ の一般解の公式：

$$y=\left(\int f(x)e^{\int p(x)dx}dx+C\right)e^{-\int p(x)dx}\quad (C\text{ は任意定数})$$

の導き方は２通りあったが，いずれも具体的な解法を表しているということにも注意しよう。定数変化法はいま確認したので，今度はもう一つの方法について練習する。

解答　(1)　$y'+3y=e^x$ の両辺に

$$e^{\int 3dx}=e^{3x}$$　**⬅ 両辺に $e^{\int p(x)dx}$ をかける**

をかけると

$$y'\cdot e^{3x}+y\cdot 3e^{3x}=e^{4x}$$

$$\therefore\quad (y\cdot e^{3x})'=e^{4x}$$　**⬅ 積の微分の公式：$(f\cdot g)'=f'\cdot g+f\cdot g'$**

$$\therefore\quad y\cdot e^{3x}=\int e^{4x}dx=\frac{1}{4}e^{4x}+C$$

よって，求める一般解は

$$y=\left(\frac{1}{4}e^{4x}+C\right)e^{-3x}=\frac{1}{4}e^x+Ce^{-3x}\quad (C\text{ は任意定数})\cdots\cdots〔\text{答}〕$$

(2)　$y'+\left(1-\dfrac{1}{x}\right)y=2xe^x$ の両辺に

$$e^{\int\left(1-\frac{1}{x}\right)dx}=e^{x-\log x}=e^xe^{-\log x}=e^xe^{\log\frac{1}{x}}=e^x\frac{1}{x}$$　**⬅ 対数の公式：$a^{\log_a b}=b$**

をかけると

$$y'\cdot e^{\int\left(1-\frac{1}{x}\right)dx}+y\cdot\left(1-\frac{1}{x}\right)e^{\int\left(1-\frac{1}{x}\right)}=2e^{2x}$$　**⬅ $e^{\int\left(1-\frac{1}{x}\right)dx}=e^x\dfrac{1}{x}$**

$$\therefore\quad \left(y\cdot e^{\int\left(1-\frac{1}{x}\right)dx}\right)'=2e^{2x}$$　**⬅ 積の微分の公式：$(f\cdot g)'=f'\cdot g+f\cdot g'$**

$$\therefore\quad \left(y\cdot e^x\frac{1}{x}\right)'=2e^{2x}\qquad \therefore\quad y\cdot e^x\frac{1}{x}=\int 2e^{2x}dx=e^{2x}+C$$

よって，求める一般解は

$$y=(e^{2x}+C)xe^{-x}=xe^x+Cxe^{-x}\quad (C\text{ は任意定数})\cdots\cdots〔\text{答}〕$$

例題 3（1 階・線形微分方程式の一般解の公式②）

1 階・線形微分方程式：$y'+p(x)y=f(x)$ の一般解の公式：

$$y=\left(\int f(x)e^{\int p(x)dx}dx+C\right)e^{-\int p(x)dx}\quad (C\text{ は任意定数})$$

を用いて，次の微分方程式を解け。

(1)　$y'+3y=e^x$　　　(2)　$xy'+y=3x^2$

解説　1 階・線形微分方程式：$y'+p(x)y=f(x)$ の一般解の公式の導出については最初の講義部分で詳しく説明した。ところで，この公式は導出も重要であるが，公式を使う練習も大切である。実際の試験問題では，まずこの公式の導出問題があって，次に具体的な微分方程式を公式を使って解く問題が続くことが多い。

解答　(1)　一般解の公式により

$$y=\left(\int e^x e^{\int 3dx}dx+C\right)e^{-\int 3dx}$$　⬅ $p(x)=3$，$f(x)=e^x$

$$=\left(\int e^x e^{3x}dx+C\right)e^{-3x}$$　⬅ 注意!!　公式の中の $\int p(x)dx$ は不定積分の 1 つを表す

$$=\left(\int e^{4x}dx+C\right)e^{-3x}$$

$$=\left(\frac{1}{4}e^{4x}+C\right)e^{-3x}=\frac{1}{4}e^x+Ce^{-3x}\quad (C\text{ は任意定数})$$　……〔答〕

(2)　$xy'+y=3x^2$ より　$y'+\dfrac{1}{x}y=3x$　⬅ $p(x)=\dfrac{1}{x}$，$f(x)=3x$

一般解の公式により

$$y=\left(\int 3xe^{\int\frac{1}{x}dx}dx+C\right)e^{-\int\frac{1}{x}dx}$$

$$=\left(\int 3xe^{\log x}dx+C\right)e^{-\log x}$$　⬅ $x>0$ の場合だけ書くのが普通

$$=\left(\int 3xe^{\log x}dx+C\right)e^{\log\frac{1}{x}}$$

$$=\left(\int 3x\cdot x\,dx+C\right)\frac{1}{x}$$　⬅ 対数の公式：$a^{\log_a b}=b$

$$=\left(\int 3x^2dx+C\right)\frac{1}{x}$$

$$=(x^3+C)\frac{1}{x}=x^2+C\frac{1}{x}\quad (C\text{ は任意定数})$$　……〔答〕

例題4（ベルヌーイの微分方程式）

次の微分方程式を解け。

$$y'-y=-\frac{1}{2}e^{-x}y^3$$

解説　**ベルヌーイの微分方程式：**　$y'+p(x)y=f(x)y^m$（$m=2,\ 3,\ \cdots$）は1階線形微分方程式の応用である。すなわち，簡単な置き換えにより，1階線形微分方程式になる。なお，特異解（$y=0$）は無視するのが普通である。

置き換えは与式の両辺を y^m で割ってみればただちに分かる。

$y^{-m}y'+p(x)y^{1-m}=f(x)$　　よって，$z=y^{1-m}$ とおけばよい。

解答　$y'-y=-\frac{1}{2}e^{-x}y^3$ の両辺を y^3 で割ると

$$\frac{1}{y^3}y'-\frac{1}{y^2}=-\frac{1}{2}e^{-x}$$

そこで，$z=\frac{1}{y^2}=y^{-2}$ とおくと　**⬅すぐに思いつくような簡単な置き換え**

$$z'=-2y^{-3}y' \qquad \therefore\ \frac{1}{y^3}y'=-\frac{1}{2}z'$$

よって，与式は次のようになる。

$$-\frac{1}{2}z'-z=-\frac{1}{2}e^{-x}$$

$\therefore\ z'+2z=e^{-x}$　**⬅1階線形になった！**

あとはこの1階線形微分方程式を解けばいいだけである。

両辺に $e^{\int 2dx}=e^{2x}$ をかけると

$$z'\cdot e^{2x}+z\cdot 2e^{2x}=e^x$$

$\therefore\ (z\cdot e^{2x})'=e^x$　**⬅積の微分：$(f\cdot g)'=f'\cdot g+f\cdot g'$**

$$\therefore\ z\cdot e^{2x}=\int e^x dx=e^x+C$$

$$\therefore\ z=(e^x+C)e^{-2x}=e^{-x}+Ce^{-2x}$$

よって，$\frac{1}{y^2}=e^{-x}+Ce^{-2x}$

すなわち，$(e^{-x}+Ce^{-2x})y^2=1$　（C は任意定数）　……〔答〕

【参考】　本問は定数変化法で解くこともできる（**別解**は解答編 p. 299 参照）。

例題 5（微分方程式の応用）

質量 m の物体が速度 v に比例する空気抵抗を受けて落下するとき，運動方程式は

$$m\frac{dv}{dt}=mg-rv \quad (r \text{ は比例定数})$$

と表される。初速度を 0 として，時刻 t における落下速度 v を求めよ。

解 説　最後に，微分方程式の物理への簡単な応用を見ておこう。問題の微分方程式は空気抵抗がある落下運動のニュートンの運動方程式である。

解 答　$m\dfrac{dv}{dt}=mg-rv$ より，$\dfrac{m}{mg-rv}\cdot\dfrac{dv}{dt}=1$　← **変数分離形**

$\therefore\ \displaystyle\int\frac{m}{mg-rv}dv=\int 1dt \qquad \therefore\ -\frac{m}{r}\log|mg-rv|=t+C$

$\therefore\ \log|mg-rv|=-\dfrac{r}{m}t-\dfrac{r}{m}C$

$\therefore\ mg-rv=\pm e^{-\frac{r}{m}t-\frac{r}{m}C}=\pm e^{-\frac{r}{m}C}e^{-\frac{r}{m}t}$

$\therefore\ mg-rv=Ae^{-\frac{r}{m}t}$　（A は任意定数）　初期条件より，$mg=A$

よって，$mg-rv=mge^{-\frac{r}{m}t}$　　すなわち，$v=\dfrac{mg}{r}\left(1-e^{-\frac{r}{m}t}\right)$　……〔答〕

■ 演習問題　6．1

▶解答は p. 298

1　次の微分方程式を解け。

(1)　$y'+y=0$　　(2)　$y'+y=\sin x$

2　次の微分方程式を解け。

(1)　$y'+2xy=xe^{-x^2}$　　(2)　$y'+y\tan x=\sin 2x$

3　次の 1 階線形微分方程式を一般解の公式を利用して解け。

(1)　$xy'-(x+1)=x^2$　　(2)　$(x^2+1)y'-xy=1$

4　次の微分方程式を解け。

(1)　$y'-2xy=xy^2$　　(2)　$xy'+y=y^2\log x$

6. 2　2階線形微分方程式

〔目標〕　2階線形定数係数微分方程式の解法を習得する。

(1)　2階・線形・定数係数－微分方程式：$y''+ay'+by=f(x)$

1階線形微分方程式の解法と同様，同次の場合と非同次の場合に分けて説明する。

I. 同次の場合：$y''+ay'+by=0$

同次の場合の一般解は次の公式（覚えること！）によって求める。

［定理］（一般解の公式）

$y''+ay'+by=0$ の一般解について，
特性方程式 $t^2+at+b=0$ の解を α，β とするとき，一般解は次のようになる。
（i）　α，β が相異なる2つの実数解のとき，$y=C_1e^{\alpha x}+C_2e^{\beta x}$
（ii）　α，β が重解（$\alpha=\beta$）のとき，$y=C_1e^{\alpha x}+C_2xe^{\alpha x}$
（iii）　α，β が虚数解 $p\pm qi$ のとき，$y=C_1e^{px}\cos qx+C_2e^{px}\sin qx$
ただし，C_1，C_2 は任意定数を表す。

問 1　次の微分方程式の一般解を求めよ。

(1)　$y''-y'-2y=0$　　(2)　$y''-4y'+4y=0$　　(3)　$y''+2y'+3y=0$

（解）　特性方程式の解を求めるだけである。以下，C_1，C_2 は任意定数を表す。

(1)　特性方程式は　$t^2-t-2=0$

$\therefore\quad (t-2)(t+1)=0\qquad \therefore\quad t=2,\ -1$

よって，求める一般解は　$y=C_1e^{2x}+C_2e^{-x}$

(2)　特性方程式は　$t^2-4t+4=0$

$\therefore\quad (t-2)^2=0\qquad \therefore\quad t=2$（重解）

よって，求める一般解は　$y=C_1e^{2x}+C_2xe^{2x}$

(3)　特性方程式は　$t^2+2t+3=0$

$\therefore\quad t=-1\pm\sqrt{2}\,i$

よって，求める一般解は　$y=C_1e^{-x}\cos\sqrt{2}\,x+C_2e^{-x}\sin\sqrt{2}\,x$　□

Ⅱ．非同次の場合：$y''+ay'+by=f(x)$

非同次の場合は，線形微分方程式の基本性質に着目する。

［定理］（線形微分方程式の基本性質）

$y''+ay'+by=0$ の一般解を $C_1y_1+C_2y_2$，$y''+ay'+by=f(x)$ の特殊解を y_0 とするとき，$y''+ay'+by=f(x)$ の一般解は，次で与えられる。

$$y=C_1y_1+C_2y_2+y_0$$

標語的に書けば次のようになる。

（非同次の一般解）＝（同次の一般解）＋（非同次の特殊解）

（注１） 特殊解の大体の形が推測できる場合は，特殊解を推測して，それがきちんと特殊解になるように係数合わせをする方法（**未定係数法**）がよく使われる。特殊解を求める方法はいろいろ知られているが，入門的な段階では素直に見つけよう。

（注２） 上に述べた性質は２階に限らず線形微分方程式の一般的な性質である。１階線形微分方程式をこの性質を利用して解くこともある。

［研究問題］ 次の１階線形微分方程式を解け。（解答は **p. 304**）

(1) $y'+xy=x^2+1$　　(2) $(x^2+1)y'-xy=1$

問 2 次の微分方程式の一般解を求めよ。

$$y''-y'-2y=e^{3x}$$

（解） まず，同次：$y''-y'-2y=0$ の場合の一般解を求めるが，問１より

$$y=C_1e^{2x}+C_2e^{-x}\quad (C_1,\ C_2 \text{ は任意定数})$$

次に，$y''-y'-2y=e^{3x}$ の特殊解を１つ求める。

$y=Ae^{3x}$ とおくと

$$y''-y'-2y=9Ae^{3x}-3Ae^{3x}-2Ae^{3x}=4Ae^{3x}$$

よって，$4A=1$ として，$A=\dfrac{1}{4}$ すなわち，$y=\dfrac{1}{4}e^{3x}$ が特殊解の１つである。

以上より，求める一般解は

$$y=C_1e^{2x}+C_2e^{-x}+\frac{1}{4}e^{3x}\quad (C_1,\ C_2 \text{ は任意定数})$$ □

（注） ２階・線形・定数係数・非同次の微分方程式については，まず同次の一般解がただちに求まり，もとの非同次の特殊解も比較的簡単に求まる。

(2)　オイラーの微分方程式

次の形の微分方程式を**オイラーの微分方程式**という。

$$x^2y''+axy'+by=f(x) \quad \text{あるいは} \quad x^2\frac{d^2y}{dx^2}+ax\frac{dy}{dx}+by=f(x)$$

オイラーの微分方程式は定数係数ではないが，$x=e^u$ とおくことにより，2階線形定数係数微分方程式に帰着される。

解 説　$x=e^u$ と変換する。

合成関数の微分より

$$\frac{dy}{du}=\frac{dy}{dx}\cdot\frac{dx}{du}=\frac{dy}{dx}\cdot e^u=\frac{dy}{dx}\cdot x=x\cdot\frac{dy}{dx}=xy'$$

$$\therefore \quad xy'=\frac{dy}{du} \quad \cdots\cdots①$$

次に，2階微分を計算する。

$$\frac{d^2y}{du^2}=\frac{d}{du}\left(\frac{dy}{du}\right)$$ ← **2階微分は難しい。しっかり計算しよう**

$$=\frac{d}{du}\left(x\cdot\frac{dy}{dx}\right)$$ ← **①より，$\boldsymbol{\frac{dy}{du}=x\cdot\frac{dy}{dx}}$**

$$=\frac{dx}{du}\cdot\frac{dy}{dx}+x\cdot\frac{d}{du}\left(\frac{dy}{dx}\right)$$ ← **積の微分：$\boldsymbol{(f\cdot g)'=f'\cdot g+f\cdot g'}$**

$$=e^u\cdot\frac{dy}{dx}+x\cdot\frac{d^2y}{dx^2}\cdot\frac{dx}{du}$$ ← **合成関数の微分より，$\boldsymbol{\frac{d}{du}\left(\frac{dy}{dx}\right)=\frac{d}{dx}\left(\frac{dy}{dx}\right)\cdot\frac{dx}{du}}$**

$$=e^u\cdot\frac{dy}{dx}+x\cdot\frac{d^2y}{dx^2}\cdot e^u$$

$$=x\cdot\frac{dy}{dx}+x^2\cdot\frac{d^2y}{dx^2}$$

$$=\frac{dy}{du}+x^2y''$$

$$\therefore \quad x^2y''=\frac{d^2y}{du^2}-\frac{dy}{du} \quad \cdots\cdots②$$

①，②を与式に代入すると

$$\left(\frac{d^2y}{du^2}-\frac{dy}{du}\right)+a\frac{dy}{du}+by=f(x)$$

$$\therefore \quad \frac{d^2y}{du^2}+(a-1)\frac{dy}{du}+by=f(x)$$ ← **2階・線形・定数係数**

こうして2階線形定数係数微分方程式に帰着された。

問 3 次の微分方程式の一般解を求めよ。

$$x^2y''-3xy'-12y=0$$

(解) $x=e^u$ とおくと

$$xy'=\frac{dy}{du},\quad x^2y''=\frac{d^2y}{du^2}-\frac{dy}{du}$$

により，与式は

$$\left(\frac{d^2y}{du^2}-\frac{dy}{du}\right)-3\frac{dy}{du}-12y=0$$

$$\therefore\quad \frac{d^2y}{du^2}-4\frac{dy}{du}-12y=0$$ ⬅ **2 階・線形・定数係数**

特性方程式 $t^2-4t-12=0$ とすると

$$(t-6)(t+2)=0 \qquad \therefore\quad u=6,\ -2$$

よって，求める一般解は

$$y=C_1e^{6u}+C_2e^{-2u}=C_1(e^u)^6+C_2(e^u)^{-2}$$

$$=C_1x^6+C_2\frac{1}{x^2}\quad (C_1,\ C_2 \text{ は任意定数})$$

□

（3） その他

参考のため，2 階線形定数係数非同次：$y''+ay'+by=f(x)$ の“特殊解”を関数行列式**ロンスキアン**で計算する公式を書いておく(覚えなくてもよい)。$y''+ay'+by=0$ の一般解が $C_1y_1+C_2y_2$ であるとき，$y''+ay'+by=f(x)$ の特殊解 y_0 は次で与えられる。

$$y_0=-y_1\int\frac{y_2\cdot f(x)}{W(y_1,\ y_2)}dx+y_2\int\frac{y_1\cdot f(x)}{W(y_1,\ y_2)}dx$$

ここで，関数行列式

$$W(y_1,\ y_2)=\begin{vmatrix} y_1 & y_2 \\ y_1' & y_2' \end{vmatrix}=y_1y_2'-y_2y_1'$$

は**ロンスキアン**と呼ばれる。

【例】 問 2 の微分方程式：$y''-y'-2y=e^{3x}$ を例にとると，$y_1=e^{2x}$，$y_2=e^{-x}$ であるから

$$W(y_1,\ y_2)=e^{2x}\cdot(-e^{-x})-e^{-x}\cdot 2e^{2x}=-3e^x$$

よって，$y_0=-e^{2x}\displaystyle\int\frac{e^{-x}\cdot e^{3x}}{-3e^x}dx+e^{-x}\int\frac{e^{2x}\cdot e^{3x}}{-3e^x}dx=\cdots=\frac{1}{4}e^{3x}$

例題1（2階・線形・定数係数・同次：$y''+ay'+by=0$）

次の微分方程式を解け。

(1)　$y''+2y'-3y=0$　　(2)　$y''+2y'+y=0$　　(3)　$y''+2y'+4y=0$

解説　2階・線形・定数係数・同次：$y''+ay'+by=0$ の微分方程式の一般解は“公式”にただ当てはめるだけで求める。次の公式は完全に暗記すること。

対応する特性方程式 $t^2+at+b=0$ の解を α，β とする。

（i）　α，β が相異なる2つの実数解のとき，$y=C_1e^{\alpha x}+C_2e^{\beta x}$

（ii）　α，β が重解（$\alpha=\beta$）のとき，$y=C_1e^{\alpha x}+C_2xe^{\alpha x}$

（iii）　α，β が虚数解 $p\pm qi$ のとき，$y=C_1e^{px}\cos qx+C_2e^{px}\sin qx$

ここで，C_1，C_2 は任意定数を表す。

解答　同次の場合は公式からただちに一般解を書き下すだけである。以下，C_1，C_2 は任意定数を表す。

(1)　特性方程式は，$t^2+2t-3=0$

$\therefore\ (t+3)(t-1)=0 \qquad \therefore\ t=1,\ -3$

よって，求める一般解は

$y=C_1e^x+C_2e^{-3x}$　……〔答〕

(2)　特性方程式は，$t^2+2t+1=0$

$\therefore\ (t+1)^2=0 \qquad \therefore\ t=-1$（重解）

よって，求める一般解は

$y=C_1e^{-x}+C_2xe^{-x}$　……〔答〕

(3)　特性方程式は，$t^2+2t+4=0 \qquad \therefore\ t=-1\pm\sqrt{3}\,i$（虚数解）

よって，求める一般解は

$y=C_1e^{-x}\cos\sqrt{3}\,x+C_2e^{-x}\sin\sqrt{3}\,x$　……〔答〕

【参考】　線形代数を学習していれば，2階線形定数係数同次の微分方程式の解全体は2次元ベクトル空間をなすことが分かるだろう。（i）（ii）（iii）の場合の解の全体のなすベクトル空間の基底はそれぞれ

（i）　$\{e^{\alpha x},\ e^{\beta x}\}$　　（ii）　$\{e^{\alpha x},\ xe^{\alpha x}\}$　　（iii）　$\{e^{px}\cos qx,\ e^{px}\sin qx\}$

なお，$f(x)$ と $g(x)$ の1次独立性はロンスキアンを用いて判定できる。

$f(x)$，$g(x)$ が1次独立 $\iff$ $W(f,\ g)\neq 0$

たとえば，（i）のとき，$W(e^{\alpha x},\ e^{\beta x})=(\beta-\alpha)e^{(\alpha+\beta)x}\neq 0$ となるから $e^{\alpha x}$ と $e^{\beta x}$ は1次独立である。

例題 2 （2 階・線形・定数係数・非同次：$y''+ay'+by=f(x)$）

次の微分方程式を解け。

(1) $y''+2y'-3y=e^{-x}$　　(2) $y''+2y'+4y=\cos x$

解説　非同次の場合は線形微分方程式の基本性質に着目する。

線形微分方程式の基本性質：

（非同次の一般解）＝（同次の一般解）＋（非同次の特殊解）

与式の特殊解は右辺の式の形から見当を付けて求める（**未定係数法**）。

解答　以下，C_1，C_2 は任意定数を表す。

(1) $y''+2y'-3y=0$ の一般解は，$y=C_1e^{x}+C_2e^{-3x}$

よって，$y''+2y'-3y=e^{-x}$ の特殊解を求めればよい。

$y=Ae^{-x}$ とおくと，$y'=-Ae^{-x}$，$y''=Ae^{-x}$

$\therefore\ \ y''+2y'-3y=Ae^{-x}+2\cdot(-Ae^{-x})-3\cdot Ae^{-x}=-4Ae^{-x}$

$-4A=1$ より，$A=-\dfrac{1}{4}$

$\therefore\ \ y=-\dfrac{1}{4}e^{-x}$ は $y''+2y'-3y=e^{-x}$ の特殊解

よって，求める一般解は

$$y=C_1e^{x}+C_2e^{-3x}-\frac{1}{4}e^{-x}\quad\cdots\cdots〔答〕$$

(2) $y''+2y'+4y=0$ の一般解は，$y=C_1e^{-x}\cos\sqrt{3}\,x+C_2e^{-x}\sin\sqrt{3}\,x$

よって，$y''+2y'+4y=\cos x$ の特殊解を求めればよい。

$y=A\sin x+B\cos x$ とおくと

$$y'=A\cos x-B\sin x,\ \ y''=-A\sin x-B\cos x$$

$$\begin{aligned}\therefore\ \ & y''+2y'+4y\\ &=\{(-A)+2(-B)+4A)\}\sin x+\{(-B)+2A+4B\}\cos x\\ &=(3A-2B)\sin x+(2A+3B)\cos x\end{aligned}$$

$3A-2B=0$ かつ $2A+3B=1$ より，$A=\dfrac{2}{13}$，$B=\dfrac{3}{13}$

$\therefore\ \ y=\dfrac{2}{13}\sin x+\dfrac{3}{13}\cos x$ は $y''+2y'+4y=\cos x$ の特殊解

よって，求める一般解は

$$y=C_1e^{-x}\cos\sqrt{3}\,x+C_2e^{-x}\sin\sqrt{3}\,x+\frac{2}{13}\sin x+\frac{3}{13}\cos x\quad\cdots\cdots〔答〕$$

例題 3（オイラーの微分方程式：$x^2y''+axy'+by=f(x)$）

微分方程式 $x^2y''-2xy'+2y=0$ について，以下の問いに答えよ。

(1)　$x=e^u$ とおくことにより，u の関数 y が満たすべき微分方程式を求めよ。

(2)　与えられた微分方程式の一般解を求めよ。

解説　2階・線形・定数係数の微分方程式の応用として，**オイラーの微分方程式**：$x^2y''+axy'+by=f(x)$ が重要である。これは $x=e^u$ とおくことにより，2階・線形・定数係数の微分方程式に帰着される。

解答　(1)　$x=e^u$ とおくと

$$\frac{dy}{du}=\frac{dy}{dx}\cdot\frac{dx}{du}=\frac{dy}{dx}\cdot e^u$$

$$=\frac{dy}{dx}\cdot x=x\frac{dy}{dx}\qquad\therefore\quad x\frac{dy}{dx}=\frac{dy}{du}\quad\cdots\cdots①$$

また

$$\frac{d^2y}{du^2}=\frac{d}{du}\left(\frac{dy}{du}\right)=\frac{d}{du}\left(x\cdot\frac{dy}{dx}\right)$$

$$=\frac{dx}{du}\cdot\frac{dy}{dx}+x\cdot\frac{d}{du}\left(\frac{dy}{dx}\right)$$

$$=e^u\cdot\frac{dy}{dx}+x\cdot\left\{\frac{d}{dx}\left(\frac{dy}{dx}\right)\cdot\frac{dx}{du}\right\}$$

$$=x\frac{dy}{dx}+x\cdot\frac{d^2y}{dx^2}\cdot e^u$$

$$=x\frac{dy}{dx}+x^2\frac{d^2y}{dx^2}\qquad\therefore\quad x^2\frac{d^2y}{dx^2}=\frac{d^2y}{du^2}-\frac{dy}{du}\quad\cdots\cdots②$$

①，②を $x^2\dfrac{d^2y}{dx^2}-2x\dfrac{dy}{dx}+2y=0$ に代入すると

$$\left(\frac{d^2y}{du^2}-\frac{dy}{du}\right)-2\frac{dy}{du}+2y=0$$

よって，$\dfrac{d^2y}{du^2}-3\dfrac{dy}{du}+2y=0$　……〔答〕　⬅ **2階・線形・定数係数になった！**

(2)　$t^2-3t+2=0$ とすると，$(t-1)(t-2)=0$　　$\therefore$　$t=1,\ 2$

よって，求める一般解は

$$y=C_1e^u+C_2e^{2u}=C_1x+C_2x^2\quad(C_1,\ C_2 \text{ は任意定数})\quad\cdots\cdots〔答〕$$

例題 4（微分方程式の応用）

質量 m の物体がバネの弾性力のみで運動するとき，運動方程式は

$$m\frac{d^2x}{dt^2}=-kx \quad (k \text{ は正の比例定数})$$

で表される。時刻 t における変位 $x(t)$ を求めよ。ただし，$x(0)=0$ および $x(t)$ の最大値を A とする。

解説 微分方程式の物理への簡単な応用として，今度はバネの弾性力による振動について調べてみよう。

解答 $m\dfrac{d^2x}{dt^2}+kx=0$ の特性方程式は　$mu^2+k=0$

$$\therefore \quad u=\pm\sqrt{-\frac{k}{m}}=\pm\sqrt{\frac{k}{m}}\,i$$

よって，一般解は $x=C_1\cos\sqrt{\dfrac{k}{m}}\,t+C_2\sin\sqrt{\dfrac{k}{m}}\,t$　(C_1，C_2 は任意定数)

$x(0)=0$ より，$C_1=0$　　$\therefore \quad x=C_2\sin\sqrt{\dfrac{k}{m}}\,t$

また，$x(t)$ の最大値が A であることから，$C_2=\pm A$

したがって，変位 $x(t)$ は　$x(t)=\pm A\sin\sqrt{\dfrac{k}{m}}\,t$　……〔答〕

■ 演習問題　6.2

▶解答は p. 300

1 次の微分方程式を解け。

(1) $y''-2y'+y=x^2$　　(2) $y''+2y'+2y=\sin x$

(3) $y''+3y'-4y=e^x$　　(4) $y''+4y=\sin 2x$

2 次の微分方程式を解け。

(1) $x^2y''+3xy'+y=0$　　(2) $x^2y''+xy'-4y=x$

3 微分方程式 $y''+ay=0$ が条件：$y(0)=y(L)=0$ を満たす解 $y\neq 0$ をもつための定数 a の条件およびその解を求めよ。ただし，L は与えられた正の定数である。

6. 3　変数分離形とその応用

〔目標〕 変数分離形とその応用について学習する。また，完全微分形の解法を学ぶ。

（1） 変数分離形

1階線形微分方程式の学習ですでに出てきた“変数分離形”について，きちんと整理してみる。

変数分離形

1階微分方程式で，次の形のものを**変数分離形**という。

$$g(y)\frac{dy}{dx}=f(x) \quad \cdots\cdots(*)$$

変数分離形の解法もすでに学習済みであるが，もう一度確認しておこう。

変数分離形の解法

（＊）の両辺を x で積分すると

$$\int g(y)\frac{dy}{dx}dx=\int f(x)dx$$

$$\therefore \quad \int g(y)dy=\int f(x)dx$$ ⬅ **変数 x と y が左辺と右辺に分離した**

この積分を実行すれば一般解が求まる。

問 1　$y'+2xy=0$ の一般解を求めよ。

（解）　$y'+2xy=0$ より

$$\frac{dy}{dx}=-2xy$$

$$\therefore \quad \frac{1}{y}\frac{dy}{dx}=-2x$$ ⬅ **変数分離形**

両辺を x で積分すると

$$\int\frac{1}{y}dy=\int(-2x)dx$$ ⬅ **変数 x と y が左辺と右辺に分離した**

$$\therefore \quad \log|y|=-x^2+C \qquad \therefore \quad y=\pm e^{-x^2+C}=\pm e^C e^{-x^2}$$

よって，求める一般解は　$y=Ae^{-x^2}$　（A は任意定数）　□

(2) 同次形

変数分離形の応用として，次の同次形が基本である。

同次形

1階微分方程式で，次の形のものを**同次形**という。

$$\frac{dy}{dx}=f\left(\frac{y}{x}\right) \quad \cdots\cdots(*)$$

同次形は変数分離形に帰着させて解く。

同次形の解法

$\dfrac{y}{x}=u$ とおくと，$y=xu$ であるから，(＊) は次のようになる。

$$u+x\frac{du}{dx}=f(u) \qquad \therefore \quad \frac{1}{f(u)-u}\frac{du}{dx}=\frac{1}{x}$$ ⬅ 変数分離形

これで，**変数分離形**に帰着できた。

問 2　$x^2y'=y^2$ の一般解を求めよ。

（解）　$x^2y'=y^2$ より，$\dfrac{dy}{dx}=\left(\dfrac{y}{x}\right)^2$ ⬅ 同次形

$\dfrac{y}{x}=u$ とおくと，$y=xu$ であるから

$$u+x\frac{du}{dx}=u^2 \qquad \therefore \quad x\frac{du}{dx}=u(u-1)$$

$$\therefore \quad \frac{1}{u(u-1)}\frac{du}{dx}=\frac{1}{x}$$ ⬅ 変数分離形

両辺を x で積分すると

$$\int\frac{1}{u(u-1)}du=\int\frac{1}{x}dx \qquad \therefore \quad \int\left(\frac{1}{u-1}-\frac{1}{u}\right)du=\int\frac{1}{x}dx$$

$$\therefore \quad \log|u-1|-\log|u|=\log|x|+C$$

$$\log\left|\frac{u-1}{u}\right|=\log e^C|x| \qquad \therefore \quad \frac{u-1}{u}=Ax \qquad \therefore \quad u-1=Axu$$

$$\therefore \quad \frac{y}{x}-1=Ay \qquad \therefore \quad y-x=Axy$$

$$\therefore \quad y=\frac{x}{1-Ax}$$ （A は任意定数）　□

(3)　完全微分形

変数分離形を一般化したものに“完全微分形”と呼ばれるものがある。

完全微分形

1階微分方程式

$$\frac{dy}{dx}=-\frac{f(x,\ y)}{g(x,\ y)} \quad \text{あるいは} \quad f(x,\ y)dx+g(x,\ y)dy=0$$

で，次の条件を満たすものを**完全微分形**（または**完全微分方程式**）という。

$$f_y=g_x$$

完全微分方程式の解法で基本となるのは次の定理である。

[定理]（完全微分方程式の一般解）

完全微分方程式

$$f(x,\ y)dx+g(x,\ y)dy=0 \quad \cdots\cdots(*)$$

において

$$F_x=f \text{ かつ } F_y=g$$

を満たす関数 $F(x,\ y)$ が存在して，（$*$）の一般解は次で与えられる。

$$F(x,\ y)=C \quad (C\text{ は任意定数})$$

問 3　$(6x+3y+5)dx+(3x-4y+3)dy=0$ の一般解を求めよ。

（解）　$f(x,\ y)=6x+3y+5,\ g(x,\ y)=3x-4y+3$ とおくと

$$f_y=3,\ g_x=3 \text{ であるから，} f_y=g_x$$

よって，与式は完全微分形である。

そこで

$$F_x=f \text{ かつ } F_y=g$$

を満たす関数 $F(x,\ y)$ を求めればよい。

$F_x=f$ より

$$F(x,\ y)=\int f(x,\ y)dx=\int(6x+3y+5)dx$$

$$=3x^2+3xy+5x+c(y) \quad (c(y)\text{ は }y\text{ のみの関数})$$

よって，$F_y=3x+c'(y)$

一方，$F_y=g=3x-4y+3$ であるから

$$c'(y)=-4y+3 \qquad \therefore\ c(y)=\int(-4y+3)dy=-2y^2+3y$$

よって

$$F(x,\ y)=3x^2+3xy+5x-2y^2+3y$$

したがって，求める一般解は

$$3x^2+3xy+5x-2y^2+3y=C\quad（C\ は任意定数）$$ □

　もとの微分方程式が完全微分形でなくても完全微分形に帰着させられる場合がある。

問 4　$y^3dx+(2xy^2+3y)dy=0$ の一般解を求めよ。

（解）　$(y^3)_y=3y^2$，$(2xy^2+3y)_x=2y^2$ であり

$$(y^3)_y \neq (2xy^2+3y)_x$$

であるから，与式は完全微分形ではない。

そこで，与式の両辺に y^{-1} をかけると

$$y^2dx+(2xy+3)dy=0\quad \cdots\cdots(*)$$

となり，$(y^2)_y=2y$，$(2xy+3)_x=2y$

すなわち　$(y^2)_y=(2xy+3)_x$

であるからこれは完全微分形である。

　そこで，この完全微分形（＊）を解く。

$F_x(x,\ y)=y^2$ より，$F(x,\ y)=xy^2+c(y)$

よって，$F_y(x,\ y)=2xy+c'(y)=2xy+3$ より，$c'(y)=3$　　$\therefore\ \ c(y)=3y$

したがって，$F(x,\ y)=xy^2+3y$ であり，求める一般解は

$$xy^2+3y=C\quad（C\ は任意定数）$$ □

（注）　上で完全微分形にするために両辺にかけたものを**積分因子**というが，これについては編入試験では普通ヒントが与えられる。ただし，ヒントなしで簡単に求められることも多い。

　問 4 の微分方程式の積分因子を求めてみよう。

$y^3dx+(2xy^2+3y)dy=0$ の両辺に x^my^n をかけると

$$x^my^{n+3}dx+(2x^{m+1}y^{n+2}+3x^my^{n+1})dy=0$$

そこで，$(x^my^{n+3})_y=(2x^{m+1}y^{n+2}+3x^my^{n+1})_x$ とすると

$$(n+3)x^my^{n+2}=2(m+1)x^my^{n+2}+3mx^{m-1}y^{n+1}$$

$$\therefore\ \ (n+3)xy=2(m+1)xy+3m$$

よって，$m=0$，$n=-1$ とすればよい。

こうして，積分因子 y^{-1} を求めることができる。

《研究》　定理にある $F(x,\ y)$ を $f(x,\ y)$ と $g(x,\ y)$ を用いて表すとどのようになるか調べてみよう。

$F_x(x,\ y)=f(x,\ y)$ より

$$F(x,\ y)=\int f(x,\ y)dx+c(y)\quad (c(y)\text{ は } y \text{ のみの関数})$$

$F_y(x,\ y)=g(x,\ y)$ より

$$F_y(x,\ y)=\frac{\partial}{\partial y}\int f(x,\ y)dx+c'(y)=g(x,\ y)$$

$$\therefore\quad c'(y)=g(x,\ y)-\frac{\partial}{\partial y}\int f(x,\ y)dx$$

$$\therefore\quad c(y)=\int\left(g(x,\ y)-\frac{\partial}{\partial y}\int f(x,\ y)dx\right)dy$$

よって

$$F(x,\ y)=\int f(x,\ y)dx+\int\left(g(x,\ y)-\frac{\partial}{\partial y}\int f(x,\ y)dx\right)dy$$

すなわち，完全微分形：$f(x,\ y)dx+g(x,\ y)dy=0$ の一般解は次式で与えられる。

$$\int f(x,\ y)dx+\int\left(g(x,\ y)-\frac{\partial}{\partial y}\int f(x,\ y)dx\right)dy=C\quad (C\text{ は任意定数})\ \square$$

(4)　いろいろな微分方程式

その他に注意すべき微分方程式を述べておこう。

【例】　微分方程式 $yy''-2(y')^2-yy'=0$

$p=y'=\dfrac{dy}{dx}$ とおく。　**⬅ この置き方に注意！**

このとき，$y''=\dfrac{d^2y}{dx^2}=\dfrac{dp}{dx}=\dfrac{dp}{dy}\cdot\dfrac{dy}{dx}=\dfrac{dp}{dy}\cdot p=p\dfrac{dp}{dy}$　　$\therefore\ y''=p\dfrac{dp}{dy}$

よって，与式は次のようになる。

$$y\cdot p\frac{dp}{dy}-2p^2-yp=0\qquad\therefore\quad \frac{dp}{dy}-\frac{2}{y}p=1$$ **⬅ 1階・線形**

これは1階線形微分方程式である。

この解を $p=p(y)$ とすると，次の1階微分方程式に帰着される。

$$\frac{dy}{dx}=p(y)$$

例題 1 （変数分離形①）

次の微分方程式を解け。

(1)　$(x+1)\dfrac{dy}{dx}+y+1=0$　　　(2)　$(1+x^2)y\dfrac{dy}{dx}-x(1+y^2)=0$

解説　1 階線形の微分方程式のところでも述べたように，変数分離形は微分方程式の基礎である。変数分離形についての理解をさらに深めよう。

解答　(1)　$(x+1)\dfrac{dy}{dx}+y+1=0$ より，$(x+1)\dfrac{dy}{dx}=-(y+1)$

$$\therefore\quad \frac{1}{y+1}\frac{dy}{dx}=-\frac{1}{x+1}$$ ⬅ **変数分離形**

両辺を x で積分すると

$$\int\frac{1}{y+1}dy=\int\left(-\frac{1}{x+1}\right)dx$$ ⬅ **左辺は y だけ，右辺は x だけに変数が分離！**

$$\therefore\quad \log|y+1|=-\log|x+1|+C$$

$$\therefore\quad \log|x+1|+\log|y+1|=C$$

$$\log|(x+1)(y+1)|=C\qquad\therefore\quad (x+1)(y+1)=\pm e^C$$

よって，求める一般解は

$(x+1)(y+1)=A$　（A は任意定数）……〔答〕

(2)　$(1+x^2)y\dfrac{dy}{dx}-x(1+y^2)=0$ より，$(1+x^2)y\dfrac{dy}{dx}=x(1+y^2)$

$$\therefore\quad \frac{y}{1+y^2}\frac{dy}{dx}=\frac{x}{1+x^2}$$ ⬅ **変数分離形**

両辺を x で積分すると

$$\int\frac{y}{1+y^2}dy=\int\frac{x}{1+x^2}dx$$

$$\therefore\quad \frac{1}{2}\log(1+y^2)=\frac{1}{2}\log(1+x^2)+C$$

$$=\frac{1}{2}\log e^{2C}(1+x^2)$$

$$\therefore\quad 1+y^2=e^{2C}(1+x^2)$$

よって，求める一般解は

$1+y^2=A(1+x^2)$　（A は任意定数）　……〔答〕

（注）　最後の答えは $y=\cdots$ という形にする必要はない。

例題 2 （変数分離形②）

次の微分方程式を解け。

$$(x+y)\frac{dy}{dx}+2x+y=0$$

解説　ただちに変数分離形に変形できない場合でも，**適当な変数変換**をすることによって変数分離形にできることがある。

解答　$(x+y)\dfrac{dy}{dx}+2x+y=0$ より

$$(x+y)\frac{dy}{dx}=-2x-y$$ ⬅ **変数分離形にできない！**

$$\therefore\quad \frac{dy}{dx}=\frac{-2x-y}{x+y}=\frac{-2-\dfrac{y}{x}}{1+\dfrac{y}{x}}$$

$z=\dfrac{y}{x}$ とおくと，$y=xz$ より，$\dfrac{dy}{dx}=z+x\dfrac{dz}{dx}$

よって，微分方程式は次のようになる。

$$z+x\frac{dz}{dx}=\frac{-2-z}{1+z}$$

$$\therefore\quad x\frac{dz}{dx}=\frac{-2-z}{1+z}-z=\frac{-2-z-z(1+z)}{1+z}=\frac{-z^2-2z-2}{1+z}$$

$$\therefore\quad \frac{z+1}{z^2+2z+2}\frac{dz}{dx}=-\frac{1}{x}$$

両辺を x で積分すると

$$\int\frac{z+1}{z^2+2z+2}dz=-\int\frac{1}{x}dx$$

$$\therefore\quad \frac{1}{2}\log(z^2+2z+2)=-\log|x|+C$$

$$\therefore\quad \log(z^2+2z+2)=-\log x^2+2C$$

$$\therefore\quad \log x^2+\log(z^2+2z+2)=2C$$

$$\therefore\quad x^2(z^2+2z+2)=A \qquad \therefore\quad x^2\left\{\left(\frac{y}{x}\right)^2+2\frac{y}{x}+2\right\}=A$$

よって，求める一般解は

$y^2+2xy+2x^2=A$　（A は任意定数）　……〔**答**〕

例題 3（完全微分形①）

次の微分方程式を解け。

$$(x^2-y)\,dx+(y^2-x)\,dy=0$$

解説　1階微分方程式 $f(x,\ y)dx+g(x,\ y)dy=0$ で，条件 $f_y=g_x$ を満たすものを**完全微分形**（または**完全微分方程式**）という。基本となるのは次の定理である。

［定理］　完全微分方程式

$$f(x,\ y)dx+g(x,\ y)dy=0 \quad \cdots\cdots(*)$$

において

$$F_x=f \quad \text{かつ} \quad F_y=g$$

を満たす関数 $F(x,\ y)$ が存在して，（＊）の一般解は次で与えられる。

$$F(x,\ y)=C \quad (C\ \text{は任意定数})$$

解答　まず与えられた微分方程式が完全微分方程式であるかどうかチェックする。

$(x^2-y)_y=-1$，$(y^2-x)_x=-1$ より，$(x^2-y)_y=(y^2-x)_x$

よって，与式は完全微分方程式である。

したがって

$$F_x=x^2-y \quad \text{かつ} \quad F_y=y^2-x$$

を満たす関数 $F(x,\ y)$ が存在して，（＊）の一般解は次で与えられる。

$$F(x,\ y)=C \quad (C\ \text{は任意定数})$$

$F_x=x^2-y$ より

$$F=\int(x^2-y)\,dx=\frac{1}{3}x^3-xy+c(y) \qquad \text{ただし，}c(y)\ \text{は}\ y\ \text{のみの関数}$$

$$\therefore \quad F_y=-x+c'(y)$$

$F_y=y^2-x$ より，$c'(y)=y^2$　　$\therefore \quad c(y)=\dfrac{1}{3}y^3$

よって，$F(x,\ y)=\dfrac{1}{3}x^3-xy+\dfrac{1}{3}y^3$ であり

求める一般解は

$$\frac{1}{3}x^3-xy+\frac{1}{3}y^3=C \quad (C\ \text{は任意定数}) \quad \cdots\cdots\text{〔答〕}$$

（注）　最後の答えを次のように書いても同じである。

$$x^3-3xy+y^3=C \quad (C\ \text{は任意定数})$$

例題 4（完全微分形②）

次の微分方程式を解け。

$$2xy\,dx+(y^2-x^2)\,dy=0 \quad \left(\text{ヒント：両辺に } \frac{1}{y^2} \text{ をかける。}\right)$$

解説　与えられた微分方程式が完全微分形でなくても，両辺に**適当な関数**をかけることによって完全微分形に帰着させられる場合がある。完全微分形にするために両辺にかけたものを**積分因子**という。

解答　まず与えられた微分方程式が完全微分方程式であるかどうかチェックする。

$(2xy)_y=2x$，$(y^2-x^2)_x=-2x$ より，$(2xy)_y \neq (y^2-x^2)_x$

よって，与式は完全微分方程式ではない。

そこで，ヒントにしたがって，両辺に $\dfrac{1}{y^2}$ をかけてみると

$$\frac{2x}{y}dx+\left(1-\frac{x^2}{y^2}\right)dy=0 \quad \cdots\cdots(*)$$

$$\left(\frac{2x}{y}\right)_y=-\frac{2x}{y^2},\ \left(1-\frac{x^2}{y^2}\right)_x=-\frac{2x}{y^2} \qquad \therefore\ \left(\frac{2x}{y}\right)_y=\left(1-\frac{x^2}{y^2}\right)_x$$

よって，（＊）は完全微分方程式である。

したがって

$$F_x=\frac{2x}{y} \quad \text{かつ} \quad F_y=1-\frac{x^2}{y^2}$$

を満たす関数 $F(x,\ y)$ が存在して，（＊）の一般解は次で与えられる。

$$F(x,\ y)=C \quad (C\text{ は任意定数})$$

$F_x=\dfrac{2x}{y}$ より，$F=\displaystyle\int\frac{2x}{y}dx=\frac{x^2}{y}+c(y)$　　ただし，$c(y)$ は y のみの関数

$$\therefore\ F_y=-\frac{x^2}{y^2}+c'(y)$$

$F_y=1-\dfrac{x^2}{y^2}$ より，$c'(y)=1$　　$\therefore\ c(y)=y$

よって，求める一般解は

$$\frac{x^2}{y}+y=C \quad (C\text{ は任意定数}) \quad \cdots\cdots〔\text{答}〕$$

（注）　ヒントに与えられた積分因子は自分で簡単に求めることができる。

例題 5（いろいろな微分方程式）

次の微分方程式を解け。

$$(y+1)\frac{d^2y}{dx^2}+\left(\frac{dy}{dx}\right)^2=0 \quad \left(\text{ヒント：}\frac{dy}{dx}=p\text{ とおく。}\right)$$

解説 微分方程式にはいろいろなタイプがある。微分方程式では変数変換が重要な役割を果たすことがよくあるが，$\dfrac{dy}{dx}=p$ の置き換えも重要である。

解答 $\dfrac{dy}{dx}=p$ とおくと

$$\frac{d^2y}{dx^2}=\frac{dp}{dx}=\frac{dp}{dy}\cdot\frac{dy}{dx}=\frac{dp}{dy}\cdot p=p\frac{dp}{dy}$$ ⬅ **この変形は要注意!!**

よって，与式は次のようになる。

$$(y+1)p\frac{dp}{dy}+p^2=0$$

$$\therefore\quad (y+1)p\frac{dp}{dy}=-p^2 \qquad \therefore\quad \frac{1}{p}\frac{dp}{dy}=-\frac{1}{y+1}$$ ⬅ **1 階微分方程式**

両辺を y で積分すると

$$\int\frac{1}{p}\,dp=-\int\frac{1}{y+1}\,dy$$

$$\therefore\quad \log|p|=-\log|y+1|+C \qquad \therefore\quad \log|(y+1)p|=C$$

よって

$$(y+1)p=A \quad (A\text{ は任意定数})$$

を得る。すなわち

$$(y+1)\frac{dy}{dx}=A$$

両辺を x で積分すると

$$\int(y+1)\,dy=\int A\,dx$$

$$\therefore\quad \frac{y^2}{2}+y=Ax+B \quad (A,\ B\text{ は任意定数})$$ ……〔答〕

（注） $(y+1)p\dfrac{dp}{dy}+p^2=0$ において，もともと $p=\dfrac{dy}{dx}$ は x の関数であったが，x が逆関数として y の関数と見なされ，それによって，p も y の関数と見なされている。よって，任意定数 A は x によらない定数である。

例題 6（微分方程式の応用）

曲線上の点Pにおける法線と原点との距離が点Pの y 座標に等しいような曲線を求めよ。

解説 与えられた条件を満たす曲線を求める問題に微分方程式を応用してみよう。

解答 点 $P(x,\ y)$ における法線の方程式は

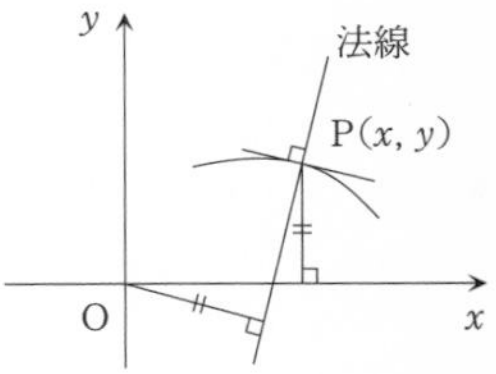

$$Y-y=-\frac{1}{y'}(X-x)$$

で表される。

（ここで，$(X,\ Y)$ は法線上の任意の点である。）

すなわち，$X-x+y'(Y-y)=0$

$$\therefore\quad X+y'Y-x-y'y=0$$

この法線と原点との距離が点Pの y 座標に等しいことから

$$\frac{|-x-y'y|}{\sqrt{1+(y')^2}}=y \qquad \therefore\quad \frac{(-x-y'y)^2}{1+(y')^2}=y^2$$

$$\therefore\quad (-x-y'y)^2=y^2\{1+(y')^2\}$$

$$\therefore\quad x^2+2xyy'+y^2(y')^2=y^2+y^2(y')^2 \qquad \therefore\quad x^2+2xyy'=y^2$$

あとはこの微分方程式をとけばよい。

$$\frac{dy}{dx}=\frac{y^2-x^2}{2xy}=\frac{\left(\dfrac{y}{x}\right)^2-1}{2\dfrac{y}{x}}$$

$z=\dfrac{y}{x}$ とおくと，$y=xz$ より，$\dfrac{dy}{dx}=z+x\dfrac{dz}{dx}$

よって，微分方程式は次のようになる。

$$z+x\frac{dz}{dx}=\frac{z^2-1}{2z} \qquad \therefore\quad x\frac{dz}{dx}=\frac{z^2-1}{2z}-z=-\frac{z^2+1}{2z}$$

$$\therefore\quad \frac{2z}{z^2+1}\frac{dz}{dx}=-\frac{1}{x} \qquad \therefore\quad \int\frac{2z}{z^2+1}dz=-\int\frac{1}{x}dx$$

$$\therefore\quad \log(z^2+1)=-\log|x|+C \qquad \therefore\quad \log|x(z^2+1)|=C$$

よって，$x(z^2+1)=A$　（A は任意定数）

したがって，$x\left\{\left(\dfrac{y}{x}\right)^2+1\right\}=A$　　$\therefore$　$x^2+y^2=Ax$　（A は任意定数）　…〔答〕

■ 演習問題 6.3

▶解答は p. 301

1 次の微分方程式を解け。

(1) $x^3\dfrac{dy}{dx}+y^2=0$ (2) $(y+1)\dfrac{dy}{dx}-\log x=0$

2 次の微分方程式を解け。

(1) $(x^2-y^2)\dfrac{dy}{dx}-2xy=0$ (2) $(x^2-2y^2)\dfrac{dy}{dx}-xy=0$

3 次の微分方程式を解け。

(1) $\dfrac{dy}{dx}=\sin(y-x)$ (2) $\dfrac{dy}{dx}=\dfrac{4x-2y+1}{2x-y-1}$

4 次の微分方程式が完全微分方程式であることを示し，その一般解を求めよ。

(1) $(e^x+2xy+2y^2)dx+(x^2+4xy+3)dy=0$

(2) $(2xy-\cos x)dx+(x^2-1)dy=0$

5 次の微分方程式を括弧内のヒントを参考にして解け。

(1) $(1-xy)dx+(xy-x^2)dy=0$ $\left(\text{両辺に }\dfrac{1}{x}\text{ をかける。}\right)$

(2) $(x^2+y^2-x)dx-ydy=0$ $\left(\text{両辺に }\dfrac{1}{x^2+y^2}\text{ をかける。}\right)$

6 次の微分方程式を解け。

$$y\frac{d^2y}{dx^2}-2\left(\frac{dy}{dx}\right)^2-y\frac{dy}{dx}=0 \quad \left(\text{ヒント：}\frac{dy}{dx}=p\text{ とおく。}\right)$$

7 曲線 C は点 (1, 1) を通る第 1 象限内の曲線であり，C 上の任意の点 P における接線と x 軸との交点を Q とするとき，線分 PQ は y 軸によって 2 等分されるという。曲線 C の方程式を求めよ。

過去問研究 6 − 1（微分方程式の基本）

微分方程式 $y''-\dfrac{(y')^2}{y}+y=0$ の解で初期条件 $y(0)=1$, $y'(0)=0$ を満たすものを $y=y(x)$ とする。以下の問いに答えよ。

(1) $z=\log y$ とおくとき，$z=z(x)$ の満たす微分方程式を求めよ。

(2) y を求めよ。〈長岡技術科学大学〉

解 説 一見難しそうに見える微分方程式がちょっとした置き換えで易しい微分方程式に帰着される場合である。あまり形にとらわれず，問題の指示にしたがって落ち着いて解くようにしよう。

解 答 (1) $z=\log y$ より，$y=e^z$ 　$\therefore$ $y'=e^z z'$

$\therefore$ $y''=(e^z\cdot z')'=e^z z'\cdot z'+e^z\cdot z''=e^z\{(z')^2+z''\}$

よって，与式は次のようになる。

$$e^z\{(z')^2+z''\}-\frac{(e^z z')^2}{e^z}+e^z=0$$

$\therefore$ $e^z\{(z')^2+z''\}-e^z(z')^2+e^z=0$

$\therefore$ $(z')^2+z''-(z')^2+1=0$ 　$\therefore$ $z''=-1$

よって，$z=z(x)$ の満たす微分方程式は

$z''=-1$ ……〔答〕

(2) $z''=-1$ より

$$z'=\int(-1)\,dx=-x+C_1$$

さらに

$$z=\int(-x+C_1)\,dx=-\frac{x^2}{2}+C_1x+C_2 \quad (C_1,\ C_2 \text{ は任意定数})$$

初期条件：$y(0)=e^{z(0)}=1$, $y'(0)=e^{z(0)}z'(0)=0$ より

$z(0)=0$, $z'(0)=0$ であるから，$C_1=0$, $C_2=0$

よって，$z(x)=-\dfrac{x^2}{2}$

したがって，$y(x)=e^{z(x)}$ より，$y(x)=e^{-\frac{x^2}{2}}$ ……〔答〕

（注） (2)の微分方程式 $z''=-1$ は簡単ではあるが，微分方程式は積分されて解が求まるということを理解する上で重要である。1回積分されるごとに任意定数（積分定数）が現われる。

過去問研究 6 − 2（ベルヌーイの微分方程式）

次の微分方程式を解け。

(1) $\dfrac{dy}{dx}=-2xy+3x$　　(2) $\dfrac{dy}{dx}=3xy-5xy^{-\frac{1}{3}}$　〈千葉大学〉

解説 (1)は1階線形微分方程式の基本であり，容易に変数分離形になるタイプである。(2)はベルヌーイの微分方程式で簡単な置き換えで1階線形に帰着できる。もとの問題文には $\Big($ヒント：y の $\dfrac{4}{3}$ 乗を z とおいて z の微分方程式に変換すると線形になる。$\Big)$ とヒントが付いていたがヒントなしでも置き換えは容易に分かる。

解答 (1) $\dfrac{dy}{dx}=-2xy+3x$ より

$$\frac{dy}{dx}=-x(2y-3) \qquad \therefore \quad \frac{1}{2y-3}\frac{dy}{dx}=-x$$

両辺を x で積分すると

$$\int\frac{1}{2y-3}\,dy=-\int x\,dx \qquad \therefore \quad \frac{1}{2}\log|2y-3|=-\frac{x^2}{2}+C$$

$$\therefore \quad 2y-3=\pm e^{-x^2+2C}=\pm\, e^{2C}e^{-x^2}$$

$$\therefore \quad 2y-3=Ae^{-x^2}$$ （A は任意定数）……〔答〕

(2) 与式の両辺に $y^{\frac{1}{3}}$ をかけると $y^{\frac{1}{3}}\dfrac{dy}{dx}=3xy^{\frac{4}{3}}-5x$

そこで，$z=y^{\frac{4}{3}}$ とおくと，$\dfrac{dz}{dx}=\dfrac{4}{3}y^{\frac{1}{3}}\dfrac{dy}{dx}$　　$\therefore \quad y^{\frac{1}{3}}\dfrac{dy}{dx}=\dfrac{3}{4}\dfrac{dz}{dx}$

よって，与式は次のような1階線形微分方程式になる。

$$\frac{3}{4}\frac{dz}{dx}=3xz-5x \qquad \therefore \quad \frac{dz}{dx}=\frac{4}{3}x(3z-5) \qquad \therefore \quad \frac{3}{3z-5}\frac{dz}{dx}=4x$$

両辺を x で積分すると

$$\int\frac{3}{3z-5}\,dz=\int 4x\,dx \qquad \therefore \quad \log|3z-5|=2x^2+C$$

$$\therefore \quad 3z-5=\pm e^{C}e^{2x^2} \qquad \therefore \quad 3z-5=Ae^{2x^2}$$

よって，$3y^{\frac{4}{3}}-5=Ae^{2x^2}$ （A は任意定数）……〔答〕

過去問研究6－3（2階微分方程式）

次の微分方程式について，以下の問いに答えよ。

$$x\frac{d^2y}{dx^2}+\left(\frac{dy}{dx}\right)^2-\left(1+\frac{2y}{x}\right)\frac{dy}{dx}+\left(\frac{y}{x}\right)^2+\frac{y}{x}=0 \quad (x>0) \quad \cdots\cdots(*)$$

(1)　関数 $u(x)$ を用いて，$y(x)=xu(x)$ とおくとき，$u(x)$ が満たすべき微分方程式を示せ。

(2)　さらに，$x=e^t$ と変数変換し，$v(t)=v(\log_e x)=u(x)$ とおくとき，$v(t)$ が満たすべき微分方程式を示せ。ただし，e は自然対数の底である。

(3)　微分方程式（$*$）の一般解 $y(x)$ を求めよ。〈大阪大学〉

解説　オイラーの微分方程式の類題である。ポイントは，変数変換 $x=e^t$ によって $u(x)=v(t)$ となるとき，$\frac{dv}{dt}$ や $\frac{d^2v}{dt^2}$ が $\frac{du}{dx}$ や $\frac{d^2u}{dx^2}$ によってどのように表されるかを正確に求めることである。なお，u と v は同じ値であるが，x の関数と考えているかそれとも t の関数と考えているかできちんと区別している。

解答　(1)　$y=xu$ より，$\frac{dy}{dx}=u+x\frac{du}{dx}$

$$\therefore\quad \frac{d^2y}{dx^2}=\frac{du}{dx}+\left(\frac{du}{dx}+x\frac{d^2u}{dx^2}\right)=2\frac{du}{dx}+x\frac{d^2u}{dx^2}$$

よって，（$*$）は次のようになる。

$$x\left(2\frac{du}{dx}+x\frac{d^2u}{dx^2}\right)+\left(u+x\frac{du}{dx}\right)^2-(1+2u)\left(u+x\frac{du}{dx}\right)+u^2+u=0$$

$$\therefore\quad 2x\frac{du}{dx}+x^2\frac{d^2u}{dx^2}+u^2+2xu\frac{du}{dx}+\left(x\frac{du}{dx}\right)^2$$
$$-u-2u^2-x\frac{du}{dx}-2xu\frac{du}{dx}+u^2+u=0$$

$$\therefore\quad x\frac{du}{dx}+x^2\frac{d^2u}{dx^2}+\left(x\frac{du}{dx}\right)^2=0 \quad \cdots\cdots〔答〕$$

(2)　$x=e^t$ より

$$\frac{dv}{dt}=\frac{du}{dt}=\frac{du}{dx}\cdot\frac{dx}{dt}=\frac{du}{dx}\cdot e^t=\frac{du}{dx}\cdot x=x\frac{du}{dx}$$

$$\therefore\quad x\frac{du}{dx}=\frac{dv}{dt}$$

また

$$\frac{d^2v}{dt^2}=\frac{d^2u}{dt^2}=\frac{d}{dt}\left(\frac{du}{dt}\right)=\frac{d}{dt}\left(x\frac{du}{dx}\right)=\frac{d}{dx}\left(x\frac{du}{dx}\right)\cdot\frac{dx}{dt}$$

$$=\left(\frac{du}{dx}+x\frac{d^2u}{dx^2}\right)\cdot e^t=\left(\frac{du}{dx}+x\frac{d^2u}{dx^2}\right)\cdot x=x\frac{du}{dx}+x^2\frac{d^2u}{dx^2}$$

$$\therefore\quad x^2\frac{d^2u}{dx^2}=\frac{d^2v}{dt^2}-x\frac{du}{dx}=\frac{d^2v}{dt^2}-\frac{dv}{dt}$$

$$\therefore\quad x^2\frac{d^2u}{dx^2}=\frac{d^2v}{dt^2}-\frac{dv}{dt}$$

そこで，$x\dfrac{du}{dx}=\dfrac{dv}{dt}$ および $x^2\dfrac{d^2u}{dx^2}=\dfrac{d^2v}{dt^2}-\dfrac{dv}{dt}$ を⑴の結果に代入すると

$$\frac{dv}{dt}+\left(\frac{d^2v}{dt^2}-\frac{dv}{dt}\right)+\left(\frac{dv}{dt}\right)^2=0$$

$$\therefore\quad \frac{d^2v}{dt^2}+\left(\frac{dv}{dt}\right)^2=0$$ ……〔答〕

⑶　$w(t)=\dfrac{dv}{dt}$ とおくと，$\dfrac{dw}{dt}=\dfrac{d^2v}{dt^2}$

よって，⑵で得た微分方程式は次のようになる。

$$\frac{dw}{dt}+w^2=0\qquad\therefore\quad\frac{dw}{dt}=-w^2$$

$$\therefore\quad \frac{1}{w^2}\frac{dw}{dt}=-1$$

両辺を t で積分すると

$$\int\frac{1}{w^2}dw=-\int dt$$

$$\therefore\quad -\frac{1}{w}=-t+C\qquad\therefore\quad w=\frac{1}{t+A}$$ （A は任意定数）

$$\therefore\quad \frac{dv}{dt}=\frac{1}{t+A}$$

$$\therefore\quad v(t)=\int\frac{1}{t+A}dt=\log|t+A|+B$$ （B は任意定数）

$$\therefore\quad u(x)=\log|\log x+A|+B$$ **⬅$x=e^t$　すなわち，$t=\log x$**

よって，求める一般解 $y(x)$ は

$$y(x)=xu(x)$$

$$=x\log|\log x+A|+Bx$$ （A，B は任意定数）……〔答〕

過去問研究 6 − 4（いろいろな微分方程式）

(1)　次の微分方程式の一般解を求めよ。

$$\frac{dy}{dx}+y=y^2$$

(2)　(1)の解を利用して，次の微分方程式

$$\frac{dy}{dx}+(2x+1)y-y^2=x^2+x+1$$

の一般解を求めよ。　〈東京大学〉

解説　(1)は変数分離形の基本である。(2)は(1)の結果をどのように利用するのかすぐには見えてこない。いろいろと試し計算をしてみる必要がある。

解答　(1)　与式より，$\dfrac{dy}{dx}=y^2-y$　　$\therefore\ \dfrac{1}{y(y-1)}\dfrac{dy}{dx}=1$

両辺を x で積分すると

$$\int\frac{1}{y(y-1)}dy=\int dx \qquad \therefore\ \int\left(\frac{1}{y-1}-\frac{1}{y}\right)dy=\int dx$$

$$\therefore\ \log|y-1|-\log|y|=x+C$$

$$\therefore\ \log\left|\frac{y-1}{y}\right|=x+C \qquad \therefore\ \frac{y-1}{y}=Ae^x$$

よって，求める一般解は $y=\dfrac{1}{1-Ae^x}$　（A は任意定数）　……〔答〕

(2)　$\dfrac{dy}{dx}+(2x+1)y-y^2=x^2+x+1$ より

$$\frac{dy}{dx}+y=y^2-2xy+x^2+x+1$$

$$\therefore\ \frac{dy}{dx}+y=(y-x)^2+x+1$$ ⬅(1)の結果を利用することを意識して式変形

$$\therefore\ \frac{dy}{dx}-1+y-x=(y-x)^2$$

$$\therefore\ \frac{d(y-x)}{dx}+(y-x)=(y-x)^2$$

(1)の結果より　$y-x=\dfrac{1}{1-Ae^x}$

$$\therefore\ y=x+\frac{1}{1-Ae^x}$$　（A は任意定数）　……〔答〕

演習問題の解答

第1章 微分法

■演習問題 1. 1

1 (1) $(\cos x)'$

$$=\lim_{h\to 0}\frac{\cos(x+h)-\cos x}{h}$$

$$=\lim_{h\to 0}\frac{-2\sin\frac{(x+h)+x}{2}\sin\frac{(x+h)-x}{2}}{h}$$

$$=\lim_{h\to 0}\frac{-2\sin\left(x+\frac{h}{2}\right)\sin\frac{h}{2}}{h}$$

$$=\lim_{h\to 0}\left\{-\sin\left(x+\frac{h}{2}\right)\right\}\cdot\frac{\sin\frac{h}{2}}{\frac{h}{2}}$$

$$=(-\sin x)\cdot 1=-\sin x$$

【参考】 $(\tan x)'=\dfrac{1}{\cos^2 x}$

は“商の微分”により示される。

$$(\tan x)'=\left(\frac{\sin x}{\cos x}\right)'$$

$$=\frac{\cos x\cdot\cos x-\sin x\cdot(-\sin x)}{\cos^2 x}$$

$$=\frac{\cos^2 x+\sin^2 x}{\cos^2 x}=\frac{1}{\cos^2 x}$$

(2) $(e^x)'=\lim_{h\to 0}\dfrac{e^{x+h}-e^x}{h}$

$$=\lim_{h\to 0}e^x\cdot\frac{e^h-1}{h}=e^x\cdot 1=e^x$$

2 (i) $x>0$ のとき

$$(\log|x|)'=(\log x)'=\frac{1}{x}$$

(ii) $x<0$ のとき

$$(\log|x|)'=(\log(-x))'=\frac{1}{-x}\times(-1)=\frac{1}{x}$$

3 (1) $y=x^x$ とおくと

$$\log y=\log x^x=x\log x$$

$\therefore\ \log y=x\log x$

両辺を x で微分すると

$$\frac{1}{y}\times y'=1\cdot\log x+x\cdot\frac{1}{x}$$

$\therefore\ y'=y(\log x+1)=x^x(\log x+1)$

(2) $\left(\dfrac{1}{1+x^2}\right)'=\{(1+x^2)^{-1}\}'$

$$=-(1+x^2)^{-2}\times 2x=-\frac{2x}{(1+x^2)^2}$$

(3) $(e^x\sin x)'=e^x\cdot\sin x+e^x\cdot\cos x$

$=e^x(\sin x+\cos x)$

(4) $\{\log(x+\sqrt{x^2+1})\}'$

$$=\frac{1}{x+\sqrt{x^2+1}}\times(x+\sqrt{x^2+1})'$$

$$=\frac{1}{x+\sqrt{x^2+1}}\times\left(1+\frac{x}{\sqrt{x^2+1}}\right)$$

$$=\frac{1}{x+\sqrt{x^2+1}}\times\frac{\sqrt{x^2+1}+x}{\sqrt{x^2+1}}=\frac{1}{\sqrt{x^2+1}}$$

(5) $(e^{\sqrt{x}})'$

$$=e^{\sqrt{x}}\times(\sqrt{x})'=e^{\sqrt{x}}\times\frac{1}{2\sqrt{x}}=\frac{e^{\sqrt{x}}}{2\sqrt{x}}$$

(6) $\left(\log\left|\tan\dfrac{x}{2}\right|\right)'=\dfrac{1}{\tan\frac{x}{2}}\times\left(\tan\dfrac{x}{2}\right)'$

$$=\frac{1}{\tan\frac{x}{2}}\times\frac{1}{2}\cdot\frac{1}{\cos^2\frac{x}{2}}=\frac{1}{2\tan\frac{x}{2}\cos^2\frac{x}{2}}$$

$$=\frac{1}{2\sin\frac{x}{2}\cos\frac{x}{2}}=\frac{1}{\sin x}$$

4 (1) $\dfrac{dy}{dx}=\dfrac{\frac{dy}{dt}}{\frac{dx}{dt}}=\dfrac{b\cos t}{-a\sin t}=-\dfrac{b}{a\tan t}$

また

$$\frac{d}{dt}\left(\frac{dy}{dx}\right)=\frac{d}{dt}\left(-\frac{b}{a\tan t}\right)$$

$$=-\frac{b}{a}\left(-\frac{1}{\tan^2 t}\cdot\frac{1}{\cos^2 t}\right)=\frac{b}{a\sin^2 t}$$

より

$$\frac{d^2y}{dx^2}=\frac{d}{dx}\left(\frac{dy}{dx}\right)=\frac{\frac{d}{dt}\left(\frac{dy}{dx}\right)}{\frac{dx}{dt}}=\frac{\frac{b}{a\sin^2 t}}{-a\sin t}$$

$$=-\frac{b}{a^2\sin^3 t}$$

(2) $\dfrac{dy}{dx}=\dfrac{\frac{dy}{dt}}{\frac{dx}{dt}}=\dfrac{\frac{b}{\cos^2 t}}{\frac{a\sin t}{\cos^2 t}}=\dfrac{b}{a\sin t}$

また

$$\frac{d}{dt}\left(\frac{dy}{dx}\right)=\frac{d}{dt}\left(\frac{b}{a\sin t}\right)=\frac{b}{a}\left(-\frac{\cos t}{\sin^2 t}\right)$$
$$=-\frac{b\cos t}{a\sin^2 t}$$

より

$$\frac{d^2y}{dx^2}=\frac{d}{dx}\left(\frac{dy}{dx}\right)=\frac{\dfrac{d}{dt}\left(\dfrac{dy}{dx}\right)}{\dfrac{dx}{dt}}$$
$$=\frac{-\dfrac{b\cos t}{a\sin^2 t}}{\dfrac{a\sin t}{\cos^2 t}}=-\frac{b\cos^3 t}{a^2\sin^3 t}=-\frac{b}{a^2\tan^3 t}$$

5 (1) 連続性：

$\lim_{x\to 0} f(x)=\lim_{x\to 0}\sin\frac{1}{x}$ これは発散（振動）

$\lim_{x\to 0} f(x)\neq f(0)$ であるから，$x=0$ において不連続である。

微分可能性：

$x=0$ において不連続であるから，微分不可能である。

(2) 連続性：

$$\lim_{x\to 0} f(x)=\lim_{x\to 0} x^2\sin\frac{1}{x}=0=f(0)$$

よって，$x=0$ において連続である。

微分可能性：

$$f'(0)=\lim_{h\to 0}\frac{f(h)-f(0)}{h}$$
$$=\lim_{h\to 0}\frac{h^2\sin\dfrac{1}{h}-0}{h}=\lim_{h\to 0} h\sin\frac{1}{h}=0$$

よって，$f'(0)$ が存在するから，$x=0$ において微分可能である。

(3) $f(x)=\sqrt{1-\cos^2 x}=\sqrt{\sin^2 x}=|\sin x|$ に注意する。

連続性：

$$\lim_{x\to 0} f(x)=\lim_{x\to 0}|\sin x|=0=f(0)$$

よって，$x=0$ において連続である。

微分可能性：

$$\lim_{h\to +0}\frac{f(h)-f(0)}{h}=\lim_{h\to +0}\frac{|\sin h|-0}{h}$$
$$=\lim_{h\to +0}\frac{\sin h}{h}=1$$
$$\lim_{h\to -0}\frac{f(h)-f(0)}{h}=\lim_{h\to -0}\frac{|\sin h|-0}{h}$$
$$=\lim_{h\to -0}\frac{-\sin h}{h}=-1$$

より

$$f'(0)=\lim_{h\to 0}\frac{f(h)-f(0)}{h} \text{ は存在しない。}$$

よって，$x=0$ において微分不可能である。

(4) 連続性：

$$\lim_{x\to 0} f(x)=\lim_{x\to 0}\frac{x}{1+e^{\frac{1}{x}}}=0=f(0)$$

よって，$x=0$ において連続である。

微分可能性：

$$\lim_{h\to +0}\frac{f(h)-f(0)}{h}=\lim_{h\to +0}\frac{\dfrac{h}{1+e^{\frac{1}{h}}}-0}{h}$$
$$=\lim_{h\to +0}\frac{1}{1+e^{\frac{1}{h}}}=0 \quad \left(\because \quad \lim_{h\to +0}\frac{1}{h}=+\infty\right)$$
$$\lim_{h\to -0}\frac{f(h)-f(0)}{h}=\lim_{h\to -0}\frac{\dfrac{h}{1+e^{\frac{1}{h}}}-0}{h}$$
$$=\lim_{h\to -0}\frac{1}{1+e^{\frac{1}{h}}}=1 \quad \left(\because \quad \lim_{h\to -0}\frac{1}{h}=-\infty\right)$$

より

$$f'(0)=\lim_{h\to 0}\frac{f(h)-f(0)}{h} \text{ は存在しない。}$$

よって，$x=0$ において微分不可能である。

6 (1) $n\leqq x\leqq n+1$ のとき

$$\left(1+\frac{1}{n+1}\right)^n\leqq\left(1+\frac{1}{x}\right)^x\leqq\left(1+\frac{1}{n}\right)^{n+1}$$
$$\therefore \quad \frac{\left(1+\dfrac{1}{n+1}\right)^{n+1}}{1+\dfrac{1}{n+1}}\leqq\left(1+\frac{1}{x}\right)^x$$
$$\leqq\left(1+\frac{1}{n}\right)^n\left(1+\frac{1}{n}\right)$$

$x\to\infty$ のとき $n\to\infty$ であるから

$$\lim_{n\to\infty}\frac{\left(1+\dfrac{1}{n+1}\right)^{n+1}}{1+\dfrac{1}{n+1}}\leqq\lim_{x\to\infty}\left(1+\frac{1}{x}\right)^x$$
$$\leqq\lim_{n\to\infty}\left(1+\frac{1}{n}\right)^n\left(1+\frac{1}{n}\right)$$
$$\therefore \quad \frac{e}{1}\leqq\lim_{x\to\infty}\left(1+\frac{1}{x}\right)^x\leqq e\cdot 1$$
$$\therefore \quad \lim_{x\to\infty}\left(1+\frac{1}{x}\right)^x=e$$

(2)　$\lim_{t\to+0}(1+t)^{\frac{1}{t}}=\lim_{x\to\infty}\left(1+\frac{1}{x}\right)^x=e$

また

$$\lim_{t\to-0}(1+t)^{\frac{1}{t}}=\lim_{x\to-\infty}\left(1+\frac{1}{x}\right)^x$$

$$=\lim_{y\to+\infty}\left(1-\frac{1}{y}\right)^{-y}=\lim_{y\to+\infty}\left(\frac{y-1}{y}\right)^{-y}$$

$$=\lim_{y\to+\infty}\left(\frac{y}{y-1}\right)^{y}=\lim_{y\to+\infty}\left(1+\frac{1}{y-1}\right)^{y}$$

$$=\lim_{y\to+\infty}\left(1+\frac{1}{y-1}\right)^{y-1}\left(1+\frac{1}{y-1}\right)=e\cdot 1=e$$

よって，$\lim_{t\to 0}(1+t)^{\frac{1}{t}}=e$

(3)　$\lim_{h\to 0}\frac{e^h-1}{h}$

$$=\lim_{t\to 0}\frac{t}{\log(1+t)}\quad(e^h-1=t)$$

$$=\lim_{t\to 0}\frac{1}{\frac{1}{t}\log(1+t)}=\lim_{t\to 0}\frac{1}{\log(1+t)^{\frac{1}{t}}}$$

$$=\frac{1}{\log e}=1$$

■演習問題 1．2

1　(1)　$f(x)=\log(1-x)$

$$f'(x)=-\frac{1}{1-x}=-(1-x)^{-1},$$
$$f''(x)=-(1-x)^{-2},$$
$$f'''(x)=-2(1-x)^{-3},$$
$$f^{(4)}(x)=-2\cdot 3(1-x)^{-4}$$

よって

$$f^{(n)}(x)=-2\cdot 3\cdots(n-1)(1-x)^{-n}$$
$$=-\frac{(n-1)!}{(1-x)^n}$$

(2)　$f(x)=\frac{x}{x^2-3x+2}=\frac{x}{(x-1)(x-2)}$

$$=\frac{2(x-1)-(x-2)}{(x-1)(x-2)}=\frac{2}{x-2}-\frac{1}{x-1}$$

$$=2(x-2)^{-1}-(x-1)^{-1}$$

より

$$f'(x)=(-1)\{2(x-2)^{-2}-(x-1)^{-2}\},$$

$$f''(x)$$
$$=(-1)(-2)\{2(x-2)^{-3}-(x-1)^{-3}\},$$

$$f'''(x)$$
$$=(-1)(-2)(-3)\{2(x-2)^{-4}-(x-1)^{-4}\}$$

よって

$$f^{(n)}(x)$$
$$=(-1)(-2)\cdots(-n)$$
$$\times\{2(x-2)^{-(n+1)}-(x-1)^{-(n+1)}\}$$
$$=(-1)^n n!\left(\frac{2}{(x-2)^{n+1}}-\frac{1}{(x-1)^{n+1}}\right)$$

(3)　$f(x)=\cos^2 x=\frac{1}{2}(1+\cos 2x)$

$$f'(x)=-\sin 2x=\cos\left(2x+\frac{\pi}{2}\right),$$

$$f''(x)=-2\sin\left(2x+\frac{\pi}{2}\right)$$
$$=2\cos\left(2x+\frac{\pi}{2}\times 2\right),$$

$$f'''(x)=-2^2\sin\left(2x+\frac{\pi}{2}\times 2\right)$$
$$=2^2\cos\left(2x+\frac{\pi}{2}\times 3\right)$$

よって

$$f^{(n)}(x)=2^{n-1}\cos\left(2x+\frac{\pi}{2}\times n\right)$$
$$=2^{n-1}\cos\left(2x+\frac{n}{2}\pi\right)$$

(4)　$f(x)=e^{\sqrt{3}x}\sin x$

$$f'(x)=\sqrt{3}\,e^{\sqrt{3}x}\sin x+e^{\sqrt{3}x}\cos x$$
$$=e^{\sqrt{3}x}(\sqrt{3}\sin x+\cos x)$$
$$=e^{\sqrt{3}x}\cdot 2\sin\left(x+\frac{\pi}{6}\right)$$
$$=2e^{\sqrt{3}x}\sin\left(x+\frac{\pi}{6}\right),$$

$$f''(x)=2\sqrt{3}\,e^{\sqrt{3}x}\sin\left(x+\frac{\pi}{6}\right)$$
$$+2e^{\sqrt{3}x}\cos\left(x+\frac{\pi}{6}\right)$$
$$=2e^{\sqrt{3}x}\left\{\sqrt{3}\sin\left(x+\frac{\pi}{6}\right)+\cos\left(x+\frac{\pi}{6}\right)\right\}$$
$$=2e^{\sqrt{3}x}\cdot 2\sin\left(x+\frac{\pi}{6}\times 2\right)$$
$$=2^2e^{\sqrt{3}x}\sin\left(x+\frac{\pi}{6}\times 2\right),$$

$$f'''(x)$$
$$=2^2e^{\sqrt{3}x}\left\{\sqrt{3}\sin\left(x+\frac{\pi}{6}\times 2\right)\right.$$
$$\left.+\cos\left(x+\frac{\pi}{6}\times 2\right)\right\}$$

$=2^2e^{\sqrt{3}x}\cdot 2\sin\left(x+\dfrac{\pi}{6}\times 3\right)$

$=2^3e^{\sqrt{3}x}\sin\left(x+\dfrac{\pi}{6}\times 3\right)$

よって

$$f^{(n)}(x)=2^ne^{\sqrt{3}x}\sin\left(x+\frac{\pi}{6}\times n\right)$$
$$=2^ne^{\sqrt{3}x}\sin\left(x+\frac{n}{6}\pi\right)$$

2 (1) $f(x)=x^2e^{-x}$

$(x^2)'=2x$, $(x^2)''=2$, $(x^2)'''=0$

$(e^{-x})^{(n)}=(-1)^ne^{-x}$

より

$f^{(n)}(x)=(x^2e^{-x})^{(n)}$

$=\sum_{k=0}^{n}{}_n\mathrm{C}_k(x^2)^{(k)}(e^{-x})^{(n-k)}$

$=x^2(e^{-x})^{(n)}+{}_n\mathrm{C}_1(x^2)'(e^{-x})^{(n-1)}$
$\qquad+{}_n\mathrm{C}_2(x^2)''(e^{-x})^{(n-2)}$

$=x^2\cdot(-1)^ne^{-x}+n\cdot 2x\cdot(-1)^{n-1}e^{-x}$
$\qquad+\dfrac{n(n-1)}{2}\cdot 2\cdot(-1)^{n-2}e^{-x}$

$=(-1)^n\{x^2-2nx+n(n-1)\}e^{-x}$

(2) $f(x)=x^{n-1}\log x$

$(x^{n-1})'=(n-1)x^{n-2}$,

$(x^{n-1})''=(n-1)(n-2)x^{n-3}$, …

$(x^{n-1})^{(k)}=(n-1)(n-2)\cdots(n-k)x^{n-k-1}$

$=\dfrac{(n-1)!}{(n-k-1)!}x^{n-k-1}$

特に

$(x^{n-1})^{(n-1)}=(n-1)(n-2)\cdots 3\cdot 2\cdot 1$
$\qquad=(n-1)!$,

$(x^{n-1})^{(n)}=0$

一方

$(\log x)'=\dfrac{1}{x}=x^{-1}$, $(\log x)''=(-1)x^{-2}$,

$(\log x)'''=(-1)(-2)x^{-3}$

より

$(\log x)^{(k)}=(-1)(-2)\cdots\{-(k-1)\}x^{-k}$

$=(-1)^{k-1}\dfrac{(k-1)!}{x^k}$

よって

$f^{(n)}(x)=(x^{n-1}\log x)^{(n)}$

$=\sum_{k=0}^{n}{}_n\mathrm{C}_k(x^{n-1})^{(k)}(\log x)^{(n-k)}$

$=\sum_{k=0}^{n-1}{}_n\mathrm{C}_k\dfrac{(n-1)!}{(n-k-1)!}x^{n-k-1}$

$\qquad\times(-1)^{n-k-1}\dfrac{(n-k-1)!}{x^{n-k}}$

$=\dfrac{(n-1)!}{x}\sum_{k=0}^{n-1}{}_n\mathrm{C}_k(-1)^{n-k-1}$

$=-\dfrac{(n-1)!}{x}\sum_{k=0}^{n-1}{}_n\mathrm{C}_k(-1)^{n-k}$

$=-\dfrac{(n-1)!}{x}\left(\sum_{k=0}^{n}{}_n\mathrm{C}_k(-1)^{n-k}-1\right)$

$=-\dfrac{(n-1)!}{x}[\{1+(-1)\}^n-1]$

$=-\dfrac{(n-1)!}{x}(0-1)=\dfrac{(n-1)!}{x}$

3 (1) $f(x)=\dfrac{1}{1+x}=(1+x)^{-1}$ より

$f'(x)=-(1+x)^{-2}$,

$f''(x)=(-1)(-2)(1+x)^{-3}$,

$f'''(x)=(-1)(-2)(-3)(1+x)^{-4}$

よって

$f^{(n)}(x)=(-1)(-2)\cdots(-n)(1+x)^{-(n+1)}$

$=(-1)^n\dfrac{n!}{(1+x)^{n+1}}$

であり

$$f(x)=f(0)+f'(0)x+\frac{f''(0)}{2!}x^2+\cdots$$
$$+\frac{f^{(n-1)}(0)}{(n-1)!}x^{n-1}+\frac{f^{(n)}(\theta x)}{n!}x^n$$

$$=1-x+\frac{2}{2!}x^2-\cdots+\frac{(-1)^{n-1}(n-1)!}{(n-1)!}x^{n-1}$$
$$+\frac{1}{n!}\cdot(-1)^n\frac{n!}{(1+\theta x)^{n+1}}x^n$$

$$=1-x+x^2-\cdots+(-1)^{n-1}x^{n-1}$$
$$+(-1)^n\frac{x^n}{(1+\theta x)^{n+1}}$$

(2) $f(x)=\cos x$ より

$f'(x)=-\sin x=\cos\left(x+\dfrac{\pi}{2}\right)$,

$f''(x)=-\sin\left(x+\dfrac{\pi}{2}\right)=\cos\left(x+\dfrac{\pi}{2}\times 2\right)$,

$f'''(x)=-\sin\left(x+\dfrac{\pi}{2}\times 2\right)$

$\qquad=\cos\left(x+\dfrac{\pi}{2}\times 3\right)$

よって

$f^{(n)}(x)=\cos\left(x+\dfrac{\pi}{2}\times n\right)=\cos\left(x+\dfrac{n}{2}\pi\right)$

であり

$$f^{(n)}(0)=\cos\frac{n}{2}\pi$$

$$=\begin{cases}\cos\dfrac{2m-1}{2}\pi & (n=2m-1)\\ \cos m\pi & (n=2m)\end{cases}$$

$$=\begin{cases}0 & (n=2m-1)\\ (-1)^m & (n=2m)\end{cases}$$

したがって

$$f(x)=f(0)+f'(0)x+\frac{f''(0)}{2!}x^2+\frac{f'''(0)}{3!}x^3+\frac{f^{(4)}(0)}{4!}x^4+\cdots+\frac{f^{(2m-2)}(0)}{(2m-2)!}x^{2m-2}+\frac{f^{(n)}(\theta x)}{n!}x^n$$

$$=1+0\cdot x+\frac{-1}{2!}x^2+\frac{0}{3!}x^3+\frac{1}{4!}x^4+\cdots+\frac{(-1)^{m-1}}{(2m-2)!}x^{2m-2}+\frac{1}{n!}\cdot\cos\left(\theta x+\frac{n}{2}\pi\right)x^n$$

$$=1-\frac{1}{2!}x^2+\frac{1}{4!}x^4-\cdots+(-1)^{m-1}\frac{1}{(2m-2)!}x^{2m-2}+\frac{1}{n!}x^n\cos\left(\theta x+\frac{n}{2}\pi\right)$$

$(n=2m-1$ または $n=2m)$

(3)　$f(x)=\dfrac{x}{1-x^2}=\dfrac{1}{2}\left(\dfrac{1}{1-x}-\dfrac{1}{1+x}\right)$

$$=\frac{1}{2}\{(1-x)^{-1}-(1+x)^{-1}\}$$

より

$$f'(x)=(-1)\frac{1}{2}\{(-1)(1-x)^{-2}-(1+x)^{-2}\},$$

$$f''(x)=(-1)(-2)\frac{1}{2}\{(-1)^2(1-x)^{-3}-(1+x)^{-3}\},$$

$$f'''(x)=(-1)(-2)(-3)\times\frac{1}{2}\{(-1)^3(1-x)^{-4}-(1+x)^{-4}\}$$

よって

$$f^{(n)}(x)=(-1)(-2)\cdots(-n)\times\frac{1}{2}\{(-1)^n(1-x)^{-(n+1)}-(1+x)^{-(n+1)}\}$$

$$=(-1)^n\times\frac{n!}{2}\left\{(-1)^n\frac{1}{(1-x)^{n+1}}-\frac{1}{(1+x)^{n+1}}\right\}$$

$$=\frac{n!}{2}\left\{\frac{1}{(1-x)^{n+1}}+\frac{(-1)^{n-1}}{(1+x)^{n+1}}\right\}$$

であり

$$f^{(n)}(0)=\frac{n!}{2}\{1+(-1)^{n-1}\}$$

$$=\begin{cases}(2m-1)! & (n=2m-1)\\ 0 & (n=2m)\end{cases}$$

したがって

$$f(x)=f(0)+f'(0)x+\frac{f''(0)}{2!}x^2+\frac{f'''(0)}{3!}x^3+\frac{f^{(4)}(0)}{4!}x^4+\cdots+\frac{f^{(2m-1)}(0)}{(2m-1)!}x^{2m-1}+\frac{f^{(n)}(\theta x)}{n!}x^n$$

$$=0+1\cdot x+\frac{0}{2!}x^2+\frac{3!}{3!}x^3+\frac{0}{4!}x^4+\cdots+\frac{(2m-1)!}{(2m-1)!}x^{2m-1}+\frac{1}{n!}\cdot\frac{n!}{2}\left\{\frac{1}{(1-\theta x)^{n+1}}+\frac{(-1)^{n-1}}{(1+\theta x)^{n+1}}\right\}x^n$$

$$=x+x^3+x^5+\cdots+x^{2m-1}+\frac{1}{2}\left\{\frac{1}{(1-\theta x)^{n+1}}+\frac{(-1)^{n-1}}{(1+\theta x)^{n+1}}\right\}x^n$$

$(n=2m$ または $n=2m+1)$

4　(1)　$f(x)=\sqrt{1+x}=(1+x)^{\frac{1}{2}}$ より

$$f'(x)=\frac{1}{2}(1+x)^{-\frac{1}{2}},$$

$$f''(x)=\frac{1}{2}\left(-\frac{1}{2}\right)(1+x)^{-\frac{3}{2}},$$

$$f'''(x)=\frac{1}{2}\left(-\frac{1}{2}\right)\left(-\frac{3}{2}\right)(1+x)^{-\frac{5}{2}},$$

$$f^{(4)}(x)=\frac{1}{2}\left(-\frac{1}{2}\right)\left(-\frac{3}{2}\right)\left(-\frac{5}{2}\right)(1+x)^{-\frac{7}{2}},$$

よって

$$f(x)=f(0)+f'(0)x+\frac{f''(0)}{2!}x^2+\frac{f'''(0)}{3!}x^3+\frac{f^{(4)}(\theta x)}{4!}x^4$$

$$=1+\frac{1}{2}x+\frac{1}{2!}\left(-\frac{1}{4}\right)x^2+\frac{1}{3!}\cdot\frac{3}{8}x^3+\frac{1}{4!}\left(-\frac{15}{16}\right)(1+\theta x)^{-\frac{7}{2}}x^4$$

$$=1+\frac{1}{2}x-\frac{1}{8}x^2+\frac{1}{16}x^3$$

$$-\frac{5}{128}(1+\theta x)^{-\frac{7}{2}}x^4$$

(注) 本問では n 次導関数を求める必要はない。

(2) $f(x)=\cos x$ より

$f'(x)=-\sin x$, $f''(x)=-\cos x$,

$f'''(x)=\sin x$, $f^{(4)}(x)=\cos x$

よって

$$f(x)=f(0)+f'(0)x+\frac{f''(0)}{2!}x^2+\frac{f'''(0)}{3!}x^3+\frac{f^{(4)}(\theta x)}{4!}x^4$$

$$=1+0\cdot x+\frac{-1}{2!}x^2+\frac{0}{3!}x^3+\frac{\cos(\theta x)}{4!}x^4$$

$$=1-\frac{1}{2}x^2+\frac{\cos(\theta x)}{24}x^4$$

(3) $f(x)=\tan^{-1}x$ より

$$f'(x)=\frac{1}{1+x^2},\ f''(x)=-\frac{2x}{(1+x^2)^2},$$

$$f'''(x)=-\frac{2\cdot(1+x^2)^2-2x\cdot 4x(1+x^2)}{(1+x^2)^4}$$

$$=-\frac{2(1+x^2)-8x^2}{(1+x^2)^3}=-2\frac{1-3x^2}{(1+x^2)^3}$$

$f^{(4)}(x)$

$$=-2\frac{-6x\cdot(1+x^2)^3-(1-3x^2)\cdot 6x(1+x^2)^2}{(1+x^2)^6}$$

$$=-2\frac{-6x\cdot(1+x^2)-(1-3x^2)\cdot 6x}{(1+x^2)^4}$$

$$=\frac{12x\{(1+x^2)+(1-3x^2)\}}{(1+x^2)^4}=\frac{24x(1-x^2)}{(1+x^2)^4}$$

よって

$$f(x)=f(0)+f'(0)x+\frac{f''(0)}{2!}x^2+\frac{f'''(0)}{3!}x^3+\frac{f^{(4)}(\theta x)}{4!}x^4$$

$$=0+1\cdot x+\frac{0}{2!}x^2+\frac{-2}{3!}x^3+\frac{1}{4!}\cdot\frac{24\theta x(1-\theta^2x^2)}{(1+\theta^2x^2)^4}x^4$$

$$=x-\frac{1}{3}x^3+\frac{\theta x(1-\theta^2x^2)}{(1+\theta^2x^2)^4}x^4$$

5 (1) $z=x^ne^{-x}$ より

$$z'=nx^{n-1}e^{-x}+x^n(-e^{-x})=(n-x)x^{n-1}e^{-x}$$

$\therefore$ $xz'=(n-x)x^ne^{-x}=(n-x)z$

(2) $xz'=(n-x)z$ の両辺を $n+1$ 回微分する。

$$(x\cdot z')^{(n+1)}=x\cdot(z')^{(n+1)}+{}_{n+1}\mathrm{C}_1\cdot 1\cdot(z')^{(n)}$$
$$=xz^{(n+2)}+(n+1)z^{(n+1)}\quad\cdots\cdots①$$

$$\{(n-x)z\}^{(n+1)}$$
$$=(n-x)\cdot z^{(n+1)}+{}_{n+1}\mathrm{C}_1\cdot(-1)\cdot z^{(n)}$$
$$=(n-x)z^{(n+1)}-(n+1)z^{(n)}\quad\cdots\cdots②$$

①, ②より

$$xz^{(n+2)}+(n+1)z^{(n+1)}=(n-x)z^{(n+1)}-(n+1)z^{(n)}$$

$\therefore$ $xz^{(n+2)}+(x+1)z^{(n+1)}+(n+1)z^{(n)}=0$

$y=e^x\dfrac{d^n}{dx^n}(x^ne^{-x})=e^xz^{(n)}$ より, $z^{(n)}=e^{-x}y$

よって

$$z^{(n+1)}=(-e^{-x})y+e^{-x}y'=e^{-x}(y'-y)$$
$$z^{(n+2)}=(-e^{-x})(y'-y)+e^{-x}(y''-y')=e^{-x}(y''-2y'+y)$$

これらを

$$xz^{(n+2)}+(x+1)z^{(n+1)}+(n+1)z^{(n)}=0$$

に代入すると

$$x\cdot e^{-x}(y''-2y'+y)+(x+1)\cdot e^{-x}(y'-y)+(n+1)\cdot e^{-x}y=0$$

$\therefore$ $x(y''-2y'+y)+(x+1)(y'-y)+(n+1)y=0$

$\therefore$ $xy''+(1-x)y'+ny=0$

6 $f(a+h)$ にテーラーの定理を用いると

$$f(a+h)=f(a)+h\cdot f'(a)+\frac{h^2}{2}\cdot f''(a+\theta_1h)$$

$\cdots\cdots①$ (ただし, $0<\theta_1<1$)

$f'(a+\theta h)$ に平均値の定理を用いると

$$f'(a+\theta h)=f'(a)+\theta h\cdot f''(a+\theta_2\theta h)$$

$\cdots\cdots②$ (ただし, $0<\theta_2<1$)

①, ②を

$$f(a+h)=f(a)+h\cdot f'(a+\theta h)$$

に代入すると

$$f(a)+h\cdot f'(a)+\frac{h^2}{2}\cdot f''(a+\theta_1h)=f(a)+h\cdot\{f'(a)+\theta h\cdot f''(a+\theta_2\theta h)\}$$

$\therefore$ $\dfrac{1}{2}f''(a+\theta_1h)=\theta\cdot f''(a+\theta_2\theta h)$

$f''(x)$ が連続 かつ $f''(a)\neq 0$ だから, h が十分小さいとき, $f''(a+\theta_2\theta h)\neq 0$

よって

$$\lim_{h\to 0}\theta=\lim_{h\to 0}\frac{1}{2}\cdot\frac{f''(a+\theta_1h)}{f''(a+\theta_2\theta h)}=\frac{1}{2}\cdot\frac{f''(a)}{f''(a)}=\frac{1}{2}$$

■演習問題 1．3

1 (1) (i) $\sin\frac{\pi}{12}=\sin\left(\frac{\pi}{3}-\frac{\pi}{4}\right)$

$=\sin\frac{\pi}{3}\cos\frac{\pi}{4}-\cos\frac{\pi}{3}\sin\frac{\pi}{4}$

$=\frac{\sqrt{3}}{2}\cdot\frac{\sqrt{2}}{2}-\frac{1}{2}\cdot\frac{\sqrt{2}}{2}=\frac{\sqrt{6}-\sqrt{2}}{4}$

よって，　$\sin^{-1}\frac{\sqrt{6}-\sqrt{2}}{4}=\frac{\pi}{12}$

(ii) $\sin^{-1}\left(\sin\frac{7\pi}{12}\right)$

$=\pi-\frac{7\pi}{12}=\frac{5\pi}{12}$

(2) $\sin^{-1}\frac{3}{5}=\alpha$,

$\sin^{-1}\frac{4}{5}=\beta$ とおくと

$\sin\alpha=\frac{3}{5}$, $\sin\beta=\frac{4}{5}$

ただし，$0<\alpha<\frac{\pi}{2}$, $0<\beta<\frac{\pi}{2}$

$\therefore$　$\cos\alpha=\frac{4}{5}$, $\cos\beta=\frac{3}{5}$

よって

$\cos(\alpha+\beta)=\cos\alpha\cos\beta-\sin\alpha\sin\beta$

$=\frac{4}{5}\cdot\frac{3}{5}-\frac{3}{5}\cdot\frac{4}{5}=0$

$0<\alpha+\beta<\pi$ であることから，$\alpha+\beta=\frac{\pi}{2}$

すなわち，$\sin^{-1}\frac{3}{5}+\sin^{-1}\frac{4}{5}=\alpha+\beta=\frac{\pi}{2}$

2 (1) $\left(\tan^{-1}\frac{1-x^2}{1+x^2}\right)'$

$=\frac{1}{1+\left(\frac{1-x^2}{1+x^2}\right)^2}\times\left(\frac{1-x^2}{1+x^2}\right)'$

$=\frac{(1+x^2)^2}{(1+x^2)^2+(1-x^2)^2}$

$\times\frac{-2x\cdot(1+x^2)-(1-x^2)\cdot 2x}{(1+x^2)^2}$

$=\frac{(1+x^2)^2}{2(1+x^4)}\times\frac{-4x}{(1+x^2)^2}=-\frac{2x}{1+x^4}$

(2) $\left(\sin^{-1}\frac{1}{x}\right)'=\frac{1}{\sqrt{1-\left(\frac{1}{x}\right)^2}}\times\left(-\frac{1}{x^2}\right)$

$=-\frac{1}{x\sqrt{x^2-1}}$　($\because$　$x>0$)

(3) $\left\{\tan^{-1}\left(\frac{1}{\sqrt{3}}\tan\frac{x}{2}\right)\right\}'$

$=\frac{1}{1+\left(\frac{1}{\sqrt{3}}\tan\frac{x}{2}\right)^2}\times\left(\frac{1}{\sqrt{3}}\tan\frac{x}{2}\right)'$

$=\frac{3\cos^2\frac{x}{2}}{3\cos^2\frac{x}{2}+\sin^2\frac{x}{2}}\times\frac{1}{2\sqrt{3}}\cdot\frac{1}{\cos^2\frac{x}{2}}$

$=\frac{3}{2\cos^2\frac{x}{2}+1}\times\frac{1}{2\sqrt{3}}$

$=\frac{3}{(1+\cos x)+1}\times\frac{1}{2\sqrt{3}}=\frac{\sqrt{3}}{2(2+\cos x)}$

3 (1) $\lim_{x\to 0}\frac{e^x-e^{-x}-2x}{x-\sin x}$

$=\lim_{x\to 0}\frac{e^x+e^{-x}-2}{1-\cos x}=\lim_{x\to 0}\frac{e^x-e^{-x}}{\sin x}$

$=\lim_{x\to 0}\frac{e^x+e^{-x}}{\cos x}=2$

(2) $\lim_{x\to\frac{\pi}{2}}\frac{x\sin x-\frac{\pi}{2}}{\cos x}=\lim_{x\to\frac{\pi}{2}}\frac{\sin x+x\cos x}{-\sin x}$

$=\frac{1+0}{-1}=-1$

(3) $\lim_{x\to 0}\frac{x-\sin^{-1}x}{x^3}=\lim_{x\to 0}\frac{1-\frac{1}{\sqrt{1-x^2}}}{3x^2}$

$=\lim_{x\to 0}\frac{1-(1-x^2)^{-\frac{1}{2}}}{3x^2}$

$=\lim_{x\to 0}\frac{\frac{1}{2}(1-x^2)^{-\frac{3}{2}}\times(-2x)}{6x}$

$=\lim_{x\to 0}\frac{-1}{6(1-x^2)^{\frac{3}{2}}}=-\frac{1}{6}$

(4) $\lim_{x\to\infty}\frac{\log(1+2^x)}{x}=\lim_{x\to\infty}\frac{\frac{1}{1+2^x}\times 2^x\log 2}{1}$

$=\lim_{x\to\infty}\frac{2^x}{1+2^x}\log 2=\lim_{x\to\infty}\frac{1}{2^{-x}+1}\log 2=\log 2$

(5) $\lim_{x\to 1+0}\left(\frac{x}{x-1}-\frac{1}{\log x}\right)$

$=\lim_{x\to 1+0}\frac{x\log x-(x-1)}{(x-1)\log x}$

$=\lim_{x\to 1+0}\frac{(\log x+1)-1}{\log x+\frac{x-1}{x}}$

$=\lim_{x\to 1+0}\frac{\log x}{\log x+1-\frac{1}{x}}=\lim_{x\to 1+0}\frac{\frac{1}{x}}{\frac{1}{x}+\frac{1}{x^2}}=\frac{1}{2}$

(6) $\lim_{x\to 0}\left(\frac{1}{\sin x}-\frac{1}{x+x^2}\right)$

$=\lim_{x\to 0}\frac{x+x^2-\sin x}{(x+x^2)\sin x}$

$=\lim_{x\to 0}\frac{1+2x-\cos x}{(1+2x)\sin x+(x+x^2)\cos x}$

$=\lim_{x\to 0}\frac{2+\sin x}{2\sin x+2(1+2x)\cos x-(x+x^2)\sin x}$

$=1$

4 (1) $\lim_{x\to\infty}\log\left(\frac{2}{\pi}\tan^{-1}x\right)^x$

$=\lim_{x\to\infty}x\log\left(\frac{2}{\pi}\tan^{-1}x\right)$

$=\lim_{x\to\infty}\frac{\log\left(\frac{2}{\pi}\tan^{-1}x\right)}{\frac{1}{x}}$

$=\lim_{x\to\infty}\frac{\frac{1}{\frac{2}{\pi}\tan^{-1}x}\times\frac{2}{\pi}\cdot\frac{1}{1+x^2}}{-\frac{1}{x^2}}$

$=\lim_{x\to\infty}\frac{\frac{1}{(1+x^2)\tan^{-1}x}}{-\frac{1}{x^2}}=\lim_{x\to\infty}\frac{-x^2}{(1+x^2)\tan^{-1}x}$

$=\lim_{x\to\infty}\frac{-1}{\left(\frac{1}{x^2}+1\right)\tan^{-1}x}=\frac{-1}{\frac{\pi}{2}}=-\frac{2}{\pi}$

$=\log e^{-\frac{2}{\pi}}$

よって，$\lim_{x\to\infty}\left(\frac{2}{\pi}\tan^{-1}x\right)^x=e^{-\frac{2}{\pi}}$

(2) $\lim_{x\to\infty}\log\left(\frac{\pi}{2}-\tan^{-1}x\right)^{\frac{1}{x}}$

$=\lim_{x\to\infty}\frac{1}{x}\log\left(\frac{\pi}{2}-\tan^{-1}x\right)$

$=\lim_{x\to\infty}\frac{\log\left(\frac{\pi}{2}-\tan^{-1}x\right)}{x}$

$=\lim_{x\to\infty}\frac{\frac{1}{\frac{\pi}{2}-\tan^{-1}x}\times\left(-\frac{1}{1+x^2}\right)}{1}$

$=\lim_{x\to\infty}\frac{-\frac{1}{1+x^2}}{\frac{\pi}{2}-\tan^{-1}x}=\lim_{x\to\infty}\frac{\frac{2x}{(1+x^2)^2}}{-\frac{1}{1+x^2}}$

$=\lim_{x\to\infty}\left(-\frac{2x}{1+x^2}\right)=0=\log 1$

よって，$\lim_{x\to\infty}\left(\frac{\pi}{2}-\tan^{-1}x\right)^{\frac{1}{x}}=1$

5 (Ⅰ) (1) 明らか。

(2) $\cosh^2 x-\sinh^2 x$

$=\left(\frac{e^x+e^{-x}}{2}\right)^2-\left(\frac{e^x-e^{-x}}{2}\right)^2$

$=\frac{(e^x+e^{-x})^2-(e^x-e^{-x})^2}{4}=\frac{4}{4}=1$

(3) $\cosh^2 x-\sinh^2 x=1$ の両辺を $\cosh^2 x$ で割ればよい。

(Ⅱ) (1) $\sinh x\cosh y+\cosh x\sinh y$

$=\frac{e^x-e^{-x}}{2}\cdot\frac{e^y+e^{-y}}{2}+\frac{e^x+e^{-x}}{2}\cdot\frac{e^y-e^{-y}}{2}$

$=\frac{(e^x-e^{-x})(e^y+e^{-y})+(e^x+e^{-x})(e^y-e^{-y})}{4}$

$=\frac{2e^xe^y-2e^{-x}e^{-y}}{4}=\frac{e^{x+y}-e^{-(x+y)}}{2}$

$=\sinh(x+y)$

(2) $\cosh x\cosh y+\sinh x\sinh y$

$=\frac{e^x+e^{-x}}{2}\cdot\frac{e^y+e^{-y}}{2}+\frac{e^x-e^{-x}}{2}\cdot\frac{e^y-e^{-y}}{2}$

$=\frac{(e^x+e^{-x})(e^y+e^{-y})+(e^x-e^{-x})(e^y-e^{-y})}{4}$

$=\frac{2e^xe^y+2e^{-x}e^{-y}}{4}=\frac{e^{x+y}+e^{-(x+y)}}{2}$

$=\cosh(x+y)$

6 (1) $(\sinh x)'=\left(\frac{e^x-e^{-x}}{2}\right)'$

$=\frac{e^x+e^{-x}}{2}=\cosh x$

(2)　$(\cosh x)'=\left(\dfrac{e^x+e^{-x}}{2}\right)'=\dfrac{e^x-e^{-x}}{2}$

$=\sinh x$

(3)　$(\tanh x)'=\left(\dfrac{e^x-e^{-x}}{e^x+e^{-x}}\right)'$

$=\dfrac{(e^x+e^{-x})^2-(e^x-e^{-x})^2}{(e^x+e^{-x})^2}$

$=\dfrac{4}{(e^x+e^{-x})^2}=\dfrac{1}{\cosh^2 x}$

第2章
積　分　法

■演習問題 2. 1

1　以下，C は積分定数を表す。

(1)　$\displaystyle\int \sin^2 x\,dx=\int\frac{1-\cos 2x}{2}\,dx$

$=\dfrac{1}{2}x-\dfrac{1}{4}\sin 2x+C$

(2)　$\displaystyle\int \sin^3 x\,dx=\int \sin^2 x\cdot\sin x\,dx$

$\displaystyle=\int(1-\cos^2 x)\cdot\sin x\,dx$

$\displaystyle=\int(\sin x-\cos^2 x\sin x)\,dx$

$=-\cos x+\dfrac{1}{3}\cos^3 x+C$

(3)　$\displaystyle\int\cos 3x\cos 2x\,dx$

$\displaystyle=\int\frac{1}{2}(\cos 5x+\cos x)\,dx$

$=\dfrac{1}{10}\sin 5x+\dfrac{1}{2}\sin x+C$

(4)　$\displaystyle\int\frac{1}{\sin x}\,dx=\int\frac{\sin x}{\sin^2 x}\,dx$

$\displaystyle=\int\frac{\sin x}{1-\cos^2 x}\,dx$

$\displaystyle=\int\frac{1}{2}\left(\frac{\sin x}{1-\cos x}+\frac{\sin x}{1+\cos x}\right)dx$

$=\dfrac{1}{2}\{\log(1-\cos x)-\log(1+\cos x)\}+C$

$=\dfrac{1}{2}\log\dfrac{1-\cos x}{1+\cos x}+C$

［別解］　$\displaystyle\int\frac{1}{\sin x}\,dx=\int\frac{1}{2\sin\frac{x}{2}\cos\frac{x}{2}}\,dx$

$\displaystyle=\int\frac{1}{2\tan\frac{x}{2}\cos^2\frac{x}{2}}\,dx=\log\left|\tan\frac{x}{2}\right|+C$

(5)　$\displaystyle\int\tan^2 x\,dx=\int\left(\frac{1}{\cos^2 x}-1\right)dx$

$=\tan x-x+C$

(6)　$\displaystyle\int\tan x\,dx=\int\frac{\sin x}{\cos x}\,dx$

$=-\log|\cos x|+C$

2 (1) $\int x\cos^2 x\,dx=\int x\cdot\frac{1+\cos 2x}{2}dx$

$=x\cdot\left(\frac{1}{2}x+\frac{1}{4}\sin 2x\right)$

$-\int 1\cdot\left(\frac{1}{2}x+\frac{1}{4}\sin 2x\right)dx$

$=\frac{1}{2}x^2+\frac{1}{4}x\sin 2x-\left(\frac{1}{4}x^2-\frac{1}{8}\cos 2x\right)+C$

$=\frac{1}{4}x^2+\frac{1}{4}x\sin 2x+\frac{1}{8}\cos 2x+C$

(2) $\int x^2\log x\,dx=\frac{x^3}{3}\log x-\int\frac{x^3}{3}\frac{1}{x}dx$

$=\frac{x^3}{3}\log x-\int\frac{x^2}{3}dx=\frac{x^3}{3}\log x-\frac{x^3}{9}+C$

(3) $\int\frac{x}{\cos^2 x}dx=\int x\cdot\frac{1}{\cos^2 x}dx$

$=x\cdot\tan x-\int 1\cdot\tan x\,dx$

$=x\cdot\tan x-\int\frac{\sin x}{\cos x}dx$

$=x\tan x+\log|\cos x|+C$

(4) $\sqrt{1-x}=t$ とおくと

$x=1-t^2\qquad\therefore\quad dx=-2t\,dt$

よって

$\int\frac{x^2}{\sqrt{1-x}}dx=\int\frac{(1-t^2)^2}{t}(-2t)dt$

$=\int\{-2(1-2t^2+t^4)\}dt$

$=-2\left(t-\frac{2}{3}t^3+\frac{1}{5}t^5\right)+C$

$=-2t+\frac{4}{3}t^3-\frac{2}{5}t^5+C$

$=-2\sqrt{1-x}+\frac{4}{3}(\sqrt{1-x})^3-\frac{2}{5}(\sqrt{1-x})^5+C$

(5) $1+\sqrt{x}=t$ とおくと

$x=(t-1)^2\qquad\therefore\quad dx=2(t-1)dt$

よって

$\int\frac{1}{1+\sqrt{x}}dx=\int\frac{1}{t}\cdot 2(t-1)dt$

$=\int\left(2-\frac{2}{t}\right)dt$

$=2t-2\log|t|+C$

$=2(1+\sqrt{x})-2\log(1+\sqrt{x})+C$

(6) $\sqrt{1+x^3}=t$ とおくと，$1+x^3=t^2$

$\therefore\quad 3x^2dx=2t\,dt\qquad\therefore\quad x^2dx=\frac{2t}{3}dt$

よって

$\int\frac{1}{x\sqrt{1+x^3}}dx=\int\frac{1}{x^3\sqrt{1+x^3}}\cdot x^2dx$

$=\int\frac{1}{(t^2-1)t}\cdot\frac{2t}{3}dt=\int\frac{2}{3}\cdot\frac{1}{t^2-1}dt$

$=\int\frac{1}{3}\left(\frac{1}{t-1}-\frac{1}{t+1}\right)dt$

$=\frac{1}{3}(\log|t-1|-\log|t+1|)+C$

$=\frac{1}{3}\log\left|\frac{t-1}{t+1}\right|+C=\frac{1}{3}\log\left|\frac{\sqrt{1+x^3}-1}{\sqrt{1+x^3}+1}\right|+C$

3 (1) $\int\cos^{-1}x\,dx=\int 1\cdot\cos^{-1}x\,dx$

$=x\cdot\cos^{-1}x-\int x\cdot\left(-\frac{1}{\sqrt{1-x^2}}\right)dx$

$=x\cos^{-1}x+\int\frac{x}{\sqrt{1-x^2}}dx$

$=x\cos^{-1}x-\sqrt{1-x^2}+C$

(2) $\int\tan^{-1}x\,dx=\int 1\cdot\tan^{-1}x\,dx$

$=x\cdot\tan^{-1}x-\int x\cdot\frac{1}{1+x^2}dx$

$=x\tan^{-1}x-\int\frac{x}{1+x^2}dx$

$=x\tan^{-1}x-\frac{1}{2}\log(1+x^2)+C$

(3) $\int(\sin^{-1}x)^2dx=\int 1\cdot(\sin^{-1}x)^2dx$

$=x\cdot(\sin^{-1}x)^2-\int x\cdot 2(\sin^{-1}x)\frac{1}{\sqrt{1-x^2}}dx$

$=x(\sin^{-1}x)^2-2\int\frac{x}{\sqrt{1-x^2}}\cdot\sin^{-1}x\,dx$

$=x(\sin^{-1}x)^2-2\left\{(-\sqrt{1-x^2})\cdot\sin^{-1}x\right.$

$\left.-\int(-\sqrt{1-x^2})\cdot\frac{1}{\sqrt{1-x^2}}dx\right\}$

$=x(\sin^{-1}x)^2-2\left(-\sqrt{1-x^2}\sin^{-1}x+\int 1dx\right)$

$=x(\sin^{-1}x)^2-2(-\sqrt{1-x^2}\sin^{-1}x+x)+C$

$=x(\sin^{-1}x)^2+2\sqrt{1-x^2}\sin^{-1}x-2x+C$

(4) $\int\frac{1}{x^2-2x+4}dx=\int\frac{1}{(x-1)^2+3}dx$

$=\frac{1}{3}\int\frac{1}{\left(\frac{x-1}{\sqrt{3}}\right)^2+1}dx$

$=\frac{\sqrt{3}}{3}\tan^{-1}\frac{x-1}{\sqrt{3}}+C$

(5) $\displaystyle\int\frac{1}{\sqrt{-x^2+2x+2}}\,dx$

$\displaystyle=\int\frac{1}{\sqrt{3-(x-1)^2}}\,dx$

$\displaystyle=\frac{1}{\sqrt{3}}\int\frac{1}{\sqrt{1-\left(\frac{x-1}{\sqrt{3}}\right)^2}}\,dx$

$\displaystyle=\sin^{-1}\frac{x-1}{\sqrt{3}}+C$

(6) $\displaystyle\int\frac{2x^2+x+1}{x(x^2+1)}\,dx=\int\frac{(x^2+1)+x^2+x}{x(x^2+1)}\,dx$

$\displaystyle=\int\left(\frac{1}{x}+\frac{x}{x^2+1}+\frac{1}{x^2+1}\right)dx$

$\displaystyle=\log|x|+\frac{1}{2}\log(x^2+1)+\tan^{-1}x+C$

4 (1) $\displaystyle\int\frac{x}{x^2-2x+2}\,dx$

$\displaystyle=\int\frac{x}{(x-1)^2+1}\,dx=\int\frac{(x-1)+1}{(x-1)^2+1}\,dx$

$\displaystyle=\int\left\{\frac{x-1}{(x-1)^2+1}+\frac{1}{(x-1)^2+1}\right\}dx$

$\displaystyle=\frac{1}{2}\log\{(x-1)^2+1\}+\tan^{-1}(x-1)+C$

$\displaystyle=\frac{1}{2}\log(x^2-2x+2)+\tan^{-1}(x-1)+C$

(2) $\displaystyle\int\frac{x}{x^3-1}\,dx=\int\frac{x}{(x-1)(x^2+x+1)}\,dx$

そこで

$$\frac{x}{x^3-1}=\frac{a}{x-1}+\frac{bx+c}{x^2+x+1}$$

とおくと

$$x=a(x^2+x+1)+(bx+c)(x-1)$$

$\therefore\quad x=(a+b)x^2+(a-b+c)x+(a-c)$

$\therefore\quad a+b=0,\ a-b+c=1,\ a-c=0$

これを解くと

$$a=\frac{1}{3},\ b=-\frac{1}{3},\ c=\frac{1}{3}$$

よって

$\displaystyle\int\frac{x}{x^3-1}\,dx$

$\displaystyle=\int\left(\frac{1}{3}\frac{1}{x-1}-\frac{1}{3}\frac{x-1}{x^2+x+1}\right)dx$

$\displaystyle=\int\left(\frac{1}{3}\frac{1}{x-1}-\frac{1}{6}\frac{(2x+1)-3}{x^2+x+1}\right)dx$

$\displaystyle=\int\left(\frac{1}{3}\frac{1}{x-1}-\frac{1}{6}\frac{2x+1}{x^2+x+1}+\frac{1}{2}\frac{1}{x^2+x+1}\right)dx$

$\displaystyle=\int\left(\frac{1}{3}\frac{1}{x-1}-\frac{1}{6}\frac{2x+1}{x^2+x+1}+\frac{1}{2}\frac{1}{\left(x+\frac{1}{2}\right)^2+\frac{3}{4}}\right)dx$

$\displaystyle=\int\left(\frac{1}{3}\frac{1}{x-1}-\frac{1}{6}\frac{2x+1}{x^2+x+1}+\frac{1}{2}\frac{1}{\frac{3}{4}}\frac{1}{\frac{4}{3}\left(x+\frac{1}{2}\right)^2+1}\right)dx$

$\displaystyle=\int\left(\frac{1}{3}\frac{1}{x-1}-\frac{1}{6}\frac{2x+1}{x^2+x+1}+\frac{2}{3}\frac{1}{\left(\frac{2x+1}{\sqrt{3}}\right)^2+1}\right)dx$

$\displaystyle=\frac{1}{3}\log|x-1|-\frac{1}{6}\log(x^2+x+1)+\frac{\sqrt{3}}{3}\tan^{-1}\frac{2x+1}{\sqrt{3}}+C$

(3) $\sqrt{x}=t$ とおくと

$x=t^2\qquad\therefore\quad dx=2t\,dt$

よって

$\displaystyle\int\frac{\sqrt{x}}{(1+x)^2}\,dx=\int\frac{t}{(1+t^2)^2}\cdot 2t\,dt$

$\displaystyle=\int t\cdot\frac{2t}{(1+t^2)^2}\,dt$

$\displaystyle=t\cdot\left(-\frac{1}{1+t^2}\right)-\int 1\cdot\left(-\frac{1}{1+t^2}\right)dt$

$\displaystyle=-\frac{t}{1+t^2}+\tan^{-1}t+C$

$\displaystyle=-\frac{\sqrt{x}}{1+x}+\tan^{-1}\sqrt{x}+C$

5 (1) $\tan\frac{x}{2}=t$ とおくと

$$dx=\frac{2}{1+t^2}dt,\ \cos x=\frac{1-t^2}{1+t^2}$$

よって

$$\int\frac{1}{2+\cos x}dx=\int\frac{1}{2+\frac{1-t^2}{1+t^2}}\cdot\frac{2}{1+t^2}dt$$

$$=\int\frac{2}{2(1+t^2)+(1-t^2)}dt$$

$$=\int\frac{2}{3+t^2}dt=\frac{2}{3}\int\frac{1}{1+\left(\frac{t}{\sqrt{3}}\right)^2}dt$$

$$=\frac{2\sqrt{3}}{3}\tan^{-1}\frac{t}{\sqrt{3}}+C$$

$$=\frac{2\sqrt{3}}{3}\tan^{-1}\frac{\tan\frac{x}{2}}{\sqrt{3}}+C$$

(2) $\tan\frac{x}{2}=t$ とおくと

$$dx=\frac{2}{1+t^2}dt,\ \sin x=\frac{2t}{1+t^2},\ \cos x=\frac{1-t^2}{1+t^2}$$

よって

$$\int\frac{1}{3\sin x+4\cos x}dx$$

$$=\int\frac{1}{3\frac{2t}{1+t^2}+4\frac{1-t^2}{1+t^2}}\cdot\frac{2}{1+t^2}dt$$

$$=\int\frac{1}{-2t^2+3t+2}dt=\int\frac{1}{-(2t^2-3t-2)}dt$$

$$=\int\frac{1}{-(2t+1)(t-2)}dt$$

$$=\int\frac{1}{5}\left(\frac{2}{2t+1}-\frac{1}{t-2}\right)dt$$

$$=\frac{1}{5}\{\log|2t+1|-\log|t-2|\}+C$$

$$=\frac{1}{5}\log\left|\frac{2t+1}{t-2}\right|+C$$

$$=\frac{1}{5}\log\left|\frac{2\tan\frac{x}{2}+1}{\tan\frac{x}{2}-2}\right|+C$$

(3) $\displaystyle\int\frac{1}{\sin x+\cos x}dx$

$$=\int\frac{1}{\frac{2t}{1+t^2}+\frac{1-t^2}{1+t^2}}\cdot\frac{2}{1+t^2}dt$$

$$=\int\frac{2}{-t^2+2t+1}dt=\int\frac{2}{-(t^2-2t-1)}dt$$

$$=\int\frac{2}{-\{t-(1+\sqrt{2})\}\{t-(1-\sqrt{2})\}}dt$$

$$=\int\frac{1}{\sqrt{2}}\left(\frac{1}{t-(1-\sqrt{2})}-\frac{1}{t-(1+\sqrt{2})}\right)dt$$

$$=\frac{1}{\sqrt{2}}\{\log|t-(1-\sqrt{2})|$$

$$-\log|t-(1+\sqrt{2})|\}+C$$

$$=\frac{1}{\sqrt{2}}\log\left|\frac{t-(1-\sqrt{2})}{t-(1+\sqrt{2})}\right|+C$$

$$=\frac{1}{\sqrt{2}}\log\left|\frac{\tan\frac{x}{2}-1+\sqrt{2}}{\tan\frac{x}{2}-1-\sqrt{2}}\right|+C$$

6 (1) $\sqrt{x^2+1}=t-x$ とおくと

$$x^2+1=t^2-2tx+x^2 \qquad \therefore\quad x=\frac{t^2-1}{2t}$$

$$\therefore\quad dx=\frac{2t\cdot2t-(t^2-1)\cdot2}{4t^2}dt=\frac{t^2+1}{2t^2}dt$$

よって

$$\int\frac{1}{x\sqrt{x^2+1}}dx$$

$$=\int\frac{1}{\frac{t^2-1}{2t}\left(t-\frac{t^2-1}{2t}\right)}\cdot\frac{t^2+1}{2t^2}dt$$

$$=\int\frac{1}{\frac{t^2-1}{2t}\cdot\frac{t^2+1}{2t}}\cdot\frac{t^2+1}{2t^2}dt$$

$$=\int\frac{2}{t^2-1}dt=\int\left(\frac{1}{t-1}-\frac{1}{t+1}\right)dt$$

$$=\log|t-1|-\log|t+1|+C=\log\left|\frac{t-1}{t+1}\right|+C$$

$$=\log\left|\frac{\sqrt{x^2+1}+x-1}{\sqrt{x^2+1}+x+1}\right|+C$$

[別解] $\sqrt{x^2+1}=t$ とおくと

$$x^2+1=t^2 \qquad \therefore\quad x\,dx=t\,dt$$

よって

$$\int\frac{1}{x\sqrt{x^2+1}}dx=\int\frac{1}{x^2\sqrt{x^2+1}}\cdot x\,dx$$

$$=\int\frac{1}{(t^2-1)t}\cdot t\,dt=\int\frac{1}{t^2-1}dt$$

$$=\int\frac{1}{2}\left(\frac{1}{t-1}-\frac{1}{t+1}\right)dt$$

$$=\frac{1}{2}\{\log|t-1|-\log|t+1|\}+C$$

$$=\frac{1}{2}\log\left|\frac{t-1}{t+1}\right|+C=\frac{1}{2}\log\left|\frac{\sqrt{x^2+1}-1}{\sqrt{x^2+1}+1}\right|+C$$

(2)　$\sqrt{x^2+1}=t-x$ とおくと

$$x^2+1=t^2-2tx+x^2 \qquad \therefore \quad x=\frac{t^2-1}{2t}$$

$$\therefore \quad dx=\frac{2t\cdot 2t-(t^2-1)\cdot 2}{4t^2}dt=\frac{t^2+1}{2t^2}dt$$

よって

$$\int\frac{1}{\sqrt{x^2+1}}dt=\int\frac{1}{t-\dfrac{t^2-1}{2t}}\cdot\frac{t^2+1}{2t^2}dt$$

$$=\int\frac{1}{\dfrac{t^2+1}{2t}}\cdot\frac{t^2+1}{2t^2}dt=\int\frac{1}{t}dt=\log|t|+C$$

$$=\log|\sqrt{x^2+1}+x|+C$$

$$=\log(\sqrt{x^2+1}+x)+C$$

(3)　$x=\tan\theta\ \left(-\dfrac{\pi}{2}<\theta<\dfrac{\pi}{2}\right)$ とおくと

$$dx=\frac{1}{\cos^2\theta}d\theta$$

よって

$$\int\frac{1}{(x^2+1)\sqrt{x^2+1}}dx$$

$$=\int\frac{1}{(\tan^2\theta+1)\sqrt{\tan^2\theta+1}}\cdot\frac{1}{\cos^2\theta}d\theta$$

$$=\int\frac{1}{\dfrac{1}{\cos^2\theta}\sqrt{\dfrac{1}{\cos^2\theta}}}\cdot\frac{1}{\cos^2\theta}d\theta$$

$$=\int\frac{1}{\dfrac{1}{\cos^2\theta}\cdot\dfrac{1}{\cos\theta}}\cdot\frac{1}{\cos^2\theta}d\theta \qquad \left(\because \quad -\frac{\pi}{2}<\theta<\frac{\pi}{2}\right)$$

$$=\int\cos\theta\, d\theta=\sin\theta+C=\tan\theta\cos\theta+C$$

$$=\tan\theta\sqrt{\cos^2\theta}+C \quad \left(\because \quad -\frac{\pi}{2}<\theta<\frac{\pi}{2}\right)$$

$$=\tan\theta\sqrt{\frac{1}{\tan^2\theta+1}}+C=\frac{\tan\theta}{\sqrt{\tan^2\theta+1}}+C$$

$$=\frac{x}{\sqrt{x^2+1}}+C$$

(4)　$\displaystyle\int\frac{x}{\sqrt{-x^2-x+2}}dx$

$$=\int\frac{x}{\sqrt{-(x^2+x-2)}}dx$$

$$=\int\frac{x}{\sqrt{-(x+2)(x-1)}}dx$$

$$=\int\frac{x}{\sqrt{(x+2)(1-x)}}dx$$

$$=\int\frac{x}{x+2}\sqrt{\frac{x+2}{1-x}}dx \quad \cdots\cdots(*)$$

$\sqrt{\dfrac{x+2}{1-x}}=t$ とおくと，$\dfrac{x+2}{1-x}=t^2$

$$\therefore \quad x+2=t^2(1-x)$$

$$\therefore \quad (t^2+1)x=t^2-2$$

$$\therefore \quad x=\frac{t^2-2}{t^2+1}$$

$$\therefore \quad dx=\frac{2t\cdot(t^2+1)-(t^2-2)\cdot 2t}{(t^2+1)^2}dt$$

$$=\frac{6t}{(t^2+1)^2}dt$$

よって

$$(*)=\int\frac{x}{x+2}\sqrt{\frac{x+2}{1-x}}dx$$

$$=\int\frac{\dfrac{t^2-2}{t^2+1}}{\dfrac{t^2-2}{t^2+1}+2}t\cdot\frac{6t}{(t^2+1)^2}dt$$

$$=\int\frac{t^2-2}{3t^2}t\cdot\frac{6t}{(t^2+1)^2}dt=2\int\frac{t^2-2}{(t^2+1)^2}dt$$

$$=2\int\frac{3t^2-2(t^2+1)}{(t^2+1)^2}dt$$

$$=2\int\left(\frac{3t^2}{(t^2+1)^2}-\frac{2}{t^2+1}\right)dt$$

$$=\int\left(3t\cdot\frac{2t}{(t^2+1)^2}-\frac{4}{t^2+1}\right)dt$$

$$=3t\cdot\left(-\frac{1}{t^2+1}\right)-\int 3\cdot\left(-\frac{1}{t^2+1}\right)dt$$

$$-4\tan^{-1}t$$

$$=-\frac{3t}{t^2+1}+3\tan^{-1}t-4\tan^{-1}t+C$$

$$=-\frac{3t}{t^2+1}-\tan^{-1}t+C$$

$$=-\frac{3\sqrt{\dfrac{x+2}{1-x}}}{\dfrac{x+2}{1-x}+1}-\tan^{-1}\sqrt{\frac{x+2}{1-x}}+C$$

$$=-\sqrt{(x+2)(1-x)}-\tan^{-1}\sqrt{\frac{x+2}{1-x}}+C$$

$$=-\sqrt{-x^2-x+2}-\tan^{-1}\sqrt{\frac{x+2}{1-x}}+C$$

(5)　$\displaystyle\int\frac{1}{\sqrt{-x^2+2x+3}}dx$

$$=\int\frac{1}{\sqrt{4-(x-1)^2}}dx$$

$$=\int\frac{1}{2\sqrt{1-\left(\frac{x-1}{2}\right)^2}}dx=\sin^{-1}\frac{x-1}{2}+C$$

［別解］ $\displaystyle\int\frac{1}{\sqrt{-x^2+2x+3}}dx$

$$=\int\frac{1}{\sqrt{-(x^2-2x-3)}}dx$$

$$=\int\frac{1}{\sqrt{-(x-3)(x+1)}}dx$$

$$=\int\frac{1}{\sqrt{(3-x)(x+1)}}dx$$

$$=\int\frac{1}{x+1}\sqrt{\frac{x+1}{3-x}}dx \quad \cdots\cdots(*)$$

$\sqrt{\dfrac{x+1}{3-x}}=t$ とおくと，$\dfrac{x+1}{3-x}=t^2$

$\therefore\quad x+1=t^2(3-x)$

$\therefore\quad (t^2+1)x=3t^2-1$

$\therefore\quad x=\dfrac{3t^2-1}{t^2+1}$

$\therefore\quad dx=\dfrac{6t\cdot(t^2+1)-(3t^2-1)\cdot 2t}{(t^2+1)^2}dt$

$$=\frac{8t}{(t^2+1)^2}dt$$

よって

$$(*)=\int\frac{1}{x+1}\sqrt{\frac{x+1}{3-x}}dx$$

$$=\int\frac{1}{\frac{3t^2-1}{t^2+1}+1}t\cdot\frac{8t}{(t^2+1)^2}dt$$

$$=\int\frac{t^2+1}{4t^2}t\cdot\frac{8t}{(t^2+1)^2}dt$$

$$=\int\frac{2}{t^2+1}dt=2\tan^{-1}t+C$$

$$=2\tan^{-1}\sqrt{\frac{x+1}{3-x}}+C$$

(6) $\displaystyle\int\frac{1}{x\sqrt{-x^2+2x+3}}dx$

$$=\int\frac{1}{x(x+1)}\sqrt{\frac{x+1}{3-x}}dx \quad \cdots\cdots(*)$$

(5)と同じく

$\sqrt{\dfrac{x+1}{3-x}}=t$ とおくと

$$x=\frac{3t^2-1}{t^2+1}\qquad dx=\frac{8t}{(t^2+1)^2}dt$$

よって

$(*)$

$$=\int\frac{1}{\frac{3t^2-1}{t^2+1}\left(\frac{3t^2-1}{t^2+1}+1\right)}t\cdot\frac{8t}{(t^2+1)^2}dt$$

$$=\int\frac{(t^2+1)^2}{(3t^2-1)\cdot 4t^2}t\cdot\frac{8t}{(t^2+1)^2}dt$$

$$=\int\frac{2}{3t^2-1}dt=\int\left(\frac{1}{\sqrt{3}\,t-1}-\frac{1}{\sqrt{3}\,t+1}\right)dt$$

$$=\frac{1}{\sqrt{3}}(\log|\sqrt{3}\,t-1|-\log|\sqrt{3}\,t+1|)+C$$

$$=\frac{1}{\sqrt{3}}\log\left|\frac{\sqrt{3}\,t-1}{\sqrt{3}\,t+1}\right|+C$$

$$=\frac{1}{\sqrt{3}}\log\left|\frac{\sqrt{3}\sqrt{\frac{x+1}{3-x}}-1}{\sqrt{3}\sqrt{\frac{x+1}{3-x}}+1}\right|+C$$

$$=\frac{1}{\sqrt{3}}\log\left|\frac{\sqrt{3}\sqrt{x+1}-\sqrt{3-x}}{\sqrt{3}\sqrt{x+1}+\sqrt{3-x}}\right|+C$$

■演習問題 2．2

1 (1) $\displaystyle\int_0^1\frac{x+2}{x^2+x+1}dx$

$$=\frac{1}{2}\int_0^1\frac{2x+1}{x^2+x+1}dx+\frac{1}{2}\int_0^1\frac{3}{x^2+x+1}dx$$

$$=\frac{1}{2}\Big[\log(x^2+x+1)\Big]_0^1$$

$$+\frac{1}{2}\int_0^1\frac{3}{\left(x+\frac{1}{2}\right)^2+\frac{3}{4}}dx$$

$$=\frac{1}{2}\log 3+\frac{1}{2}\cdot\frac{3}{\frac{3}{4}}\int_0^1\frac{1}{\frac{4}{3}\left(x+\frac{1}{2}\right)^2+1}dx$$

$$=\frac{1}{2}\log 3+2\int_0^1\frac{1}{\left(\frac{2x+1}{\sqrt{3}}\right)^2+1}dx$$

$$=\frac{1}{2}\log 3+2\left[\frac{\sqrt{3}}{2}\tan^{-1}\frac{2x+1}{\sqrt{3}}\right]_0^1$$

$$=\frac{1}{2}\log 3+\sqrt{3}\left(\tan^{-1}\sqrt{3}-\tan^{-1}\frac{1}{\sqrt{3}}\right)$$

$$=\frac{1}{2}\log 3+\sqrt{3}\left(\frac{\pi}{3}-\frac{\pi}{6}\right)=\frac{1}{2}\log 3+\frac{\sqrt{3}}{6}\pi$$

(2) $\displaystyle\int_0^1\sqrt{\frac{1-x}{1+x}}dx=\int_0^1\frac{1-x}{\sqrt{1-x^2}}dx$

$$=\int_0^1\left(\frac{1}{\sqrt{1-x^2}}-\frac{x}{\sqrt{1-x^2}}\right)dx$$

$=\left[\sin^{-1}x+\sqrt{1-x^2}\right]_0^1=\sin^{-1}1-1=\dfrac{\pi}{2}-1$

(3)　$\displaystyle\int_1^2 x^2\log x\,dx$

$=\left[\dfrac{x^3}{3}\cdot\log x\right]_1^2-\displaystyle\int_1^2\dfrac{x^3}{3}\cdot\dfrac{1}{x}dx$

$=\dfrac{8}{3}\log 2-\left[\dfrac{x^3}{9}\right]_1^2=\dfrac{8}{3}\log 2-\dfrac{7}{9}$

(4)　$\displaystyle\int_0^{\frac{\pi}{2}}\dfrac{\cos x}{1+\sin^2 x}dx=\left[\tan^{-1}(\sin x)\right]_0^{\frac{\pi}{2}}$

$=\tan^{-1}1=\dfrac{\pi}{4}$

(5)　$x^2=t$ とおくと

$2x\,dx=dt\qquad\therefore\quad x\,dx=\dfrac{1}{2}dt$

また，$x:0\to 1$ のとき $t:0\to 1$

よって

$\displaystyle\int_0^1\dfrac{x}{x^4+1}dx=\int_0^1\dfrac{1}{t^2+1}\cdot\dfrac{1}{2}dt$

$=\left[\dfrac{1}{2}\tan^{-1}t\right]_0^1=\dfrac{1}{2}\tan^{-1}1=\dfrac{\pi}{8}$

(6)　$\displaystyle\int_0^1(\sin^{-1}x)^2dx$

$=\left[x\cdot(\sin^{-1}x)^2\right]_0^1$

$\quad-\displaystyle\int_0^1 x\cdot 2(\sin^{-1}x)\dfrac{1}{\sqrt{1-x^2}}dx$

$=(\sin^{-1}1)^2-2\displaystyle\int_0^1\dfrac{x}{\sqrt{1-x^2}}\cdot\sin^{-1}x\,dx$

$=\left(\dfrac{\pi}{2}\right)^2-2\left\{\left[-\sqrt{1-x^2}\cdot\sin^{-1}x\right]_0^1\right.$

$\quad\left.-\displaystyle\int_0^1(-\sqrt{1-x^2})\dfrac{1}{\sqrt{1-x^2}}dx\right\}$

$=\left(\dfrac{\pi}{2}\right)^2-2(0+1)=\dfrac{\pi^2}{4}-2$

(7)　$\displaystyle\int_0^1 x^2\tan^{-1}x\,dx$

$=\left[\dfrac{x^3}{3}\cdot\tan^{-1}x\right]_0^1-\displaystyle\int_0^1\dfrac{x^3}{3}\cdot\dfrac{1}{1+x^2}dx$

$=\dfrac{1}{3}\tan^{-1}1-\displaystyle\int_0^1\dfrac{1}{3}\cdot\dfrac{x(1+x^2)-x}{1+x^2}dx$

$=\dfrac{\pi}{12}-\dfrac{1}{3}\displaystyle\int_0^1\left(x-\dfrac{x}{1+x^2}\right)dx$

$=\dfrac{\pi}{12}-\dfrac{1}{3}\left[\dfrac{x^2}{2}-\dfrac{1}{2}\log(1+x^2)\right]_0^1$

$=\dfrac{\pi}{12}-\dfrac{1}{3}\left(\dfrac{1}{2}-\dfrac{1}{2}\log 2\right)$

$=\dfrac{\pi}{12}-\dfrac{1}{6}+\dfrac{1}{6}\log 2$

(8)　$\displaystyle\int_0^1\dfrac{1}{(x^2+1)^2}dx=\int_0^1\dfrac{(x^2+1)-x^2}{(x^2+1)^2}dx$

$=\displaystyle\int_0^1\dfrac{1}{x^2+1}dx-\int_0^1\dfrac{x^2}{(x^2+1)^2}dx$

$=\left[\tan^{-1}x\right]_0^1-\displaystyle\int_0^1 x\cdot\dfrac{x}{(x^2+1)^2}dx$

$=\tan^{-1}1-\left\{\left[x\cdot\left(-\dfrac{1}{2}\dfrac{1}{x^2+1}\right)\right]_0^1\right.$

$\qquad\left.-\displaystyle\int_0^1 1\cdot\left(-\dfrac{1}{2}\dfrac{1}{x^2+1}\right)dx\right\}$

$=\dfrac{\pi}{4}-\left(-\dfrac{1}{4}+\dfrac{1}{2}\tan^{-1}1\right)$

$=\dfrac{\pi}{4}-\left(-\dfrac{1}{4}+\dfrac{\pi}{8}\right)=\dfrac{\pi}{8}+\dfrac{1}{4}$

(9)　$e^x=t$ とおくと，$e^xdx=dt$

また，$x:0\to 1$ のとき $t:1\to e$

よって

$\displaystyle\int_0^1\dfrac{1}{(e^x+e^{-x})^4}dx=\int_0^1\dfrac{(e^x)^4}{\{(e^x)^2+1\}^4}dx$

$=\displaystyle\int_0^1\dfrac{(e^x)^3}{\{(e^x)^2+1\}^4}e^xdx$

$=\displaystyle\int_1^e\dfrac{t^3}{(t^2+1)^4}dt$

$=\displaystyle\int_1^e\dfrac{t(t^2+1)-t}{(t^2+1)^4}dt$

$=\displaystyle\int_1^e\left\{\dfrac{t}{(t^2+1)^3}-\dfrac{t}{(t^2+1)^4}\right\}dt$

$=\left[-\dfrac{1}{4}\dfrac{1}{(t^2+1)^2}+\dfrac{1}{6}\dfrac{1}{(t^2+1)^3}\right]_1^e$

$=\left[\dfrac{1}{12}\dfrac{-3(t^2+1)+2}{(t^2+1)^3}\right]_1^e$

$=\left[-\dfrac{1}{12}\dfrac{3t^2+1}{(t^2+1)^3}\right]_1^e$

$=\dfrac{1}{12}\left(\dfrac{1}{2}-\dfrac{3e^2+1}{(e^2+1)^3}\right)$

2　(1)　$\displaystyle\int_0^{\frac{\pi}{4}}\dfrac{1}{\cos x}dx=\int_0^{\frac{\pi}{4}}\dfrac{\cos x}{\cos^2 x}dx$

$=\displaystyle\int_0^{\frac{\pi}{4}}\dfrac{\cos x}{1-\sin^2 x}dx$

$=\dfrac{1}{2}\displaystyle\int_0^{\frac{\pi}{4}}\left(\dfrac{\cos x}{1+\sin x}+\dfrac{\cos x}{1-\sin x}\right)dx$

$=\dfrac{1}{2}\left[\log(1+\sin x)-\log(1-\sin x)\right]_0^{\frac{\pi}{4}}$

$$=\frac{1}{2}\left[\log\frac{1+\sin x}{1-\sin x}\right]_0^{\frac{\pi}{4}}=\frac{1}{2}\log\frac{1+\frac{1}{\sqrt{2}}}{1-\frac{1}{\sqrt{2}}}$$

$$=\frac{1}{2}\log\frac{\sqrt{2}+1}{\sqrt{2}-1}=\frac{1}{2}\log(\sqrt{2}+1)^2$$

$$=\log(\sqrt{2}+1)$$

(2) $\displaystyle\int_0^{\frac{\pi}{2}}\sin^4 x\,dx=\int_0^{\frac{\pi}{2}}(\sin^2 x)^2 dx$

$$=\int_0^{\frac{\pi}{2}}\left(\frac{1-\cos 2x}{2}\right)^2 dx$$

$$=\frac{1}{4}\int_0^{\frac{\pi}{2}}(1-2\cos 2x+\cos^2 2x)\,dx$$

$$=\frac{1}{4}\int_0^{\frac{\pi}{2}}\left(1-2\cos 2x+\frac{1+\cos 4x}{2}\right)dx$$

$$=\frac{1}{8}\int_0^{\frac{\pi}{2}}(3-4\cos 2x+\cos 4x)\,dx$$

$$=\frac{1}{8}\left[3x-2\sin 2x+\frac{1}{4}\sin 4x\right]_0^{\frac{\pi}{2}}=\frac{3}{16}\pi$$

(3) $\displaystyle\int_0^{\frac{\pi}{2}}\sin^3 x\,dx=\int_0^{\frac{\pi}{2}}(1-\cos^2 x)\sin x\,dx$

$$=\int_0^{\frac{\pi}{2}}(\sin x-\cos^2 x\sin x)\,dx$$

$$=\left[-\cos x+\frac{1}{3}\cos^3 x\right]_0^{\frac{\pi}{2}}=0-\left(-1+\frac{1}{3}\right)$$

$$=\frac{2}{3}$$

(4) $\displaystyle\int_0^{\frac{\pi}{2}}\frac{\sin x}{1+\cos x}dx=\Big[-\log(1+\cos x)\Big]_0^{\frac{\pi}{2}}$

$$=-(0-\log 2)=\log 2$$

(5) $\tan\dfrac{x}{2}=t$ とおくと

$$dx=\frac{2}{1+t^2}dt,\ \ \sin x=\frac{2t}{1+t^2}$$

$x:0\to\dfrac{\pi}{2}$ のとき $t:0\to\tan\dfrac{\pi}{4}=1$ であるから

$$\int_0^{\frac{\pi}{2}}\frac{\sin x}{1+\sin x}dx$$

$$=\int_0^1\frac{\frac{2t}{1+t^2}}{1+\frac{2t}{1+t^2}}\cdot\frac{2}{1+t^2}dt$$

$$=\int_0^1\frac{2t}{(t+1)^2}\cdot\frac{2}{1+t^2}dt$$

$$=2\int_0^1\left(\frac{1}{t^2+1}-\frac{1}{(t+1)^2}\right)dt$$

$$=2\left[\tan^{-1}t+\frac{1}{t+1}\right]_0^1$$

$$=2\left\{\left(\tan^{-1}1+\frac{1}{2}\right)-1\right\}=\frac{\pi}{2}-1$$

(6) $\displaystyle\int_0^{\frac{\pi}{2}}\cos 3x\cos 2x\,dx$

$$=\frac{1}{2}\int_0^{\frac{\pi}{2}}(\cos 5x+\cos x)\,dx$$

$$=\frac{1}{2}\left[\frac{1}{5}\sin 5x+\sin x\right]_0^{\frac{\pi}{2}}=\frac{1}{2}\left(\frac{1}{5}+1\right)=\frac{3}{5}$$

(7) $\sqrt{x^2+x+1}=t-x$ とおくと

$$x^2+x+1=t^2-2tx+x^2$$

$$\therefore\quad x=\frac{t^2-1}{2t+1}$$

よって

$$dx=\frac{2t\cdot(2t+1)-(t^2-1)\cdot 2}{(2t+1)^2}dt$$

$$=\frac{2(t^2+t+1)}{(2t+1)^2}dt$$

$x:0\to 1$ のとき $t:1\to 1+\sqrt{3}$ であるから

$$\int_0^1\frac{1}{\sqrt{x^2+x+1}}dx$$

$$=\int_1^{1+\sqrt{3}}\frac{1}{t-\frac{t^2-1}{2t+1}}\cdot\frac{2(t^2+t+1)}{(2t+1)^2}dt$$

$$=\int_1^{1+\sqrt{3}}\frac{2t+1}{t^2+t+1}\cdot\frac{2(t^2+t+1)}{(2t+1)^2}dt$$

$$=\int_1^{1+\sqrt{3}}\frac{2}{2t+1}dt=\Big[\log(2t+1)\Big]_1^{1+\sqrt{3}}$$

$$=\log(3+2\sqrt{3})-\log 3=\log\left(1+\frac{2}{\sqrt{3}}\right)$$

(8) $\displaystyle\int_0^1\frac{1}{\sqrt{-x^2+2x+1}}dx$

$$=\int_0^1\frac{1}{\sqrt{-(x-1)^2+2}}dx$$

$$=\int_0^1\frac{1}{\sqrt{2}\sqrt{-\frac{1}{2}(x-1)^2+1}}dx$$

$$=\frac{1}{\sqrt{2}}\int_0^1\frac{1}{\sqrt{1-\left(\frac{x-1}{\sqrt{2}}\right)^2}}dx$$

$$=\left[\sin^{-1}\frac{x-1}{\sqrt{2}}\right]_0^1$$

$$=\sin^{-1}0-\sin^{-1}\left(-\frac{1}{\sqrt{2}}\right)=0-\left(-\frac{\pi}{4}\right)$$

$$=\frac{\pi}{4}$$

(9)　$\displaystyle\int_0^2\frac{x+1}{\sqrt{-x^2+2x+3}}dx$

$$=\int_0^2\frac{x+1}{\sqrt{(1+x)(3-x)}}dx=\int_0^2\sqrt{\frac{x+1}{3-x}}\,dx$$

$\displaystyle\sqrt{\frac{x+1}{3-x}}=t$ とおくと，$\displaystyle\frac{x+1}{3-x}=t^2$

$\therefore\quad x+1=3t^2-xt^2\qquad\therefore\quad x=\dfrac{3t^2-1}{t^2+1}$

よって

$$dx=\frac{6t\cdot(t^2+1)-(3t^2-1)\cdot 2t}{(t^2+1)^2}dt$$

$$=\frac{8t}{(t^2+1)^2}dt$$

$x：0\to 2$ のとき $t：\dfrac{1}{\sqrt{3}}\to\sqrt{3}$ であるから

$$\int_0^2\frac{x+1}{\sqrt{-x^2+2x+3}}dx=\int_0^2\sqrt{\frac{x+1}{3-x}}\,dx$$

$$=\int_{\frac{1}{\sqrt{3}}}^{\sqrt{3}}t\cdot\frac{8t}{(t^2+1)^2}dt$$

$$=\left[t\cdot\left(-\frac{4}{t^2+1}\right)\right]_{\frac{1}{\sqrt{3}}}^{\sqrt{3}}-\int_{\frac{1}{\sqrt{3}}}^{\sqrt{3}}1\cdot\left(-\frac{4}{t^2+1}\right)dt$$

$$=-\sqrt{3}+\frac{3}{\sqrt{3}}+4\Big[\tan^{-1}t\Big]_{\frac{1}{\sqrt{3}}}^{\sqrt{3}}$$

$$=4\left(\tan^{-1}\sqrt{3}-\tan^{-1}\frac{1}{\sqrt{3}}\right)$$

$$=4\left(\frac{\pi}{3}-\frac{\pi}{6}\right)=\frac{2\pi}{3}$$

3　(1)　$\displaystyle I=\int_0^{\frac{\pi}{2}}\frac{\sqrt{\sin x}}{\sqrt{\sin x}+\sqrt{\cos x}}dx$ とおく。

$x=\dfrac{\pi}{2}-t$ とおくと

$$I=\int_{\frac{\pi}{2}}^0\frac{\sqrt{\sin\left(\frac{\pi}{2}-t\right)}}{\sqrt{\sin\left(\frac{\pi}{2}-t\right)}+\sqrt{\cos\left(\frac{\pi}{2}-t\right)}}\times(-1)dt$$

$$=\int_0^{\frac{\pi}{2}}\frac{\sqrt{\cos t}}{\sqrt{\cos t}+\sqrt{\sin t}}dt$$

$$=\int_0^{\frac{\pi}{2}}\frac{\sqrt{\cos x}}{\sqrt{\cos x}+\sqrt{\sin x}}dx$$

よって　$2I=I+I$

$$=\int_0^{\frac{\pi}{2}}\frac{\sqrt{\sin x}}{\sqrt{\sin x}+\sqrt{\cos x}}dx+\int_0^{\frac{\pi}{2}}\frac{\sqrt{\cos x}}{\sqrt{\cos x}+\sqrt{\sin x}}dx$$

$$=\int_0^{\frac{\pi}{2}}dx=\frac{\pi}{2}\qquad\therefore\quad I=\frac{\pi}{4}$$

(注)　上の計算から，より一般に，任意の実数 α に対して次が成り立つことが分かる。

$$\int_0^{\frac{\pi}{2}}\frac{(\sin x)^\alpha}{(\sin x)^\alpha+(\cos x)^\alpha}dx=\frac{\pi}{4}$$

(2)　$\displaystyle I=\int_0^\pi\frac{x}{1+\sin x}dx$ とおく。

$x=\pi-t$ とおくと

$$I=\int_\pi^0\frac{\pi-t}{1+\sin(\pi-t)}(-1)dt$$

$$=\int_0^\pi\frac{\pi-t}{1+\sin t}dt$$

$$=\pi\int_0^\pi\frac{1}{1+\sin t}dt-\int_0^\pi\frac{t}{1+\sin t}dt$$

$$=\pi\int_0^\pi\frac{1}{1+\sin x}dx-\int_0^\pi\frac{x}{1+\sin x}dx$$

$$=\pi\int_0^\pi\frac{1}{1+\sin x}dx-I$$

よって

$$I=\frac{\pi}{2}\int_0^\pi\frac{1}{1+\sin x}dx=\frac{\pi}{2}\int_0^\pi\frac{1-\sin x}{\cos^2x}dx$$

$$=\frac{\pi}{2}\int_0^\pi\left(\frac{1}{\cos^2x}-\frac{\sin x}{\cos^2x}\right)dx$$

$$=\frac{\pi}{2}\left[\tan x-\frac{1}{\cos x}\right]_0^\pi=\frac{\pi}{2}\{1-(-1)\}=\pi$$

4　(1)　$\displaystyle I_n=\int_1^e(\log x)^n dx$

$$=\int_1^e 1\cdot(\log x)^n dx$$

$$=\Big[x\cdot(\log x)^n\Big]_1^e-\int_1^e x\cdot n(\log x)^{n-1}\frac{1}{x}dx$$

$$=e-n\int_1^e(\log x)^{n-1}dx=e-nI_{n-1}$$

$\therefore\quad I_n=e-nI_{n-1}$

(2)　$\displaystyle I_0=\int_1^e(\log x)^0\,dx=\int_1^e dx=e-1$

$I_1=e-I_0=e-(e-1)=1$

$I_2=e-2I_1=e-2$

$I_3=e-3I_2=e-3(e-2)=-2e+6$

よって，$\displaystyle\int_1^e(\log x)^3dx=I_3=-2e+6$

5　(1)　(与式)$\displaystyle=\lim_{n\to\infty}n\sum_{k=1}^{n-1}\frac{1}{n^2+k^2}$

$$=\lim_{n\to\infty}\frac{1}{n}\sum_{k=1}^{n-1}\frac{n^2}{n^2+k^2}=\lim_{n\to\infty}\frac{1}{n}\sum_{k=1}^{n-1}\frac{1}{1+\left(\dfrac{k}{n}\right)^2}$$

$$=\int_0^1\frac{1}{1+x^2}dx=\Big[\tan^{-1}x\Big]_0^1=\tan^{-1}1=\frac{\pi}{4}$$

(2) まず，次の極限値を計算する。

$$\lim_{n\to\infty}\log\left\{\frac{1}{n}\sqrt[n]{(n+1)(n+2)\cdots(n+n)}\right\}$$

$$=\lim_{n\to\infty}\log\sqrt[n]{\frac{(n+1)(n+2)\cdots(n+n)}{n^n}}$$

$$=\lim_{n\to\infty}\log\left\{\frac{(n+1)(n+2)\cdots(n+n)}{n^n}\right\}^{\frac{1}{n}}$$

$$=\lim_{n\to\infty}\frac{1}{n}\log\frac{(n+1)(n+2)\cdots(n+n)}{n^n}$$

$$=\lim_{n\to\infty}\frac{1}{n}\log\left(1+\frac{1}{n}\right)\left(1+\frac{2}{n}\right)\cdots\left(1+\frac{n}{n}\right)$$

$$=\lim_{n\to\infty}\frac{1}{n}\sum_{k=1}^{n}\log\left(1+\frac{k}{n}\right)=\int_0^1\log(1+x)\,dx$$

$$=\Big[(1+x)\cdot\log(1+x)\Big]_0^1-\int_0^1(1+x)\cdot\frac{1}{1+x}dx$$

$$=2\log 2-1=\log\frac{4}{e}$$

よって，

$$\lim_{n\to\infty}\frac{1}{n}\sqrt[n]{(n+1)(n+2)\cdots(n+n)}=\frac{4}{e}$$

■演習問題 2．3

1 (1) $\displaystyle\int_0^\infty\frac{1}{x^2+x+1}dx$

$$=\lim_{\beta\to\infty}\int_0^\beta\frac{1}{x^2+x+1}dx$$

$$=\lim_{\beta\to\infty}\int_0^\beta\frac{1}{\left(x+\dfrac{1}{2}\right)^2+\dfrac{3}{4}}dx$$

$$=\lim_{\beta\to\infty}\frac{1}{\dfrac{3}{4}}\int_0^\beta\frac{1}{\dfrac{4}{3}\left(x+\dfrac{1}{2}\right)^2+1}dx$$

$$=\lim_{\beta\to\infty}\frac{4}{3}\int_0^\beta\frac{1}{\left(\dfrac{2x+1}{\sqrt{3}}\right)^2+1}dx$$

$$=\lim_{\beta\to\infty}\frac{4}{3}\left[\frac{\sqrt{3}}{2}\tan^{-1}\frac{2x+1}{\sqrt{3}}\right]_0^\beta$$

$$=\lim_{\beta\to\infty}\frac{2\sqrt{3}}{3}\left(\tan^{-1}\frac{2\beta+1}{\sqrt{3}}-\tan^{-1}\frac{1}{\sqrt{3}}\right)$$

$$=\lim_{\beta\to\infty}\frac{2\sqrt{3}}{3}\left(\tan^{-1}\frac{2\beta+1}{\sqrt{3}}-\frac{\pi}{6}\right)$$

$$=\frac{2\sqrt{3}}{3}\left(\frac{\pi}{2}-\frac{\pi}{6}\right)=\frac{2\sqrt{3}}{9}\pi$$

(2) $\displaystyle\int_0^\infty\frac{x-1}{x^3+1}dx=\lim_{\beta\to\infty}\int_0^\beta\frac{x-1}{x^3+1}dx$

$$=\lim_{\beta\to\infty}\int_0^\beta\frac{x^2-(x^2-x+1)}{x^3+1}dx$$

$$=\lim_{\beta\to\infty}\int_0^\beta\left\{\frac{x^2}{x^3+1}-\frac{x^2-x+1}{(x+1)(x^2-x+1)}\right\}dx$$

$$=\lim_{\beta\to\infty}\int_0^\beta\left(\frac{x^2}{x^3+1}-\frac{1}{x+1}\right)dx$$

$$=\lim_{\beta\to\infty}\left[\frac{1}{3}\log(x^3+1)-\log(x+1)\right]_0^\beta$$

$$=\lim_{\beta\to\infty}\left\{\frac{1}{3}\log(\beta^3+1)-\log(\beta+1)\right\}$$

$$=\lim_{\beta\to\infty}\frac{1}{3}\{\log(\beta^3+1)-\log(\beta+1)^3\}$$

$$=\lim_{\beta\to\infty}\frac{1}{3}\log\frac{\beta^3+1}{(\beta+1)^3}=\lim_{\beta\to\infty}\frac{1}{3}\log\frac{1+\dfrac{1}{\beta^3}}{\left(1+\dfrac{1}{\beta}\right)^3}$$

$$=\frac{1}{3}\log 1=0$$

(3) $\displaystyle\int_{-\infty}^\infty\frac{1}{x^2+1}dx=\lim_{\substack{\alpha\to-\infty\\ \beta\to+\infty}}\int_\alpha^\beta\frac{1}{x^2+1}dx$

$$=\lim_{\substack{\alpha\to-\infty\\ \beta\to+\infty}}\Big[\tan^{-1}x\Big]_\alpha^\beta$$

$$=\lim_{\substack{\alpha\to-\infty\\ \beta\to+\infty}}(\tan^{-1}\beta-\tan^{-1}\alpha)=\frac{\pi}{2}-\left(-\frac{\pi}{2}\right)=\pi$$

(4) $\displaystyle\int_0^1\frac{1}{\sqrt{x}}dx=\lim_{\alpha\to+0}\int_\alpha^1\frac{1}{\sqrt{x}}dx$

$$=\lim_{\alpha\to+0}\Big[2\sqrt{x}\Big]_\alpha^1=\lim_{\alpha\to+0}(2-2\sqrt{\alpha})=2$$

(5) $\displaystyle\int_{-1}^1\frac{1}{x^2-1}dx=\lim_{\substack{\alpha\to-1+0\\ \beta\to1-0}}\int_\alpha^\beta\frac{1}{x^2-1}dx$

$$=\lim_{\substack{\alpha\to-1+0\\ \beta\to1-0}}\int_\alpha^\beta\frac{1}{2}\left(\frac{1}{x-1}-\frac{1}{x+1}\right)dx$$

$$=\lim_{\substack{\alpha\to-1+0\\ \beta\to1-0}}\left[\frac{1}{2}\{\log|x-1|-\log|x+1|\}\right]_\alpha^\beta$$

$$=\lim_{\substack{\alpha\to-1+0\\ \beta\to1-0}}\left[\frac{1}{2}\{\log(1-x)-\log(x+1)\}\right]_\alpha^\beta$$

$$=\lim_{\substack{\alpha\to -1+0\\ \beta\to 1-0}}\left[\frac{1}{2}\log\frac{1-x}{1+x}\right]_{\alpha}^{\beta}$$

$$=\lim_{\substack{\alpha\to -1+0\\ \beta\to 1-0}}\frac{1}{2}\left(\log\frac{1-\beta}{1+\beta}-\log\frac{1-\alpha}{1+\alpha}\right)$$

$$=\lim_{\substack{\alpha\to -1+0\\ \beta\to 1-0}}\frac{1}{2}\log\frac{(1-\beta)(1+\alpha)}{(1+\beta)(1-\alpha)}=-\infty$$

(6)　$\displaystyle\int_{-1}^{1}\frac{1}{x}\,dx=\lim_{\substack{\alpha\to -0\\ \beta\to +0}}\left(\int_{-1}^{\alpha}\frac{1}{x}\,dx+\int_{\beta}^{1}\frac{1}{x}\,dx\right)$

$$=\lim_{\substack{\alpha\to -0\\ \beta\to +0}}\left(\Big[\log|x|\Big]_{-1}^{\alpha}+\Big[\log|x|\Big]_{\beta}^{1}\right)$$

$$=\lim_{\substack{\alpha\to -0\\ \beta\to +0}}\left(\Big[\log(-x)\Big]_{-1}^{\alpha}+\Big[\log x\Big]_{\beta}^{1}\right)$$

$$=\lim_{\substack{\alpha\to -0\\ \beta\to +0}}\{\log(-\alpha)-\log\beta\}=\lim_{\substack{\alpha\to -0\\ \beta\to +0}}\log\left(-\frac{\alpha}{\beta}\right)$$

ここで

$\alpha=-\beta$ として 0 に近づけると

$$\lim_{\substack{\alpha\to -0\\ \beta\to +0}}\log\left(-\frac{\alpha}{\beta}\right)=\lim_{\substack{\alpha\to -0\\ \beta\to +0}}\log 1=0$$

$\alpha=-2\beta$ として 0 に近づけると

$$\lim_{\substack{\alpha\to -0\\ \beta\to +0}}\log\left(-\frac{\alpha}{\beta}\right)=\lim_{\substack{\alpha\to -0\\ \beta\to +0}}\log 2=\log 2$$

であるから

$\displaystyle\lim_{\substack{\alpha\to -0\\ \beta\to +0}}\log\left(-\frac{\alpha}{\beta}\right)$ は収束しない。

よって，題意の広義積分は収束しない。

2　(1)　$\displaystyle\int_{1}^{\infty}\frac{1}{x^3+x}\,dx=\lim_{\beta\to\infty}\int_{1}^{\beta}\frac{1}{x^3+x}\,dx$

$$=\lim_{\beta\to\infty}\int_{1}^{\beta}\frac{1}{x(x^2+1)}\,dx$$

$$=\lim_{\beta\to\infty}\int_{1}^{\beta}\frac{(x^2+1)-x^2}{x(x^2+1)}\,dx$$

$$=\lim_{\beta\to\infty}\int_{1}^{\beta}\left(\frac{1}{x}-\frac{x}{x^2+1}\right)dx$$

$$=\lim_{\beta\to\infty}\left[\log x-\frac{1}{2}\log(x^2+1)\right]_{1}^{\beta}$$

$$=\lim_{\beta\to\infty}\left[\frac{1}{2}\{\log x^2-\log(x^2+1)\}\right]_{1}^{\beta}$$

$$=\lim_{\beta\to\infty}\left[\frac{1}{2}\log\frac{x^2}{x^2+1}\right]_{1}^{\beta}$$

$$=\lim_{\beta\to\infty}\frac{1}{2}\left(\log\frac{\beta^2}{\beta^2+1}-\log\frac{1}{2}\right)$$

$$=\frac{1}{2}\left(\log 1-\log\frac{1}{2}\right)=\frac{1}{2}\log 2$$

(2)　$\displaystyle\int_{0}^{\infty}\frac{1}{(x+\sqrt{x^2+1})^2}\,dx$

$$=\lim_{\beta\to\infty}\int_{0}^{\beta}\frac{1}{(x+\sqrt{x^2+1})^2}\,dx$$

$\sqrt{x^2+1}=t-x$ とおくと

$x^2+1=t^2-2tx+x^2$　　$\therefore$　$x=\dfrac{t^2-1}{2t}$

よって

$$dx=\frac{1}{2}\cdot\frac{2t\cdot t-(t^2-1)\cdot 1}{t^2}\,dt=\frac{t^2+1}{2t^2}\,dt$$

$x:0\to\beta$ のとき

　$t:1\to\gamma=\beta+\sqrt{\beta^2+1}$

であるから

$$\int_{0}^{\beta}\frac{1}{(x+\sqrt{x^2+1})^2}\,dx=\int_{1}^{\gamma}\frac{1}{t^2}\cdot\frac{t^2+1}{2t^2}\,dt$$

$$=\int_{1}^{\gamma}\frac{1}{2}\left(\frac{1}{t^2}+\frac{1}{t^4}\right)dx=\left[\frac{1}{2}\left(-\frac{1}{t}-\frac{1}{3t^3}\right)\right]_{1}^{\gamma}$$

$$=\frac{1}{2}\left(-\frac{1}{\gamma}-\frac{1}{3\gamma^3}\right)-\left(-\frac{2}{3}\right)\to\frac{2}{3}$$

$(\beta\to\infty)$

よって

$$\int_{0}^{\infty}\frac{1}{(x+\sqrt{x^2+1})^2}\,dx$$

$$=\lim_{\beta\to\infty}\int_{0}^{\beta}\frac{1}{(x+\sqrt{x^2+1})^2}\,dx=\frac{2}{3}$$

(3)　$\displaystyle\int_{0}^{\infty}\frac{1}{(1+x^2)^3}\,dx=\lim_{\beta\to\infty}\int_{0}^{\beta}\frac{1}{(1+x^2)^3}\,dx$

$x=\tan\theta$ とおくと，$dx=\dfrac{1}{\cos^2\theta}\,d\theta$

$x:0\to\beta$ のとき，

$\theta:0\to\theta_0$ $(\beta=\tan\theta_0)$ であるから

$$\int_{0}^{\beta}\frac{1}{(1+x^2)^3}\,dx$$

$$=\int_{0}^{\theta_0}\frac{1}{(1+\tan^2\theta)^3}\,\frac{1}{\cos^2\theta}\,d\theta$$

$$=\int_{0}^{\theta_0}(\cos^2\theta)^3\frac{1}{\cos^2\theta}\,d\theta=\int_{0}^{\theta_0}(\cos^2\theta)^2 d\theta$$

よって

$$\int_{0}^{\infty}\frac{1}{(1+x^2)^3}\,dx=\lim_{\beta\to\infty}\int_{0}^{\beta}\frac{1}{(1+x^2)^3}\,dx$$

$$=\lim_{\theta_0\to\frac{\pi}{2}}\int_{0}^{\theta_0}(\cos^2\theta)^2 d\theta=\int_{0}^{\frac{\pi}{2}}(\cos^2\theta)^2\,d\theta$$

$$=\int_{0}^{\frac{\pi}{2}}\left(\frac{1+\cos 2\theta}{2}\right)^2 d\theta$$

$$=\frac{1}{4}\int_{0}^{\frac{\pi}{2}}(1+2\cos 2\theta+\cos^2 2\theta)\,d\theta$$

$$=\frac{1}{4}\int_0^{\frac{\pi}{2}}\left(1+2\cos 2\theta+\frac{1+\cos 4\theta}{2}\right)d\theta$$

$$=\frac{1}{8}\int_0^{\frac{\pi}{2}}(3+4\cos 2\theta+\cos 4\theta)\,d\theta$$

$$=\frac{1}{8}\left[3\theta+2\sin 2\theta+\frac{1}{4}\sin 4\theta\right]_0^{\frac{\pi}{2}}=\frac{3}{16}\pi$$

(4) $\displaystyle\int_0^{\frac{\pi}{2}}\frac{1}{\sin x}\,dx=\lim_{\alpha\to+0}\int_\alpha^{\frac{\pi}{2}}\frac{1}{\sin x}\,dx$

$$=\lim_{\alpha\to+0}\int_\alpha^{\frac{\pi}{2}}\frac{\sin x}{1-\cos^2 x}\,dx$$

$$=\lim_{\alpha\to+0}\int_\alpha^{\frac{\pi}{2}}\frac{1}{2}\left(\frac{\sin x}{1-\cos x}+\frac{\sin x}{1+\cos x}\right)dx$$

$$=\lim_{\alpha\to+0}\left[\frac{1}{2}\{\log(1-\cos x)-\log(1+\cos x)\}\right]_\alpha^{\frac{\pi}{2}}$$

$$=\lim_{\alpha\to+0}\left[\frac{1}{2}\log\frac{1-\cos x}{1+\cos x}\right]_\alpha^{\frac{\pi}{2}}$$

$$=\lim_{\alpha\to+0}\left(-\frac{1}{2}\log\frac{1-\cos\alpha}{1+\cos\alpha}\right)=+\infty$$

$$\therefore\quad \int_0^{\frac{\pi}{2}}\frac{1}{\sin x}\,dx=+\infty$$

(5) $\displaystyle\int_{-1}^1\frac{1}{(2-x)\sqrt{1-x^2}}\,dx$

$$=\lim_{\substack{\alpha\to-1+0\\ \beta\to1-0}}\int_\alpha^\beta\frac{1}{(2-x)\sqrt{1-x^2}}\,dx$$

$$\int_\alpha^\beta\frac{1}{(2-x)\sqrt{1-x^2}}\,dx$$

$$=\int_\alpha^\beta\frac{1}{(2-x)(1-x)}\sqrt{\frac{1-x}{1+x}}\,dx$$

$\sqrt{\dfrac{1-x}{1+x}}=t$ とおくと，$\dfrac{1-x}{1+x}=t^2$

$\therefore\quad 1-x=t^2+xt^2\qquad\therefore\quad x=\dfrac{1-t^2}{1+t^2}$

よって

$$dx=\frac{-2t\cdot(1+t^2)-(1-t^2)\cdot 2t}{(1+t^2)^2}\,dt$$

$$=\frac{-4t}{(1+t^2)^2}\,dt$$

$x:\alpha\to\beta$ のとき，$t:\gamma\to\delta$
$(\gamma\to\infty,\ \delta\to 0)$

であるから

$$\int_\alpha^\beta\frac{1}{(2-x)\sqrt{1-x^2}}\,dx$$

$$=\int_\alpha^\beta\frac{1}{(2-x)(1-x)}\sqrt{\frac{1-x}{1+x}}\,dx$$

$$=\int_\gamma^\delta\frac{1}{\left(2-\dfrac{1-t^2}{1+t^2}\right)\left(1-\dfrac{1-t^2}{1+t^2}\right)}\times t\cdot\frac{-4t}{(1+t^2)^2}\,dt$$

$$=\int_\gamma^\delta\frac{-4t^2}{(1+3t^2)\cdot 2t^2}\,dt=\int_\gamma^\delta\frac{-2}{1+3t^2}\,dt$$

$$=\left[\frac{-2}{\sqrt{3}}\tan^{-1}\sqrt{3}\,t\right]_\gamma^\delta$$

$$=\frac{-2}{\sqrt{3}}(\tan^{-1}\sqrt{3}\,\delta-\tan^{-1}\sqrt{3}\,\gamma)$$

$$\to\frac{-2}{\sqrt{3}}\left(0-\frac{\pi}{2}\right)=\frac{\pi}{\sqrt{3}}$$

よって

$$\int_{-1}^1\frac{1}{(2-x)\sqrt{1-x^2}}\,dx$$

$$=\lim_{\substack{\alpha\to-1+0\\ \beta\to1-0}}\int_\alpha^\beta\frac{1}{(2-x)\sqrt{1-x^2}}\,dx=\frac{\pi}{\sqrt{3}}$$

(6) $\displaystyle\int_0^\infty\frac{\log(1+x^2)}{x^2}\,dx$

$$=\lim_{\substack{\alpha\to+0\\ \beta\to\infty}}\int_\alpha^\beta\frac{\log(1+x^2)}{x^2}\,dx$$

ここで

$$\int_\alpha^\beta\frac{\log(1+x^2)}{x^2}\,dx=\int_\alpha^\beta\frac{1}{x^2}\log(1+x^2)\,dx$$

$$=\left[-\frac{1}{x}\log(1+x^2)\right]_\alpha^\beta-\int_\alpha^\beta\left(-\frac{1}{x}\right)\frac{2x}{1+x^2}\,dx$$

$$=-\frac{1}{\beta}\log(1+\beta^2)+\frac{1}{\alpha}\log(1+\alpha^2)+2\int_\alpha^\beta\frac{1}{1+x^2}\,dx$$

$$=-\frac{1}{\beta}\log(1+\beta^2)+\frac{1}{\alpha}\log(1+\alpha^2)+2\Big[\tan^{-1}x\Big]_\alpha^\beta$$

$$=-\frac{1}{\beta}\log(1+\beta^2)+\frac{1}{\alpha}\log(1+\alpha^2)+2(\tan^{-1}\beta-\tan^{-1}\alpha)$$

ところで

$$\lim_{\alpha\to+0}\frac{1}{\alpha}\log(1+\alpha^2)=\lim_{\alpha\to+0}\frac{2\alpha}{1+\alpha^2}=0$$

（∵　ロピタルの定理）

$$\lim_{\beta\to\infty}\frac{1}{\beta}\log(1+\beta^2)=\lim_{\beta\to\infty}\frac{2\beta}{1+\beta^2}=0$$

（∵　ロピタルの定理）

$$\lim_{\alpha\to+0}\tan^{-1}\alpha=0,\ \lim_{\beta\to\infty}\tan^{-1}\beta=\frac{\pi}{2}$$

よって

$$\int_0^\infty \frac{\log(1+x^2)}{x^2}\,dx$$

$$=\lim_{\substack{\alpha\to+0\\ \beta\to\infty}}\int_\alpha^\beta \frac{\log(1+x^2)}{x^2}\,dx=0+2\left(\frac{\pi}{2}-0\right)$$

$$=\pi$$

3　(1)　$0<x<1$ のとき，$x^4<x^2$

$\therefore\quad \sqrt{1-x^4}>\sqrt{1-x^2}$

$\therefore\quad \dfrac{1}{\sqrt{1-x^4}}<\dfrac{1}{\sqrt{1-x^2}}$

ここで

$$\int_0^1 \frac{1}{\sqrt{1-x^2}}\,dx=\lim_{\beta\to1-0}\int_0^\beta \frac{1}{\sqrt{1-x^2}}\,dx$$

$$=\lim_{\beta\to1-0}\Big[\sin^{-1}x\Big]_0^\beta=\lim_{\beta\to1-0}\sin^{-1}\beta=\frac{\pi}{2}$$

より，$\displaystyle\int_0^1\frac{1}{\sqrt{1-x^2}}\,dx$ は収束する。

よって，$\displaystyle\int_0^1\frac{1}{\sqrt{1-x^4}}\,dx$ も収束する。

(2)　$x>1$ のとき，$1>\dfrac{1}{x}$

$\therefore\quad \dfrac{1}{1+\log x}>\dfrac{1}{1+\log x}\cdot\dfrac{1}{x}$

ここで

$$\int_1^\infty \frac{1}{1+\log x}\cdot\frac{1}{x}\,dx$$

$$=\lim_{\beta\to\infty}\int_1^\beta \frac{1}{1+\log x}\cdot\frac{1}{x}\,dx$$

$$=\lim_{\beta\to\infty}\Big[\log(1+\log x)\Big]_1^\beta$$

$$=\lim_{\beta\to\infty}\log(1+\log\beta)=\infty$$

であることから

$$\int_1^\infty \frac{1}{1+\log x}\,dx=\infty\quad（発散）$$

(3)　$\displaystyle\lim_{x\to+0}\frac{1-\cos x}{x^2}=\lim_{x\to+0}\frac{\sin x}{2x}=\frac{1}{2}<\infty$ より

$$\int_0^\infty \frac{1-\cos x}{x^2}\,dx=\lim_{\beta\to\infty}\int_0^\beta \frac{1-\cos x}{x^2}\,dx$$

ここで

$$\lim_{x\to\infty}x^{\frac{3}{2}}\cdot\frac{1-\cos x}{x^2}=\lim_{x\to\infty}\frac{1-\cos x}{\sqrt{x}}=0$$

より，十分大きな x に対して

$$x^{\frac{3}{2}}\cdot\frac{1-\cos x}{x^2}<1$$

すなわち，$\dfrac{1-\cos x}{x^2}<\dfrac{1}{x^{\frac{3}{2}}}=x^{-\frac{3}{2}}$

そこで

$x>c$ ならば，$\dfrac{1-\cos x}{x^2}<x^{-\frac{3}{2}}$

であるような c をとる。

$$\int_0^\infty \frac{1-\cos x}{x^2}\,dx$$

$$=\int_0^c \frac{1-\cos x}{x^2}\,dx+\int_c^\infty \frac{1-\cos x}{x^2}\,dx$$

前半は普通の定積分で後半は

$$\int_c^\infty x^{-\frac{3}{2}}\,dx=\lim_{\beta\to\infty}\int_c^\beta x^{-\frac{3}{2}}\,dx$$

$$=\lim_{\beta\to\infty}\Big[-2x^{-\frac{1}{2}}\Big]_c^\beta$$

$$=\lim_{\beta\to\infty}2\left(\frac{1}{\sqrt{c}}-\frac{1}{\sqrt{\beta}}\right)=\frac{2}{\sqrt{c}}<\infty$$

より収束する。

よって

$$\int_0^\infty \frac{1-\cos x}{x^2}\,dx$$

$$=\int_0^c \frac{1-\cos x}{x^2}\,dx+\int_c^\infty \frac{1-\cos x}{x^2}\,dx$$

も収束する。

4　(1)　$\displaystyle I_n=\int_0^1 x(\log x)^n\,dx$

$$=\lim_{\alpha\to+0}\int_\alpha^1 x(\log x)^n\,dx$$

$$=\lim_{\alpha\to+0}\left(\left[\frac{x^2}{2}\cdot(\log x)^n\right]_\alpha^1-\int_\alpha^1\frac{x^2}{2}\cdot n(\log x)^{n-1}\frac{1}{x}\,dx\right)$$

$$=\lim_{\alpha\to+0}\left\{-\frac{\alpha^2}{2}(\log\alpha)^n-\frac{n}{2}\int_\alpha^1 x(\log x)^{n-1}\,dx\right\}$$

ここで

$$\lim_{\alpha\to+0}\alpha^2(\log\alpha)^n=\lim_{\alpha\to+0}\frac{(\log\alpha)^n}{\alpha^{-2}}$$

$$=\lim_{\alpha\to+0}\frac{n(\log\alpha)^{n-1}\alpha^{-1}}{-2\alpha^{-3}}$$

$$=\lim_{\alpha\to+0}\left\{-\frac{n}{2}\alpha^2(\log\alpha)^{n-1}\right\}$$

$$=\cdots=\lim_{\alpha\to+0}\left(-\frac{1}{2}\right)^n n!\,\alpha^2=0$$

より

$$I_n=\lim_{\alpha\to+0}\left\{-\frac{\alpha^2}{2}(\log\alpha)^n-\frac{n}{2}\int_\alpha^1 x(\log x)^{n-1}\,dx\right\}$$

$$=-\frac{n}{2}\int_0^1 x(\log x)^{n-1}dx=-\frac{n}{2}I_{n-1}$$

(2) $I_n=-\frac{n}{2}I_{n-1}$ より

$$I_n=\left(-\frac{n}{2}\right)\left(-\frac{n-1}{2}\right)\cdots\left(-\frac{3}{2}\right)\left(-\frac{2}{2}\right)\left(-\frac{1}{2}\right)I_0$$

$$=(-1)^n\frac{n!}{2^n}I_0=(-1)^n\frac{n!}{2^n}\cdot\frac{1}{2}$$

$$=(-1)^n\frac{n!}{2^{n+1}}\quad\left(\because\quad I_0=\int_0^1 x\,dx=\frac{1}{2}\right)$$

5 (1) $\tan\frac{x}{2}=t$ とおくと

$$\int_{-\pi}^{\pi}\frac{1}{\sqrt{2}-\cos x}dx$$

$$=\int_{-\infty}^{\infty}\frac{1}{\sqrt{2}-\frac{1-t^2}{1+t^2}}\cdot\frac{2}{1+t^2}dt$$

$$=\int_{-\infty}^{\infty}\frac{2}{\sqrt{2}(1+t^2)-(1-t^2)}dt$$

$$=\int_{-\infty}^{\infty}\frac{2}{(\sqrt{2}-1)+(\sqrt{2}+1)t^2}dt$$

$$=\frac{2}{\sqrt{2}-1}\int_{-\infty}^{\infty}\frac{1}{1+\frac{\sqrt{2}+1}{\sqrt{2}-1}t^2}dt$$

$$=\frac{2}{\sqrt{2}-1}\int_{-\infty}^{\infty}\frac{1}{1+(\sqrt{2}+1)^2t^2}dt$$

$$=\frac{2}{\sqrt{2}-1}\left[\frac{1}{\sqrt{2}+1}\tan^{-1}(\sqrt{2}+1)t\right]_{-\infty}^{\infty}$$

$$=\frac{2}{\sqrt{2}-1}\frac{1}{\sqrt{2}+1}\left(\frac{\pi}{2}-\left(-\frac{\pi}{2}\right)\right)$$

$$=2\pi$$

(2) $I=\int_0^{\pi}\frac{x}{1+\cos^2 x}dx$ とおく。

$x=\pi-t$ とおくと

$$I=\int_{\pi}^{0}\frac{\pi-t}{1+\cos^2(\pi-t)}(-1)dt$$

$$=\int_0^{\pi}\frac{\pi-t}{1+\cos^2 t}dt$$

$$=\pi\int_0^{\pi}\frac{1}{1+\cos^2 t}dt-\int_0^{\pi}\frac{t}{1+\cos^2 t}dt$$

$$=\pi\int_0^{\pi}\frac{1}{1+\cos^2 t}dt-I$$

$$\therefore\quad I=\frac{\pi}{2}\int_0^{\pi}\frac{1}{1+\cos^2 x}dx$$

$\tan\frac{x}{2}=u$ とおくと

$$I=\frac{\pi}{2}\int_0^{\pi}\frac{1}{1+\cos^2 x}dx$$

$$=\frac{\pi}{2}\int_0^{\infty}\frac{1}{1+\left(\frac{1-u^2}{1+u^2}\right)^2}\cdot\frac{2}{1+u^2}du$$

$$=\frac{\pi}{2}\int_0^{\infty}\frac{(1+u^2)^2}{(1+u^2)^2+(1-u^2)^2}\cdot\frac{2}{1+u^2}du$$

$$=\frac{\pi}{2}\int_0^{\infty}\frac{1+u^2}{1+u^4}du=\frac{\pi}{2}\int_0^{\infty}\frac{1+u^2}{(1+u^2)^2-2u^2}du$$

$$=\frac{\pi}{2}\int_0^{\infty}\frac{1+u^2}{(1+u^2+\sqrt{2}u)(1+u^2-\sqrt{2}u)}du$$

$$=\frac{\pi}{4}\int_0^{\infty}\left(\frac{1}{u^2+\sqrt{2}u+1}+\frac{1}{u^2-\sqrt{2}u+1}\right)du$$

$$=\frac{\pi}{4}\int_0^{\infty}\left\{\frac{1}{\left(u+\frac{1}{\sqrt{2}}\right)^2+\frac{1}{2}}+\frac{1}{\left(u-\frac{1}{\sqrt{2}}\right)^2+\frac{1}{2}}\right\}du$$

$$=\frac{\pi}{2}\int_0^{\infty}\left\{\frac{1}{(\sqrt{2}u+1)^2+1}+\frac{1}{(\sqrt{2}u-1)^2+1}\right\}du$$

$$=\frac{\pi}{2}\left[\frac{1}{\sqrt{2}}\{\tan^{-1}(\sqrt{2}u+1)+\tan^{-1}(\sqrt{2}u-1)\}\right]_0^{\infty}$$

$$=\frac{\pi}{2\sqrt{2}}\left\{\left(\frac{\pi}{2}+\frac{\pi}{2}\right)-\left(\frac{\pi}{4}-\frac{\pi}{4}\right)\right\}=\frac{\pi^2}{2\sqrt{2}}$$

■演習問題 2. 4

1 (1) $I_n=\int_0^{\frac{\pi}{2}}\sin^n x\,dx$

$$=\int_0^{\frac{\pi}{2}}\sin x\cdot\sin^{n-1}x\,dx$$

$$=\Big[(-\cos x)\cdot\sin^{n-1}x\Big]_0^{\frac{\pi}{2}}-\int_0^{\frac{\pi}{2}}(-\cos x)\cdot(n-1)\sin^{n-2}x\cos x\,dx$$

$=0+(n-1)\int_0^{\frac{\pi}{2}}\sin^{n-2}x\cos^2x\,dx$

$=(n-1)\int_0^{\frac{\pi}{2}}\sin^{n-2}x(1-\sin^2x)\,dx$

$=(n-1)\int_0^{\frac{\pi}{2}}(\sin^{n-2}x-\sin^nx)\,dx$

$=(n-1)(I_{n-2}-I_n)$

$\therefore\quad I_n=(n-1)I_{n-2}-(n-1)I_n$

$\therefore\quad nI_n=(n-1)I_{n-2}\qquad\therefore\quad I_n=\dfrac{n-1}{n}I_{n-2}$

(2)　曲線 C の概形は図のようになる。

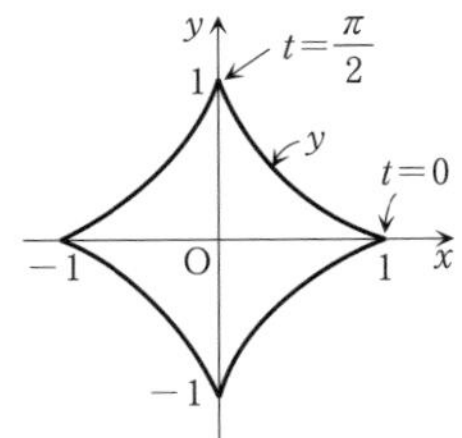

$S=4\int_0^1 y\,dx$

$=4\int_{\frac{\pi}{2}}^0\sin^3t\cdot(-3\cos^2t\sin t)\,dt$

$=12\int_0^{\frac{\pi}{2}}\sin^4t\cos^2t\,dt$

$=12\int_0^{\frac{\pi}{2}}\sin^4t(1-\sin^2t)\,dt$

$=12\int_0^{\frac{\pi}{2}}(\sin^4t-\sin^6t)\,dt$

ここで(1)の結果より

$\int_0^{\frac{\pi}{2}}\sin^4t\,dt=I_4=\dfrac{3}{4}I_2=\dfrac{3}{4}\cdot\dfrac{1}{2}I_0$

$=\dfrac{3}{4}\cdot\dfrac{1}{2}\cdot\dfrac{\pi}{2}=\dfrac{3}{16}\pi$

$\int_0^{\frac{\pi}{2}}\sin^6t\,dt=I_6=\dfrac{5}{6}I_4$

$=\dfrac{5}{6}\cdot\dfrac{3}{4}I_2=\dfrac{5}{6}\cdot\dfrac{3}{4}\cdot\dfrac{1}{2}I_0$

$=\dfrac{5}{6}\cdot\dfrac{3}{4}\cdot\dfrac{1}{2}\cdot\dfrac{\pi}{2}=\dfrac{5}{32}\pi$

よって

$S=12\int_0^{\frac{\pi}{2}}(\sin^4t-\sin^6t)\,dt$

$=12\left(\dfrac{3}{16}-\dfrac{5}{32}\right)\pi=12\cdot\dfrac{1}{32}\pi=\dfrac{3}{8}\pi$

2　曲線 C の概形は図のようになる。

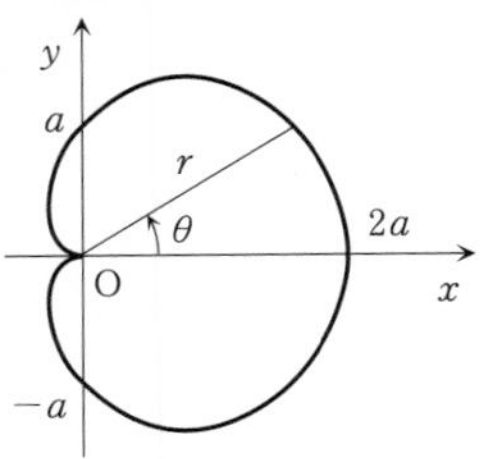

$S=2\int_0^{\pi}\dfrac{1}{2}r^2d\theta=\int_0^{\pi}\{a(1+\cos\theta)\}^2d\theta$

$=a^2\int_0^{\pi}(1+2\cos\theta+\cos^2\theta)\,d\theta$

$=a^2\int_0^{\pi}\left(1+2\cos\theta+\dfrac{1+\cos2\theta}{2}\right)d\theta$

$=a^2\int_0^{\pi}\left(\dfrac{3}{2}+2\cos\theta+\dfrac{1}{2}\cos2\theta\right)d\theta$

$=a^2\left[\dfrac{3}{2}\theta+2\sin\theta+\dfrac{1}{4}\sin2\theta\right]_0^{\pi}=\dfrac{3}{2}\pi a^2$

3　(1)　$z=t$ で切った切り口 $x^2+y^2=t$ の面積は

$S(t)=\pi(\sqrt{t})^2=\pi t$

であるから，求める体積は

$V=\int_0^1S(t)\,dt=\int_0^1\pi t\,dt=\dfrac{\pi}{2}$

(2)　題意の領域は図のようになる。

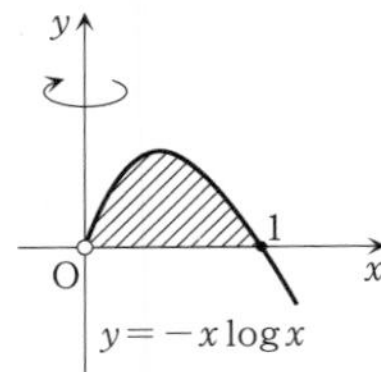

求める立体の体積は

$V=\int_0^1 2\pi x\cdot(-x\log x)\,dx$

$=-2\pi\int_0^1x^2\log x\,dx$

$=-2\pi\left(\left[\dfrac{x^3}{3}\cdot\log x\right]_0^1-\int_0^1\dfrac{x^3}{3}\cdot\dfrac{1}{x}\,dx\right)$

$=-2\pi\left(0-\left[\dfrac{x^3}{9}\right]_0^1\right)=-2\pi\left(0-\dfrac{1}{9}\right)=\dfrac{2}{9}\pi$

(注)　$\lim_{x\to+0}x\log x=\lim_{x\to+0}\dfrac{\log x}{x^{-1}}$

$=\lim_{x\to+0}\dfrac{x^{-1}}{-x^{-2}}=\lim_{x\to+0}(-x)=0$

4 (1) $x=\cos t+t\sin t$, $y=\sin t-t\cos t$

より

$$\frac{dx}{dt}=-\sin t+(\sin t+t\cos t)=t\cos t,$$

$$\frac{dy}{dt}=\cos t-(\cos t-t\sin t)=t\sin t$$

よって

$$\sqrt{\left(\frac{dx}{dt}\right)^2+\left(\frac{dy}{dt}\right)^2}$$

$$=\sqrt{(t\cos t)^2+(t\sin t)^2}=t$$

求める曲線の長さは

$$L=\int_0^{\pi} t\,dt=\left[\frac{t^2}{2}\right]_0^{\pi}=\frac{\pi^2}{2}$$

(2) $\dfrac{dy}{dx}=x$ $\therefore$ $\sqrt{1+\left(\dfrac{dy}{dx}\right)^2}=\sqrt{1+x^2}$

よって，求める曲線の長さは

$$L=\int_0^1\sqrt{1+x^2}\,dx$$

そこで，$\sqrt{1+x^2}=t-x$ とおくと

$$1+x^2=t^2-2tx+x^2 \qquad \therefore \quad x=\frac{t^2-1}{2t}$$

$$\therefore \quad dx=\frac{1}{2}\cdot\frac{2t\cdot t-(t^2-1)\cdot 1}{t^2}dt=\frac{t^2+1}{2t^2}dt$$

したがって

$$L=\int_0^1\sqrt{1+x^2}\,dx$$

$$=\int_1^{1+\sqrt{2}}\left(t-\frac{t^2-1}{2t}\right)\cdot\frac{t^2+1}{2t^2}dt$$

$$=\int_1^{1+\sqrt{2}}\frac{(t^2+1)^2}{4t^3}dt$$

$$=\frac{1}{4}\int_1^{1+\sqrt{2}}\left(t+\frac{2}{t}+\frac{1}{t^3}\right)dt$$

$$=\frac{1}{4}\left[\frac{t^2}{2}+2\log t-\frac{1}{2t^2}\right]_1^{1+\sqrt{2}}$$

$$=\frac{1}{4}\left\{\frac{(1+\sqrt{2})^2}{2}+2\log(1+\sqrt{2})-\frac{1}{2(1+\sqrt{2})^2}\right\}$$

$$=\frac{1}{4}\left\{\frac{(1+\sqrt{2})^2}{2}+2\log(1+\sqrt{2})-\frac{(\sqrt{2}-1)^2}{2}\right\}$$

$$=\frac{1}{4}\{2\sqrt{2}+2\log(1+\sqrt{2})\}$$

$$=\frac{1}{2}\{\sqrt{2}+\log(1+\sqrt{2})\}$$

(3) $r=e^{-a\theta}$ $(0\leqq\theta<\infty)$ ただし，$a>0$

$$\sqrt{r^2+\left(\frac{dr}{d\theta}\right)^2}=\sqrt{(e^{-a\theta})^2+(-ae^{-a\theta})^2}$$

$$=\sqrt{(1+a^2)(e^{-a\theta})^2}=\sqrt{1+a^2}\,e^{-a\theta}$$

よって，求める曲線の長さは

$$L=\int_0^{\infty}\sqrt{1+a^2}\,e^{-a\theta}d\theta$$

$$=\left[-\frac{\sqrt{1+a^2}}{a}e^{-a\theta}\right]_0^{\infty}=\frac{\sqrt{1+a^2}}{a}$$

5 公式：$S=\int_a^b 2\pi f(x)\sqrt{1+\{f'(x)\}^2}\,dx$

(1) $x^2+\dfrac{y^2}{4}=1$ より，$y=\pm 2\sqrt{1-x^2}$

$y=2\sqrt{1-x^2}$ のとき，$y'=\dfrac{-2x}{\sqrt{1-x^2}}$

$$\therefore \quad 1+(y')^2=1+\frac{4x^2}{1-x^2}=\frac{1+3x^2}{1-x^2}$$

$$\therefore \quad \sqrt{1+(y')^2}=\frac{\sqrt{1+3x^2}}{\sqrt{1-x^2}}$$

よって，求める表面積は

$$S=\int_{-1}^1 2\pi\cdot 2\sqrt{1-x^2}\cdot\frac{\sqrt{1+3x^2}}{\sqrt{1-x^2}}dx$$

$$=4\pi\int_{-1}^1\sqrt{1+3x^2}\,dx=8\pi\int_0^1\sqrt{1+3x^2}\,dx$$

そこで，$\sqrt{1+3x^2}=t-\sqrt{3}\,x$ とおくと

$$1+3x^2=t^2-2\sqrt{3}\,tx+3x^2 \qquad \therefore \quad x=\frac{t^2-1}{2\sqrt{3}\,t}$$

$$\therefore \quad dx=\frac{2t\cdot t-(t^2-1)\cdot 1}{2\sqrt{3}\,t^2}dt=\frac{t^2+1}{2\sqrt{3}\,t^2}dt$$

また，$x:0\to 1$ のとき，$t:1\to 2+\sqrt{3}$

よって

$$S=8\pi\int_0^1\sqrt{1+3x^2}\,dx$$

$$=8\pi\int_1^{2+\sqrt{3}}\left(t-\sqrt{3}\cdot\frac{t^2-1}{2\sqrt{3}\,t}\right)\cdot\frac{t^2+1}{2\sqrt{3}\,t^2}dt$$

$$=8\pi\int_1^{2+\sqrt{3}}\frac{t^2+1}{2t}\cdot\frac{t^2+1}{2\sqrt{3}\,t^2}dt$$

$$=8\pi\int_1^{2+\sqrt{3}}\frac{t^4+2t^2+1}{4\sqrt{3}\,t^3}dt$$

$$=\frac{2\pi}{\sqrt{3}}\int_1^{2+\sqrt{3}}\left(t+\frac{2}{t}+\frac{1}{t^3}\right)dt$$

$$=\frac{2\pi}{\sqrt{3}}\left[\frac{t^2}{2}+2\log t-\frac{1}{2t^2}\right]_1^{2+\sqrt{3}}$$

$$=\frac{2\pi}{\sqrt{3}}\left\{\frac{(2+\sqrt{3})^2}{2}+2\log(2+\sqrt{3})-\frac{1}{2(2+\sqrt{3})^2}\right\}$$

$$=\frac{2\pi}{\sqrt{3}}\left\{\frac{(2+\sqrt{3})^2}{2}+2\log(2+\sqrt{3})-\frac{(2-\sqrt{3})^2}{2}\right\}$$

$$=\frac{2\pi}{\sqrt{3}}\{4\sqrt{3}+2\log(2+\sqrt{3})\}$$

$$=\frac{4\pi}{\sqrt{3}}\{2\sqrt{3}+\log(2+\sqrt{3})\}$$

(2) まず次の内容に注意する。

$$S=\int_a^b 2\pi f(x)\sqrt{1+\{f'(x)\}^2}\,dx$$

$$=\int_\alpha^\beta 2\pi y\sqrt{\left(\frac{dx}{dt}\right)^2+\left(\frac{dy}{dt}\right)^2}\,dt$$

そこで

$$\sqrt{\left(\frac{dx}{dt}\right)^2+\left(\frac{dy}{dt}\right)^2}$$

$$=\sqrt{(1-\cos t)^2+(\sin t)^2}$$

$$=\sqrt{2-2\cos t}=\sqrt{2-2\left(1-2\sin^2\frac{t}{2}\right)}$$

$$=\sqrt{4\sin^2\frac{t}{2}}=2\sqrt{\sin^2\frac{t}{2}}$$

$$=2\left|\sin\frac{t}{2}\right|=2\sin\frac{t}{2}$$

よって，求める表面積は

$$S=\int_0^{2\pi}2\pi(1-\cos t)\cdot 2\sin\frac{t}{2}\,dt$$

$$=4\pi\int_0^{2\pi}(1-\cos t)\sin\frac{t}{2}\,dt$$

$$=4\pi\int_0^{2\pi}2\sin^2\frac{t}{2}\sin\frac{t}{2}\,dt$$

$$=8\pi\int_0^{2\pi}\left(1-\cos^2\frac{t}{2}\right)\sin\frac{t}{2}\,dt$$

$$=8\pi\int_0^{2\pi}\left(\sin\frac{t}{2}-\cos^2\frac{t}{2}\sin\frac{t}{2}\right)dt$$

$$=8\pi\left[-2\cos\frac{t}{2}+\frac{2}{3}\cos^3\frac{t}{2}\right]_0^{2\pi}$$

$$=8\pi\left\{\left(2-\frac{2}{3}\right)-\left(-2+\frac{2}{3}\right)\right\}=\frac{64}{3}\pi$$

6 題意のトーラスを配置（座標のとり方）を変えて

$$(\sqrt{x^2+y^2}-R)^2+z^2=r^2$$

と表しておく。

このとき，$z=\pm\sqrt{r^2-(\sqrt{x^2+y^2}-R)^2}$

また，$(\sqrt{x^2+y^2}-R)^2+z^2=r^2$ より

$$z_x=-(\sqrt{x^2+y^2}-R)\frac{x}{z\sqrt{x^2+y^2}}$$

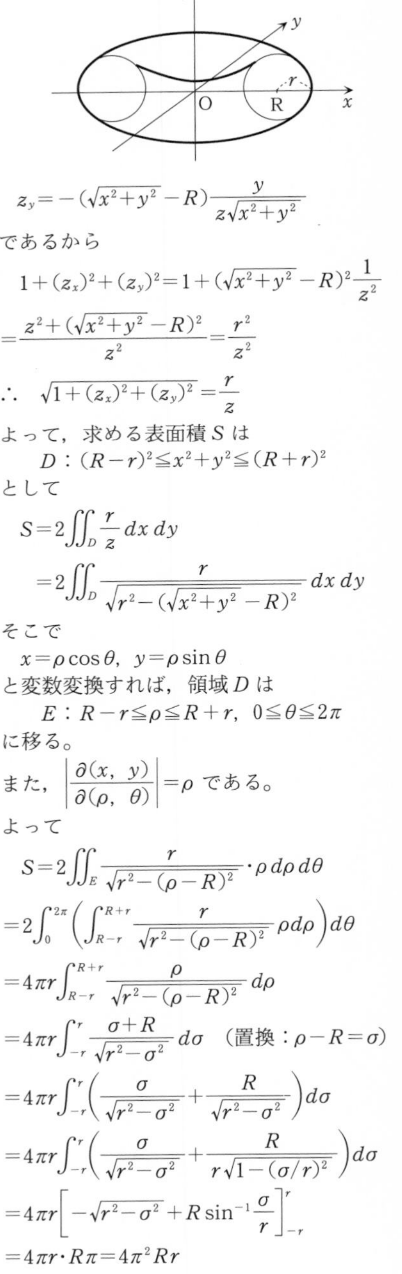

$$z_y=-(\sqrt{x^2+y^2}-R)\frac{y}{z\sqrt{x^2+y^2}}$$

であるから

$$1+(z_x)^2+(z_y)^2=1+(\sqrt{x^2+y^2}-R)^2\frac{1}{z^2}$$

$$=\frac{z^2+(\sqrt{x^2+y^2}-R)^2}{z^2}=\frac{r^2}{z^2}$$

$$\therefore\quad \sqrt{1+(z_x)^2+(z_y)^2}=\frac{r}{z}$$

よって，求める表面積 S は

$$D:(R-r)^2\leqq x^2+y^2\leqq(R+r)^2$$

として

$$S=2\iint_D\frac{r}{z}\,dx\,dy$$

$$=2\iint_D\frac{r}{\sqrt{r^2-(\sqrt{x^2+y^2}-R)^2}}\,dx\,dy$$

そこで

$x=\rho\cos\theta$，$y=\rho\sin\theta$

と変数変換すれば，領域 D は

$$E:R-r\leqq\rho\leqq R+r,\ 0\leqq\theta\leqq 2\pi$$

に移る。

また，$\left|\dfrac{\partial(x,\ y)}{\partial(\rho,\ \theta)}\right|=\rho$ である。

よって

$$S=2\iint_E\frac{r}{\sqrt{r^2-(\rho-R)^2}}\cdot\rho\,d\rho\,d\theta$$

$$=2\int_0^{2\pi}\left(\int_{R-r}^{R+r}\frac{r}{\sqrt{r^2-(\rho-R)^2}}\rho\,d\rho\right)d\theta$$

$$=4\pi r\int_{R-r}^{R+r}\frac{\rho}{\sqrt{r^2-(\rho-R)^2}}\,d\rho$$

$$=4\pi r\int_{-r}^{r}\frac{\sigma+R}{\sqrt{r^2-\sigma^2}}\,d\sigma\quad（置換：\rho-R=\sigma）$$

$$=4\pi r\int_{-r}^{r}\left(\frac{\sigma}{\sqrt{r^2-\sigma^2}}+\frac{R}{\sqrt{r^2-\sigma^2}}\right)d\sigma$$

$$=4\pi r\int_{-r}^{r}\left(\frac{\sigma}{\sqrt{r^2-\sigma^2}}+\frac{R}{r\sqrt{1-(\sigma/r)^2}}\right)d\sigma$$

$$=4\pi r\left[-\sqrt{r^2-\sigma^2}+R\sin^{-1}\frac{\sigma}{r}\right]_{-r}^{r}$$

$$=4\pi r\cdot R\pi=4\pi^2Rr$$

第3章
級　　数

■演習問題 3. 1

1 (1) $a_n=1+\frac{1}{2}+\frac{1}{3}+\cdots+\frac{1}{n}-\log n$

より

$$a_{n+1}=1+\frac{1}{2}+\frac{1}{3}+\cdots+\frac{1}{n}+\frac{1}{n+1}-\log(n+1)$$

よって

$$a_{n+1}-a_n=\frac{1}{n+1}-\log(n+1)+\log n$$

ところで

$$\frac{1}{n+1}<\int_n^{n+1}\frac{1}{x}dx=\log(n+1)-\log n$$

より

$$\frac{1}{n+1}-\log(n+1)+\log n<0$$

$\therefore\quad a_{n+1}-a_n<0$　すなわち，$a_{n+1}<a_n$

(2) $\int_k^{k+1}\frac{1}{x}dx<\frac{1}{k}$

より

$$\sum_{k=1}^{n}\int_k^{k+1}\frac{1}{x}dx<\sum_{k=1}^{n}\frac{1}{k}$$

$$\therefore\quad \int_1^{n+1}\frac{1}{x}dx<1+\frac{1}{2}+\frac{1}{3}+\cdots+\frac{1}{n}$$

$$\therefore\quad \log(n+1)<1+\frac{1}{2}+\frac{1}{3}+\cdots+\frac{1}{n}$$

$$\therefore\quad 1+\frac{1}{2}+\frac{1}{3}+\cdots+\frac{1}{n}>\log(n+1)>\log n$$

$$\therefore\quad a_n=1+\frac{1}{2}+\frac{1}{3}+\cdots+\frac{1}{n}-\log n>0$$

よって，数列 $\{a_n\}$ は下に有界な単調減少列であるから収束する。

2 (1) 部分和：$\sum_{k=1}^{n}\frac{1}{k(k+2)}$

$$=\frac{1}{2}\sum_{k=1}^{n}\left(\frac{1}{k}-\frac{1}{k+2}\right)$$

$$=\frac{1}{2}\left(1+\frac{1}{2}-\frac{1}{n+1}-\frac{1}{n+2}\right)$$

$$\to\frac{1}{2}\left(1+\frac{1}{2}\right)=\frac{3}{4}\quad(n\to\infty)$$

よって，$\sum_{n=1}^{\infty}\frac{1}{n(n+2)}=\frac{3}{4}$

(2) 部分和：$\sum_{n=1}^{n}\frac{1}{\sqrt{k+1}+\sqrt{k}}$

$$=\sum_{k=1}^{n}(\sqrt{k+1}-\sqrt{k})=-1+\sqrt{n+1}$$

$$\to\infty\quad(n\to\infty)$$

よって，$\sum_{n=1}^{\infty}\frac{1}{\sqrt{n+1}+\sqrt{n}}=\infty$

(3) 部分和を

$$S_n=\sum_{k=1}^{n}\frac{k}{2^k}=\sum_{k=1}^{n}k\left(\frac{1}{2}\right)^k$$

とおくと

$$S_n=\frac{1}{2}+2\left(\frac{1}{2}\right)^2+\cdots+n\left(\frac{1}{2}\right)^n$$

$$-)\ \frac{1}{2}S_n=\left(\frac{1}{2}\right)^2+\cdots+(n-1)\left(\frac{1}{2}\right)^n+n\left(\frac{1}{2}\right)^{n+1}$$

$$\frac{1}{2}S_n=\frac{1}{2}+\left(\frac{1}{2}\right)^2+\cdots+\left(\frac{1}{2}\right)^n-n\left(\frac{1}{2}\right)^{n+1}$$

$$=\frac{\frac{1}{2}\left\{1-\left(\frac{1}{2}\right)^n\right\}}{1-\frac{1}{2}}-n\left(\frac{1}{2}\right)^{n+1}$$

$$=1-\left(\frac{1}{2}\right)^n-n\left(\frac{1}{2}\right)^{n+1}$$

$$\therefore\quad S_n=2-2\left(\frac{1}{2}\right)^n-\frac{n}{2^n}\to 2\quad(n\to\infty)$$

よって，$\sum_{n=1}^{\infty}\frac{n}{2^n}=2$

3 (1) $S_{2^m}=1+\frac{1}{2}+\frac{1}{3}+\cdots+\frac{1}{2^m}$

$$=1+\frac{1}{2}+\left(\frac{1}{3}+\frac{1}{4}\right)+\left(\frac{1}{5}+\frac{1}{6}+\frac{1}{7}+\frac{1}{8}\right)+\cdots+\left(\frac{1}{2^{m-1}+1}+\cdots+\frac{1}{2^m}\right)$$

$$>1+\frac{1}{2}+\left(\frac{1}{2^2}+\frac{1}{2^2}\right)+\left(\frac{1}{2^3}+\frac{1}{2^3}+\frac{1}{2^3}+\frac{1}{2^3}\right)+\cdots+\left(\frac{1}{2^m}+\cdots+\frac{1}{2^m}\right)$$

$$=1+\frac{1}{2}+\frac{2}{2^2}+\frac{4}{2^3}+\cdots+\frac{2^{m-1}}{2^m}$$

（注：$2^m-2^{m-1}=(2-1)\cdot 2^{m-1}=2^{m-1}$）

$$=1+\frac{1}{2}+\frac{1}{2}+\frac{1}{2}+\cdots+\frac{1}{2}=1+\frac{m}{2}$$

(2)　(1)の考察より

$$\lim_{m\to\infty}S_{2^m}\geqq\lim_{m\to\infty}\left(1+\frac{m}{2}\right)=\infty$$

$$\therefore\quad 1+\frac{1}{2}+\frac{1}{3}+\cdots+\frac{1}{n}+\cdots=\lim_{n\to\infty}S_n$$

$$=\infty\quad（発散）$$

4　(1)　$\displaystyle\sum_{n=1}^{\infty}\frac{\log n}{n^2}=\sum_{n=2}^{\infty}\frac{\log n}{n^2}$

$f(x)=\dfrac{\log x}{x^2}$ とおくと

$$f'(x)=\frac{\frac{1}{x}\cdot x^2-(\log x)\cdot 2x}{x^4}=\frac{1-2\log x}{x^3}$$

よって，$x\geqq 2$ のとき $f'(x)<0$

$$\frac{\log(k+1)}{(k+1)^2}<\int_k^{k+1}\frac{\log x}{x^2}dx\quad(k\geqq 2)$$

より

$$\sum_{k=2}^{n-1}\frac{\log(k+1)}{(k+1)^2}<\sum_{k=2}^{n-1}\int_k^{k+1}\frac{\log x}{x^2}dx$$

$$=\int_2^n\frac{\log x}{x^2}dx$$

$$\therefore\quad\sum_{k=3}^{n}\frac{\log k}{k^2}<\int_2^n\frac{\log x}{x^2}dx$$

ここで

$$\int_2^n\frac{\log x}{x^2}dx$$

$$=\left[\left(-\frac{1}{x}\right)\cdot\log x\right]_2^n-\int_2^n\left(-\frac{1}{x}\right)\cdot\frac{1}{x}dx$$

$$=-\frac{\log n}{n}+\frac{\log 2}{2}-\left[\frac{1}{x}\right]_2^n$$

$$=-\frac{\log n}{n}+\frac{\log 2}{2}-\frac{1}{n}+\frac{1}{2}\to\frac{\log 2+1}{2}$$

$$(n\to\infty)$$

よって，$\displaystyle\sum_{k=3}^{n}\frac{\log k}{k^2}<\frac{\log 2+1}{2}$

したがって，$\displaystyle\sum_{n=1}^{\infty}\frac{\log n}{n^2}$ は収束する。

(2)　$\displaystyle\int_k^{k+1}\frac{1}{x\log x}dx<\frac{1}{k\log k}\quad(k\geqq 2)$

より

$$\sum_{k=2}^{n}\int_k^{k+1}\frac{1}{x\log x}dx<\sum_{k=2}^{n}\frac{1}{k\log k}$$

$$\therefore\quad\int_2^{n+1}\frac{1}{x\log x}dx<\sum_{k=2}^{n}\frac{1}{k\log k}$$

ここで

$$\int_2^{n+1}\frac{1}{x\log x}dx=\int_2^{n+1}\frac{1}{\log x}\cdot\frac{1}{x}dx$$

$$=\Big[\log(\log x)\Big]_2^{n+1}$$

$$=\log(\log(n+1))-\log(\log 2)\to\infty$$

$$(n\to\infty)$$

よって，$\displaystyle\sum_{n=2}^{\infty}\frac{1}{n\log n}$ は発散する。

5　(1)　$\log(1+x)\leqq x$ より

$$\log\left(1+\frac{1}{n}\right)\leqq\frac{1}{n}\qquad\therefore\quad\frac{1}{n}\log\left(1+\frac{1}{n}\right)\leqq\frac{1}{n^2}$$

$\displaystyle\sum_{n=1}^{\infty}\frac{1}{n^2}$ は収束するから，比較判定法により

$\displaystyle\sum_{n=1}^{\infty}\frac{1}{n}\log\left(1+\frac{1}{n}\right)$ も収束する。

(2)　$a_n=\dfrac{2^n}{n!}$ とおくと

$$\lim_{n\to\infty}\frac{a_{n+1}}{a_n}=\lim_{n\to\infty}\frac{2^{n+1}}{(n+1)!}\cdot\frac{n!}{2^n}$$

$$=\lim_{n\to\infty}\frac{2}{n+1}=0<1$$

よって，ダランベールの判定法により

$\displaystyle\sum_{n=1}^{\infty}\frac{2^n}{n!}$ は収束する。

(3)　$a_n=\dfrac{1}{(\log n)^n}$ とおくと

$$\lim_{n\to\infty}\sqrt[n]{a_n}=\lim_{n\to\infty}\frac{1}{\log n}=0<1$$

よって，コーシーの判定法により

$\displaystyle\sum_{n=2}^{\infty}\frac{1}{(\log n)^n}$ は収束する。

(4)　$a_n=\sin\dfrac{1}{n}$，$b_n=\dfrac{1}{n}$ とおく。

$$\lim_{n\to\infty}\frac{a_n}{b_n}=\lim_{n\to\infty}n\sin\frac{1}{n}=\lim_{n\to\infty}\frac{\sin\frac{1}{n}}{\frac{1}{n}}$$

$$=1\neq 0,\ \infty$$

よって，比較判定法により，$\displaystyle\sum_{n=1}^{\infty}a_n$ と $\displaystyle\sum_{n=1}^{\infty}b_n$ とはともに収束またはともに発散する。

$\displaystyle\sum_{n=1}^{\infty}b_n=\sum_{n=1}^{\infty}\frac{1}{n}$ は発散するから

$\displaystyle\sum_{n=1}^{\infty}a_n=\sum_{n=1}^{\infty}\sin\frac{1}{n}$ も発散する。

【参考】　上の考察から，$\displaystyle\sum_{n=1}^{\infty}\left(\sin\frac{1}{n}\right)^p$ $(p>1)$ は収束することが分かる。

6 (1) $f(x)=\dfrac{\log x}{\sqrt{x}}$ とおくと

$$f'(x)=\frac{\frac{1}{x}\cdot\sqrt{x}-(\log x)\cdot\frac{1}{2\sqrt{x}}}{x}=\frac{2-\log x}{2x\sqrt{x}}$$

$x>e^2$ のとき $f'(x)<0$ であるから

$n\geqq 9>e^2$ のとき $\dfrac{\log n}{\sqrt{n}}$ は単調減少である。

また，$\displaystyle\lim_{n\to\infty}\frac{\log n}{\sqrt{n}}=0$ が成り立つから

交代級数に関するライプニッツの定理より

$\displaystyle\sum_{n=1}^{\infty}(-1)^{n-1}\frac{\log n}{\sqrt{n}}$ は収束する。

(2) $\displaystyle\lim_{x\to\infty}\frac{\log x}{\log(x+1)}=\lim_{x\to\infty}\frac{x^{-1}}{(x+1)^{-1}}$

$\displaystyle=\lim_{x\to\infty}\frac{x+1}{x}=\lim_{x\to\infty}\left(1+\frac{1}{x}\right)=1\neq 0$

$\therefore\ \displaystyle\lim_{n\to\infty}(-1)^{n-1}\frac{\log n}{\log(n+1)}\neq 0$

一般項が 0 に収束しないから

$\displaystyle\sum_{n=1}^{\infty}(-1)^{n-1}\frac{\log n}{\log(n+1)}$ は発散する。

≪研究≫　スターリングの公式の証明の続き

$$a_n=\frac{n!}{\sqrt{2\pi}\,n^{n+\frac{1}{2}}e^{-n}}$$

によって定義される数列 $\{a_n\}$ が正の（すなわち 0 でない）極限値 α をもつことの証明：

まず，$\{a_n\}$ は極限値 α をもつことを示す。

$\dfrac{a_{n+1}}{a_n}$

$$=\frac{(n+1)!}{\sqrt{2\pi}\,(n+1)^{n+1+\frac{1}{2}}e^{-(n+1)}}\cdot\frac{\sqrt{2\pi}\,n^{n+\frac{1}{2}}e^{-n}}{n!}$$

$$=\frac{n^{n+\frac{1}{2}}e^{n+1}}{(n+1)^{n+\frac{1}{2}}e^{n}}=e\left(\frac{n}{n+1}\right)^{n+\frac{1}{2}}$$

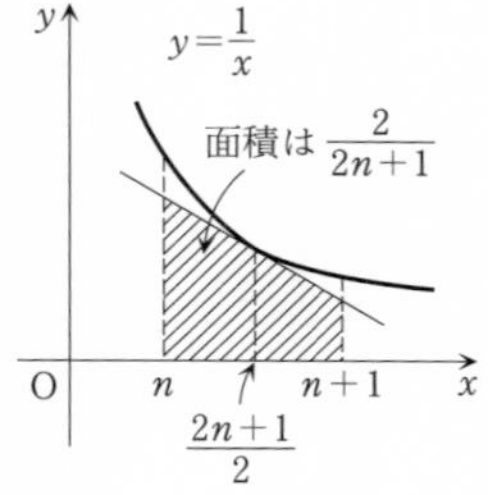

図より

$$\int_n^{n+1}\frac{1}{x}dx>\frac{2}{2n+1}$$

$\therefore\ \log\dfrac{n+1}{n}>\dfrac{2}{2n+1}$

$\therefore\ \dfrac{n+1}{n}>e^{\frac{2}{2n+1}}$

$\therefore\ \left(\dfrac{n+1}{n}\right)^{\frac{2n+1}{2}}>e\qquad\therefore\ e\left(\dfrac{n}{n+1}\right)^{n+\frac{1}{2}}<1$

よって，$\dfrac{a_{n+1}}{a_n}<1$　　すなわち，$a_{n+1}<a_n$

したがって，$\{a_n\}$ は下に有界な単調減少数列であるから極限値 α をもつ。

次に，$\alpha>0$ であることを示す。

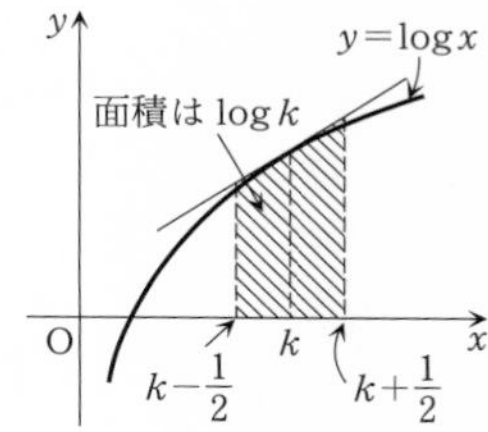

図より

$$\int_{k-\frac{1}{2}}^{k+\frac{1}{2}}\log x\,dx<\log k$$

であるから

$$\sum_{k=2}^{n-1}\int_{k-\frac{1}{2}}^{k+\frac{1}{2}}\log x\,dx<\sum_{k=2}^{n-1}\log k=\sum_{k=1}^{n-1}\log k$$

$\therefore\ \displaystyle\int_{\frac{3}{2}}^{n-\frac{1}{2}}\log x\,dx<\sum_{k=1}^{n-1}\log k$

$\therefore\ \displaystyle\int_1^n\log x\,dx$

$\displaystyle<\frac{1}{2}\log\frac{3}{2}+\sum_{k=1}^{n-1}\log k+\frac{1}{2}\log n$

$\displaystyle<\sum_{k=1}^{n}\log k-\frac{1}{2}\log n+\frac{1}{2}\log\frac{3}{2}$

$\displaystyle=\log(n!)-\frac{1}{2}\log n+\frac{1}{2}\log\frac{3}{2}$

$\displaystyle=\log\frac{n!}{n^{\frac{1}{2}}}+\frac{1}{2}\log\frac{3}{2}$

$\therefore\ \displaystyle n\log n-n+1<\log\frac{n!}{n^{\frac{1}{2}}}+\frac{1}{2}\log\frac{3}{2}$

$\therefore\ \displaystyle\log\left(\frac{n}{e}\right)^n<\log\frac{n!}{n^{\frac{1}{2}}}+\frac{1}{2}\log\frac{3}{2}-1$

$$=\log\frac{n!}{n^{\frac{1}{2}}}+\frac{1}{2}\left(\log\frac{3}{2}-\log e^2\right)<\log\frac{n!}{n^{\frac{1}{2}}}$$

$$\therefore\quad \left(\frac{n}{e}\right)^n<\frac{n!}{n^{\frac{1}{2}}}\qquad \therefore\quad \frac{n!}{n^{n+\frac{1}{2}}e^{-n}}>1$$

よって

$$a_n=\frac{n!}{\sqrt{2\pi}\,n^{n+\frac{1}{2}}e^{-n}}>\frac{1}{\sqrt{2\pi}}$$

$$\therefore\quad \alpha\geqq\frac{1}{\sqrt{2\pi}}>0$$

以上より，$\{a_n\}$ は正の極限値 α をもつ。

■演習問題 3．2

1 (1)　$u_n=\left|\dfrac{(n+1)^n}{n!}x^n\right|=\dfrac{(n+1)^n|x|^n}{n!}$

とおくと

$$\lim_{n\to\infty}\frac{u_{n+1}}{u_n}$$

$$=\lim_{n\to\infty}\frac{(n+2)^{n+1}|x|^{n+1}}{(n+1)!}\cdot\frac{n!}{(n+1)^n|x|^n}$$

$$=\lim_{n\to\infty}\left(\frac{n+2}{n+1}\right)^{n+1}|x|$$

$$=\lim_{n\to\infty}\left(1+\frac{1}{n+1}\right)^{n+1}|x|=e|x|$$

そこで，$e|x|=1$ とすると $|x|=\dfrac{1}{e}$

よって，$\displaystyle\sum_{n=0}^{\infty}\frac{(n+1)^n}{n!}x^n$ の収束半径は $\dfrac{1}{e}$

(2)　$u_n=\left|\dfrac{3^n}{2n+1}x^{2n+1}\right|=\dfrac{3^n|x|^{2n+1}}{2n+1}$ とおくと

$$\lim_{n\to\infty}\frac{u_{n+1}}{u_n}=\lim_{n\to\infty}\frac{3^{n+1}|x|^{2n+3}}{2n+3}\cdot\frac{2n+1}{3^n|x|^{2n+1}}$$

$$=\lim_{n\to\infty}3\frac{2n+1}{2n+3}|x|^2=3|x|^2$$

そこで，$3|x|^2=1$ とすると $|x|=\dfrac{1}{\sqrt{3}}$

よって，$\displaystyle\sum_{n=0}^{\infty}\frac{3^n}{2n+1}x^{2n+1}$ の収束半径は $\dfrac{1}{\sqrt{3}}$

(3)　$u_n=\left|\dfrac{(-1)^n}{n!}x^n\right|=\dfrac{|x|^n}{n!}$ とおくと

$$\lim_{n\to\infty}\frac{u_{n+1}}{u_n}=\lim_{n\to\infty}\frac{|x|^{n+1}}{(n+1)!}\cdot\frac{n!}{|x|^n}$$

$$=\lim_{n\to\infty}\frac{|x|}{n+1}=0$$

そこで，すべての x に対して収束するから，

$\displaystyle\sum_{n=0}^{\infty}\frac{(-1)^n}{n!}x^n$ の収束半径は ∞

2 (1)　$u_n=\left|\dfrac{(-1)^{n-1}}{\log(n+1)}x^{n-1}\right|$

$$=\frac{|x|^{n-1}}{\log(n+1)}$$

とおくと

$$\lim_{n\to\infty}\frac{u_{n+1}}{u_n}=\lim_{n\to\infty}\frac{|x|^n}{\log(n+2)}\cdot\frac{\log(n+1)}{|x|^{n-1}}$$

$$=\lim_{n\to\infty}\frac{\log(n+1)}{\log(n+2)}|x|=|x|$$

よって，収束半径は 1

(i)　$x=1$ のとき；

$$\sum_{n=1}^{\infty}\frac{(-1)^{n-1}}{\log(n+1)}x^{n-1}$$

$$=\sum_{n=1}^{\infty}(-1)^{n-1}\frac{1}{\log(n+1)}$$

　これは収束する。

(ii)　$x=-1$ のとき；

$$\sum_{n=1}^{\infty}\frac{(-1)^{n-1}}{\log(n+1)}x^{n-1}=\sum_{n=1}^{\infty}\frac{1}{\log(n+1)}$$

　これは発散する（p.104 **例題 3** (3)参照）。

よって，求める収束域は，$-1<x\leqq1$

(2)　$u_n=\left|\left(\sin\dfrac{1}{n}\right)x^n\right|=\left(\sin\dfrac{1}{n}\right)|x|^n$

とおくと

$$\lim_{n\to\infty}\frac{u_{n+1}}{u_n}=\lim_{n\to\infty}\frac{\left(\sin\dfrac{1}{n+1}\right)|x|^{n+1}}{\left(\sin\dfrac{1}{n}\right)|x|^n}$$

$$=\lim_{n\to\infty}\frac{\sin\dfrac{1}{n+1}}{\dfrac{1}{n+1}}\cdot\frac{\dfrac{1}{n}}{\sin\dfrac{1}{n}}\cdot\frac{n}{n+1}|x|=|x|$$

よって，収束半径は 1

(i)　$x=1$ のとき；

$$\sum_{n=1}^{\infty}\left(\sin\frac{1}{n}\right)x^n=\sum_{n=1}^{\infty}\sin\frac{1}{n}$$

　これは発散する（p.107 **5** (4)参照）。

(ii)　$x=-1$ のとき；

$$\sum_{n=1}^{\infty}\left(\sin\frac{1}{n}\right)x^n=\sum_{n=1}^{\infty}(-1)^n\sin\frac{1}{n}$$

　これは収束する。

よって，求める収束域は，$-1\leqq x<1$

3 (1)　$f(x)=\cos^2x=\dfrac{1+\cos 2x}{2}$

$$f'(x)=-\sin 2x=\cos\left(2x+\frac{\pi}{2}\right),$$

$$f''(x)=-2\sin\left(2x+\frac{\pi}{2}\right)$$

$$=2\cos\left(2x+\frac{\pi}{2}\times 2\right),$$

$$f'''(x)=-2^2\sin\left(2x+\frac{\pi}{2}\times 2\right)$$

$$=2^2\cos\left(2x+\frac{\pi}{2}\times 3\right)$$

よって

$$f^{(n)}(x)=2^{n-1}\cos\left(2x+\frac{\pi}{2}\times n\right)$$

$$=2^{n-1}\cos\left(2x+\frac{n}{2}\pi\right)\quad(n\geqq 1)$$

であり

$$f^{(n)}(0)=2^{n-1}\cos\left(\frac{n}{2}\pi\right)\quad(n\geqq 1)$$

$$=\begin{cases}2^{(2m+1)-1}\cos\dfrac{2m+1}{2}\pi & (n=2m+1)\\ 2^{2m-1}\cos m\pi & (n=2m)\end{cases}$$

$$=\begin{cases}0 & (n=2m+1)\\ 2^{2m-1}(-1)^m & (n=2m)\end{cases}$$

したがって，求めるマクローリン展開は

$$f(x)=\sum_{n=0}^{\infty}\frac{f^{(n)}(0)}{n!}x^n$$

$$=1+\sum_{m=1}^{\infty}\frac{2^{2m-1}(-1)^m}{(2m)!}x^{2m}$$

$$=1-x^2+\frac{1}{3}x^4-\cdots+(-1)^m\frac{2^{2m-1}}{(2m)!}x^{2m}+\cdots$$

(2)　$f(x)=\dfrac{1}{\sqrt{1+x}}=(1+x)^{-\frac{1}{2}}$

$$f'(x)=\left(-\frac{1}{2}\right)(1+x)^{-\frac{3}{2}},$$

$$f''(x)=\left(-\frac{1}{2}\right)\left(-\frac{3}{2}\right)(1+x)^{-\frac{5}{2}},$$

$$f'''(x)=\left(-\frac{1}{2}\right)\left(-\frac{3}{2}\right)\left(-\frac{5}{2}\right)(1+x)^{-\frac{7}{2}}$$

よって

$$f^{(n)}(x)=\left(-\frac{1}{2}\right)\left(-\frac{3}{2}\right)\cdots\left(-\frac{2n-1}{2}\right)(1+x)^{-\frac{2n+1}{2}}$$

$$=(-1)^n\frac{1\cdot 3\cdots(2n-1)}{2^n}(1+x)^{-\frac{2n+1}{2}}\quad(n\geqq 1)$$

$$\therefore\quad f^{(n)}(0)=(-1)^n\frac{1\cdot 3\cdots(2n-1)}{2^n}\quad(n\geqq 1)$$

よって，求めるマクローリン展開は

$$f(x)=\sum_{n=0}^{\infty}\frac{f^{(n)}(0)}{n!}x^n$$

$$=1+\sum_{n=1}^{\infty}\frac{(-1)^n 1\cdot 3\cdots(2n-1)}{2^n\cdot n!}x^n$$

$$=1-\frac{1}{2}x+\frac{1\cdot 3}{2\cdot 4}x^2+\cdots+(-1)^n\frac{1\cdot 3\cdots(2n-1)}{2\cdot 4\cdots(2n)}x^n+\cdots$$

(3)　$f(x)=\log(1+x^2)$ より

$$f'(x)=\frac{2x}{1+x^2}=\frac{2x}{1-(-x^2)}$$

$$=2x+2x(-x^2)+2x(-x^2)^2+\cdots+2x(-x^2)^{n-1}+\cdots$$

$$=2x-2x^3+2x^5-\cdots+(-1)^{n-1}2x^{2n-1}+\cdots$$

$f(0)=0$ に注意して項別積分すると

$$f(x)=\log(1+x^2)$$

$$=x^2-\frac{1}{2}x^4+\frac{1}{3}x^6-\cdots+(-1)^{n-1}\frac{1}{n}x^{2n}+\cdots$$

【参考】　この結果は

$$\log(1+x)=x-\frac{1}{2}x^2+\frac{1}{3}x^3-\frac{1}{4}x^4+\cdots+(-1)^{n-1}\frac{1}{n}x^n+\cdots$$

において，x を x^2 に置き換えても得られる。

(4)　$f(x)=\sin^{-1}x$ より，$f'(x)=\dfrac{1}{\sqrt{1-x^2}}$

ところで(2)で計算したように

$$\frac{1}{\sqrt{1+x}}$$

$$=1-\frac{1}{2}x+\frac{1\cdot 3}{2\cdot 4}x^2+\cdots+(-1)^n\frac{1\cdot 3\cdots(2n-1)}{2\cdot 4\cdots(2n)}x^n+\cdots$$

であり，この式の x を $-x^2$ に置き換えると

$$\frac{1}{\sqrt{1-x^2}}$$

$$=1-\frac{1}{2}(-x^2)+\frac{1\cdot 3}{2\cdot 4}(-x^2)^2+\cdots+(-1)^n\frac{1\cdot 3\cdots(2n-1)}{2\cdot 4\cdots(2n)}(-x^2)^n+\cdots$$

$$=1+\frac{1}{2}x^2+\frac{1\cdot 3}{2\cdot 4}x^4+\cdots+\frac{1\cdot 3\cdots(2n-1)}{2\cdot 4\cdots(2n)}x^{2n}+\cdots$$

これを $f(0)=0$ に注意して項別積分すれば

$$f(x)=\sin^{-1}x$$

$$=x+\frac{1}{2}\cdot\frac{x^3}{3}+\frac{1\cdot3}{2\cdot4}\cdot\frac{x^5}{5}+\cdots+\frac{1\cdot3\cdots(2n-1)}{2\cdot4\cdots(2n)}\cdot\frac{x^{2n+1}}{2n+1}+\cdots$$

4 (1)　$\cos^2x$

$$=1-x^2+\frac{1}{3}x^4-\cdots+(-1)^n\frac{2^{2n-1}}{(2n)!}x^{2n}+\cdots$$

$$u_n=\left|(-1)^n\frac{2^{2n-1}}{(2n)!}x^{2n}\right|=\frac{2^{2n-1}|x|^{2n}}{(2n)!}$$

とおくと

$$\lim_{n\to\infty}\frac{u_{n+1}}{u_n}=\lim_{n\to\infty}\frac{2^{2n+1}|x|^{2n+2}}{(2n+2)!}\cdot\frac{(2n)!}{2^{2n-1}|x|^{2n}}$$

$$=\lim_{n\to\infty}\frac{2^2}{(2n+2)(2n+1)}|x|^2=0$$

よって，収束半径は ∞

(2)　$\dfrac{1}{\sqrt{1+x}}$

$$=1-\frac{1}{2}x+\frac{1\cdot3}{2\cdot4}x^2+\cdots+(-1)^n\frac{1\cdot3\cdots(2n-1)}{2\cdot4\cdots(2n)}x^n+\cdots$$

$$u_n=\left|(-1)^n\frac{1\cdot3\cdots(2n-1)}{2\cdot4\cdots(2n)}x^n\right|=\frac{1\cdot3\cdots(2n-1)}{2\cdot4\cdots(2n)}|x|^n$$

とおくと

$$\lim_{n\to\infty}\frac{u_{n+1}}{u_n}$$

$$=\lim_{n\to\infty}\frac{1\cdot3\cdots(2n-1)\cdot(2n+1)|x|^{n+1}}{2\cdot4\cdots(2n)\cdot(2n+2)}\times\frac{2\cdot4\cdots(2n)}{1\cdot3\cdots(2n-1)|x|^n}$$

$$=\lim_{n\to\infty}\frac{2n+1}{2n+2}|x|=|x|$$

よって，収束半径は 1

(3)　$f(x)=\log(1+x^2)$

$$=x^2-\frac{1}{2}x^4+\frac{1}{3}x^6-\cdots+(-1)^{n-1}\frac{1}{n}x^{2n}+\cdots$$

$$u_n=\left|(-1)^n\frac{1}{n}x^{2n}\right|=\frac{|x|^{2n}}{n}$$

とおくと

$$\lim_{n\to\infty}\frac{u_{n+1}}{u_n}=\lim_{n\to\infty}\frac{|x|^{2n+2}}{n+1}\cdot\frac{n}{|x|^{2n}}$$

$$=\lim_{n\to\infty}\frac{n}{n+1}|x|^2=|x|^2$$

よって，収束半径は 1

(4)　$f(x)=\sin^{-1}x$

$$=x+\frac{1}{2}\cdot\frac{x^3}{3}+\frac{1\cdot3}{2\cdot4}\cdot\frac{x^5}{5}+\cdots+\frac{1\cdot3\cdots(2n-1)}{2\cdot4\cdots(2n)}\cdot\frac{x^{2n+1}}{2n+1}+\cdots$$

$$u_n=\left|\frac{1\cdot3\cdots(2n-1)}{2\cdot4\cdots(2n)}\cdot\frac{x^{2n+1}}{2n+1}\right|=\frac{1\cdot3\cdots(2n-1)}{2\cdot4\cdots(2n)}\cdot\frac{|x|^{2n+1}}{2n+1}$$

とおくと

$$\lim_{n\to\infty}\frac{u_{n+1}}{u_n}=\lim_{n\to\infty}\frac{2n+1}{2n+2}\cdot\frac{2n+1}{2n+3}|x|^2=|x|^2$$

よって，収束半径は 1

5 (1)　$\displaystyle\lim_{x\to0}\left(\frac{1}{\sin^2x}-\frac{1}{x^2}\right)=\lim_{x\to0}\frac{x^2-\sin^2x}{x^2\sin^2x}$

ここで

$$\cos x=1-\frac{x^2}{2!}+\frac{x^4}{4!}-\cdots+(-1)^n\frac{x^{2n}}{(2n)!}+\cdots$$

に注意すると

$$\sin^2x=\frac{1-\cos2x}{2}$$

$$=\frac{1}{2}\left\{1-\left(1-\frac{(2x)^2}{2!}+\frac{(2x)^4}{4!}-\cdots+(-1)^n\frac{(2x)^{2n}}{(2n)!}+\cdots\right)\right\}$$

$$=\frac{2}{2!}x^2-\frac{2^3}{4!}x^4+\cdots+(-1)^{n-1}\frac{2^{2n-1}}{(2n)!}x^{2n}+\cdots$$

$$=x^2-\frac{1}{3}x^4+\frac{2^5}{6!}x^6-\cdots+(-1)^{n-1}\frac{2^{2n-1}}{(2n)!}x^{2n}+\cdots$$

よって

$$\lim_{x\to0}\left(\frac{1}{\sin^2x}-\frac{1}{x^2}\right)=\lim_{x\to0}\frac{x^2-\sin^2x}{x^2\sin^2x}$$

$$=\lim_{x\to0}\frac{x^2-\left(x^2-\frac{1}{3}x^4+\cdots\right)}{x^2\left(x^2-\frac{1}{3}x^4+\cdots\right)}$$

$$=\lim_{x\to0}\frac{\frac{1}{3}x^4-\cdots}{x^4-\frac{1}{3}x^6+\cdots}=\lim_{x\to0}\frac{\frac{1}{3}-\cdots}{1-\frac{1}{3}x^2+\cdots}=\frac{1}{3}$$

(2)　$\displaystyle\lim_{x\to0}\left(\frac{1}{x^2}-\frac{1}{\tan^2x}\right)=\lim_{x\to0}\frac{\tan^2x-x^2}{x^2\tan^2x}$

$$=\lim_{x\to 0}\frac{\sin^2 x-x^2\cos^2 x}{x^2\sin^2 x}$$

ここで

$$\sin^2 x=x^2-\frac{1}{3}x^4+\cdots+(-1)^{n-1}\frac{2^{2n-1}}{(2n)!}x^{2n}+\cdots$$

$$\cos^2 x=1-x^2+\frac{1}{3}x^4-\cdots+(-1)^{n}\frac{2^{2n-1}}{(2n)!}x^{2n}+\cdots$$

より

$$\lim_{x\to 0}\left(\frac{1}{x^2}-\frac{1}{\tan^2 x}\right)=\lim_{x\to 0}\frac{\tan^2 x-x^2}{x^2\tan^2 x}$$

$$=\lim_{x\to 0}\frac{\sin^2 x-x^2\cos^2 x}{x^2\sin^2 x}$$

$$=\lim_{x\to 0}\frac{\left(x^2-\frac{1}{3}x^4+\cdots\right)-\left(x^2-x^4+\frac{1}{3}x^6-\cdots\right)}{x^4-\frac{1}{3}x^6+\cdots}$$

$$=\lim_{x\to 0}\frac{\left(-\frac{1}{3}+1\right)x^4+\cdots}{x^4-\frac{1}{3}x^6+\cdots}$$

$$=\lim_{x\to 0}\frac{\left(-\frac{1}{3}+1\right)+\cdots}{1-\frac{1}{3}x^2+\cdots}=-\frac{1}{3}+1=\frac{2}{3}$$

6 (1) $f'(x)=\dfrac{1}{\sqrt{1+x^2}}=(1+x^2)^{-\frac{1}{2}}$

$$f''(x)=-\frac{1}{2}(1+x^2)^{-\frac{3}{2}}\cdot 2x$$

$$=-\frac{x}{(1+x^2)\sqrt{1+x^2}}=-\frac{x}{1+x^2}f'(x)$$

$\therefore\ \ (1+x^2)f''(x)=-xf'(x)$

両辺を n 回微分すると

$$\{(1+x^2)f''(x)\}^{(n)}=-\{xf'(x)\}^{(n)}$$

ライプニッツの公式より

$$\{(1+x^2)\{f''(x)\}^{(n)}$$

$$=(1+x^2)\{f''(x)\}^{(n)}+{}_n\mathrm{C}_1\cdot 2x\{f''(x)\}^{(n-1)}+{}_n\mathrm{C}_2\cdot 2\{f''(x)\}^{(n-2)}$$

$$=(1+x^2)f^{(n+2)}(x)+2nxf^{(n+1)}(x)+n(n-1)f^{(n)}(x)$$

同様に

$$-\{xf'(x)\}^{(n)}$$

$$=-(x\{f'(x)\}^{(n)}+{}_n\mathrm{C}_1\cdot 1\cdot\{f'(x)\}^{(n-1)})$$

$$=-xf^{(n+1)}(x)-nf^{(n)}(x)$$

よって

$$(1+x^2)f^{(n+2)}(x)+2nxf^{(n+1)}(x)+n(n-1)f^{(n)}(x)$$

$$=-xf^{(n+1)}(x)-nf^{(n)}(x)$$

$$\therefore\ \ (1+x^2)f^{(n+2)}(x)+(2n+1)xf^{(n+1)}(x)+n^2f^{(n)}(x)=0$$

(2) (1)で証明した等式に $x=0$ を代入すると

$$f^{(n+2)}(0)+n^2f^{(n)}(0)=0$$

$$\therefore\ \ f^{(n+2)}(0)=-n^2f^{(n)}(0)$$

ここで，$f(0)=0$，$f'(0)=1$ に注意すると

(i) $n=2m$ のとき；

$$f^{(n)}(0)=f^{(2m)}(0)=0$$

(ii) $n=2m+1$ のとき；

$$f^{(n)}(0)=f^{(2m+1)}(0)$$

$$=-(2m-1)^2f^{(2m-1)}(0)$$

$$=\cdots$$

$$=\{-(2m-1)^2\}\cdots(-3^2)(-1^2)f'(0)$$

$$=(-1)^m 1^2\cdot 3^2\cdots(2m-1)^2$$

よって，$f(x)=\log(x+\sqrt{1+x^2})$ のマクローリン展開は

$$f(x)=\sum_{m=0}^{\infty}\frac{f^{(2m+1)}(0)}{(2m+1)!}x^{2m+1}$$

$$=\sum_{m=0}^{\infty}\frac{(-1)^m 1^2\cdot 3^2\cdots(2m-1)^2}{(2m+1)!}x^{2m+1}$$

$$=\sum_{m=0}^{\infty}(-1)^m\frac{1\cdot 3\cdots(2m-1)}{2\cdot 4\cdots(2m)}\cdot\frac{1}{2m+1}x^{2m+1}$$

【参考】 $\dfrac{1}{\sqrt{1+x}}$

$$=1-\frac{1}{2}x+\frac{1\cdot 3}{2\cdot 4}x^2+\cdots+(-1)^n\frac{1\cdot 3\cdots(2n-1)}{2\cdot 4\cdots(2n)}x^n+\cdots$$

において，x を x^2 に置き換えると

$$\frac{1}{\sqrt{1+x^2}}$$

$$=1-\frac{1}{2}x^2+\frac{1\cdot 3}{2\cdot 4}x^4+\cdots+(-1)^n\frac{1\cdot 3\cdots(2n-1)}{2\cdot 4\cdots(2n)}x^{2n}+\cdots$$

$f(0)=0$ に注意してこれを項別積分すれば

$$f(x)=\log(x+\sqrt{1+x^2})$$

$$=x-\frac{1}{2}\cdot\frac{x^3}{3}+\frac{1\cdot 3}{2\cdot 4}\cdot\frac{x^5}{5}+\cdots+(-1)^n\frac{1\cdot 3\cdots(2n-1)}{2\cdot 4\cdots(2n)}\cdot\frac{x^{2n+1}}{2n+1}+\cdots$$

$$=\sum_{n=0}^{\infty}(-1)^n\frac{1\cdot 3\cdots(2n-1)}{2\cdot 4\cdots(2n)}\cdot\frac{1}{2n+1}x^{2n+1}$$

第4章
偏　微　分

■演習問題 4. 1

1 (1) $x=r\cos\theta$, $y=r\sin\theta$ で考えると

$$\lim_{(x,y)\to(0,0)} f(x,y)=\lim_{r\to 0} f(r\cos\theta,\ r\sin\theta)$$
$$=\lim_{r\to 0}\frac{r^2(\cos^2\theta-\sin^2\theta)}{r^2}$$
$$=\lim_{r\to 0}(\cos^2\theta-\sin^2\theta)$$

よって，たとえば $\theta=0$（x 軸上）として原点に近づけると

$$\lim_{\substack{(x,y)\to(0,0)\\ y=0}} f(x,y)=1\fallingdotseq f(0,0)$$

であるから，$f(x,y)$ は原点 $(x,y)=(0,0)$ において連続ではない。

(2) $x=r\cos\theta$, $y=r\sin\theta$ で考えると

$$\lim_{(x,y)\to(0,0)} f(x,y)=\lim_{r\to 0} f(r\cos\theta,\ r\sin\theta)$$
$$=\lim_{r\to 0} r^2\log r^2\sin\theta\cos\theta$$

ここで，ロピタルの定理により

$$\lim_{t\to+0} t\log t=\lim_{t\to+0}\frac{\log t}{\frac{1}{t}}=\lim_{t\to+0}\frac{\frac{1}{t}}{-\frac{1}{t^2}}$$
$$=\lim_{t\to+0}(-t)=0$$ であるから，

$$\lim_{r\to 0} r^2\log r^2\sin\theta\cos\theta=0=f(0,0)$$

よって，$f(x,y)$ は原点 $(x,y)=(0,0)$ において連続である。

2 (1) $f_x(x,y)=2xy+3y^5$,
$f_y(x,y)=x^2+15xy^4$

(2) $f_x(x,y)=\dfrac{2x}{x^2+y^2}$, $f_y(x,y)=\dfrac{2y}{x^2+y^2}$

(3) $f_x(x,y)=e^{\frac{y}{x}}\cdot\left(-\dfrac{y}{x^2}\right)=-\dfrac{y}{x^2}e^{\frac{y}{x}}$,

$f_y(x,y)=e^{\frac{y}{x}}\cdot\dfrac{1}{x}=\dfrac{1}{x}e^{\frac{y}{x}}$

3 (1) $f_x(x,y)=3x^2y^2$, $f_y(x,y)=2x^3y$
$f_{xx}(x,y)=6xy^2$, $f_{xy}(x,y)=6x^2y$,
$f_{yx}(x,y)=6x^2y$, $f_{yy}(x,y)=2x^3$

(2) $f_x(x,y)=yx^{y-1}$, $f_y(x,y)=x^y\log x$
$f_{xx}(x,y)=y(y-1)x^{y-2}$,
$f_{xy}(x,y)=1\cdot x^{y-1}+y\cdot x^{y-1}\log x$
$=x^{y-1}(1+y\log x)$
$f_{yx}(x,y)=yx^{y-1}\cdot\log x+x^y\cdot\dfrac{1}{x}$
$=x^{y-1}(1+y\log x)$, $f_{yy}(x,y)=x^y(\log x)^2$

(3) $f_x(x,y)=e^x\sin y$, $f_y(x,y)=e^x\cos y$
$f_{xx}(x,y)=e^x\sin y$, $f_{xy}(x,y)=e^x\cos y$,
$f_{yx}(x,y)=e^x\cos y$, $f_{yy}(x,y)=-e^x\sin y$

(注)　本問では，定理：
「f_{xy}, f_{yx} がともに連続ならば，$f_{xy}=f_{yx}$」
により，$f_{xy}=f_{yx}$ が成り立っている。

4 (1) $z_x=\dfrac{-x}{\sqrt{1-x^2-y^2}}$,

$z_y=\dfrac{-y}{\sqrt{1-x^2-y^2}}$

点 $\left(\dfrac{1}{\sqrt{2}},\ \dfrac{1}{\sqrt{3}},\ \dfrac{1}{\sqrt{6}}\right)$ において

$z_x=-\sqrt{3}$, $z_y=-\sqrt{2}$

よって，接平面の方程式は

$$z-\frac{1}{\sqrt{6}}=(-\sqrt{3})\cdot\left(x-\frac{1}{\sqrt{2}}\right)+(-\sqrt{2})\cdot\left(y-\frac{1}{\sqrt{3}}\right)$$

$\therefore\quad \sqrt{3}x+\sqrt{2}y+z-\sqrt{6}=0$

したがって，法線の方程式は

$$\frac{x-\frac{1}{\sqrt{2}}}{\sqrt{3}}=\frac{y-\frac{1}{\sqrt{3}}}{\sqrt{2}}=\frac{z-\frac{1}{\sqrt{6}}}{1}$$

(2) $z_x=\dfrac{1\cdot(y-x)-x\cdot(-1)}{(y-x)^2}=\dfrac{y}{(y-x)^2}$,

$z_y=\dfrac{0\cdot(y-x)-x\cdot 1}{(y-x)^2}=-\dfrac{x}{(y-x)^2}$

点 $(2,\ 1,\ -2)$ において，$z_x=1$, $z_y=-2$

よって，接平面の方程式は

$z+2=1\cdot(x-2)+(-2)\cdot(y-1)$

$\therefore\quad x-2y-z-2=0$

したがって，法線の方程式は

$$\frac{x-2}{1}=\frac{y-1}{-2}=\frac{z+2}{-1}$$

(3) $f(x,y,z)=x^2+y^2-z^2-1$ とおくと
$f_x(x,y,z)=2x$, $f_y(x,y,z)=2y$,
$f_z(x,y,z)=-2z$

よって，接平面の方程式は

$$2\cdot(x-1)+(-2)\cdot(y+1)+(-2)\cdot(z-1)=0$$

$\therefore\quad x-y-z-1=0$

したがって，法線の方程式は

$$\frac{x-1}{1}=\frac{y+1}{-1}=\frac{z-1}{-1}$$

5 $f(x, y, z)=x^{\frac{2}{3}}+y^{\frac{2}{3}}+z^{\frac{2}{3}}-a^{\frac{2}{3}}$ とおく。

$$f_x(x, y, z)=\frac{2}{3}x^{-\frac{1}{3}},$$

$$f_y(x, y, z)=\frac{2}{3}y^{-\frac{1}{3}},$$

$$f_z(x, y, z)=\frac{2}{3}z^{-\frac{1}{3}}$$

よって，$x^{\frac{2}{3}}+y^{\frac{2}{3}}+z^{\frac{2}{3}}=a^{\frac{2}{3}}$ 上の点 (p, q, r) における接平面の方程式は

$$\frac{2}{3}p^{-\frac{1}{3}}(x-p)+\frac{2}{3}q^{-\frac{1}{3}}(y-q)+\frac{2}{3}r^{-\frac{1}{3}}(z-r)=0$$

であるから

$$p^{-\frac{1}{3}}(x-p)+q^{-\frac{1}{3}}(y-q)+r^{-\frac{1}{3}}(z-r)=0$$

$$\therefore\ p^{-\frac{1}{3}}x+q^{-\frac{1}{3}}y+r^{-\frac{1}{3}}z=p^{\frac{2}{3}}+q^{\frac{2}{3}}+r^{\frac{2}{3}}$$

$$\therefore\ p^{-\frac{1}{3}}x+q^{-\frac{1}{3}}y+r^{-\frac{1}{3}}z=a^{\frac{2}{3}}$$

$$(\because\ p^{\frac{2}{3}}+q^{\frac{2}{3}}+r^{\frac{2}{3}}=a^{\frac{2}{3}})$$

よって，座標軸との交点は

$\mathrm{A}(p^{\frac{1}{3}}a^{\frac{2}{3}}, 0, 0)$，$\mathrm{B}(0, q^{\frac{1}{3}}a^{\frac{2}{3}}, 0)$，$\mathrm{C}(0, 0, r^{\frac{1}{3}}a^{\frac{2}{3}})$

であり，重心の座標は

$$\mathrm{G}\left(\frac{1}{3}a^{\frac{2}{3}}p^{\frac{1}{3}}, \frac{1}{3}a^{\frac{2}{3}}q^{\frac{1}{3}}, \frac{1}{3}a^{\frac{2}{3}}r^{\frac{1}{3}}\right)$$

したがって

$$\mathrm{OG}^2$$

$$=\left(\frac{1}{3}a^{\frac{2}{3}}p^{\frac{1}{3}}\right)^2+\left(\frac{1}{3}a^{\frac{2}{3}}q^{\frac{1}{3}}\right)^2+\left(\frac{1}{3}a^{\frac{2}{3}}r^{\frac{1}{3}}\right)^2$$

$$=\frac{1}{9}a^{\frac{4}{3}}p^{\frac{2}{3}}+\frac{1}{9}a^{\frac{4}{3}}q^{\frac{2}{3}}+\frac{1}{9}a^{\frac{4}{3}}r^{\frac{2}{3}}$$

$$=\frac{1}{9}a^{\frac{4}{3}}\left(p^{\frac{2}{3}}+q^{\frac{2}{3}}+r^{\frac{2}{3}}\right)$$

$$=\frac{1}{9}a^{\frac{4}{3}}\cdot a^{\frac{2}{3}}=\frac{1}{9}a^2\quad(=\text{一定})$$

6 （i） 連続性：

$x=r\cos\theta$，$y=r\sin\theta$ と極座標で考えると

$$\lim_{(x, y)\to(0, 0)}f(x, y)=\lim_{r\to 0}f(r\cos\theta, r\sin\theta)$$

$$=\lim_{r\to 0}\frac{r^3\cos^2\theta\sin\theta}{r^2}=\lim_{r\to 0}r\cos^2\theta\sin\theta=0$$

より，$f(x, y)$ は原点 $(x, y)=(0, 0)$ において連続である。

（ii） 偏微分可能性：

$$f_x(0, 0)=\lim_{h\to 0}\frac{f(h, 0)-f(0, 0)}{h}$$

$$=\lim_{h\to 0}\frac{0-0}{h}=0$$

$$f_y(0, 0)=\lim_{h\to 0}\frac{f(0, h)-f(0, 0)}{h}$$

$$=\lim_{h\to 0}\frac{0-0}{h}=0$$

より，x についても y についても偏微分可能である。

（iii） 全微分可能性：

$$\varepsilon(x, y)$$

$$=f(x, y)-\{f(0, 0)+f_x(0, 0)x+f_y(0, 0)y\}$$

とおくと（$=f(x, y)$ である。）

$$\lim_{(x, y)\to(0, 0)}\frac{\varepsilon(x, y)}{\sqrt{x^2+y^2}}=\lim_{(x, y)\to(0, 0)}\frac{f(x, y)}{\sqrt{x^2+y^2}}$$

$$=\lim_{(x, y)\to(0, 0)}\frac{1}{\sqrt{x^2+y^2}}\cdot\frac{x^2y}{x^2+y^2}$$

$$=\lim_{r\to 0}\frac{r^3\cos^2\theta\sin\theta}{r^3}$$

$$=\lim_{r\to 0}\cos^2\theta\sin\theta$$

よって，たとえば $\theta=\frac{\pi}{4}$（直線 $y=x$ 軸上）として原点に近づけると

$$\lim_{\substack{(x, y)\to(0, 0)\\ y=x}}\frac{\varepsilon(x, y)}{\sqrt{x^2+y^2}}=\frac{1}{2\sqrt{2}}\neq 0$$

よって，$f(x, y)$ は原点 $(x, y)=(0, 0)$ において全微分可能ではない。

■演習問題 4. 2

1 (1) $z_x=-e^{-x}\sin y$，$z_y=e^{-x}\cos y$

$$\frac{dz}{dt}=\frac{\partial z}{\partial x}\frac{dx}{dt}+\frac{\partial z}{\partial y}\frac{dy}{dt}$$

$$=(-e^{-x}\sin y)\cdot 2+e^{-x}\cos y\cdot 3$$

$$=e^{-x}(-2\sin y+3\cos y)$$

$$=e^{-2t}(-2\sin 3t+3\cos 3t)$$

$$\frac{d^2z}{dt^2}=\frac{d}{dt}\left(\frac{dz}{dt}\right)$$

$$=-2e^{-2t}\cdot(-2\sin 3t+3\cos 3t)+e^{-2t}\cdot(-6\cos 3t-9\sin 3t)$$

$$=-e^{-2t}(5\sin 3t+12\cos 3t)$$

(2) $\frac{\partial z}{\partial x}=-\frac{y}{x^2}$，$\frac{\partial z}{\partial y}=\frac{1}{x}$，

$$\frac{dx}{dt}=\sinh t,\ \ \frac{dy}{dt}=\cosh t$$

より

$$\frac{dz}{dt}=\frac{\partial z}{\partial x}\frac{dx}{dt}+\frac{\partial z}{\partial y}\frac{dy}{dt}$$

$$=-\frac{y}{x^2}\cdot\sinh t+\frac{1}{x}\cdot\cosh t$$

$$=\frac{-y\sinh t+x\cosh t}{x^2}$$

$$=\frac{-\sinh^2 t+\cosh^2 t}{\cosh^2 t}=\frac{1}{\cosh^2 t}$$

$$\frac{d^2z}{dt^2}=\frac{d}{dt}\left(\frac{dz}{dt}\right)=-2\frac{1}{\cosh^3 t}\cdot\sinh t$$

$$=-\frac{2\sinh t}{\cosh^3 t}=-\frac{2\tanh t}{\cosh^2 t}$$

2　(1)　$z=\log\sqrt{\dfrac{y}{x}}=\dfrac{1}{2}\log\dfrac{y}{x}$ より

$$z_x=\frac{1}{2}\frac{x}{y}\cdot\left(-\frac{y}{x^2}\right)=-\frac{1}{2x},$$

$$z_y=\frac{1}{2}\frac{x}{y}\cdot\frac{1}{x}=\frac{1}{2y}$$

よって

$$z_u=z_x\cdot x_u+z_y\cdot y_u$$

$$=-\frac{1}{2x}\cdot 2(u-1)+\frac{1}{2y}\cdot 2(u+1)$$

$$=-\frac{u-1}{x}+\frac{u+1}{y}$$

$$=-\frac{u-1}{(u-1)^2+v^2}+\frac{u+1}{(u+1)^2+v^2}$$

$$z_v=z_x\cdot x_v+z_y\cdot y_v$$

$$=-\frac{1}{2x}\cdot 2v+\frac{1}{2y}\cdot 2v=-\frac{v}{x}+\frac{v}{y}$$

$$=-\frac{v}{(u-1)^2+v^2}+\frac{v}{(u+1)^2+v^2}$$

(2)　$z=e^{\sin x+\cos y}$ より

$$z_x=e^{\sin x+\cos y}\cos x,\ \ z_y=-e^{\sin x+\cos x}\sin y$$

よって

$$z_u=z_x\cdot x_u+z_y\cdot y_u$$

$$=e^{\sin x+\cos y}\cos x\cdot v-e^{\sin x+\cos y}\sin y\cdot 1$$

$$=e^{\sin x+\cos y}(v\cos x-\sin y)$$

$$=e^{\sin uv+\cos(u-v)}\{v\cos uv-\sin(u-v)\}$$

$$z_v=z_x\cdot x_v+z_y\cdot y_v$$

$$=e^{\sin x+\cos y}\cos x\cdot u-e^{\sin x+\cos y}\sin y\cdot(-1)$$

$$=e^{\sin x+\cos y}(u\cos x+\sin y)$$

$$=e^{\sin uv+\cos(u-v)}\{u\cos uv+\sin(u-v)\}$$

3　チェイン・ルールにより

$$\frac{\partial z}{\partial r}=\frac{\partial z}{\partial x}\cdot\frac{\partial x}{\partial r}+\frac{\partial z}{\partial y}\cdot\frac{\partial y}{\partial r}$$

$$=\frac{\partial z}{\partial x}\cos\theta+\frac{\partial z}{\partial y}\sin\theta\quad\cdots\cdots①$$

$$\frac{\partial z}{\partial\theta}=\frac{\partial z}{\partial x}\cdot\frac{\partial x}{\partial\theta}+\frac{\partial z}{\partial y}\cdot\frac{\partial y}{\partial\theta}$$

$$=\frac{\partial z}{\partial x}\cdot(-r\sin\theta)+\frac{\partial z}{\partial y}\cdot r\cos\theta$$

$$\therefore\quad\frac{1}{r}\frac{\partial z}{\partial\theta}=-\frac{\partial z}{\partial x}\sin\theta+\frac{\partial z}{\partial y}\cos\theta\quad\cdots\cdots②$$

①^2＋②^2 より

$$\left(\frac{\partial z}{\partial r}\right)^2+\frac{1}{r^2}\left(\frac{\partial z}{\partial\theta}\right)=\left(\frac{\partial z}{\partial x}\right)^2+\left(\frac{\partial z}{\partial y}\right)^2$$

4　$x_u=e^u\cos v=x,\ \ x_v=-e^u\sin v=-y,$

$$y_u=e^u\sin v=y,\ \ y_v=e^u\cos v=x$$

$$z_u=z_x\cdot x_u+z_y\cdot y_u=z_x x+z_y y,$$

$$z_v=z_x\cdot x_v+z_y\cdot y_v=-z_x y+z_y x$$

よって

$$z_{uu}=(z_u)_u=(z_x x+z_y y)_u$$

$$=(z_x)_u x+z_x x_u+(z_y)_u y+z_y y_u$$

$$=(z_{xx}x_u+z_{xy}y_u)x+z_x x_u$$

$$+(z_{yx}x_u+z_{yy}y_u)y+z_y y_u$$

$$=(z_{xx}x+z_{xy}y)x+z_x x+(z_{yx}x+z_{yy}y)y+z_y y$$

$$=z_{xx}x^2+z_{xy}yx+z_x x+z_{yx}xy+z_{yy}y^2+z_y y$$

$$\cdots\cdots①$$

$$z_{vv}=(z_v)_v=(-z_x y+z_y x)_v$$

$$=-(z_x)_v y-z_x y_v+(z_y)_v x+z_y x_v$$

$$=-(z_{xx}x_v+z_{xy}y_v)y-z_x y_v$$

$$+(z_{yx}x_v+z_{yy}y_v)x+z_y x_v$$

$$=-(-z_{xx}y+z_{xy}x)y-z_x x$$

$$+(-z_{yx}y+z_{yy}x)x-z_y y$$

$$=z_{xx}y^2-z_{xy}xy-z_x x-z_{yx}yx+z_{yy}x^2-z_y y$$

$$\cdots\cdots②$$

①＋② より

$$z_{uu}+z_{vv}=z_{xx}(x^2+y^2)+z_{yy}(y^2+x^2)$$

$$=(x^2+y^2)(z_{xx}+z_{yy})=e^{2u}(z_{xx}+z_{yy})$$

よって，$z_{xx}+z_{yy}=e^{-2u}(z_{uu}+z_{vv})$

5　$z=f(x,\ y)$ が $r=\sqrt{x^2+y^2}$ のみの関数

$$\iff y\frac{\partial z}{\partial x}=x\frac{\partial z}{\partial y}$$

を示したい。

(⇒) の証明：

$z=f(x,\ y)$ がある1変数関数 $g(t)$ を用いて，$z=g(r)$ と表されているとする。

ただし，$r=\sqrt{x^2+y^2}$ である。

このとき

$$\frac{\partial z}{\partial x}=g'(r)\cdot\frac{\partial r}{\partial x}=g'(r)\cdot\frac{x}{\sqrt{x^2+y^2}}$$
$$=g'(r)\frac{x}{r}$$
$$\frac{\partial z}{\partial y}=g'(r)\cdot\frac{\partial r}{\partial y}=g'(r)\cdot\frac{y}{\sqrt{x^2+y^2}}$$
$$=g'(r)\frac{y}{r}$$

よって

$y\dfrac{\partial z}{\partial x}=x\dfrac{\partial z}{\partial y}\left(=g'(r)\dfrac{xy}{r}\right)$ が成り立つ。

(⇐) の証明：

$x=r\cos\theta$，$y=r\sin\theta$ とする。

$$\frac{\partial z}{\partial \theta}=\frac{\partial z}{\partial x}\cdot\frac{\partial x}{\partial \theta}+\frac{\partial z}{\partial y}\cdot\frac{\partial y}{\partial \theta}$$
$$=\frac{\partial z}{\partial x}\cdot(-r\sin\theta)+\frac{\partial z}{\partial y}\cdot r\cos\theta$$
$$=-y\frac{\partial z}{\partial x}+x\frac{\partial z}{\partial y}=0\quad\left(\because\ y\frac{\partial z}{\partial x}=x\frac{\partial z}{\partial y}\right)$$

よって，$z=f(x,\ y)$ は $r=\sqrt{x^2+y^2}$ のみの関数である。

6 $z=f(x,\ y)$ が $ax+by$ $(ab\neq 0)$ のみの関数 $\Longleftrightarrow$ $b\dfrac{\partial z}{\partial x}=a\dfrac{\partial z}{\partial y}$

を示したい。

(⇒) の証明：

$z=f(x,\ y)$ がある 1 変数関数 $g(t)$ を用いて，$z=g(ax+by)$ と表されているとする。このとき

$$\frac{\partial z}{\partial x}=g'(ax+by)\cdot a,\quad \frac{\partial z}{\partial y}=g'(ax+by)\cdot b$$

よって，$b\dfrac{\partial z}{\partial x}=a\dfrac{\partial z}{\partial y}$ が成り立つ。

(⇐) の証明：

$z=f(x,\ y)$ を適当な 2 変数関数 $h(u,\ v)$ を用いて

$z=f(x,\ y)=h(ax+by,\ y)$

と表しておく（これはいつでも可能）。このとき

$$\frac{\partial z}{\partial x}=h_u(ax+by,\ y)\cdot a+h_v(ax+by,\ y)\cdot 0$$
$$=ah_u(ax+by,\ y)$$
$$\frac{\partial z}{\partial y}=h_u(ax+by,\ y)\cdot b+h_v(ax+by,\ y)\cdot 1$$
$$=bh_u(ax+by,\ y)+h_v(ax+by,\ y)$$

$b\dfrac{\partial z}{\partial x}=a\dfrac{\partial z}{\partial y}$ が成り立つことから

$$abh_u(ax+by,\ y)$$
$$=abh_u(ax+by,\ y)+ah_v(ax+by,\ y)$$
$$\therefore\ ah_v(ax+by,\ y)=0$$

$a\neq 0$ であるから，$h_v(ax+by,\ y)=0$

よって，$h_v=0$ であり，$h(u,\ v)$ は u のみの関数である。

したがって，関数 $z=f(x,\ y)$ は $ax+by$ $(ab\neq 0)$ のみの関数である。

■演習問題 4．3

1 (1) $f(x,\ y)=\sin(x-y)$

$f_x(x,\ y)=\cos(x-y)$，

$f_y(x,\ y)=-\cos(x-y)$

$f_{xx}(x,\ y)=-\sin(x-y)$，

$f_{xy}(x,\ y)=\sin(x-y)$，

$f_{yy}(x,\ y)=-\sin(x-y)$

$f_{xxx}(x,\ y)=-\cos(x-y)$，

$f_{xxy}(x,\ y)=\cos(x-y)$

$f_{xyy}(x,\ y)=-\cos(x-y)$，

$f_{yyy}(x,\ y)=\cos(x-y)$

より

$f_x(0,\ 0)=1$，$f_y(0,\ 0)=-1$，

$f_{xx}(0,\ 0)=0$，$f_{xy}(0,\ 0)=0$，$f_{yy}(0,\ 0)=0$

$f_{xxx}(0,\ 0)=-1$，$f_{xxy}(0,\ 0)=1$，

$f_{xyy}(0,\ 0)=-1$，$f_{yyy}(0,\ 0)=1$

であるから

$$f(x,\ y)=\sin(x-y)$$
$$=0+\{1\cdot x+(-1)\cdot y\}$$
$$+\frac{1}{2!}(0\cdot x^2+2\cdot 0\cdot xy+0\cdot y^2)$$
$$+\frac{1}{3!}\{(-1)\cdot x^3+3\cdot 1\cdot x^2y$$
$$+3\cdot(-1)\cdot xy^2+1\cdot y^3\}+\cdots$$
$$=x-y+\frac{1}{3!}(-x^3+3x^2y-3xy^2+y^3)+\cdots$$
$$=x-y-\frac{1}{6}x^3+\frac{1}{2}x^2y-\frac{1}{2}xy^2+\frac{1}{6}y^3+\cdots$$

(2) $f(x,\ y)=e^{x+y}$

$f_x(x,\ y)=e^{x+y}$，$f_y(x,\ y)=e^{x+y}$

$f_{xx}(x,\ y)=e^{x+y}$，$f_{xy}(x,\ y)=e^{x+y}$，

$f_{yy}(x,\ y)=e^{x+y}$

$f_{xxx}(x,\ y)=e^{x+y}$，$f_{xxy}(x,\ y)=e^{x+y}$，

$f_{xyy}(x,\ y)=e^{x+y}$，$f_{yyy}(x,\ y)=e^{x+y}$

より

$f_x(0,\ 0)=1,\ f_y(0,\ 0)=1,$

$f_{xx}(0,\ 0)=1,\ f_{xy}(0,\ 0)=1,\ f_{yy}(0,\ 0)=1$

$f_{xxx}(0,\ 0)=1,\ f_{xxy}(0,\ 0)=1,$

$f_{xyy}(0,\ 0)=1,\ f_{yyy}(0,\ 0)=1$

であるから

$$f(x,\ y)=e^{x+y}$$
$$=1+(1\cdot x+1\cdot y)+\frac{1}{2!}(1\cdot x^2+2\cdot 1\cdot xy+1\cdot y^2)$$
$$+\frac{1}{3!}(1\cdot x^3+3\cdot 1\cdot x^2y+3\cdot 1\cdot xy^2+1\cdot y^3)$$
$$+\cdots$$
$$=1+x+y+\frac{1}{2!}(x^2+2xy+y^2)$$
$$+\frac{1}{3!}(x^3+3x^2y+3xy^2+y^3)+\cdots$$
$$=1+x+y+\frac{1}{2}x^2+xy+\frac{1}{2}y^2$$
$$+\frac{1}{6}x^3+\frac{1}{2}x^2y+\frac{1}{2}xy^2+\frac{1}{6}y^3+\cdots$$

2　(1)　まず停留点を調べる。

$f_x(x,\ y)=3x^2+3y,\ f_y(x,\ y)=3y^2+3x$

より，$f_x(x,\ y)=0$ かつ $f_y(x,\ y)=0$ とすると

$x^2+y=0$ ……①　かつ　$y^2+x=0$ ……②

①より，$y=-x^2$　これを②に代入すると

$x^4+x=0$　　$\therefore$　$x(x^3+1)=0$

$\therefore$　$x=0,\ -1$

よって，極値をとる $(x,\ y)$ の候補は

$(x,\ y)=(0,\ 0),\ (-1,\ -1)$

の2点のみである。

次に，この2点の各々について極値をとるかどうか調べてみる。

$f_{xx}(x,\ y)=6x,\ f_{yy}(x,\ y)=6y,$

$f_{xy}(x,\ y)=f_{yx}(x,\ y)=3$

より，ヘッシアンは

$H(x,\ y)=f_{xx}\cdot f_{yy}-(f_{xy})^2$

$=6x\cdot 6y-3^2=9(4xy-1)$

(i)　$(x,\ y)=(0,\ 0)$ について

$H(0,\ 0)=-9<0$

よって，$(x,\ y)=(0,\ 0)$ において極値をとらない。

(ii)　$(x,\ y)=(-1,\ -1)$ について

$H(-1,\ -1)=27>0$ かつ

$f_{xx}(-1,\ -1)=-6<0$

よって，$(x,\ y)=(-1,\ -1)$ において極大値 $f(-1,\ -1)=1$ をとる。

(2)　$f_x(x,\ y)=3x^2-3,\ f_y(x,\ y)=-3y^2+3$

より，$f_x(x,\ y)=0$ かつ $f_y(x,\ y)=0$ とすると

$x^2-1=0$ ……①　かつ　$y^2-1=0$ ……②

①，②より，極値をとる $(x,\ y)$ の候補は

$(x,\ y)=(1,\ 1),\ (1,\ -1),\ (-1,\ 1),$
$(-1,\ -1)$

の4点である。

次に，この4点の各々について極値をとるかどうか調べてみる。

$f_{xx}(x,\ y)=6x,\ f_{yy}(x,\ y)=-6y,$

$f_{xy}(x,\ y)=f_{yx}(x,\ y)=0$

より，ヘッシアンは

$H(x,\ y)=f_{xx}\cdot f_{yy}-(f_{xy})^2$

$=6x\cdot(-6y)-0=-36xy$

(i)　$(x,\ y)=(1,\ 1)$ について

$H(1,\ 1)=-36<0$

よって，$(x,\ y)=(1,\ 1)$ において極値をとらない。

(ii)　$(x,\ y)=(1,\ -1)$ について

$H(1,\ -1)=36>0$ かつ

$f_{xx}(1,\ -1)=6>0$

よって，$(x,\ y)=(1,\ -1)$ において極小値 $f(1,\ -1)=-4$ をとる。

(iii)　$(x,\ y)=(-1,\ 1)$ について

$H(-1,\ 1)=36>0$ かつ

$f_{xx}(-1,\ 1)=-6<0$

よって，$(x,\ y)=(-1,\ 1)$ において極大値 $f(-1,\ 1)=4$ をとる。

(iv)　$(x,\ y)=(-1,\ -1)$ について

$H(-1,\ -1)=-36<0$

よって，$(x,\ y)=(-1,\ -1)$ において極値をとらない。

(3)　$f_x(x,\ y)=3x^2-y,\ f_y(x,\ y)=-x+2y$

より，$f_x(x,\ y)=0$ かつ $f_y(x,\ y)=0$ とすると

$3x^2-y=0$　……①

$-x+2y=0$　……②

②より，$x=2y$　これを①に代入すると

$12y^2-y=0$　　$\therefore$　$y(12y-1)=0$

$\therefore$　$y=0,\ \dfrac{1}{12}$

よって，極値をとる $(x,\ y)$ の候補は

$(x,\ y)=(0,\ 0),\ \left(\dfrac{1}{6},\ \dfrac{1}{12}\right)$

の2点のみである。

次に，この2点の各々について極値をとる

かどうか調べてみる。

$f_{xx}(x,\ y)=6x,\ f_{yy}(x,\ y)=2,$

$f_{xy}(x,\ y)=f_{yx}(x,\ y)=-1$

より，ヘッシアンは

$H(x,\ y)=f_{xx}\cdot f_{yy}-(f_{xy})^2=12x-1$

(i) $(x,\ y)=\left(\dfrac{1}{6},\ \dfrac{1}{12}\right)$ について

$H\left(\dfrac{1}{6},\ \dfrac{1}{12}\right)=1>0$ かつ

$f_{yy}\left(\dfrac{1}{6},\ \dfrac{1}{12}\right)=2>0$

よって，$(x,\ y)=\left(\dfrac{1}{6},\ \dfrac{1}{12}\right)$ において極小値 $f\left(\dfrac{1}{6},\ \dfrac{1}{12}\right)=-\dfrac{1}{432}$ をとる。

(ii) $(x,\ y)=(0,\ 0)$ について

$H\left(\dfrac{1}{6},\ \dfrac{1}{12}\right)=-1<0$

よって，$(x,\ y)=(0,\ 0)$ において極値をとらない。

3 (1) $f_x(x,\ y)=3x^2+2(x+y),$

$f_y(x,\ y)=3y^2+2(x+y)$

より，$f_x(x,\ y)=0$ かつ $f_y(x,\ y)=0$ とすると

$3x^2+2(x+y)=0$ ……①

$3y^2+2(x+y)=0$ ……②

①−② より，$x^2-y^2=0$ $\quad\therefore\quad y=\pm x$

$y=x$ を①に代入すると，$3x^2+4x=0$

$\therefore\quad x=0,\ -\dfrac{4}{3}$

このとき，$(x,\ y)=(0,\ 0),\ \left(-\dfrac{4}{3},\ -\dfrac{4}{3}\right)$

$y=-x$ を①に代入すると，$3x^2=0$

$\therefore\quad x=0$

このとき，$(x,\ y)=(0,\ 0)$

よって，極値をとる $(x,\ y)$ の候補は

$(x,\ y)=(0,\ 0),\ \left(-\dfrac{4}{3},\ -\dfrac{4}{3}\right)$

の２点のみである。

次に，この２点の各々について極値をとるかどうか調べてみる。

$f_{xx}(x,\ y)=6x+2,\ f_{yy}(x,\ y)=6y+2,$

$f_{xy}(x,\ y)=f_{yx}(x,\ y)=2$

より，ヘッシアンは

$H(x,\ y)=f_{xx}\cdot f_{yy}-(f_{xy})^2$

$=(6x+2)\cdot(6y+2)-2^2$

$=4\{(3x+1)(3y+1)-1\}$

(i) $(x,\ y)=\left(-\dfrac{4}{3},\ -\dfrac{4}{3}\right)$ について

$H\left(-\dfrac{4}{3},\ -\dfrac{4}{3}\right)=4\{(-3)\cdot(-3)-1\}>0$

かつ

$f_{xx}\left(-\dfrac{4}{3},\ -\dfrac{4}{3}\right)=-6<0$

よって，$(x,\ y)=\left(-\dfrac{4}{3},\ -\dfrac{4}{3}\right)$ において極大値 $f\left(-\dfrac{4}{3},\ -\dfrac{4}{3}\right)=\dfrac{64}{27}$ をとる。

(ii) $(x,\ y)=(0,\ 0)$ について

このとき，$H(0,\ 0)=0$ となり，極値の判定に関する定理は使えない。

直線 $y=-x$ に沿って曲面上を動いてみると

$f(x,\ -x)=0$

したがって，$(x,\ y)=(0,\ 0)$ において極値をとらない。

(2) $f(x,\ y)=x^4(x-2)^2+y^2$

$=x^6-4x^5+4x^4+y^2$

$f_x(x,\ y)=6x^5-20x^4+16x^3,$

$f_y(x,\ y)=2y$

より，$f_x(x,\ y)=0$ かつ $f_y(x, y)=0$ とすると

$3x^5-10x^4+8x^3=0$ ……①

$y=0$ ……②

①より，$x^3(3x^2-10x+8)=0$

$\therefore\quad x^3(3x-4)(x-2)=0$

$\therefore\quad x=0,\ \dfrac{4}{3},\ 2$

よって，極値をとる $(x,\ y)$ の候補は

$(x,\ y)=(0,\ 0),\ \left(\dfrac{4}{3},\ 0\right),\ (2,\ 0)$

の３点である。

次に，この３点の各々について極値をとるかどうか調べてみる。

$f_{xx}(x,\ y)=30x^4-80x^3+48x^2,$

$f_{yy}(x,\ y)=2,\ f_{xy}(x,\ y)=f_{yx}(x,\ y)=0$

より，ヘッシアンは

$H(x,\ y)=f_{xx}\cdot f_{yy}-(f_{xy})^2$

$=(30x^4-80x^3+48x^2)\cdot 2$

$=4x^2(15x^2-40x+24)$

(i) $(x,\ y)=(2,\ 0)$ について

$H(2,\ 0)=16\times(15\cdot 4-40\cdot 2+24)$

$=16\times 4>0$

かつ $f_{yy}(2,\ 0)=2>0$

よって，$(x,\ y)=(2,\ 0)$ において極小値 $f(2,\ 0)=0$ をとる。

(ii) $(x,\ y)=\left(\dfrac{4}{3},\ 0\right)$ について

$$H\left(\frac{4}{3},\ 0\right)$$
$$=4\left(\frac{4}{3}\right)^2\left(15\cdot\frac{16}{9}-40\cdot\frac{4}{3}+24\right)$$
$$=\frac{64}{9}\times\frac{240-480+216}{9}=\frac{64}{9}\times\left(-\frac{24}{9}\right)<0$$

よって，$(x,\ y)=\left(\dfrac{4}{3},\ 0\right)$ において極値をとらない。

(iii) $(x,\ y)=(0,\ 0)$ について

このとき，$H(0,\ 0)=0$ となり，極値の判定に関する定理は使えない。

$f(x,\ y)=x^4(x-2)^2+y^2$ より，
原点 $(x,\ y)=(0,\ 0)$ の付近でつねに正の値をとる。
よって，$(x,\ y)=(0,\ 0)$ において極小値 $f(0,\ 0)=0$ をとる。

(3) $f(x,\ y)=(y-x^2)(y-2x^2)$
$=2x^4-3x^2y+y^2$

$f_x(x,\ y)=8x^3-6xy,$
$f_y(x,\ y)=-3x^2+2y$

より，$f_x(x,\ y)=0$ かつ $f_y(x,\ y)=0$ とすると

$4x^3-3xy=0$ ……①
$-3x^2+2y=0$ ……②

②より，$y=\dfrac{3}{2}x^2$ これを①に代入すると

$$4x^3-\frac{9}{2}x^3=0 \qquad \therefore\ x^3=0 \qquad \therefore\ x=0$$

よって，極値をとる $(x,\ y)$ の候補は
$(x,\ y)=(0,\ 0)$
の1点のみである。

次に，この1点 $(0,\ 0)$ について極値をとるかどうか調べてみる。

$f_{xx}(x,\ y)=24x^2-6y$，$f_{yy}(x,\ y)=2,$
$f_{xy}(x,\ y)=-6x$

より，ヘッシアンは

$H(x,\ y)=f_{xx}\cdot f_{yy}-(f_{xy})^2$
$=(24x^2-6y)\cdot 2-(-6x)^2$

このとき，$H(0,\ 0)=0$ となり，極値の判定に関する定理は使えない。

(ア) 直線 $y=0$ に沿って曲面上を動いてみると

$f(x,\ 0)=2x^4$

より，$(x,\ y)=(0,\ 0)$ の付近で正の値をとる。

(イ) 放物線 $y=\dfrac{3}{2}x^2$ に沿って曲面上を動いてみると

$$f\left(x,\ \frac{3}{2}x^2\right)=\frac{1}{2}x^2\cdot\left(-\frac{1}{2}x^2\right)=-\frac{1}{4}x^4$$

より，$(x,\ y)=(0,\ 0)$ の付近で負の値をとる。
したがって，$(x,\ y)=(0,\ 0)$ において極値をとらない。

4 明らかに，$f(x,\ y)$ は領域 D において最大値と最小値をとる。

$f(x,\ y)=xy(1-x-y)=xy-x^2y-xy^2$
$f_x(x,\ y)=y-2xy-y^2,$
$f_y(x,\ y)=x-x^2-2xy$

$f_x(x,\ y)=0$ とすると
$y(1-2x-y)=0$ ……①
$f_y(x,\ y)=0$ とすると
$x(1-x-2y)=0$ ……②
①，②を解くと

$$(x,\ y)=(0,\ 0),\ (1,\ 0),\ (0,\ 1),\ \left(\frac{1}{3},\ \frac{1}{3}\right)$$

したがって，領域 D の内部にはただ1つの停留点をもつ。

その停留値は，$f\left(\dfrac{1}{3},\ \dfrac{1}{3}\right)=\dfrac{1}{3}\cdot\dfrac{1}{3}\cdot\dfrac{1}{3}=\dfrac{1}{27}$

一方，領域 D の境界における $f(x,\ y)$ の値は0であり，内部における値はつねに正であることが分かる。
以上より，$f(x,\ y)$ は領域 D の内部において最大値をとる。よって，そこは停留点であるから，$f(x,\ y)$ は $(x,\ y)=\left(\dfrac{1}{3},\ \dfrac{1}{3}\right)$ において最大値 $\dfrac{1}{27}$ をとる。
また，$f(x,\ y)$ は領域 D の境界において最小値0をとる。

5 $F(t)=f(a+th,\ b+tk)$ とおく。
1変数関数のテーラーの定理（マクローリンの定理）より

$$F(t)=F(0)+F'(0)t+\frac{1}{2!}F''(\theta t)t^2$$

を満たす θ $(0<\theta<1)$ が存在する。
$t=1$ ととれば

$$F(1)=F(0)+F'(0)+\frac{1}{2!}F''(\theta)$$

である。

ここで，チェイン・ルールにより

$$F'(t)=f_x(a+th,\ b+tk)h +f_y(a+th,\ b+tk)k$$

および

$$F''(t)=f_{xx}(a+th,\ b+tk)h^2 +2f_{xy}(a+th,\ b+tk)hk +f_{yy}(a+th,\ b+tk)k^2$$

であるから

$$F'(0)=f_x(a,\ b)h+f_y(a,\ b)k$$

$$F''(\theta)=f_{xx}(a+\theta h,\ b+\theta k)h^2 +2f_{xy}(a+\theta h,\ b+\theta k)hk +f_{yy}(a+\theta h,\ b+\theta k)k^2$$

よって

$$F(1)=F(0)+F'(0)+\frac{1}{2!}F''(\theta)$$

より

$$f(a+h,\ b+k) =f(a,\ b)+f_x(a,\ b)h+f_y(a,\ b)k +\frac{1}{2!}\{f_{xx}(a+\theta h,\ b+\theta k)h^2 +2f_{xy}(a+\theta h,\ b+\theta k)hk +f_{yy}(a+\theta h,\ b+\theta k)k^2\}$$

■演習問題 4．4

1 (1) 与式の両辺を x で微分すると

$$2x-(y+xy')+3y^2y'=0$$

$\therefore\ (3y^2-x)y'=-2x+y$

$\therefore\ y'=\dfrac{-2x+y}{3y^2-x}$ ……①

$y'=0$ とすると，$-2x+y=0$ $\therefore\ y=2x$

これを与式に代入すると

$$x^2-2x^2+8x^3-7=0$$

$\therefore\ 8x^3-x^2-7=0$

$\therefore\ (x-1)(8x^2+7x+7)=0$

x は実数だから，$x=1$

このとき，$y=2$，$y'=0$ である。

よって，停留点は $(1,\ 2)$ だけである。

次に，この点が極値であるかどうか調べる。

①より

$$y''=\frac{(-2+y')(3y^2-x)-(-2x+y)(6yy'-1)}{(3y^2-x)^2}$$

$(x,\ y)=(1,\ 2)$ のとき

$$y''=\frac{(-2)\cdot 11}{11^2}=-\frac{2}{11}<0$$

⬅ **$y'(1)=0$ に注意！**

よって，陰関数 $y=y(x)$ は $x=1$ において極大値 2 をとる。

(2) 与式の両辺を x で微分すると

$$4x^3-6y^2y'-4x-6yy'=0$$

$\therefore\ 6(y^2+y)y'=4(x^3-x)$

$\therefore\ y'=\dfrac{2(x^3-x)}{3(y^2+y)}=\dfrac{2x(x^2-1)}{3y(y+1)}$ ……①

$y'=0$ とすると，$x=0,\ \pm1$

$x=0$ を与式に代入すると，$2y^3+3y^2-1=0$

$\therefore\ (y+1)(2y^2+y-1)=0$

$\therefore\ (y+1)^2(2y-1)=0$

$y\neq-1$ より，$y=\dfrac{1}{2}$

$x=\pm1$ を与式に代入すると

$$1-2y^3-2-3y^2+1=0$$

$\therefore\ 2y^3+3y^2=0$ $\therefore\ y^2(2y+3)=0$

$y\neq0$ より，$y=-\dfrac{3}{2}$

よって，停留点は

$$\left(0,\ \frac{1}{2}\right),\ \left(\pm1,\ -\frac{3}{2}\right)$$

の 3 つである。

次に，この各々の点について極値であるかどうか調べる。

①より

$$y''=\frac{2}{3}\cdot\frac{(3x^2-1)\cdot(y^2+y)-(x^3-x)\cdot(2y+1)y'}{(y^2+y)^2}$$

$(x,\ y)=\left(0,\ \dfrac{1}{2}\right)$ のとき

$$y''=\frac{2}{3}\cdot\frac{(-1)\cdot\left(\frac{1}{4}+\frac{1}{2}\right)-0}{\left(\frac{1}{4}+\frac{1}{2}\right)^2}=\frac{2}{3}\cdot\frac{-12}{9}=-\frac{8}{9}<0$$

よって，陰関数 $y=y(x)$ は $x=0$ において極大値 $\dfrac{1}{2}$ をとる。

$(x,\ y)=\left(\pm1,\ -\dfrac{3}{2}\right)$ のとき

$$y''=\frac{2}{3}\cdot\frac{2\cdot\left(\frac{9}{4}-\frac{3}{2}\right)-0}{\left(\frac{9}{4}-\frac{3}{2}\right)^2}=\frac{2}{3}\cdot\frac{24}{9}$$

$$=\frac{16}{9}>0$$

よって，陰関数 $y=y(x)$ は $x=\pm1$ において極小値 $-\frac{3}{2}$ をとる。

(3)　与式の両辺を x で微分すると

$$4x^3+4x+3y^2y'-y'=0$$

$\therefore\quad (3y^2-1)y'=-4(x^3+x)$

$\therefore\quad y'=-\frac{4(x^3+x)}{3y^2-1}=-\frac{4x(x^2+1)}{3y^2-1}\quad\cdots\cdots①$

$y'=0$ とすると，$x=0$

$x=0$ を与式に代入すると，$y^3-y=0$

$\therefore\quad y(y^2-1)=0\qquad\therefore\quad y=0,\ \pm1$

よって，停留点は

$(0,\ 0),\ (0,\ \pm1)$

の3つである。

次に，この各々の点について極値であるかどうか調べる。

①より

$$y''=-4\cdot\frac{(3x^2+1)\cdot(3y^2-1)-(x^3+x)\cdot6yy'}{(3y^2-1)^2}$$

$(x,\ y)=(0,\ 0)$ のとき

$$y''=-4\cdot\frac{1\cdot(-1)-0}{(-1)^2}=4>0$$

よって，陰関数 $y=y(x)$ は

$(x,\ y)=(0,\ 0)$ において極小値0をとる。

$(x,\ y)=(0,\ 1)$ のとき

$$y''=-4\cdot\frac{1\cdot2-0}{2^2}=-2<0$$

よって，陰関数 $y=y(x)$ は

$(x,\ y)=(0,\ 1)$ において極大値1をとる。

$(x,\ y)=(0,\ -1)$ のとき

$$y''=-4\cdot\frac{1\cdot2-0}{2^2}=-2<0$$

よって，陰関数 $y=y(x)$ は

$(x,\ y)=(0,\ -1)$ において極大値 -1 をとる。

2　(1)　$f(x,\ y)=xy$ より

$f_x(x,\ y)=y,\ f_y(x,\ y)=x$

$g(x,\ y)=x^2+y^2-1$ とおくと

$g_x(x,\ y)=2x,\ g_y(x,\ y)=2y$

条件 $g(x,\ y)=0$ のもとで，$f(x,\ y)$ が $(a,\ b)$ で極値をとるとする。

$g_x(a,\ b)=2a,\ g_y(a,\ b)=2b$

および $a^2+b^2=1$ であることから

$g_x(a,\ b)\neq0$ または $g_y(a,\ b)\neq0$ が成り立つ。

よって，ラグランジュの乗数法により

$$\begin{cases} f_x(a,\ b)=\lambda\cdot g_x(a,\ b)\\ f_y(a,\ b)=\lambda\cdot g_y(a,\ b)\end{cases}$$

すなわち

$b=\lambda\cdot2a\quad\cdots\cdots①\quad$ かつ $\quad a=\lambda\cdot2b\quad\cdots\cdots②$

を満たす定数 λ が存在する。

$①^2+②^2$ より，$b^2+a^2=4\lambda^2(a^2+b^2)$

$\therefore\quad 1=4\lambda^2\qquad\therefore\quad \lambda=\pm\frac{1}{2}$

$\lambda=\frac{1}{2}$ のとき，①，②は $a=b$ となり

$a^2+b^2=1$ より $(a,\ b)=\left(\pm\frac{1}{\sqrt{2}},\ \pm\frac{1}{\sqrt{2}}\right)$

$\lambda=-\frac{1}{2}$ のとき，①，②は $a=-b$ となり

$a^2+b^2=1$ より $(a,\ b)=\left(\pm\frac{1}{\sqrt{2}},\ \mp\frac{1}{\sqrt{2}}\right)$

よって，条件 $g(x,\ y)=0$ のもとで，$f(x,\ y)$ が極値をとり得るのは

$$\left(\pm\frac{1}{\sqrt{2}},\ \pm\frac{1}{\sqrt{2}}\right),\ \left(\pm\frac{1}{\sqrt{2}},\ \mp\frac{1}{\sqrt{2}}\right)$$

（複号同順）

の4つである。

$$f\left(\pm\frac{1}{\sqrt{2}},\ \pm\frac{1}{\sqrt{2}}\right)=\frac{1}{2},$$

$$f\left(\pm\frac{1}{\sqrt{2}},\ \mp\frac{1}{\sqrt{2}}\right)=-\frac{1}{2}$$

よって

$\left(\pm\frac{1}{\sqrt{2}},\ \pm\frac{1}{\sqrt{2}}\right)$ において最大値 $\frac{1}{2}$，

$\left(\pm\frac{1}{\sqrt{2}},\ \mp\frac{1}{\sqrt{2}}\right)$ において最小値 $-\frac{1}{2}$

(2)　$f(x,\ y)=x+y$ より

$f_x(x,\ y)=1,\ f_y(x,\ y)=1$

$g(x,\ y)=\frac{x^2}{2}+y^2-1$ とおくと

$g_x(x,\ y)=x,\ g_y(x,\ y)=2y$

条件 $g(x,\ y)=0$ のもとで，$f(x,\ y)$ が $(a,\ b)$ で極値をとるとする。

$g_x(a,\ b)=a,\ g_y(a,\ b)=2b$ および

$\frac{a^2}{2}+b^2=1$ であることから

$g_x(a,\ b)\neq0$ または $g_y(a,\ b)\neq0$

が成り立つ。

よって，ラグランジュの乗数法により

$$\begin{cases} f_x(a,\ b)=\lambda\cdot g_x(a,\ b) \\ f_y(a,\ b)=\lambda\cdot g_y(a,\ b) \end{cases}$$

すなわち

$1=\lambda\cdot a$ ……① かつ $1=\lambda\cdot 2b$ ……②

を満たす定数 λ が存在する。

①より，$a=\dfrac{1}{\lambda}$　②より，$b=\dfrac{1}{2\lambda}$

これらを $\dfrac{a^2}{2}+b^2=1$ に代入すると

$$\frac{1}{2\lambda^2}+\frac{1}{4\lambda^2}=1$$

$\therefore\ \lambda^2=\dfrac{1}{2}+\dfrac{1}{4}=\dfrac{3}{4}$　$\therefore\ \lambda=\pm\dfrac{\sqrt{3}}{2}$

よって，条件 $g(x,\ y)=0$ のもとで，$f(x,\ y)$ が極値をとり得るのは

$$(a,\ b)=\left(\frac{2}{\sqrt{3}},\ \frac{1}{\sqrt{3}}\right),\ \left(-\frac{2}{\sqrt{3}},\ -\frac{1}{\sqrt{3}}\right)$$

の2つだけである。

$$f\left(\frac{2}{\sqrt{3}},\ \frac{1}{\sqrt{3}}\right)=\frac{2}{\sqrt{3}}+\frac{1}{\sqrt{3}}=\sqrt{3},$$

$$f\left(-\frac{2}{\sqrt{3}},\ -\frac{1}{\sqrt{3}}\right)=-\frac{2}{\sqrt{3}}-\frac{1}{\sqrt{3}}=-\sqrt{3}$$

よって

$\left(\dfrac{2}{\sqrt{3}},\ \dfrac{1}{\sqrt{3}}\right)$ において最大値 $\sqrt{3}$，

$\left(-\dfrac{2}{\sqrt{3}},\ -\dfrac{1}{\sqrt{3}}\right)$ において最小値 $-\sqrt{3}$

(3)　$f(x,\ y)=x^2+2xy+y^2$ より

$f_x(x,\ y)=2x+2y$，$f_y(x,\ y)=2x+2y$

$g(x,\ y)=x^2-2xy+5y^2-1$ とおくと

$g_x(x,\ y)=2x-2y$，$g_y(x,\ y)=-2x+10y$

条件 $g(x,\ y)=0$ のもとで，$f(x,\ y)$ が $(a,\ b)$ で極値をとるとする。

$g_x(a,\ b)=2a-2b$，$g_y(a,\ b)=-2a+10b$ および $a^2-2ab+5b^2=1$ であることから

$g_x(a,\ b)\neq 0$ または $g_y(a,\ b)\neq 0$

が成り立つ。

よって，ラグランジュの乗数法により

$$\begin{cases} f_x(a,\ b)=\lambda\cdot g_x(a,\ b) \\ f_y(a,\ b)=\lambda\cdot g_y(a,\ b) \end{cases}$$

すなわち

$$\begin{cases} a+b=\lambda\cdot(a-b) & \cdots\cdots① \\ a+b=\lambda\cdot(-a+5b) & \cdots\cdots② \end{cases}$$

を満たす定数 λ が存在する。

①より，$(1-\lambda)a+(1+\lambda)b=0$

②より，$(1+\lambda)a+(1-5\lambda)b=0$

$$\therefore\ \begin{pmatrix} 1-\lambda & 1+\lambda \\ 1+\lambda & 1-5\lambda \end{pmatrix}\begin{pmatrix} a \\ b \end{pmatrix}=\begin{pmatrix} 0 \\ 0 \end{pmatrix}$$

ところで，$a^2-2ab+5b^2=1$ より $(a,\ b)\neq(0,\ 0)$ であるから

$$\begin{vmatrix} 1-\lambda & 1+\lambda \\ 1+\lambda & 1-5\lambda \end{vmatrix}=0$$

$\therefore\ (1-\lambda)(1-5\lambda)-(1+\lambda)^2=0$

$\therefore\ 4\lambda^2-8\lambda=0$　$\therefore\ \lambda(\lambda-2)=0$

$\therefore\ \lambda=0,\ 2$

一方，①$\times a+$②$\times b$ より

$a^2+2ab+b^2=\lambda\cdot(a^2-2ab+5b^2)=\lambda\cdot 1=\lambda$

すなわち

$f(a,\ b)=a^2+2ab+b^2=\lambda$

よって，λ に対応する $(a,\ b)$ を求めて

$\left(\pm\dfrac{3\sqrt{2}}{4},\ \pm\dfrac{\sqrt{2}}{4}\right)$ において最大値 2，

$\left(\pm\dfrac{\sqrt{2}}{4},\ \mp\dfrac{\sqrt{2}}{4}\right)$ において最小値 0

（複号同順）

3　$g(x,\ y,\ z)=x+y+z-1$ とおくと

$g_x(x,\ y,\ z)=1$，$g_y(x,\ y,\ z)=1$，$g_z(x,\ y,\ z)=1$

また，領域 D にその境界も付け加えた領域を

$\overline{D}：x+y+z=1，x\geqq 0，y\geqq 0，z\geqq 0$

とおくとき，有界閉領域 $\overline{D}$ 上で定義された連続な関数 $f(x,\ y,\ z)$ は次の性質を満たすことに注意する。

（i）　$\overline{D}$ 上で最大値と最小値をもつ。

（ii）　$\overline{D}$ の内部，すなわち D で最大値，最小値をとる場合，それは極大値，極小値でもある。

(1)　$f(x,\ y,\ z)=x^3+y^3+z^3$ より

$f_x(x,\ y,\ z)=3x^2$，$f_y(x,\ y,\ z)=3y^2$，$f_z(x,\ y,\ z)=3z^2$

条件 $g(x,\ y,\ z)=0$ のもとで，$f(x,\ y,\ z)$ が $(a,\ b,\ c)$ で極値をとるとする。

$g_x(a,\ b,\ c)=1$，$g_y(a,\ b,\ c)=1$，$g_z(a,\ b,\ c)=1$

であることから，ラグランジュの乗数法により

$$\begin{cases} 3a^2=\lambda\cdot 1 & \cdots\cdots① \\ 3b^2=\lambda\cdot 1 & \cdots\cdots② \\ 3c^2=\lambda\cdot 1 & \cdots\cdots③ \end{cases}$$

を満たす定数 λ が存在する。
ここで $a>0,\ b>0,\ c>0$ を満たすとき
$a=b=c=\sqrt{\dfrac{\lambda}{3}}$ であり，これを
$a+b+c=1$ に代入すると，

$$\sqrt{3\lambda}=1 \qquad \therefore\ \ \lambda=\frac{1}{3}$$

$\therefore\ \ a=b=c=\dfrac{1}{3}$

したがって，$f(x,\ y,\ z)=x^3+y^3+z^3$ が領域 D の内部に極値をもつとすれば，その候補は

$(a,\ b,\ c)=\left(\dfrac{1}{3},\ \dfrac{1}{3},\ \dfrac{1}{3}\right)$ において

ただ 1 つ $f\left(\dfrac{1}{3},\ \dfrac{1}{3},\ \dfrac{1}{3}\right)=3\cdot\left(\dfrac{1}{3}\right)^3=\dfrac{1}{9}$ である。

次に，領域の境界における $f(x,\ y,\ z)$ の値を調べてみる。
$x=0$ のとき

$$f(x,\ y,\ z)=y^3+(1-y)^3$$
$$=1-3y+3y^2=3\left(y-\frac{1}{2}\right)^2+\frac{1}{4}>\frac{1}{9}$$

$y=0$ のときも，$z=0$ のときも同様にして

$f(x,\ y,\ z)>\dfrac{1}{9}$ である。

したがって，$f(x,\ y,\ z)$ は領域 D の内部で最小となり，そこは極小値でもある。また，極値をとり得る点はこの一点のみであるから，領域 D の内部で最大値をとることはない。
よって，$f(x,\ y,\ z)=x^3+y^3+z^3$ は領域 D において $\left(\dfrac{1}{3},\ \dfrac{1}{3},\ \dfrac{1}{3}\right)$ で最小値 $\dfrac{1}{9}$ をとり，最大値はない。

(2)　まずはじめに

$$\lim_{t\to+0}t\log t=\lim_{t\to+0}\frac{\log t}{t^{-1}}=\lim_{t\to+0}\frac{t^{-1}}{-t^{-2}}$$
$$=\lim_{t\to+0}(-t)=0$$

であることに注意して

$t=0$ のとき，$t\log t=0$

と約束しておく。
この仮定のもとで，

$$f(x,\ y,\ z)=-(x\log x+y\log y+z\log z)$$

は有界閉領域 $\overline{D}$ 上で定義された連続な関数である。

$$f(x,\ y,\ z)$$
$$=-(x\log x+y\log y+z\log z)$$

より

$$f_x(x,\ y,\ z)=-(\log x+1),$$
$$f_y(x,\ y,\ z)=-(\log y+1),$$
$$f_z(x,\ y,\ z)=-(\log z+1)$$

条件 $g(x,\ y,\ z)=0$ のもとで，$f(x,\ y,\ z)$ が $(a,\ b,\ c)$ で極値をとるとする。

$g_x(a,\ b,\ c)=1,\ g_y(a,\ b,\ c)=1,$
$g_z(a,\ b,\ c)=1$

であることから，ラグランジュの乗数法により

$$\begin{cases}-(\log a+1)=\lambda\cdot 1 & \cdots\cdots① \\ -(\log b+1)=\lambda\cdot 1 & \cdots\cdots② \\ -(\log c+1)=\lambda\cdot 1 & \cdots\cdots③\end{cases}$$

を満たす定数 λ が存在する。
①，②，③より，$a=b=c=e^{-\lambda-1}$
これを $a+b+c=1$ に代入すると

$$3e^{-\lambda-1}=1 \qquad \therefore\ \ e^{\lambda+1}=3$$

$\therefore\ \ \lambda+1=\log 3$
したがって

$$f(x,\ y,\ z)=-(x\log x+y\log y+z\log z)$$

は領域 D の内部に極値をもつとすれば，その候補は

$(a,\ b,\ c)=\left(\dfrac{1}{3},\ \dfrac{1}{3},\ \dfrac{1}{3}\right)$ において

ただ 1 つであり

$$f\left(\frac{1}{3},\ \frac{1}{3},\ \frac{1}{3}\right)=-3\cdot\frac{1}{3}\log\frac{1}{3}=\log 3$$

である。
次に，領域の境界における $f(x,\ y,\ z)$ の値を調べてみる。
$x=0$ のとき

$$f(x,\ y,\ z)=-y\log y-(1-y)\log(1-y)$$

であり

$$\varphi(y)=-y\log y-(1-y)\log(1-y)$$

とおくと，増減を調べることにより

$0\leqq\varphi(y)\leqq\log 2\ (<\log 3)$

であることが容易に示せる。
$y=0,\ z=0$ のときも同様にして

$f(x,\ y,\ z)<\log 3$

したがって，$f(x,\ y,\ z)$ は領域 D の内部で最大となり，そこは極大値でもある。また，極値をとり得る点はこの一点のみであるから，領域 D の内部で最小値をとることはない。
よって，

$$f(x,\ y,\ z)=-(x\log x+y\log y+z\log z)$$

は領域 D において

$\left(\dfrac{1}{3},\ \dfrac{1}{3},\ \dfrac{1}{3}\right)$ で最大値 $\log 3$ をとり，

最小値はない。

第5章
重 積 分

■演習問題 5．1

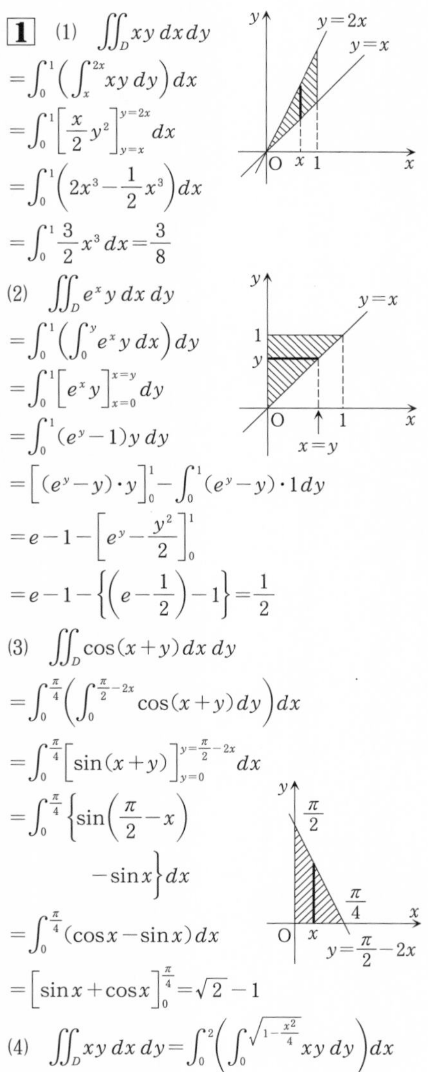

1 (1) $\iint_D xy\,dx\,dy$

$=\int_0^1\left(\int_x^{2x} xy\,dy\right)dx$

$=\int_0^1\left[\frac{x}{2}y^2\right]_{y=x}^{y=2x}dx$

$=\int_0^1\left(2x^3-\frac{1}{2}x^3\right)dx$

$=\int_0^1\frac{3}{2}x^3\,dx=\frac{3}{8}$

(2) $\iint_D e^x y\,dx\,dy$

$=\int_0^1\left(\int_0^y e^x y\,dx\right)dy$

$=\int_0^1\left[e^x y\right]_{x=0}^{x=y}dy$

$=\int_0^1(e^y-1)y\,dy$

$=\left[(e^y-y)\cdot y\right]_0^1-\int_0^1(e^y-y)\cdot 1\,dy$

$=e-1-\left[e^y-\frac{y^2}{2}\right]_0^1$

$=e-1-\left\{\left(e-\frac{1}{2}\right)-1\right\}=\frac{1}{2}$

(3) $\iint_D \cos(x+y)\,dx\,dy$

$=\int_0^{\frac{\pi}{4}}\left(\int_0^{\frac{\pi}{2}-2x}\cos(x+y)\,dy\right)dx$

$=\int_0^{\frac{\pi}{4}}\left[\sin(x+y)\right]_{y=0}^{y=\frac{\pi}{2}-2x}dx$

$=\int_0^{\frac{\pi}{4}}\left\{\sin\left(\frac{\pi}{2}-x\right)-\sin x\right\}dx$

$=\int_0^{\frac{\pi}{4}}(\cos x-\sin x)\,dx$

$=\left[\sin x+\cos x\right]_0^{\frac{\pi}{4}}=\sqrt{2}-1$

(4) $\iint_D xy\,dx\,dy=\int_0^2\left(\int_0^{\sqrt{1-\frac{x^2}{4}}} xy\,dy\right)dx$

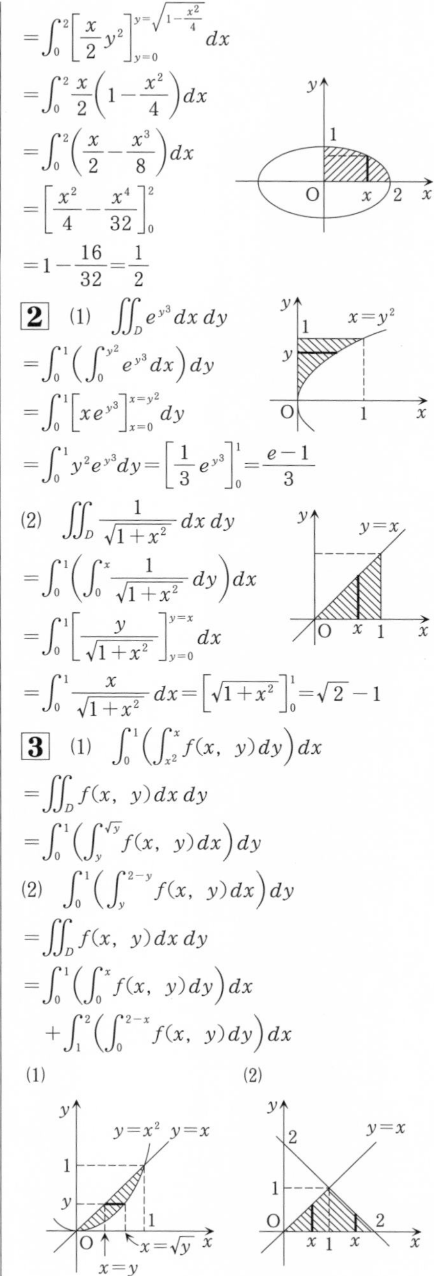

$=\int_0^2\left[\frac{x}{2}y^2\right]_{y=0}^{y=\sqrt{1-\frac{x^2}{4}}}dx$

$=\int_0^2\frac{x}{2}\left(1-\frac{x^2}{4}\right)dx$

$=\int_0^2\left(\frac{x}{2}-\frac{x^3}{8}\right)dx$

$=\left[\frac{x^2}{4}-\frac{x^4}{32}\right]_0^2$

$=1-\frac{16}{32}=\frac{1}{2}$

2 (1) $\iint_D e^{y^3}dx\,dy$

$=\int_0^1\left(\int_0^{y^2} e^{y^3}dx\right)dy$

$=\int_0^1\left[xe^{y^3}\right]_{x=0}^{x=y^2}dy$

$=\int_0^1 y^2e^{y^3}dy=\left[\frac{1}{3}e^{y^3}\right]_0^1=\frac{e-1}{3}$

(2) $\iint_D\frac{1}{\sqrt{1+x^2}}\,dx\,dy$

$=\int_0^1\left(\int_0^x\frac{1}{\sqrt{1+x^2}}\,dy\right)dx$

$=\int_0^1\left[\frac{y}{\sqrt{1+x^2}}\right]_{y=0}^{y=x}dx$

$=\int_0^1\frac{x}{\sqrt{1+x^2}}\,dx=\left[\sqrt{1+x^2}\right]_0^1=\sqrt{2}-1$

3 (1) $\int_0^1\left(\int_{x^2}^x f(x,\ y)\,dy\right)dx$

$=\iint_D f(x,\ y)\,dx\,dy$

$=\int_0^1\left(\int_y^{\sqrt{y}} f(x,\ y)\,dx\right)dy$

(2) $\int_0^1\left(\int_y^{2-y} f(x,\ y)\,dx\right)dy$

$=\iint_D f(x,\ y)\,dx\,dy$

$=\int_0^1\left(\int_0^x f(x,\ y)\,dy\right)dx$

$\quad+\int_1^2\left(\int_0^{2-x} f(x,\ y)\,dy\right)dx$

(1) (2)

4　(1)　$\displaystyle\int_0^1\left(\int_{x^2}^1 \frac{2x}{\sqrt{y^2+1}}dy\right)dx$

$$=\iint_D \frac{2x}{\sqrt{y^2+1}}\,dx\,dy$$

$$=\int_0^1\left(\int_0^{\sqrt{y}} \frac{2x}{\sqrt{y^2+1}}dx\right)dy$$

$$=\int_0^1\left[\frac{x^2}{\sqrt{y^2+1}}\right]_{x=0}^{x=\sqrt{y}}dy$$

$$=\int_0^1 \frac{y}{\sqrt{y^2+1}}dy$$

$$=\left[\sqrt{y^2+1}\right]_0^1=\sqrt{2}-1$$

(2)　$\displaystyle\int_0^1\left(\int_y^1 \sin\frac{\pi x^2}{2}dx\right)dy$

$$=\iint_D \sin\frac{\pi x^2}{2}\,dx\,dy$$

$$=\int_0^1\left(\int_0^x \sin\frac{\pi x^2}{2}dy\right)dx$$

$$=\int_0^1\left[y\sin\frac{\pi x^2}{2}\right]_{y=0}^{y=x}dx$$

$$=\int_0^1 x\sin\frac{\pi x^2}{2}dx=\left[-\frac{1}{\pi}\cos\frac{\pi x^2}{2}\right]_0^1$$

$$=-\frac{1}{\pi}\left(\cos\frac{\pi}{2}-\cos 0\right)=\frac{1}{\pi}$$

5　(1)　$\displaystyle\iiint_V x^2yz\,dx\,dy\,dz$

$$=\int_0^1\left(\int_0^z\left(\int_0^y x^2yz\,dx\right)dy\right)dz$$

$$=\int_0^1\left(\int_0^z\left[\frac{1}{3}x^3yz\right]_{x=0}^{x=y}dy\right)dz$$

$$=\int_0^1\left(\int_0^z \frac{1}{3}y^4z\,dy\right)dz=\int_0^1\left[\frac{1}{15}y^5z\right]_{y=0}^{y=z}dz$$

$$=\int_0^1 \frac{1}{15}z^6dz=\left[\frac{1}{105}z^7\right]_0^1=\frac{1}{105}$$

（zを固定）

(2)　$\displaystyle\iiint_V \sin(x+y+z)\,dx\,dy\,dz$

$$=\int_0^{\frac{\pi}{2}}\left(\int_0^x\left(\int_0^{x+y}\sin(x+y+z)\,dz\right)dy\right)dx$$

$$=\int_0^{\frac{\pi}{2}}\left(\int_0^x\left[-\cos(x+y+z)\right]_{z=0}^{z=x+y}dy\right)dx$$

$$=\int_0^{\frac{\pi}{2}}\left(\int_0^x\{-\cos(2x+2y)+\cos(x+y)\}\,dy\right)dx$$

$$=\int_0^{\frac{\pi}{2}}\left[-\frac{1}{2}\sin(2x+2y)+\sin(x+y)\right]_{y=0}^{y=x}dx$$

$$=\int_0^{\frac{\pi}{2}}\left\{-\frac{1}{2}(\sin 4x-\sin 2x)+(\sin 2x-\sin x)\right\}dx$$

$$=\int_0^{\frac{\pi}{2}}\left(-\frac{1}{2}\sin 4x+\frac{3}{2}\sin 2x-\sin x\right)dx$$

$$=\left[\frac{1}{8}\cos 4x-\frac{3}{4}\cos 2x+\cos x\right]_0^{\frac{\pi}{2}}$$

$$=\frac{1}{8}(1-1)-\frac{3}{4}(-1-1)+(0-1)=\frac{1}{2}$$

(3)　$\displaystyle\iiint_V (x+y+z)\,dx\,dy\,dz$

$$=\int_0^1\left(\int_0^{1-z}\left(\int_0^{1-z-y}(x+y+z)\,dx\right)dy\right)dz$$

$$=\int_0^1\left(\int_0^{1-z}\left[\frac{(x+y+z)^2}{2}\right]_{x=0}^{x=1-z-y}dy\right)dz$$

$$=\int_0^1\left(\int_0^{1-z}\frac{1}{2}\{1^2-(y+z)^2\}dy\right)dz$$

$$=\int_0^1\left[\frac{1}{2}\left\{y-\frac{(y+z)^3}{3}\right\}\right]_{y=0}^{y=1-z}dz$$

$$=\int_0^1\frac{1}{2}\left\{1-z-\frac{1^3-z^3}{3}\right\}dz$$

$$=\int_0^1\frac{1}{2}\left(\frac{1}{3}z^3-z+\frac{2}{3}\right)dz$$

$$=\left[\frac{1}{2}\left(\frac{1}{12}z^4-\frac{1}{2}z^2+\frac{2}{3}z\right)\right]_0^1$$

$$=\frac{1}{2}\left(\frac{1}{12}-\frac{1}{2}+\frac{2}{3}\right)=\frac{1}{2}\left(\frac{1}{12}+\frac{1}{6}\right)=\frac{1}{8}$$

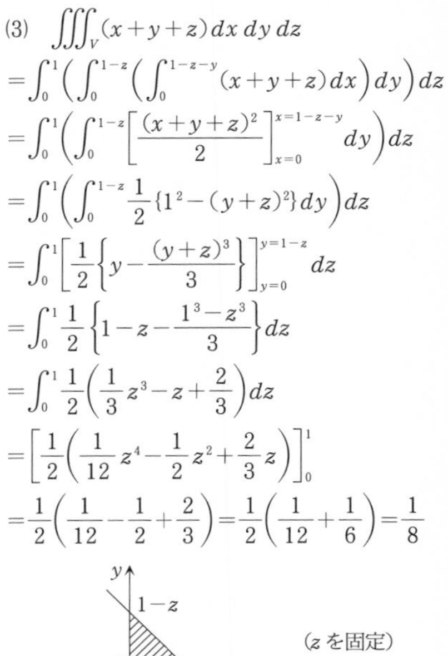

（zを固定）

■演習問題 5．2

1 (1) $x+y=u$，$x-2y=v$ とおくと
$D:|x+y|\leqq 1$，$|x-2y|\leqq 1$ は
$E:|u|\leqq 1$，$|v|\leqq 1$ に移る。

このとき，$x=\dfrac{2u+v}{3}$，$y=\dfrac{u-v}{3}$ より

$$\frac{\partial(x,\ y)}{\partial(u,\ v)}=\begin{vmatrix}\frac{2}{3} & \frac{1}{3}\\ \frac{1}{3} & -\frac{1}{3}\end{vmatrix}=-\frac{2}{9}-\frac{1}{9}=-\frac{1}{3}$$

$$\therefore\quad \left|\frac{\partial(x,\ y)}{\partial(u,\ v)}\right|=\frac{1}{3}$$

よって

$$\iint_D (x+y)^2dx\,dy=\iint_E u^2\cdot\frac{1}{3}\,du\,dv$$

$$=\int_{-1}^{1}\left(\int_{-1}^{1}\frac{1}{3}u^2dv\right)du$$

$$=\frac{1}{3}\times\int_{-1}^{1}u^2du\times\int_{-1}^{1}dv$$

$$=\frac{1}{3}\times\frac{2}{3}\times 2=\frac{4}{9}$$

(2) $x-y=u$，$x+y=v$ とおくと
$D:|x-y|\leqq 1$，$|x+y|\leqq 1$ は
$E:|u|\leqq 1$，$|v|\leqq 1$ に移る。

このとき，$x=\dfrac{u+v}{2}$，$y=\dfrac{v-u}{2}$ より

$$\frac{\partial(x,\ y)}{\partial(u,\ v)}=\begin{vmatrix}\frac{1}{2} & \frac{1}{2}\\ -\frac{1}{2} & \frac{1}{2}\end{vmatrix}=\frac{1}{2}$$

$$\therefore\quad \left|\frac{\partial(x,\ y)}{\partial(u,\ v)}\right|=\frac{1}{2}$$

よって

$$\iint_D (x^2+y^2)dx\,dy$$

$$=\iint_E\left\{\left(\frac{u+v}{2}\right)^2+\left(\frac{v-u}{2}\right)^2\right\}\cdot\frac{1}{2}\,du\,dv$$

$$=\int_{-1}^{1}\left(\int_{-1}^{1}\frac{1}{4}(u^2+v^2)dv\right)du$$

$$=\int_{-1}^{1}\left[\frac{1}{4}\left(u^2v+\frac{v^3}{3}\right)\right]_{v=-1}^{v=1}du$$

$$=\int_{-1}^{1}\frac{1}{4}\left(2u^2+\frac{2}{3}\right)du=\frac{1}{2}\int_{-1}^{1}\left(u^2+\frac{1}{3}\right)du$$

$$=\frac{1}{2}\left[\frac{u^3}{3}+\frac{u}{3}\right]_{-1}^{1}=\frac{1}{2}\cdot\left(\frac{2}{3}+\frac{2}{3}\right)=\frac{2}{3}$$

2 (1) $x=r\cos\theta$，$y=r\sin\theta$ とおくと
D は $E:1\leqq r\leqq 2$，$0\leqq\theta\leqq\dfrac{\pi}{4}$ に移る。

よって

$$\iint_D\frac{1}{x^2+y^2}dx\,dy=\iint_E\frac{1}{r^2}\cdot r\,dr\,d\theta$$

$$=\int_0^{\frac{\pi}{4}}\left(\int_1^2\frac{1}{r}dr\right)d\theta=\int_1^2\frac{1}{r}dr\times\int_0^{\frac{\pi}{4}}d\theta$$

$$=\frac{\pi}{4}\int_1^2\frac{1}{r}dr=\frac{\pi}{4}\Big[\log r\Big]_1^2=\frac{\pi}{4}\log 2$$

(2) $x=r\cos\theta$，$y=r\sin\theta$ とおくと，D は

$$E:-\frac{\pi}{2}\leqq\theta\leqq\frac{\pi}{2},\quad 0\leqq r\leqq 2\cos\theta$$

に移る。

よって

$$\iint_D\sqrt{x^2+y^2}\,dx\,dy$$

$$=\iint_E\sqrt{r^2}\cdot r\,dr\,d\theta$$

$$=\int_{-\frac{\pi}{2}}^{\frac{\pi}{2}}\left(\int_0^{2\cos\theta}r^2dr\right)d\theta=\int_{-\frac{\pi}{2}}^{\frac{\pi}{2}}\left[\frac{r^3}{3}\right]_0^{2\cos\theta}d\theta$$

$$=\int_{-\frac{\pi}{2}}^{\frac{\pi}{2}}\frac{8}{3}\cos^3\theta\,d\theta=\frac{16}{3}\int_0^{\frac{\pi}{2}}\cos^3\theta\,d\theta$$

$$=\frac{16}{3}\int_0^{\frac{\pi}{2}}(1-\sin^2\theta)\cos\theta\,d\theta$$

$$=\frac{16}{3}\int_0^{\frac{\pi}{2}}(\cos\theta-\sin^2\theta\cos\theta)d\theta$$

$$=\frac{16}{3}\left[\sin\theta-\frac{1}{3}\sin^3\theta\right]_0^{\frac{\pi}{2}}=\frac{16}{3}\cdot\left(1-\frac{1}{3}\right)$$

$$=\frac{32}{9}$$

(3) $D:x^2+y^2-x-1\leqq 0$
より

$$\left(x-\frac{1}{2}\right)^2+y^2\leqq\frac{5}{4}$$

$x=\dfrac{1}{2}+r\cos\theta$，$y=r\sin\theta$
とおくと，D は
$E:0\leqq r\leqq\dfrac{\sqrt{5}}{2}$，$0\leqq\theta\leqq 2\pi$ に移る。

よって

$$\iint_D(x^2+y^2-x)dx\,dy$$

$$=\iint_D\left\{\left(x-\frac{1}{2}\right)^2+y^2-\frac{1}{4}\right\}dx\,dy$$

$$=\iint_E\left(r^2-\frac{1}{4}\right)\cdot r\,dr\,d\theta$$

$$=\int_0^{2\pi}\left(\int_0^{\frac{\sqrt{5}}{2}}\left(r^3-\frac{1}{4}r\right)dr\right)d\theta$$

$$=2\pi\int_0^{\frac{\sqrt{5}}{2}}\left(r^3-\frac{1}{4}r\right)dr=2\pi\left[\frac{r^4}{4}-\frac{r^2}{8}\right]_0^{\frac{\sqrt{5}}{2}}$$

$$=2\pi\left(\frac{1}{4}\cdot\frac{25}{16}-\frac{1}{8}\cdot\frac{5}{4}\right)=\pi\left(\frac{25}{32}-\frac{5}{16}\right)$$

$$=\frac{15}{32}\pi$$

(4)　$x=3r\cos\theta$, $y=2r\sin\theta$
とおく（極座標変換の類似）と
D は $E：0\leqq r\leqq 1$, $0\leqq\theta\leqq\dfrac{\pi}{2}$ に移る。

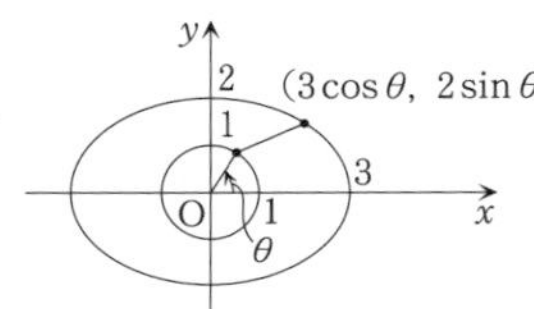

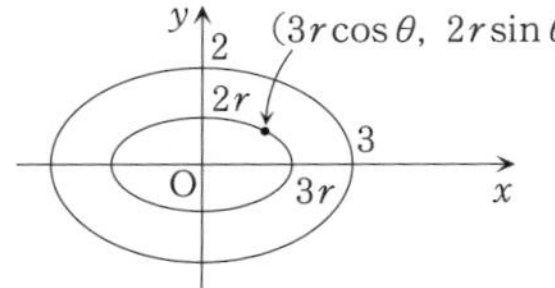

このとき

$$\frac{\partial(x,\ y)}{\partial(r,\ \theta)}=\begin{vmatrix}3\cos\theta & -3r\sin\theta\\ 2\sin\theta & 2r\cos\theta\end{vmatrix}=6r$$

$$\therefore\quad\left|\frac{\partial(x,\ y)}{\partial(r,\ \theta)}\right|=6r$$

よって

$$\iint_D xy\,dx\,dy$$

$$=\iint_E 6r^2\sin\theta\cos\theta\cdot 6r\,dr\,d\theta$$

$$=\int_0^{\frac{\pi}{2}}\left(\int_0^1 36r^3\sin\theta\cos\theta\,dr\right)d\theta$$

$$=36\times\int_0^1 r^3dr\times\int_0^{\frac{\pi}{2}}\sin\theta\cos\theta\,d\theta$$

$$=36\times\left[\frac{r^4}{4}\right]_0^1\times\left[\frac{1}{2}\sin^2\theta\right]_0^{\frac{\pi}{2}}$$

$$=36\times\frac{1}{4}\times\frac{1}{2}=\frac{9}{2}$$

3　(1)　$x=u$, $\dfrac{y}{x}=v$ とおくと
D は $E：1\leqq u\leqq 2$, $0\leqq v\leqq 1$ に移る。
このとき，$x=u$, $y=uv$ より

$$\frac{\partial(x,\ y)}{\partial(u,\ v)}=\begin{vmatrix}1 & 0\\ v & u\end{vmatrix}=u$$

$$\therefore\quad\left|\frac{\partial(x,\ y)}{\partial(u,\ v)}\right|=u$$

よって

$$\iint_D\frac{1}{x^2+y^2}dx\,dy$$

$$=\iint_E\frac{1}{u^2+u^2v^2}\cdot u\,du\,dv$$

$$=\int_1^2\left(\int_0^1\frac{1}{u(1+v^2)}dv\right)du$$

$$=\int_1^2\frac{1}{u}du\times\int_0^1\frac{1}{1+v^2}dv$$

$$=\left[\log u\right]_1^2\times\left[\tan^{-1}v\right]_0^1$$

$$=\log 2\times\tan^{-1}1=\frac{\pi}{4}\log 2$$

(2)　$x+y=u$, $y=v$ とおくと
$D：1\leqq x+y\leqq 2$, $x\geqq 0$, $y\geqq 0$ は
$E：1\leqq u\leqq 2$, $u-v\geqq 0$, $v\geqq 0$
すなわち，$E：1\leqq u\leqq 2$, $0\leqq v\leqq u$ に移る。
このとき，$x=u-v$, $y=v$ より

$$\frac{\partial(x,\ y)}{\partial(u,\ v)}=\begin{vmatrix}1 & -1\\ 0 & 1\end{vmatrix}=1$$

$$\therefore\quad\left|\frac{\partial(x,\ y)}{\partial(u,\ v)}\right|=1$$

よって

$$\iint_D e^{\frac{y}{x+y}}dx\,dy=\iint_E e^{\frac{v}{u}}\cdot 1\,du\,dv$$

$$=\int_1^2\left(\int_0^u e^{\frac{v}{u}}dv\right)du=\int_1^2\left[ue^{\frac{v}{u}}\right]_{v=0}^{v=u}du$$

$$=\int_1^2 u(e-1)du=\left[\frac{e-1}{2}u^2\right]_1^2=\frac{3}{2}(e-1)$$

4　(1)　$D：x^2+y^2\leqq 1$ とおく。
$y^2+z^2=1$ より，$z=\pm\sqrt{1-y^2}$
求める体積 V は

$$V=2\iint_D\sqrt{1-y^2}\,dx\,dy$$

で表される。

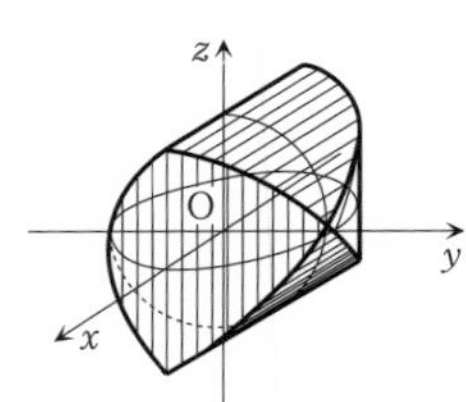

$$V=2\iint_D \sqrt{1-y^2}\,dx\,dy$$
$$=2\int_{-1}^{1}\left(\int_{-\sqrt{1-y^2}}^{\sqrt{1-y^2}} \sqrt{1-y^2}\,dx\right)dy$$
$$=2\int_{-1}^{1}\Big[x\sqrt{1-y^2}\Big]_{x=-\sqrt{1-y^2}}^{x=\sqrt{1-y^2}}dy$$
$$=2\int_{-1}^{1}2(1-y^2)\,dy=8\int_0^1(1-y^2)\,dy$$
$$=8\left[y-\frac{y^3}{3}\right]_0^1=8\left(1-\frac{1}{3}\right)=\frac{16}{3}$$

(注)　本問の体積は 1 変数関数の積分の範囲でも求めることができる（切り口の面積を積分）。また，上の 2 重積分の計算で極座標変換はうまくいかない。

(2)　$D:(x-1)^2+y^2\leqq 1$ とおく。

$x^2+y^2+z^2=4$ より，

$z=\pm\sqrt{4-x^2-y^2}$

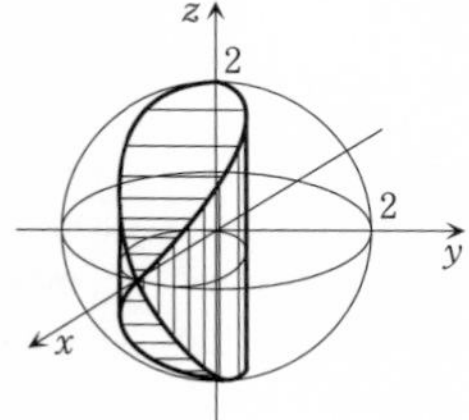

求める体積 V は

$$V=2\iint_D \sqrt{4-x^2-y^2}\,dx\,dy$$

$x=r\cos\theta$，$y=r\sin\theta$ とおくと

D は $E:-\dfrac{\pi}{2}\leqq\theta\leqq\dfrac{\pi}{2}$，$0\leqq r\leqq 2\cos\theta$

に移る。

よって

$$V=2\iint_D \sqrt{4-x^2-y^2}\,dx\,dy$$
$$=2\iint_E \sqrt{4-r^2}\cdot r\,dr\,d\theta$$
$$=2\int_{-\frac{\pi}{2}}^{\frac{\pi}{2}}\left(\int_0^{2\cos\theta} r\sqrt{4-r^2}\,dr\right)d\theta$$
$$=2\int_{-\frac{\pi}{2}}^{\frac{\pi}{2}}\left[-\frac{1}{3}(4-r^2)^{\frac{3}{2}}\right]_0^{2\cos\theta}d\theta$$
$$=-\frac{2}{3}\int_{-\frac{\pi}{2}}^{\frac{\pi}{2}}\{(4\sin^2\theta)^{\frac{3}{2}}-4^{\frac{3}{2}}\}\,d\theta$$
$$=-\frac{4}{3}\int_0^{\frac{\pi}{2}}\{(4\sin^2\theta)^{\frac{3}{2}}-4^{\frac{3}{2}}\}\,d\theta$$
$$=-\frac{4}{3}\int_0^{\frac{\pi}{2}}(8\sin^3\theta-8)\,d\theta$$
$$=\frac{32}{3}\int_0^{\frac{\pi}{2}}(1-\sin^3\theta)\,d\theta$$
$$=\frac{32}{3}\int_0^{\frac{\pi}{2}}\{1-(1-\cos^2\theta)\sin\theta\}\,d\theta$$
$$=\frac{32}{3}\int_0^{\frac{\pi}{2}}(1-\sin\theta+\cos^2\theta\sin\theta)\,d\theta$$
$$=\frac{32}{3}\left[\theta+\cos\theta-\frac{1}{3}\cos^3\theta\right]_0^{\frac{\pi}{2}}=\frac{32}{3}\left(\frac{\pi}{2}-\frac{2}{3}\right)$$

5　(1)　極座標変換：

$x=r\sin\theta\cos\varphi$，$y=r\sin\theta\sin\varphi$，

$z=r\cos\theta$

により，積分範囲 V は

$$W:0\leqq r\leqq 1,\ 0\leqq\theta\leqq\frac{\pi}{2},\ 0\leqq\varphi\leqq\frac{\pi}{2}$$

に移る。

また，ヤコビアンの絶対値は

$$\left|\frac{\partial(x,\ y,\ z)}{\partial(r,\ \theta,\ \varphi)}\right|=r^2\sin\theta$$

よって

$$\iiint_V \sqrt{1-x^2-y^2-z^2}\,dx\,dy\,dz$$
$$=\iiint_W \sqrt{1-r^2}\cdot r^2\sin\theta\,dr\,d\theta\,d\varphi$$
$$=\int_0^1\left(\int_0^{\frac{\pi}{2}}\left(\int_0^{\frac{\pi}{2}} r^2\sqrt{1-r^2}\sin\theta\,d\varphi\right)d\theta\right)dr$$
$$=\int_0^1 r^2\sqrt{1-r^2}\,dr\times\int_0^{\frac{\pi}{2}}\sin\theta\,d\theta\times\int_0^{\frac{\pi}{2}}d\varphi$$

……①

ここで

$$\int_0^{\frac{\pi}{2}}\sin\theta\,d\theta=\Big[-\cos\theta\Big]_0^{\frac{\pi}{2}}=1,\ \int_0^{\frac{\pi}{2}}d\varphi=\frac{\pi}{2}$$

また，$\displaystyle\int_0^1 r^2\sqrt{1-r^2}\,dr$ において $r=\sin t$ とおくと

$dr=\cos t\,dt$ で，$r:0\to 1$ のとき $t:0\to\dfrac{\pi}{2}$

であるから

$$\int_0^1 r^2\sqrt{1-r^2}\,dr$$
$$=\int_0^{\frac{\pi}{2}}\sin^2 t\sqrt{1-\sin^2 t}\cos t\,dt$$
$$=\int_0^{\frac{\pi}{2}}\sin^2 t\cos^2 t\,dt=\int_0^{\frac{\pi}{2}}\left(\frac{\sin 2t}{2}\right)^2dt$$
$$=\frac{1}{4}\int_0^{\frac{\pi}{2}}\sin^2 2t\,dt=\frac{1}{4}\int_0^{\frac{\pi}{2}}\frac{1-\cos 4t}{2}\,dt$$

$$=\frac{1}{4}\left[\frac{1}{2}\left(t-\frac{1}{4}\sin 4t\right)\right]_0^{\frac{\pi}{2}}=\frac{\pi}{16}$$

よって，①$=\dfrac{\pi}{16}\times 1\times\dfrac{\pi}{2}=\dfrac{\pi^2}{32}$

(2)　円柱座標への変換：

$x=r\cos\theta$，$y=r\sin\theta$，$z=z$

により，積分範囲 V は

$$W：0\leqq r\leqq\cos\theta,\ -\frac{\pi}{2}\leqq\theta\leqq\frac{\pi}{2},$$
$$-\sqrt{1-r^2}\leqq z\leqq\sqrt{1-r^2}$$

に移る。

ヤコビアンの絶対値は簡単な計算により r であることが分かる。

よって

$$\iiint_V|z|\,dx\,dy\,dz$$
$$=\iiint_W|z|\cdot r\,dr\,d\theta\,dz$$
$$=\int_{-\frac{\pi}{2}}^{\frac{\pi}{2}}\left(\int_0^{\cos\theta}\left(\int_{-\sqrt{1-r^2}}^{\sqrt{1-r^2}}|z|\,r\,dz\right)dr\right)d\theta$$
$$=\int_{-\frac{\pi}{2}}^{\frac{\pi}{2}}\left(\int_0^{\cos\theta}\left(2\int_0^{\sqrt{1-r^2}}zr\,dz\right)dr\right)d\theta$$
$$=\int_{-\frac{\pi}{2}}^{\frac{\pi}{2}}\left(\int_0^{\cos\theta}2\left[\frac{r}{2}z^2\right]_{z=0}^{z=\sqrt{1-r^2}}dr\right)d\theta$$
$$=\int_{-\frac{\pi}{2}}^{\frac{\pi}{2}}\left(\int_0^{\cos\theta}r(1-r^2)\,dr\right)d\theta$$
$$=\int_{-\frac{\pi}{2}}^{\frac{\pi}{2}}\left(\int_0^{\cos\theta}(r-r^3)\,dr\right)d\theta$$
$$=\int_{-\frac{\pi}{2}}^{\frac{\pi}{2}}\left[\frac{r^2}{2}-\frac{r^4}{4}\right]_{r=0}^{r=\cos\theta}d\theta$$
$$=\int_{-\frac{\pi}{2}}^{\frac{\pi}{2}}\left(\frac{1}{2}\cos^2\theta-\frac{1}{4}\cos^4\theta\right)d\theta$$
$$=\int_0^{\frac{\pi}{2}}\left(\cos^2\theta-\frac{1}{2}\cos^4\theta\right)d\theta$$
$$=\int_0^{\frac{\pi}{2}}\left\{\frac{1+\cos 2\theta}{2}-\frac{1}{2}\left(\frac{1+\cos 2\theta}{2}\right)^2\right\}d\theta$$
$$=\int_0^{\frac{\pi}{2}}\left\{\frac{1+\cos 2\theta}{2}-\frac{1}{8}(1+2\cos 2\theta+\cos^2 2\theta)\right\}d\theta$$
$$=\int_0^{\frac{\pi}{2}}\left\{\frac{1+\cos 2\theta}{2}-\frac{1}{8}\left(1+2\cos 2\theta+\frac{1+\cos 4\theta}{2}\right)\right\}d\theta$$
$$=\int_0^{\frac{\pi}{2}}\left(\frac{5}{16}+\frac{1}{4}\cos 2\theta-\frac{1}{16}\cos 4\theta\right)d\theta$$
$$=\left[\frac{5}{16}\theta+\frac{1}{8}\sin 2\theta-\frac{1}{64}\sin 4\theta\right]_0^{\frac{\pi}{2}}$$
$$=\frac{5\pi}{32}$$

(3)　極座標変換の類似：

$x=4r\sin\theta\cos\varphi$，$y=3r\sin\theta\sin\varphi$，
$z=2r\cos\theta$

により，積分範囲 V は

$W：0\leqq r\leqq 1$，$0\leqq\theta\leqq\pi$，$0\leqq\varphi\leqq 2\pi$

に移る。

また，ヤコビアンの絶対値を計算すると

$$\frac{\partial(x,\ y,\ z)}{\partial(r,\ \theta,\ \varphi)}$$
$$=\begin{vmatrix}4\sin\theta\cos\varphi & 4r\cos\theta\cos\varphi & -4r\sin\theta\sin\varphi\\ 3\sin\theta\sin\varphi & 3r\cos\theta\sin\varphi & 3r\sin\theta\cos\varphi\\ 2\cos\theta & -2r\sin\theta & 0\end{vmatrix}$$
$$=4\cdot 3\cdot 2r^2(\sin\theta\cos^2\theta\cos^2\varphi+\sin^3\theta\sin^2\varphi+\sin\theta\cos^2\theta\sin^2\varphi+\sin^3\theta\cos^2\varphi)$$
$$=24r^2(\sin\theta\cos^2\theta+\sin^3\theta)=24r^2\sin\theta$$
$$\therefore\quad\left|\frac{\partial(x,\ y,\ z)}{\partial(r,\ \theta,\ \varphi)}\right|=|24r^2\sin\theta|=24r^2\sin\theta$$
$$(\because\ \ 0\leqq\theta\leqq\pi)$$

よって

$$\iiint_V z^2\,dx\,dy\,dz$$
$$=\iiint_W(2r\cos\theta)^2\cdot 24r^2\sin\theta\,dr\,d\theta\,d\varphi$$
$$=\int_0^1\left(\int_0^{\pi}\left(\int_0^{2\pi}96r^4\cos^2\theta\sin\theta\,d\varphi\right)d\theta\right)dr$$
$$=96\times\int_0^1 r^4\,dr\times\int_0^{\pi}\cos^2\theta\sin\theta\,d\theta\times\int_0^{2\pi}d\varphi$$
$$=96\times\left[\frac{r^5}{5}\right]_0^1\times\left[-\frac{1}{3}\cos^3\theta\right]_0^{\pi}\times 2\pi$$
$$=96\times\frac{1}{5}\times\frac{2}{3}\times 2\pi=\frac{128}{5}\pi$$

■演習問題 5．3

1　(1)　$D_a：0\leqq x\leqq a,\ 0\leqq y\leqq a$

とおく。ただし，$a>0$

$$\iint_{D_a}e^{-x-y}\,dx\,dy$$

$$=\int_0^a\left(\int_0^a e^{-x-y}dy\right)dx$$
$$=\int_0^a\Big[-e^{-x-y}\Big]_{y=0}^{y=a}dx$$
$$=\int_0^a(-e^{-x-a}+e^{-x})dx$$
$$=\Big[e^{-x-a}-e^{-x}\Big]_0^a$$
$$=(e^{-2a}-e^{-a})-(e^{-a}-1)=e^{-2a}-2e^{-a}+1$$

よって

$$\lim_{a\to\infty}\iint_{D_a}e^{-x-y}dx\,dy$$
$$=\lim_{a\to\infty}(e^{-2a}-2e^{-a}+1)=1$$

すなわち，$\displaystyle\iint_D e^{-x-y}dx\,dy=1$

(2)　D_a：$x^2+4y^2\leqq 4a^2$，$x\geqq 0$，$y\geqq 0$

とおく。ただし，$a>0$

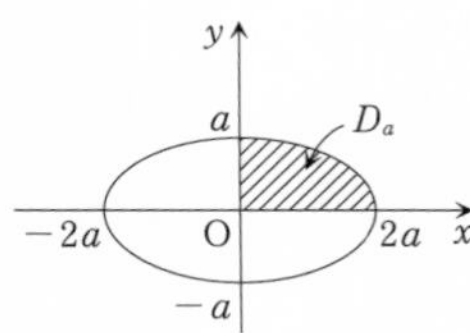

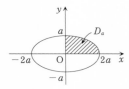

このとき

$$\iint_D e^{-x^2-4y^2}dx\,dy=\lim_{a\to\infty}\iint_{D_a}e^{-x^2-4y^2}dx\,dy$$

$x=2r\cos\theta$，$y=r\sin\theta$ とおくと

D_a は E_a：$0\leqq r\leqq a$，$0\leqq\theta\leqq\dfrac{\pi}{2}$ に移る。

また

$$\frac{\partial(x,\ y)}{\partial(r,\ \theta)}=\begin{vmatrix}2\cos\theta & -2r\sin\theta\\ \sin\theta & r\cos\theta\end{vmatrix}=2r$$

$$\therefore\quad\left|\frac{\partial(x,\ y)}{\partial(r,\ \theta)}\right|=2r$$

よって

$$\iint_{D_a}e^{-x^2-4y^2}dx\,dy=\iint_{E_a}e^{-4r^2}\cdot 2r\,dr\,d\theta$$
$$=\int_0^a\left(\int_0^{\frac{\pi}{2}}2re^{-4r^2}d\theta\right)dr$$
$$=\int_0^a 2re^{-4r^2}r\,dr\times\int_0^{\frac{\pi}{2}}d\theta$$
$$=\frac{\pi}{2}\left[-\frac{1}{4}e^{-4r^2}\right]_0^a=\frac{\pi}{8}(1-e^{-4a^2})$$

よって

$$\iint_D e^{-x^2-4y^2}dx\,dy=\lim_{a\to\infty}\iint_{D_a}e^{-x^2-4y^2}dx\,dy$$
$$=\lim_{a\to\infty}\frac{\pi}{8}(1-e^{-4a^2})=\frac{\pi}{8}$$

(3)　D_a：$x+y\leqq a$，$x\geqq 0$，$y\geqq 0$

とおく。ただし，$a>0$

このとき

$$\iint_D e^{-(x+y)^2}dx\,dy=\lim_{a\to\infty}\iint_{D_a}e^{-(x+y)^2}dx\,dy$$

$x+y=u$，$y=v$ とおくと

$x=u-v$，$y=v$

D_a は E_a：$u\leqq a$，$u-v\geqq 0$，$v\geqq 0$

すなわち，E_a：$u\leqq a$，$0\leqq v\leqq u$ に移る。

このとき

$$\frac{\partial(x,\ y)}{\partial(u,\ v)}=\begin{vmatrix}1 & -1\\ 0 & 1\end{vmatrix}=1$$

$$\therefore\quad\left|\frac{\partial(x,\ y)}{\partial(u,\ v)}\right|=1$$

よって

$$\iint_{D_a}e^{-(x+y)^2}dx\,dy$$
$$=\iint_{E_a}e^{-u^2}\cdot 1\,du\,dv$$
$$=\int_0^a\left(\int_0^u e^{-u^2}dv\right)du=\int_0^a\Big[e^{-u^2}v\Big]_{v=0}^{v=u}du$$
$$=\int_0^a ue^{-u^2}du=\left[-\frac{1}{2}e^{-u^2}\right]_0^a$$
$$=\frac{1}{2}(1-e^{-a^2})$$

よって

$$\lim_{a\to\infty}\iint_{D_a}e^{-(x+y)^2}dx\,dy$$
$$=\lim_{a\to\infty}\frac{1}{2}(1-e^{-a^2})=\frac{1}{2}$$

すなわち，$\displaystyle\iint_D e^{-(x+y)^2}dx\,dy=\frac{1}{2}$

2　(1)　原点 (0, 0) が特異点である。

D_a：$0\leqq x\leqq y\leqq 1$，$y\geqq a$

とおく。

ただし，$0<a<1$

$$\iint_{D_a}\frac{1}{\sqrt{x^2+y^2}}dx\,dy$$
$$=\int_a^1\left(\int_0^y\frac{1}{\sqrt{x^2+y^2}}dx\right)dy$$
$$=\int_a^1\Big[\log(x+\sqrt{x^2+y^2})\Big]_{x=0}^{x=y}dy$$

（後の**注**を参照）

$$=\int_a^1\{\log(1+\sqrt{2})y-\log y\}\,dy$$
$$=\int_a^1\log(1+\sqrt{2})\,dy=(1-a)\log(1+\sqrt{2})$$

よって

$$\lim_{a\to+0}\iint_{D_a}\frac{1}{\sqrt{x^2+y^2}}dx\,dy=\log(1+\sqrt{2})$$

すなわち

$$\iint_D\frac{1}{\sqrt{x^2+y^2}}dx\,dy=\log(1+\sqrt{2})$$

(注)　$\dfrac{\partial}{\partial x}\log(x+\sqrt{x^2+y^2})$

$$=\frac{1}{x+\sqrt{x^2+y^2}}\times\left(1+\frac{x}{\sqrt{x^2+y^2}}\right)=\frac{1}{\sqrt{x^2+y^2}}$$

(2)　原点（0，0）が特異点である。

D_a：$a^2\leqq x^2+y^2\leqq 1$

とおく。

ただし，$0<a<1$

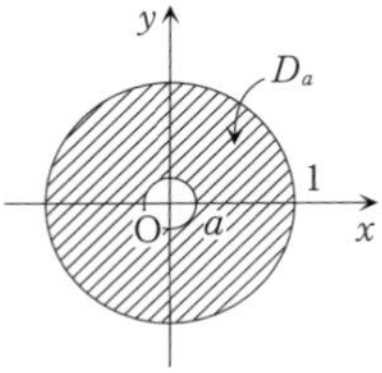

このとき

$$\iint_D\log\frac{1}{x^2+y^2}dx\,dy$$

$$=\lim_{a\to+0}\iint_{D_a}\log\frac{1}{x^2+y^2}dx\,dy$$

$\displaystyle\iint_{D_a}\log\frac{1}{x^2+y^2}dx\,dy$ において

$x=r\cos\theta$，$y=r\sin\theta$ とおくと

D_a は E_a：$a\leqq r\leqq 1$，$0\leqq\theta\leqq 2\pi$ に移る。

また，$\left|\dfrac{\partial(x,\ y)}{\partial(r,\ \theta)}\right|=r$

よって

$$\iint_{D_a}\log\frac{1}{x^2+y^2}dx\,dy$$

$$=\iint_{E_a}\log\frac{1}{r^2}\cdot r\,dr\,d\theta=\iint_{E_a}r\log\frac{1}{r^2}dr\,d\theta$$

$$=-2\int_a^1\left(\int_0^{2\pi}r\log r\,d\theta\right)dr$$

$$=-4\pi\int_a^1 r\log r\,dr$$

$$=-4\pi\left(\left[\frac{r^2}{2}\log r\right]_a^1-\int_a^1\frac{r^2}{2}\cdot\frac{1}{r}dr\right)$$

$$=-4\pi\left(-\frac{a^2}{2}\log a-\left[\frac{r^2}{4}\right]_a^1\right)$$

$$=-4\pi\left(-\frac{a^2}{2}\log a-\frac{1-a^2}{4}\right)$$

$$=\pi(2a^2\log a+1-a^2)$$

ここで

$$\lim_{a\to+0}a^2\log a=\lim_{a\to+0}\frac{\log a}{a^{-2}}$$

$$=\lim_{a\to+0}\frac{a^{-1}}{-2a^{-3}}=\lim_{a\to+0}\left(-\frac{a^2}{2}\right)=0$$

より

$$\lim_{a\to+0}\iint_{D_a}\log\frac{1}{x^2+y^2}dx\,dy=\pi$$

すなわち

$$\iint_D\log\frac{1}{x^2+y^2}dx\,dy=\pi$$

(3)　特異点は

直線 $y=x$

上に分布している。

D_a：$0\leqq y\leqq x-a$，

$a\leqq x\leqq 1$

とおく。

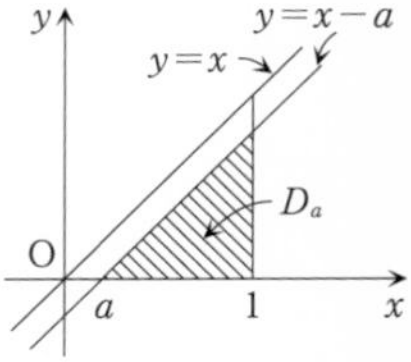

ただし，$0<a<1$

このとき

$$\iint_{D_a}\frac{1}{\sqrt[3]{x-y}}dx\,dy$$

$$=\int_a^1\left(\int_0^{x-a}\frac{1}{\sqrt[3]{x-y}}dy\right)dx$$

$$=\int_a^1\left[-\frac{3}{2}(x-y)^{\frac{2}{3}}\right]_{y=0}^{y=x-a}dx$$

$$=-\frac{3}{2}\int_a^1(a^{\frac{2}{3}}-x^{\frac{2}{3}})dx=-\frac{3}{2}\left[a^{\frac{2}{3}}x-\frac{3}{5}x^{\frac{5}{3}}\right]_a^1$$

$$=-\frac{3}{2}\left\{a^{\frac{2}{3}}(1-a)-\frac{3}{5}(1-a^{\frac{5}{3}})\right\}$$

$$=\frac{9}{10}-\frac{3}{2}a^{\frac{2}{3}}+\frac{3}{5}a^{\frac{5}{3}}$$

よって

$$\iint_D\frac{1}{\sqrt[3]{x-y}}dx\,dy=\lim_{a\to+0}\iint_{D_a}\frac{1}{\sqrt[3]{x-y}}dx\,dy$$

$$=\lim_{a\to+0}\left(\frac{9}{10}-\frac{3}{2}a^{\frac{2}{3}}+\frac{3}{5}a^{\frac{5}{3}}\right)=\frac{9}{10}$$

(4)　特異点は

円 $x^2+y^2=1$

上に分布している。

D_a：$x^2+y^2\leqq a^2$

とおく。

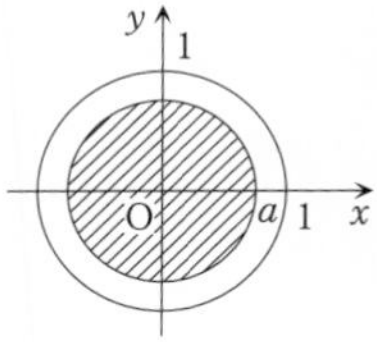

ただし，$0<a<1$

$$\iint_D\sqrt{\frac{x^2+y^2}{1-x^2-y^2}}\,dx\,dy$$

$$=\lim_{a\to1-0}\iint_{D_a}\sqrt{\frac{x^2+y^2}{1-x^2-y^2}}\,dx\,dy$$

$\displaystyle\iint_{D_a}\sqrt{\frac{x^2+y^2}{1-x^2-y^2}}\,dx\,dy$ において

$x=r\cos\theta$，$y=r\sin\theta$ とおくと

D_a は E_a：$0\leqq r\leqq a$，$0\leqq\theta\leqq 2\pi$ に移る。

また，$\left|\dfrac{\partial(x,\ y)}{\partial(r,\ \theta)}\right|=r$

よって

$$\iint_{D_a}\sqrt{\frac{x^2+y^2}{1-x^2-y^2}}\,dx\,dy$$
$$=\iint_{E_a}\sqrt{\frac{r^2}{1-r^2}}\cdot r\,dr\,d\theta$$
$$=\iint_{E_a}\frac{r^2}{\sqrt{1-r^2}}\,dr\,d\theta$$
$$=\int_0^a\left(\int_0^{2\pi}\frac{r^2}{\sqrt{1-r^2}}\,d\theta\right)dr$$
$$=2\pi\int_0^a\frac{r^2}{\sqrt{1-r^2}}\,dr$$
$$=2\pi\int_0^a\frac{1-(1-r^2)}{\sqrt{1-r^2}}\,dr$$
$$=2\pi\int_0^a\left(\frac{1}{\sqrt{1-r^2}}-\sqrt{1-r^2}\right)dr$$
$$=2\pi\left(\Big[\sin^{-1}r\Big]_0^a-\int_0^a\sqrt{1-r^2}\,dr\right)$$

よって

$$\iint_D\sqrt{\frac{x^2+y^2}{1-x^2-y^2}}\,dx\,dy$$
$$=\lim_{a\to1-0}\iint_{D_a}\sqrt{\frac{x^2+y^2}{1-x^2-y^2}}\,dx\,dy$$
$$=2\pi\lim_{a\to1-0}\left(\Big[\sin^{-1}r\Big]_0^a-\int_0^a\sqrt{1-r^2}\,dr\right)$$
$$=2\pi\left(\Big[\sin^{-1}r\Big]_0^1-\int_0^1\sqrt{1-r^2}\,dr\right)$$
$$=2\pi\left(\sin^{-1}1-\frac{\pi}{4}\right)=2\pi\left(\frac{\pi}{2}-\frac{\pi}{4}\right)=\frac{\pi^2}{2}$$

(5) 原点 (0, 0) が特異点である。

D_a：$a\leqq x\leqq 1$,
$0\leqq y\leqq 1$

とおく。

ただし，$0<a<1$

このとき

$$\iint_{D_a}\frac{1}{(x+y)^{\frac{3}{2}}}\,dx\,dy$$
$$=\int_a^1\left(\int_0^1\frac{1}{(x+y)^{\frac{3}{2}}}\,dy\right)dx$$
$$=\int_a^1\Big[-2(x+y)^{-\frac{1}{2}}\Big]_{y=0}^{y=1}dx$$
$$=-2\int_a^1\{(x+1)^{-\frac{1}{2}}-x^{-\frac{1}{2}}\}\,dx$$
$$=-2\Big[2\sqrt{x+1}-2\sqrt{x}\Big]_a^1$$
$$=-4\{(\sqrt{2}-1)-(\sqrt{a+1}-\sqrt{a})\}$$
$$=4(-\sqrt{2}+1+\sqrt{a+1}-\sqrt{a})$$

よって

$$\lim_{a\to+0}\iint_{D_a}\frac{1}{(x+y)^{\frac{3}{2}}}\,dx\,dy$$
$$=\lim_{a\to+0}4(-\sqrt{2}+1+\sqrt{a+1}-\sqrt{a})$$
$$=4(-\sqrt{2}+1+1-0)=4(2-\sqrt{2})$$

3 $\displaystyle\iint_{D_{n,p}}\frac{x^2-y^2}{(x^2+y^2)^2}\,dx\,dy$

$$=\int_{\frac{1}{n}}^1\left(\int_0^x\frac{x^2-y^2}{(x^2+y^2)^2}\,dy\right)dx+\int_{\frac{p}{n}}^1\left(\int_0^y\frac{x^2-y^2}{(x^2+y^2)^2}\,dx\right)dy$$
$$=\int_{\frac{1}{n}}^1\left[\frac{y}{x^2+y^2}\right]_{y=0}^{y=x}dx+\int_{\frac{p}{n}}^1\left[-\frac{x}{x^2+y^2}\right]_{x=0}^{x=y}dy$$
$$=\int_{\frac{1}{n}}^1\frac{1}{2x}\,dx+\int_{\frac{p}{n}}^1\left(-\frac{1}{2y}\right)dy$$
$$=\left[\frac{1}{2}\log x\right]_{\frac{1}{n}}^1+\left[-\frac{1}{2}\log y\right]_{\frac{p}{n}}^1$$
$$=-\frac{1}{2}\log\frac{1}{n}+\frac{1}{2}\log\frac{p}{n}=\frac{1}{2}\log p$$

よって

$$\lim_{n\to\infty}\iint_{D_{n,p}}\frac{x^2-y^2}{(x^2+y^2)^2}\,dx\,dy=\lim_{n\to\infty}\frac{1}{2}\log p$$
$$=\frac{1}{2}\log p$$ （p によって値が異なる）

【参考】 この例は近似増加列の選び方によって極限値が異なる広義積分である。したがって，与えられた広義積分は定義されない。この問題の被積分関数は領域 D の内部で正にも負にもなることに注意しよう。広義積分の存在に関する定理で被積分関数 $f(x, y)$ の値がつねに 0 以上（つねに 0 以下でもよい）が仮定されていたことに注意せよ。

第6章 微分方程式

■演習問題 6．1

1 (1)　$y'+y=0$ より，$\dfrac{dy}{dx}=-y$

$\therefore\quad \dfrac{1}{y}\dfrac{dy}{dx}=-1$

両辺を x で積分すると

$$\int\frac{1}{y}dy=\int(-1)dx$$

$\therefore\quad \log|y|=-x+C$

$\therefore\quad y=\pm e^{-x+C}=\pm e^{C}e^{-x}$

よって，$y=Ae^{-x}$　(A は任意定数)

(2)　対応する同次の微分方程式 $y'+y=0$ の一般解は $y=Ae^{-x}$ であるから，求める一般解を $y=A(x)e^{-x}$ と表すと

$$y'+y=A'(x)e^{-x}+A(x)(-e^{-x})+A(x)e^{-x}$$
$$=A'(x)e^{-x}$$

そこで，$A'(x)e^{-x}=\sin x$ であればよいから

$$A'(x)=e^{x}\sin x\quad\therefore\quad A(x)=\int e^{x}\sin x\,dx$$

ここで

$$(e^{x}\sin x)'=e^{x}\sin x+e^{x}\cos x$$
$$(e^{x}\cos x)'=e^{x}\cos x-e^{x}\sin x$$

より

$$(e^{x}\sin x-e^{x}\cos x)'=2e^{x}\sin x$$

よって

$$A(x)=\int e^{x}\sin x\,dx$$
$$=\frac{1}{2}e^{x}(\sin x-\cos x)+C$$

したがって

$$y=\left(\frac{1}{2}e^{x}(\sin x-\cos x)+C\right)e^{-x}$$
$$=\frac{1}{2}(\sin x-\cos x)+Ce^{-x}\quad(C\text{ は任意定数})$$

2 (1)　与式の両辺に $e^{\int 2x\,dx}=e^{x^2}$ をかけると

$$y'\cdot e^{x^2}+y\cdot 2xe^{x^2}=x$$

$\therefore\quad (y\cdot e^{x^2})'=x$

$\therefore\quad y\cdot e^{x^2}=\int x\,dx=\dfrac{1}{2}x^2+C$

よって

$$y=\left(\frac{1}{2}x^2+C\right)e^{-x^2}=\frac{1}{2}x^2e^{-x^2}+Ce^{-x^2}$$

(C は任意定数)

(2)　与式の両辺に

$$e^{\int\tan x\,dx}=e^{-\log(\cos x)}=e^{\log\frac{1}{\cos x}}=\frac{1}{\cos x}$$

をかけると

$$y'\cdot\frac{1}{\cos x}+y\cdot\frac{\sin x}{\cos^2 x}=2\sin x$$

$\therefore\quad \left(y\cdot\dfrac{1}{\cos x}\right)'=2\sin x$

$\therefore\quad y\cdot\dfrac{1}{\cos x}=\displaystyle\int 2\sin x\,dx=-2\cos x+C$

よって

$$y=(-2\cos x+C)\cos x$$
$$=-2\cos^2 x+C\cos x\quad(C\text{ は任意定数})$$

3 (1)　$xy'-(x+1)=x^2$ より

$$y'-\left(1+\frac{1}{x}\right)=x$$

一般解の公式より

$$y=\left(\int xe^{\int\left\{-\left(1+\frac{1}{x}\right)\right\}dx}dx+C\right)e^{-\int\left\{-\left(1+\frac{1}{x}\right)\right\}dx}$$
$$=\left(\int xe^{-\int\left(1+\frac{1}{x}\right)dx}dx+C\right)e^{\int\left(1+\frac{1}{x}\right)dx}$$
$$=\left(\int xe^{-x-\log x}dx+C\right)e^{x+\log x}$$
$$=\left(\int xe^{-x}e^{\log\frac{1}{x}}dx+C\right)e^{x}e^{\log x}$$
$$=\left(\int xe^{-x}\frac{1}{x}dx+C\right)e^{x}x$$
$$=\left(\int e^{-x}dx+C\right)e^{x}x$$
$$=(-e^{-x}+C)e^{x}x=-x+Ce^{x}x$$

(C は任意定数)

(2)　$(x^2+1)y'-xy=1$ より

$$y'-\frac{x}{x^2+1}y=\frac{1}{x^2+1}$$

一般解の公式より

$$y$$
$$=\left(\int\frac{1}{x^2+1}e^{\int\left(-\frac{x}{x^2+1}\right)dx}dx+C\right)e^{-\int\left(-\frac{x}{x^2+1}\right)dx}$$
$$=\left(\int\frac{1}{x^2+1}e^{-\frac{1}{2}\log(x^2+1)}dx+C\right)e^{\frac{1}{2}\log(x^2+1)}$$
$$=\left(\int\frac{1}{x^2+1}e^{\log\frac{1}{\sqrt{x^2+1}}}dx+C\right)e^{\log\sqrt{x^2+1}}$$
$$=\left(\int\frac{1}{(x^2+1)\sqrt{x^2+1}}dx+C\right)\sqrt{x^2+1}$$

$=\left(\dfrac{x}{\sqrt{x^2+1}}+C\right)\sqrt{x^2+1}$

$=x+C\sqrt{x^2+1}$　（C は任意定数）

（注）　$\left(\dfrac{x}{\sqrt{x^2+1}}\right)'=\dfrac{1\cdot\sqrt{x^2+1}-x\cdot\dfrac{x}{\sqrt{x^2+1}}}{x^2+1}$

$=\dfrac{(x^2+1)-x^2}{(x^2+1)\sqrt{x^2+1}}=\dfrac{1}{(x^2+1)\sqrt{x^2+1}}$

4　(1)　$y'-2xy=xy^2$ より

$\dfrac{1}{y^2}y'-2x\dfrac{1}{y}=x$

そこで，$z=\dfrac{1}{y}=y^{-1}$ とおくと

$z'=-y^{-2}y'=-\dfrac{1}{y^2}y'$　　∴　$\dfrac{1}{y^2}y'=-z'$

よって，与式は

$-z'-2xz=x$　　∴　$z'+2xz=-x$

一般解の公式を使えば

$z=\left(\int(-x)e^{\int 2x dx}dx+C\right)e^{-\int 2x dx}$

$=\left(\int(-x)e^{x^2}dx+C\right)e^{-x^2}$

$=\left(-\dfrac{1}{2}e^{x^2}+C\right)e^{-x^2}$

$=-\dfrac{1}{2}+Ce^{-x^2}$　　∴　$\dfrac{1}{y}=-\dfrac{1}{2}+Ce^{-x^2}$

よって，$y=\dfrac{1}{-\dfrac{1}{2}+Ce^{-x^2}}$　（C は任意定数）

(2)　$xy'+y=y^2\log x$ より

$\dfrac{1}{y^2}y'+\dfrac{1}{x}\cdot\dfrac{1}{y}=\dfrac{\log x}{x}$

そこで，$z=\dfrac{1}{y}=y^{-1}$ とおくと

$z'=-y^{-2}y'=-\dfrac{1}{y^2}y'$　　∴　$\dfrac{1}{y^2}y'=-z'$

よって，与式は

$-z'+\dfrac{1}{x}z=\dfrac{\log x}{x}$

∴　$z'-\dfrac{1}{x}z=-\dfrac{\log x}{x}$

一般解の公式を使えば

z

$=\left(\int\left(-\dfrac{\log x}{x}\right)e^{\int\left(-\frac{1}{x}\right)dx}dx+C\right)e^{-\int\left(-\frac{1}{x}\right)dx}$

$=\left(\int\left(-\dfrac{\log x}{x}\right)e^{-\log x}dx+C\right)e^{\log x}$

$=\left(\int\left(-\dfrac{\log x}{x}\right)e^{\log\frac{1}{x}}dx+C\right)e^{\log x}$

$=\left(\int\left(-\dfrac{\log x}{x}\right)\dfrac{1}{x}dx+C\right)x$

$=\left(\int\left(-\dfrac{1}{x^2}\log x\right)dx+C\right)x$

$=\left(\dfrac{1}{x}\cdot\log x-\int\dfrac{1}{x}\cdot\dfrac{1}{x}dx+C\right)x$

$=\left(\dfrac{1}{x}\log x+\dfrac{1}{x}+C\right)x=\log x+1+Cx$

よって

$\dfrac{1}{y}=\log x+1+Cx$　（C は任意定数）

すなわち，$y=\dfrac{1}{\log x+1+Cx}$

［例題 4 の別解］　与えられた微分方程式

$y'-y=-\dfrac{1}{2}e^{-x}y^3$

は線形微分方程式ではないが，**定数変化法**で解いてみるとどのようになるか調べてみよう。

まず，対応する同次の微分方程式 $y'-y=0$ の一般解は容易に求められて

$y=Ae^x$　（A は任意定数）

次に，求める一般解を $y=A(x)e^x$ という形に表しておく。

$y'-y=\{A'(x)e^x+A(x)e^x\}-A(x)e^x$
$=A'(x)e^x$

により

$A'(x)e^x=-\dfrac{1}{2}e^{-x}y^3$

$=-\dfrac{1}{2}e^{-x}\{A(x)e^x\}^3=-\dfrac{1}{2}e^{2x}A(x)^3$

よって

$A'(x)=-\dfrac{1}{2}e^xA(x)^3$

であればよい。

ここで $A(x)$ を u で表すと

$\dfrac{du}{dx}=-\dfrac{1}{2}e^xu^3$　　∴　$\dfrac{1}{u^3}\dfrac{du}{dx}=-\dfrac{1}{2}e^x$

∴　$\int\dfrac{1}{u^3}du=\int\left(-\dfrac{1}{2}e^x\right)dx$

∴　$-\dfrac{1}{2u^2}=-\dfrac{1}{2}e^x+C$

∴　$\dfrac{1}{u^2}=e^x-2C$

すなわち，$\dfrac{1}{A(x)^2}=e^x-2C$

$\therefore\quad \dfrac{1}{\{A(x)e^x\}^2}=e^{-x}-2Ce^{-2x}$

$\therefore\quad \dfrac{1}{y^2}=e^{-x}-2Ce^{-2x}$

よって

$(e^{-x}-2Ce^{-2x})y^2=1$　（C は任意定数）

(注)　これは初めに解いたものと同じ式であることに注意しよう。

■演習問題 6．2

1　以下，C_1，C_2 は任意定数を表す。

(1)　$y''-2y'+y=0$ の特性方程式は

$t^2-2t+1=0\qquad\therefore\quad t=1$　（重解）

よって，$y''+2y'+y=0$ の一般解は

$y=C_1e^x+C_2xe^x$

次に，$y''-2y'+y=x^2$ の特殊解を求める。

$y=ax^2+bx+c$ とすると

$y'=2ax+b$，$y''=2a$

よって

$y''-2y'+y$

$=ax^2+(-2\cdot 2a+b)x+(2a-2\cdot b+c)$

$=ax^2+(-4a+b)x+(2a-2b+c)$

よって

$a=1$，$-4a+b=0$，$2a-2b+c=0$

より

$a=1$，$b=4$，$c=6$

したがって，$y=x^2+4x+6$ は特殊解

以上より，求める一般解は

$y=C_1e^x+C_2xe^x+x^2+4x+6$

(2)　$y''+2y'+2y=0$ の特性方程式は

$t^2+2t+2=0\qquad\therefore\quad t=-1\pm i$

よって，$y''+2y'+2y=0$ の一般解は

$y=C_1e^{-x}\cos x+C_2e^{-x}\sin x$

次に，$y''+2y'+2y=\sin x$ の特殊解を求める。

$y=A\sin x+B\cos x$ とおくと

$y'=A\cos x-B\sin x$，

$y''=-A\sin x-B\cos x$

よって

$y''+2y'+2y$

$=\{(-A)+2(-B)+2A\}\sin x$

$\quad+\{(-B)+2A+2B\}\cos x$

$=(A-2B)\sin x+(2A+B)\cos x$

$A-2B=1$，$2A+B=0$ とすると

$A=\dfrac{1}{5}$，$B=-\dfrac{2}{5}$

よって，$y=\dfrac{1}{5}(\sin x-2\cos x)$ が特殊解

以上より，求める一般解は

$y=C_1e^{-x}\cos x+C_2e^{-x}\sin x$

$\qquad+\dfrac{1}{5}(\sin x-2\cos x)$

(3)　$y''+3y'-4y=0$ の特性方程式は

$t^2+3t-4=0\qquad\therefore\quad (t+4)(t-1)=0$

$\therefore\quad t=1,\ -4$

よって，$y''+3y'-4y=0$ の一般解は

$y=C_1e^x+C_2e^{-4x}$

次に，$y''+3y'-4y=e^x$ の特殊解を求める。

$y=Ae^x$ とおくと

$y''+3y'-4y=(A+3A-4A)e^x=0$

となるから，

$y=Ae^x$ の形の特殊解は存在しない。

そこで，$y=Axe^x$ とおくと

$y'=A(e^x+xe^x)$，

$y''=A(e^x+e^x+xe^x)=A(2e^x+xe^x)$

より

$y''+3y'-4y$

$=(2A+3\cdot A)e^x+(A+3\cdot A-4\cdot A)xe^x$

$=5Ae^x$

$5A=1$ とすると，$A=\dfrac{1}{5}$

よって，$y=\dfrac{1}{5}xe^x$ が特殊解

したがって，求める一般解は

$y=C_1e^x+C_2e^{-4x}+\dfrac{1}{5}xe^x$

(4)　$y''+4y=0$ の特性方程式は

$t^2+4=0\qquad\therefore\quad t=\pm 2i$

よって，$y''+4y=0$ の一般解は

$y=C_1\cos 2x+C_2\sin 2x$

次に，$y''+4y=\sin 2x$ の特殊解を求める。

（$y=A\sin 2x+B\cos 2x$ の形の特殊解は存在しないことが分かるから）

$y=x(A\sin 2x+B\cos 2x)$ とおくと

$y'=A\sin 2x+B\cos 2x$

$\qquad+x(2A\cos 2x-2B\sin 2x)$

$y''=2A\cos 2x-2B\sin 2x$

$\qquad+(2A\cos 2x-2B\sin 2x)$

$\qquad+x(-4A\sin 2x-4B\cos 2x)$

$\quad=4A\cos 2x-4B\sin 2x$

$\qquad+x(-4A\sin 2x-4B\cos 2x)$

よって

$y''+4y=-4B\sin 2x+4A\cos 2x$

$-4B=1$，$4A=0$ とすると

$A=0,\ B=-\dfrac{1}{4}$

よって，$y=-\dfrac{1}{4}x\cos 2x$ が特殊解

以上より，求める一般解は

$$y=C_1\cos 2x+C_2\sin 2x-\frac{1}{4}x\cos 2x$$

2 $x=e^u$ とおくと

$$xy'=x\frac{dy}{dx}=\frac{dy}{du},$$

$$x^2y''=x^2\frac{d^2y}{dx^2}=\frac{d^2y}{du^2}-\frac{dy}{du}$$ （本文参照）

(1) $x^2y''+3xy'+y=0$ は次のようになる。

$$\left(\frac{d^2y}{du^2}-\frac{dy}{du}\right)+3\frac{dy}{du}+y=0$$

$\therefore\ \dfrac{d^2y}{du^2}+2\dfrac{dy}{du}+y=0$

特性方程式は，$t^2+2t+1=0$

$\therefore\ t=-1$（重解）

よって，求める一般解は

$$y=C_1e^{-u}+C_2ue^{-u}=C_1x^{-1}+C_2x^{-1}\log x$$

$$=C_1\frac{1}{x}+C_2\frac{\log x}{x}$$ （C_1，C_2 は任意定数）

(2) $x^2y''+xy'-4y=x$ は次のようになる。

$$\left(\frac{d^2y}{du^2}-\frac{dy}{du}\right)+\frac{dy}{du}-4y=e^u$$

$\therefore\ \dfrac{d^2y}{du^2}-4y=e^u$

$\dfrac{d^2y}{du^2}-4y=0$ の特性方程式は

$t^2-4=0\quad\therefore\ t=\pm 2$

よって，その一般解は $y=C_1e^{2u}+C_2e^{-2u}$

次に，$\dfrac{d^2y}{du^2}-4y=e^u$ の特殊解を求める。

$y=Ae^u$ とすると，$\dfrac{d^2y}{du^2}-4y=-3Ae^u$

$-3A=1$ とすると，$A=-\dfrac{1}{3}$

よって，$y=-\dfrac{1}{3}e^u$ が特殊解

以上より，求める一般解は

$$y=C_1e^{2u}+C_2e^{-2u}-\frac{1}{3}e^u$$

$$=C_1x^2+C_2\frac{1}{x^2}-\frac{1}{3}x$$ （C_1，C_2 は任意定数）

3 $y''+ay=0$ の特性方程式は，$t^2+a=0$

（i） $a>0$ のとき；

特性方程式の解は $t=\pm\sqrt{-a}=\pm\sqrt{a}\,i$ であるから，一般解は

$$y=C_1\cos\sqrt{a}\,x+C_2\sin\sqrt{a}\,x$$

$y(0)=C_1=0$ より，$C_1=0$

さらに，$y(L)=C_2\sin\sqrt{a}\,L=0$ より

$\sqrt{a}\,L=n\pi$

$\therefore\ a=\left(\dfrac{n\pi}{L}\right)^2$ （$n=1,\ 2,\ \cdots$）

また，その解は

$$y(x)=A\sin\frac{n\pi}{L}x$$ （A は任意定数）

（ii） $a=0$ のとき；

特性方程式の解は $t=0$ であるから，一般解は $y=C_1+C_2x$

$y(0)=C_1=0$ より，$C_1=0$

さらに，$y(L)=C_2L=0$ より，$C_2=0$

よって，$y=0$ となり不適

（iii） $a<0$ のとき；

特性方程式の解は $t=\pm\sqrt{-a}$ であるから，一般解は $y=C_1e^{\sqrt{-a}x}+C_2e^{-\sqrt{-a}x}$

$y(0)=C_1+C_2=0,$

$y(L)=C_1e^{\sqrt{-a}L}+C_2e^{-\sqrt{-a}L}=0$

より，$C_1=C_2=0$

よって，$y=0$ となり不適

（i），（ii），（iii）より求める a の条件は

$$a=\left(\frac{n\pi}{L}\right)^2\quad (n=1,\ 2,\ \cdots)$$

そのときの解は

$$y(x)=A\sin\frac{n\pi}{L}x$$ （A は任意定数）

■演習問題 6．3

1 (1) $x^3\dfrac{dy}{dx}+y^2=0$ より

$x^3\dfrac{dy}{dx}=-y^2\qquad\therefore\ \dfrac{1}{y^2}\dfrac{dy}{dx}=-\dfrac{1}{x^3}$

$\therefore\ \displaystyle\int\frac{1}{y^2}\,dy=-\int\frac{1}{x^3}\,dx$

$\therefore\ -\dfrac{1}{y}=\dfrac{1}{2x^2}+C=\dfrac{1+2Cx^2}{2x^2}$

$\therefore\ y=-\dfrac{2x^2}{1+2Cx^2}$ （C は任意定数）

(2) $(y+1)\dfrac{dy}{dx}-\log x=0$ より

$$(y+1)\frac{dy}{dx}=\log x$$

$$\therefore\ \int(y+1)\,dy=\int\log x\,dx$$

$$\therefore\ \frac{y^2}{2}+y=x\log x-x+C$$

（C は任意定数）

2 (1)　$(x^2-y^2)\dfrac{dy}{dx}-2xy=0$ より

$$\frac{dy}{dx}=\frac{2xy}{x^2-y^2}=\frac{2\dfrac{y}{x}}{1-\left(\dfrac{y}{x}\right)^2}$$

そこで，$z=\dfrac{y}{x}$ とおくと

$$y=xz\qquad\therefore\ \frac{dy}{dx}=z+x\frac{dz}{dx}$$

よって，与式は

$$z+x\frac{dz}{dx}=\frac{2z}{1-z^2}$$

$$\therefore\ x\frac{dz}{dx}=\frac{2z}{1-z^2}-z=\frac{z^3+z}{1-z^2}$$

$$\therefore\ \frac{z^2-1}{z^3+z}\frac{dz}{dx}=-\frac{1}{x}$$

$$\therefore\ \int\frac{z^2-1}{z^3+z}\,dz=-\int\frac{1}{x}\,dx$$

$$\int\frac{2z^2-(z^2+1)}{z(z^2+1)}\,dz=-\int\frac{1}{x}\,dx$$

$$\int\left(\frac{2z}{z^2+1}-\frac{1}{z}\right)dz=-\int\frac{1}{x}\,dx$$

$$\therefore\ \log(z^2+1)-\log|z|=-\log|x|+C$$

$$\therefore\ \log\frac{(z^2+1)|x|}{|z|}=C\qquad\frac{(z^2+1)x}{z}=A$$

$$\therefore\ (z^2+1)x=Az\qquad\left(\frac{y^2}{x^2}+1\right)x=A\frac{y}{x}$$

$$\therefore\ x^2+y^2=Ay$$ （A は任意定数）

(2)　$(x^2-2y^2)\dfrac{dy}{dx}-xy=0$ より

$$\frac{dy}{dx}=\frac{xy}{x^2-2y^2}=\frac{\dfrac{y}{x}}{1-2\left(\dfrac{y}{x}\right)^2}$$

そこで，$z=\dfrac{y}{x}$ とおくと

$$y=xz\qquad\therefore\ \frac{dy}{dx}=z+x\frac{dz}{dx}$$

よって，与式は

$$z+x\frac{dz}{dx}=\frac{z}{1-2z^2}$$

$$\therefore\ x\frac{dz}{dx}=\frac{z}{1-2z^2}-z=\frac{2z^3}{1-2z^2}$$

$$\therefore\ \frac{2z^2-1}{2z^3}\frac{dz}{dx}=-\frac{1}{x}$$

$$\therefore\ \int\frac{2z^2-1}{2z^3}\,dz=-\int\frac{1}{x}\,dx$$

$$\int\left(\frac{1}{z}-\frac{1}{2z^3}\right)dz=-\int\frac{1}{x}\,dx$$

$$\therefore\ \log|z|+\frac{1}{4z^2}=-\log|x|+C$$

$$\therefore\ \log|xz|+\frac{1}{4z^2}=C$$

$$4z^2\log|xz|+1=4Cz^2$$

$$z^2\log(xz)^4+1=4Cz^2$$

$$\frac{y^2}{x^2}\log y^4+1=4C\frac{y^2}{x^2}$$

$$\therefore\ y^2\log y^4+x^2=Ay^2$$ （A は任意定数）

3 (1)　$\dfrac{dy}{dx}=\sin(y-x)$

$z=y-x$ とおくと

$$\frac{dz}{dx}=\frac{dy}{dx}-1$$

よって，与式は

$$\frac{dz}{dx}+1=\sin z\qquad\therefore\ \frac{dz}{dx}=\sin z-1$$

$$\therefore\ \frac{1}{1-\sin z}\frac{dz}{dx}=-1$$

$$\therefore\ \int\frac{1}{1-\sin z}\,dz=-\int dx$$

$$\int\frac{1+\sin z}{\cos^2 z}\,dz=-\int dx$$

$$\therefore\ \tan z+\frac{1}{\cos z}=-x+C$$

$$\therefore\ \tan(y-x)+\frac{1}{\cos(y-x)}=-x+C$$

（C は任意定数）

(2)　$\dfrac{dy}{dx}=\dfrac{4x-2y+1}{2x-y-1}$

$z=2x-y$ とおくと

$$\frac{dz}{dx}=2-\frac{dy}{dx}$$

よって，与式は

$$2-\frac{dz}{dx}=\frac{2z+1}{z-1}$$

$$\therefore\ \frac{dz}{dx}=2-\frac{2z+1}{z-1}=\frac{-3}{z-1}$$

$\therefore\quad (z-1)\dfrac{dz}{dx}=-3$

$\therefore\quad \displaystyle\int(z-1)dz=-\int 3dx$

$\therefore\quad \dfrac{(z-1)^2}{2}=-3x+C$

$\therefore\quad \dfrac{(2x-y-1)^2}{2}=-3x+C$

（C は任意定数）

4 (1) $(e^x+2xy+2y^2)_y=2x+4y$

$(x^2+4xy+3)_x=2x+4y$

$\therefore\quad (e^x+2xy+2y^2)_y=(x^2+4xy+3)_x$

よって，与式は完全微分方程式である。
したがって

$F_x=e^x+2xy+2y^2$

かつ

$F_y=x^2+4xy+3$

を満たす関数 $F(x,\ y)$ が存在して，一般解は次で与えられる。

$F(x,\ y)=C$ （C は任意定数）

$F_x=e^x+2xy+2y^2$ より

$$F=\int(e^x+2xy+2y^2)dx$$
$$=e^x+x^2y+2xy^2+c(y)$$

$\therefore\quad F_y=x^2+4xy+c'(y)$

$F_y=x^2+4xy+3$ より，$c'(y)=3$

$\therefore\quad c(y)=3y$

よって，$F=e^x+x^2y+2xy^2+3y$ であり
求める一般解は

$e^x+x^2y+2xy^2+3y=C$ （C は任意定数）

(2) $(2xy-\cos x)_y=2x$，$(x^2-1)_x=2x$

$\therefore\quad (2xy-\cos x)_y=(x^2-1)_x$

よって，与式は完全微分方程式である。
したがって

$F_x=2xy-\cos x$ かつ $F_y=x^2-1$

を満たす関数 $F(x,\ y)$ が存在して，一般解は次で与えられる。

$F(x,\ y)=C$ （C は任意定数）

$F_x=2xy-\cos x$ より，$F=x^2y-\sin x+c(y)$

$\therefore\quad F_y=x^2+c'(y)$

$F_y=x^2-1$ より，$c'(y)=-1$

$\therefore\quad c(y)=-y$

よって，$F=x^2y-\sin x-y$ であり
求める一般解は

$x^2y-\sin x-y=C$ （C は任意定数）

5 (1) 与式の両辺に $\dfrac{1}{x}$ をかけると

$$\left(\frac{1}{x}-y\right)dx+(y-x)dy=0$$

$\left(\dfrac{1}{x}-y\right)_y=(y-x)_x=-1$ であるから，これは完全微分方程式である。
したがって

$F_x=\dfrac{1}{x}-y$ かつ $F_y=y-x$

を満たす関数 $F(x,\ y)$ が存在して，一般解は次で与えられる。

$F(x,\ y)=C$ （C は任意定数）

$F_x=\dfrac{1}{x}-y$ より，$F=\log|x|-xy+c(y)$

$\therefore\quad F_y=-x+c'(y)$

$F_y=y-x$ より，$c'(y)=y$ $\quad\therefore\quad c(y)=\dfrac{y^2}{2}$

よって，$F=\log|x|-xy+\dfrac{y^2}{2}$ であり
求める一般解は

$$\log|x|-xy+\frac{y^2}{2}=C$$

$\therefore\quad \log x^2-2xy+y^2=A$ （A は任意定数）

(2) 与式の両辺に $\dfrac{1}{x^2+y^2}$ をかけると

$$\left(1-\frac{x}{x^2+y^2}\right)dx-\frac{y}{x^2+y^2}dy=0$$

ここで

$$\left(1-\frac{x}{x^2+y^2}\right)_y=-\frac{0-x\cdot 2y}{(x^2+y^2)^2}=\frac{2xy}{(x^2+y^2)^2}$$
$$\left(-\frac{y}{x^2+y^2}\right)_x=-\frac{0-y\cdot 2x}{(x^2+y^2)^2}=\frac{2xy}{(x^2+y^2)^2}$$

$\left(1-\dfrac{x}{x^2+y^2}\right)_y=\left(-\dfrac{y}{x^2+y^2}\right)_x$ であるから，
これは完全微分方程式である。
したがって

$F_x=1-\dfrac{x}{x^2+y^2}$ かつ $F_y=-\dfrac{y}{x^2+y^2}$

を満たす関数 $F(x,\ y)$ が存在して，一般解は次で与えられる。

$F(x,\ y)=C$ （C は任意定数）

$F_x=1-\dfrac{x}{x^2+y^2}$ より

$$F=x-\frac{1}{2}\log(x^2+y^2)+c(y)$$

$\therefore\quad F_y=-\dfrac{y}{x^2+y^2}+c'(y)$

$F_y=-\dfrac{y}{x^2+y^2}$ より，$c'(y)=0$

$\therefore$ $c(y)$ は定数

よって，$F=x-\dfrac{1}{2}\log(x^2+y^2)$ であり

求める一般解は

$$x-\frac{1}{2}\log(x^2+y^2)=C \quad (C \text{ は任意定数})$$

6 $\dfrac{dy}{dx}=p$ とおくと

$$\frac{d^2y}{dx^2}=\frac{dp}{dx}=\frac{dp}{dy}\cdot\frac{dy}{dx}=\frac{dp}{dy}\cdot p=p\frac{dp}{dy}$$

よって，与式は次のようになる。

$$y\cdot p\frac{dp}{dy}-2p^2-yp=0$$

$\therefore$ $\dfrac{dp}{dy}-\dfrac{2}{y}p=1$ （これは1階線形）

両辺に

$$e^{\int\left(-\frac{2}{y}\right)dy}=e^{-2\log|y|}=e^{\log\frac{1}{y^2}}=\frac{1}{y^2}$$

をかけると

$$\frac{dp}{dy}\cdot\frac{1}{y^2}+p\cdot\left(-\frac{2}{y^3}\right)=\frac{1}{y^2}$$

$\therefore$ $\left(p\cdot\dfrac{1}{y^2}\right)'=\dfrac{1}{y^2}$

$\therefore$ $p\cdot\dfrac{1}{y^2}=\displaystyle\int\frac{1}{y^2}dy=-\frac{1}{y}+C$

$\therefore$ $p=\left(-\dfrac{1}{y}+C\right)y^2=-y+Cy^2$

$\therefore$ $\dfrac{dy}{dx}=-y+Cy^2$ $\qquad\therefore$ $\dfrac{1}{Cy^2-y}\dfrac{dy}{dx}=1$

$\therefore$ $\displaystyle\int\frac{1}{y(Cy-1)}dy=\int dx$

$$\int\left(\frac{C}{Cy-1}-\frac{1}{y}\right)dy=\int dx$$

$\therefore$ $\log|Cy-1|-\log|y|=x+D$

$$\log\left|\frac{Cy-1}{y}\right|=x+D$$

$\therefore$ $\dfrac{Cy-1}{y}=Ae^x$ $\qquad\therefore$ $Cy-1=Ae^xy$

$\therefore$ $y=\dfrac{1}{C-Ae^x}$ （A，C は任意定数）

7 点 $\mathrm{P}(x,\ y)$ における接線の方程式は

$$Y-y=y'(X-x)$$

ここで，$Y=0$ とすると，$X=-\dfrac{y}{y'}+x$

$\therefore$ $\mathrm{Q}\left(-\dfrac{y}{y'}+x,\ 0\right)$

よって，線分 PQ の中点は

$$\left(-\frac{y}{2y'}+x,\ \frac{y}{2}\right)$$

これが y 軸上の点であることから

$$-\frac{y}{2y'}+x=0 \qquad \therefore \quad \frac{y}{2y'}=x$$

$\therefore$ $y'=\dfrac{y}{2x}$ $\qquad\therefore$ $\dfrac{1}{y}\dfrac{dy}{dx}=\dfrac{1}{2x}$

$\therefore$ $\displaystyle\int\frac{1}{y}dy=\int\frac{1}{2x}dx$

$\therefore$ $\log y=\dfrac{1}{2}\log x+C=\log e^C\sqrt{x}$

$\therefore$ $y=A\sqrt{x}$

点 $(1,\ 1)$ を通ることから，$A=1$

よって，求める曲線の方程式は $y=\sqrt{x}$

[p.221 の研究問題の解答]

(1) $y'+xy=x^2+1$

まず，$y'+xy=0$ の一般解を求めよう。

$\dfrac{dy}{dx}=-xy$ より，$\dfrac{1}{y}\dfrac{dy}{dx}=-x$

$\therefore$ $\displaystyle\int\frac{1}{y}dy=-\int x\,dx$

$\therefore$ $\log|y|=-\dfrac{x^2}{2}+C$

よって，$y'+xy=0$ の一般解は

$$y=Ae^{-\frac{x^2}{2}} \quad (A \text{ は任意定数})$$

次に，$y'+xy=x^2+1$ の特殊解であるが，この式をよく見てみると

$$y=x$$

が特殊解であることが分かる。

以上より，求める一般解は

$$y=x+Ae^{-\frac{x^2}{2}} \quad (A \text{ は任意定数})$$

(注) なお，この微分方程式を定数変化法や解の公式で解こうとすると，次の積分

$$\int(x^2+1)e^{-\frac{x^2}{2}}dx$$

が現れてうまく行かない。

(2) $(x^2+1)y'-xy=1$

(1)と同様にして，次の一般解が得られる。

$$y=x+A\sqrt{x^2+1} \quad (A \text{ は任意定数})$$

索　　引

本書は，聖文新社より2015年に発行された『編入の微分積分 徹底研究　基本事項の整理と問題演習』の復刊であり，同書第1刷（2015年10月発行）を底本とし，若干の修正を加えました。

〈著　者　紹　介〉

桜井　基晴（さくらい・もとはる）

大阪大学大学院理学研究科修士課程（数学）修了

大阪市立大学大学院理学研究科博士課程（数学）単位修了

専門は確率論，微分幾何学

現在　ECC 編入学院　数学科チーフ・講師

著書に『編入数学徹底研究』『編入数学過去問特訓』『編入数学入門』『編入の線形代数 徹底研究』（金子書房），『数学Ⅲ 徹底研究』（科学新興新社）がある。月刊誌『大学への数学』（東京出版）において，超難問『宿題』（学力コンテストよりはるかにハイレベル）を高校生のときにたびたび解答した実績を持つ。余暇のすべては現代数学の勉強。

■大学編入試験対策

編入の微分積分 徹底研究

基本事項の整理と問題演習

2021 年 11 月 30 日　初版第 1 刷発行　［検印省略］

著　　者　　　桜　井　基　晴

発 行 者　　　金　子　紀　子

発 行 所　株式会社　金　子　書　房

〒 112-0012　東京都文京区大塚 3-3-7

電話 03-3941-0111（代）FAX 03-3941-0163

振替 00180-9-103376

URL https://www.kanekoshobo.co.jp

印刷・製本　藤原印刷株式会社

ISBN 978-4-7608-9225-9　C3041